O Contrato de EPC

O Contrato de EPC

ENGINEERING, PROCUREMENT AND CONSTRUCTION

2019

Adriana Regina Sarra de Deus

O CONTRATO DE EPC
ENGINEERING, PROCUREMENT AND CONSTRUCTION

Autor: Adriana Regina Sarra de Deus
DIAGRAMAÇÃO: Almedina
DESIGN DE CAPA: FBA
ISBN: 9788584934744

Dados Internacionais de Catalogação na Publicação (CIP)
(Câmara Brasileira do Livro, SP, Brasil)

Sarra de Deus, Adriana Regina
O contrato de EPC : Engineering, Procurement and
Construction / Adriana Regina Sarra de Deus. --
São Paulo : Almedina, 2019.

Bibliografia.
ISBN 978-85-8493-474-4

1. Contratos de construção civil 2. Contratos
de engenharia 3. Construção - Leis e legislação
4. Engenharia - Contratos 5. Projetos de engenharia -
Administração I. Título.

19-24105 CDU-34:69

Índices para catálogo sistemático:

1. Contratos de projetos e obras : Construção civil : Direito 34:69

Maria Alice Ferreira - Bibliotecária - CRB-8/7964

Este livro segue as regras do novo Acordo Ortográfico da Língua Portuguesa (1990).

Maio, 2019

EDITORA: Almedina Brasil
Rua José Maria Lisboa, 860, Conj.131 e 132, Jardim Paulista | 01423-001 São Paulo | Brasil
editora@almedina.com.br
www.almedina.com.br

À Facvldade

Onde mora a amizade
Onde mora a alegria

AGRADECIMENTOS

O desfecho desses três anos ao longo dos quais desenvolvi a presente obra pode ser resumido em uma única palavra: gratidão.

Gostaria, primeiramente, de registrar meu agradecimento ao Professor Francisco Paulo de Crescenzo Marino. Agradeço não apenas pela confiança e pela rica orientação que recebi durante o curso de pós-graduação, mas também pelas estimulantes aulas que, desde o primeiro ano do curso de graduação, foram responsáveis por despertar em mim o interesse pelo estudo do Direito Civil e, especificamente, do Direito Contratual.

Agradeço, ainda, à minha mãe, Sheila Regina Sarra. Sua companhia e seu apoio incondicional, presentes em todos os momentos, foram fundamentais.

Também deixo um especial agradecimento a Adriana Braghetta e a Fernando Marcondes, com os quais tive a honra de trabalhar e a quem devo grande parte da minha formação como advogada, bem como o apreço pelo Direito da Construção. Também gostaria de ressaltar a minha gratidão a Leonardo Toledo e a Ricardo Medina, que desde sempre incentivaram este trabalho e apoiaram a sua publicação, cujo êxito é certamente com eles compartilhado.

Por fim, agradeço aos Professores, aos funcionários e aos colegas da Faculdade de Direito da Universidade de São Paulo, por todo o conhecimento, apoio e colaboração que sempre obtive ao longo desses anos.

NOTA DO IBDIC

Os chamados contratos EPC (Engineering Procurement and Construction) assumiram, nas duas últimas décadas, no Brasil, um certo protagonismo na forma de estruturação de projetos no segmento de infraestrutura. Esse protagonismo parece ter ocorrido muito por imposições de entidades financiadoras, mas também em vista da função prática e econômica que o conceito do EPC tenta desempenhar.

O aumento do uso de figuras como o EPC, no Brasil, ocorreu paralelamente à importação apressada de uma série de conceitos jurídicos típicos de ordenamentos estrangeiros, muitos deles ordenamentos de Common Law. Um dos principais problemas advindos dessa "importação" de modelo é a questão da qualificação jurídica. E é justamente esse ponto que a obra da autora Adriana Sarra demonstrou ajudar a construir novas soluções. Ela agrega, de forma robusta e com grande qualidade, ao debate sobre a melhor forma de realizar a qualificação jurídica dos Contratos EPC, no contexto do ordenamento jurídico brasileiro.

Leonardo Toledo da Silva
Presidente do IBDiC. Mestre e Doutor em Direito Comercial pela USP
Prof. do Programa de Mestrado Profissional da FGV Direito-SP
Advogado e árbitro, sócio de Toledo Marchetti Advogados

APRESENTAÇÃO

Antes de seguir à apresentação desta obra, permito-me romper com o protocolo, para, em breves palavras, homenagear a Autora que muito me honrou com o convite para juntar uma página ao livro que traz uma das maiores contribuições já produzidas para o Direito da Construção e da Infraestrutura. Não é exagero. Os leitores dirão por si mesmos.

Num ambiente marcado pela presença maciça de homens, a jovem Adriana vem para desmontar paradigmas não só técnicos, mas também sociais. Inteligente, culta, perseverante e destemida, assume, com o trabalho aqui apresentado, papel de distinto protagonismo na academia e no setor em que atua como brilhante advogada.

Compreender a essência dos contratos de EPC (*Engineering, Procurement and Construction*) está longe de ser tarefa fácil. Sem embargo, a presente obra traz luz a discussões que, até a sua elaboração, pareciam intermináveis. É que as conclusões, ainda que instigantes e provocativas, são de coerência e sensatez incontestes, próprias de quem muito domina a lógica jurídica que rege o direito civil e as particularidades, práticas e costumes das contratações que envolvem o mercado da infraestrutura.

Entendendo que os contratos de EPC ensejam um enorme feixe de prestações, sobretudo no tocante às responsabilidades pela entrega da obra, que são unificadas sobre a figura da contratada (epecista), a Autora busca determinar o enquadramento legal que se deve dar a essa modalidade de contratação. Trata-se de esforço árduo, mas indispensável para se avaliar a pertinência da aplicação ao EPC de regras próprias a contratos típicos ou atípicos.

Diante da dúvida que surge sobre tal enquadramento, a Autora dedica a primeira parte de sua obra a discernir o conceito de contratos típicos e atípicos, tecendo considerações e críticas aos métodos de pensamento que, em tese, poderiam servir à identificação do regime jurídico incidente sobre o EPC.

Em sequência, na segunda parte do livro, a Autora discorre sobre o mercado da construção e da infraestrutura, abordando algumas das principais modalidades de contratação. E o faz descrevendo importantes características de contratos universalmente utilizados na indústria, bem como daqueles reconhecidos objetivamente pela legislação brasileira, para, enfim, chegar ao exame das origens, características e práticas do EPC e de peculiaridades das condições estipuladas pela FIDIC, mais especificamente, o *Silver Book*.

Ainda na segunda parte, a Autora demonstra a incongruência do EPC com tipos contratuais específicos, confrontando-o com feixes obrigacionais tipificados nas formas de empreitada, mandato, prestação de serviços, entre outros.

Concluindo pela atipicidade dos contratos de EPC, a Autora traz elucidações relevantes sobre os métodos de determinação de regime aplicável aos contratos atípicos, que, naturalmente, seriam também aproveitáveis ao EPC.

A bravura da Autora pode se verificar no desafio que enfrentou em desautorizar a aplicação do Código Civil, especificamente das normas que regulamentam a empreitada, sobre os contratos de EPC. Ressalvando-se a imposição de regras cogentes, a argumentação da Autora parece não deixar margem para outra interpretação, sendo categórica quanto a incompatibilidade dos dispositivos legais com a operação econômica pretendida pelo EPC.

Como se percebe, este livro oferece aclaramentos a questões que até hoje fervilham entre acadêmicos e profissionais do setor da construção. Cuida-se de leitura imprescindível aos que pretendem compreender, com profundidade, a essência e funcionamento do EPC.

Ricardo Medina Salla

PREFÁCIO

A literatura jurídica nacional tem devotado pouca atenção ao estudo dos tipos contratuais. Diversas são, em contrapartida, as obras que se refugiam no exame de princípios contratuais e de outros temas de índole geral, tantas vezes sem fornecer, ao agente jurídico, balizas concretas para a interpretação e a aplicação das normas jurídicas. Essa assimetria pode ser, primeiramente, explicada pela multicitada advertência de Vivante: não se deve aventurar à análise de um instituto jurídico sem conhecer a fundo a sua estrutura e a sua função econômica. Discorrer sobre dado tipo contratual, com efeito, seja ele legal ou social, demanda certo grau de intimidade com o objeto do estudo, insuscetível de aquisição nas salas de aula ou nas bibliotecas universitárias. A segunda razão, segundo parece possível intuir, está na "onda antidogmática" a varrer parte considerável da doutrina civilista brasileira moderna, em prejuízo do aprofundamento de tópicos não comodamente enquadráveis em determinadas cartilhas.

O livro que o leitor tem em mãos é, também por conta desse contexto, especial. Ele aborda, com proficiência e rigor dogmático, o árduo tema da qualificação e do regime jurídico do contrato EPC, cuja sigla, ao relacionar engenharia (*engineering*), fornecimento de materiais e equipamentos (*procurement*) e atividade de construção (*construction*), já prenuncia a complexidade do seu objeto, a desafiar a recondução da respectiva operação econômica ao molde da empreitada. Especial, ainda, pois a autora conjuga duas condições indispensáveis para enfrentar tais questões sem atalhos ou soluções fáceis: dedicação à pesquisa e conhecimento prático, este colhido na advocacia especializada.

Tal binômio justifica, em certa medida, o êxito dos resultados obtidos. Para alcançá-los, percorre-se estrutura tripartite. A primeira porção do livro está centrada nas noções de tipicidade e de tipo contratual.

Ela principia por um cotejo entre o pensamento conceitual abstrato e o pensamento por tipos, centrado sobretudo nas obras de Karl Larenz e de Giorgio De Nova. Segundo cremos, dos diversos ramos do direito privado nos quais o agente jurídico pode se beneficiar da fluidez, da flexibilidade e da gradualidade inerentes ao raciocínio tipológico, aquele de aplicação mais fecunda é, de fato, o direito contratual. Não raras vezes, a perfeita compreensão dos modelos jurídico-estruturais com os quais o direito contratual trabalha, assim como a sistematização dessas estruturas e o estabelecimento das necessárias conexões com a vida prática, demanda o manejo do pensamento por tipos. Encerram essa primeira porção da obra dois capítulos voltados à atipicidade contratual e ao juízo de qualificação e classificação dos contratos atípicos.

A segunda, e mais alentada, parte do livro cuida do contrato EPC no quadro dos contratos de construção. Nela, a autora realiza uma útil exposição dos principais modelos de operação econômica adotados pelos agentes econômicos atuantes no mercado da construção, designadamente aqueles conhecidos como *Design, Bid and Build* (DBB), *Design and Build* (DB), *Construction Management* (CM) e *Project Finance*, bem como das mais importantes modalidades de remuneração praticadas na referida indústria.

Segue-se minuciosa análise da disciplina dos contratos de construção no direito brasileiro, abordando o regime da empreitada (na Lei n. 4.591/64, no Código Civil e nas leis que regem a Administração Pública), o regime da contratação integrada (adotada de modo pioneiro no Regulamento do Procedimento Licitatório Simplificado da Petrobras (Decreto n. 2.745/1998) e posteriormente na Lei n. 12.462/2011, que instituiu o Regime Diferenciado de Contratações Públicas – RDC, e na Lei n. 13.303/2016, conhecida como Lei das Estatais) e, por fim, o regime da construção por administração da Lei 4.591/64.

Devidamente fixados os conceitos e os marcos legais relevantes, a obra deságua no estudo da origem, das características e da natureza jurídica do contrato EPC. Um dos pontos altos é o capítulo dedicado à qualificação do contrato EPC, questão cuja solução constitui premissa necessária à determinação do regime jurídico a ele aplicável. Após confrontar o EPC com os tipos contratuais legais, a autora conclui que o EPC e a empreitada possuem "causas" distintas, sendo aqui o vocábulo polissêmico "causa" entendido em sentido bettiano, como função econômico-social típica, síntese dos elementos essenciais de um dado tipo contratual. E isso porque, em suas palavras, o EPC pretende disciplinar a execução de um empreendimento em sua totalidade, mediante *"estrutura de alocação de riscos fortemente concentrada no epecista (single point responsibility) e que garanta o interesse do dono da obra em obter um elevado grau de certeza quanto ao preço, ao prazo de entrega e à qualidade do empreendimento"*, ao passo que a empreitada apresentaria *"função econômica mais restrita"*, sem que o empreiteiro venha a cumular, à responsabilidade pelos projetos básicos da obra, a obrigação de executá-los.[1]

Afastada a possibilidade de reconduzir o EPC a outros modelos regulados em lei, a autora opina tratar-se de contrato *legalmente* atípico – mais precisamente, um contrato misto, de tipo múltiplo, eis que congrega prestações típicas de diversos modelos contratuais, tais como a compra e venda, a prestação de serviços e a empreitada –, porém *socialmente* típico.

A derradeira parte do livro cuida do regime jurídico aplicável ao contrato EPC. Assentada a natureza atípica do contrato, principia-se por uma bem cuidada enunciação dos diversos métodos cunhados para determinar as normas aplicáveis aos contratos atípicos. Nesse ponto, a autora endossa, em juízo preliminar carente de confirmação no caso concreto, a proposta de Pedro Pais de Vasconcelos, da qual compartilhamos, a negar a superioridade de um determinado método ou a possibilidade de estabelecer ordem de prevalência fixa, antes correlacionando os variados métodos e as múltiplas configurações possíveis de contratos atípicos.

Contém o livro, ainda, um utilíssimo enfrentamento da controvérsia envolvendo a possibilidade de aplicação analógica, ao EPC, do regime da empreitada no Código Civil, passando a autora em revista, para tanto, os principais artigos cuja aplicação analógica reputa inadequada.

Não poderia me furtar a ultimar esse prefácio com uma nota pessoal. Conheci Adriana Regina Sarra de Deus em fevereiro de 2010, no seu primeiro dia de aula na Faculdade de Direito da Universidade de São Paulo. Desde muito cedo Adriana se destacou por sua maturidade e independência. Durante os três anos em que lecionei para a sua turma, pude acompanhar o desenvolvimento de suas virtudes e o rápido desabrochar de seu interesse pelo direito civil. Não foi surpresa, pois, quando Adriana decidiu ingressar no Mestrado, também nas Arcadas, assim como não me surpreenderam os frutos que dele colheu, e os que certamente continuará colhendo.

[1] Cf. parte final da seção 7.3.5, "Empreitada".

Poder orientá-la foi um momento extremamente gratificante na minha carreira docente, assim como o é escrever essas palavras, aguardando os próximos passos em sua bela e consistente caminhada.

Francisco Paulo de Crescenzo Marino

LISTA DE SIGLAS

BDI	Benefícios e despesas indiretas
CDP	*Contractor's Designed Portion do JCT Standard Building Contract*
CM	*Construction management*
DB	*Design and build*
DBB	*Design, bid and build*
EPC	*Engineering, procurement and construction*
EPCM	*Engineering, procurement and construction management*
FIDIC	*Fédération Internationale des Ingénieurs-Conseils*
JCT	*Joint Contracts Tribunal*
PMG	Preço máximo garantido
Red Book	*Conditions of Contract for Construction*, elaboradas pela FIDIC
RIBA	*Royal Institute of British Architects*
Silver Book	*Conditions of Contract for EPC/Turnkey Projects*, elaboradas pela FIDIC

SUMÁRIO

PARTE II – O CONTRATO DE EPC NO QUADRO DOS CONTRATOS DE CONSTRUÇÃO

Introdução

A indústria da construção é um setor econômico dinâmico, que está em constante evolução para acompanhar os avanços tecnológicos alcançados e atender às necessidades econômico-sociais surgidas em seu tempo. Desenvolvem-se, então, novos modelos de operação econômica, para os quais, evidentemente, também é necessário prover a respectiva estrutura jurídica. É nesse contexto que se situa o denominado contrato de *engineering, procurement and construction* (EPC).

De origem anglo-saxã, o contrato de EPC ganhou popularidade mundial a partir do final do século XX, sobretudo no âmbito das operações de *project finance* destinadas à execução de grandes empreendimentos de infraestrutura. Assim é que, pelo contrato de EPC, contrata-se a execução de um empreendimento em todas as suas etapas, compreendendo desde a responsabilidade pelos projetos de concepção (projetos básicos) até a sua entrega ao dono da obra em condições de pronta operação. A esse escopo amplo, composto por uma pluralidade de prestações, associa-se uma estrutura de alocação de riscos fortemente concentrada no contratado, denominado epecista. Em contrapartida, o epecista é remunerado por um preço fixo global, que é tendencialmente mais elevado do que o de outros contratos de construção justamente para compensar essa maior quantidade de riscos que lhe é transferida.

Diante das características do contrato de EPC brevemente indicadas acima, passou-se a debater sobre sua qualificação jurídica e sobre o regime jurídico que lhe deve ser aplicado. O objetivo da presente obra é, por conseguinte, propor uma resposta a essas duas questões. Para tanto, há três grandes etapas a serem percorridas, correspondentes às três partes em que se estrutura o trabalho.

A primeira parte destina-se ao exame do pressuposto subjacente a toda a controvérsia: o tipo contratual. Inicia-se o estudo, portanto, com a análise dos métodos de pensamento que podem ser aplicados no Direito, com foco no pensamento conceitual abstrato e no pensamento tipológico. Em seguida, adentra-se no tema dos tipos contratuais e da tipicidade, cujo estudo compreende o critério distintivo entre contratos típicos e atípicos, as características e espécies de tipos contratuais, bem como as razões e os limites da tutela dos contratos atípicos pelos ordenamentos jurídicos. Ao final, os dois pontos anteriores são integrados no exame do juízo de qualificação, especificamente no que se refere ao método de pensamento que deve ser utilizado no juízo de comparação entre um contrato concreto e os tipos contratuais existentes. Trata-se de questão de suma importância para o tema em análise, já que a qualificação de um contrato como típico ou atípico repercute diretamente sobre a determinação das normas que compõem o seu regime jurídico.

Uma vez compreendidos o juízo de qualificação e o seu modo de operar, passa-se à segunda parte desta obra, cujo objetivo é situar o contrato de EPC no quadro dos contratos de construção. Para tanto, é preciso inicialmente traçar um panorama sobre a indústria da construção. Assim é que se indicam os principais agentes que atuam na área e os principais modelos de operação econômica realizados. Prossegue-se, então, com o exame das espécies de contratos de construção previstas na legislação brasileira. Nessa seção, conduz-se uma aprofundada análise não apenas das características e do histórico de cada contrato, mas também de sua correlação com os modelos de operação econômica estudados anteriormente. No capítulo seguinte, inicia-se o exame específico do contrato de EPC, em que se incluem sua origem, suas características e o panorama da prática negocial a seu respeito. Finaliza-se a segunda parte deste livro com o enfrentamento da controvérsia relativa à qualificação do contrato de EPC, questão para a qual se propõe uma resposta à luz do direito brasileiro.

Com base na qualificação proposta para o contrato de EPC, a terceira parte do trabalho lida com a questão referente ao regime jurídico que lhe deve ser aplicado. Assim sendo, examina-se como ocorre a determinação do regime jurídico dos contratos atípicos em geral. No capítulo seguinte, aplicam-se as conclusões obtidas para determinar o regime jurídico do contrato de EPC no direito brasileiro. De início, expõem-se as posições existentes na doutrina a esse respeito, prosseguindo-se com a explicação da solução adotada. Aborda-se, por derradeiro, a questão específica da possibilidade de se aplicar analogicamente ao contrato de EPC a disciplina jurídica prevista no Código Civil de 2002 para o contrato de empreitada.

Diante de tudo o que se expôs e analisou, encerra-se o presente trabalho com a síntese das conclusões obtidas.

PARTE I

O TIPO CONTRATUAL

1. Pensamento por Conceitos Abstratos e por Tipos no Direito Contratual

Segundo a teoria da tridimensionalidade do Direito, a norma jurídica resulta da interação de três elementos: fato, valor e norma, os quais não se extinguem como em uma síntese hegeliana, mas subsistem ao surgimento da norma em uma relação de implicação-polaridade[1]. LARENZ afirma que é tarefa do jurista "a descoberta das conexões de sentido em que as normas e regulações particulares se encontram entre si e com os princípios directivos do ordenamento jurídico, e a sua exposição de um modo ordenado, que possibilite a visão do conjunto"[2]. Referida tarefa é executada por meio de formas de pensamento, sendo que, a depender do que se adote, toda a compreensão e aplicação do ordenamento jurídico, enquanto sistema de normas jurídicas, pode ser drasticamente alterada.

Embora o pensamento conceitual abstrato esteja na base sobre a qual se ergueu a visão científica do Direito enquanto sistema normativo dotado

[1] "Desde a sua origem, isto é, desde o aparecimento da norma jurídica, – que é síntese integrante de fatos ordenados segundo distintos valores, – até ao momento final de sua aplicação, o Direito se caracteriza por sua estrutura tridimensional, na qual fatos e valores se dialetizam, isto é, obedecem a um processo dinâmico que aos poucos iremos desvendando. Nós dizemos que esse processo do Direito obedece a uma forma especial de dialética que denominamos 'dialética de implicação-polaridade', que não se confunde com a dialética hegeliana ou marxista dos opostos. (...) Segundo a dialética de implicação-polaridade, aplicada à experiência jurídica, o fato e o valor nesta se correlacionam de tal modo que cada um deles se mantém irredutível ao outro (polaridade) mas se exigindo mutuamente (implicação) o que dá origem à estrutura normativa como momento de realização do Direito." REALE, Miguel. **Lições preliminares de Direito**, 27ª ed. São Paulo: Saraiva, 2002, p. 67.

[2] LARENZ, Karl. **Metodologia da Ciência do Direito**, trad. José Lamego, 7ª ed. Lisboa: Calouste Gulbenkian, 2014, pp. 621-623.

de completude, coerência e unidade[3], outros possíveis modos de pensamento ganharam relevância a partir da década de 70 do século passado. Nessa época, consolidou-se a relativização de dogmas que de há muito já se haviam mostrado artificiais e, com o objetivo de obter uma mais adequada apreensão dos fatos jurídicos sob um ponto de vista valorativo, desenvolveram-se novos métodos em substituição ou em paralelo ao método conceitual abstrato. Assim é que o Direito passou a recorrer também, por exemplo, ao pensamento por tipos[4].

Nesse sentido, é de fundamental importância a compreensão das diversas formas de pensamento possíveis no Direito e de suas consequências sobre o sistema jurídico. No campo do direito contratual, é de particular relevo o confronto entre os métodos tipológico e conceitual abstrato. Isso porque, conforme os contratos regulados pelo legislador sejam enunciados por conceitos abstratos ou por tipos, um mesmo contrato concreto poderá ser ou não considerado típico, com imediatas repercussões no regime jurídico que lhe será aplicado[5]. Justifica-se, portanto, que se proceda inicialmente ao estudo dos métodos de pensamento conceitual abstrato e tipológico, na medida em que explicitar o método adotado para a aplicação das normas legais pertinentes é pressuposto inafastável do processo de qualificação e determinação do regime jurídico do contrato de EPC.

Assim sendo, o presente capítulo destina-se a analisar a contraposição entre os métodos conceitual abstrato e tipológico, sendo que o debate sobre qual melhor se adéqua ao ramo contratual será estudado em detalhes no capítulo 3. Por fim, cumpre observar que, embora a doutrina refira a existência de outras formas de pensamento[6], optou-se por focar nas duas

[3] BOBBIO, Norberto. **Teoria do ordenamento jurídico**, trad. Cláudio de Cicco e Maria Celeste C. J. São Paulo: Polis, 1989, pp. 115-122.

[4] LARENZ, Karl. **Metodologia da Ciência do Direito**, trad. José Lamego, 7ª ed. Lisboa: Calouste Gulbenkian, 2014, pp. 622-623.

[5] "Nella contrapposizione, prospettata da De Nova, tra il metodo tipologico e il metodo definitorio, l'elemento comune è dato dall'assumere come criterio direttivo la qualificazione. In entrambe le prospettive, lo scopo è di classificare in termini giuridici l'operazione economica considerata, per individuare la disciplina applicabile". SBISÀ, Giuseppe. Contratti innominati: riconoscimento e disciplina delle prestazioni. **Quaderni di Giurisprudenza commerciale**, Milano, v. 53, pp. 117-122, 1983. Tipicità e atipicità nei contratti, p. 117.

[6] Karl LARENZ, por exemplo, distingue quatro métodos de pensamento no Direito: conceitos gerais abstratos, tipos, princípios jurídicos e conceitos determinados pela função. Cf. **Metodologia da Ciência do Direito**, trad. José Lamego, 7ª ed. Lisboa: Calouste Gulbenkian, 2014.

já referidas em razão de serem as que guardam relação direta com o tema em estudo.

1.1. Pensamento Conceitual Abstrato

1.1.1. Características dos Conceitos Abstratos

O pensamento conceitual abstrato é um modo de pensamento com grande força na tradição jurídica ocidental, que persiste até os dias atuais. Sua origem remonta ao século XIX e está atrelada à preocupação de conferir cientificidade ao Direito, sistematizando-o à moda das regras da lógica formal. Reflete também a intenção de garantir segurança jurídica na aplicação das normas, assim como completude e coerência ao sistema jurídico, desvinculando-o de considerações valorativas[7].

O pensamento por meio de conceitos abstratos é uma forma de generalização de fatos da realidade[8] e baseia-se no método indutivo. Consiste no isolamento de notas distintivas particulares que são consideradas gerais por serem comuns a todos os integrantes de um determinado conjunto de fatos--tipo selecionados na realidade, cuja regulação jurídica se objetiva. A partir das notas distintivas assim abstraídas, constrói-se o conceito, entendido como uma classe com limites claros e definidos, na qual se enquadram todos os objetos que apresentem a totalidade das características selecionadas. Em outros termos, constrói-se um conceito abstrato quando, diante de um conjunto de objetos, apreendem-se-lhes as características comuns, apartam-se-nas do todo de cada objeto e atribuem-se-lhes a qualidade de elementos necessários e suficientes para o juízo de inclusão de um objeto no conceito. As particularidades individuais de cada objeto são, portanto, desconsideradas, abstraídas, formando-se o conceito somente pelas notas

[7] LARENZ, Karl. **Metodologia da Ciência do Direito**, trad. José Lamego, 7ª ed. Lisboa: Calouste Gulbenkian, 2014, pp. 622-623. VASCONCELOS, Pedro Pais. **Contratos Atípicos**, 2ª ed. Coimbra: Almedina, 2009, p. 26. A respeito do nascimento da escola da Jurisprudência dos Conceitos e de seus principais autores, cf. LARENZ, Karl. **Metodologia da Ciência do Direito**, trad. José Lamego, 7ª ed. Lisboa: Calouste Gulbenkian, 2014, pp. 21-29.

[8] Cf. COSTANZA, Maria. **Il contratto atipico**. Milano: Giuffrè, 1981, p. 224.

distintivas gerais que integram a sua definição.[9] Trata-se de procedimento que, conforme referido por Karl ENGISCH, corresponde à teoria da abstração negativa[10].

Decorrência do modo de formação descrito acima é que a extensão do conceito é inversamente proporcional à sua compreensão[11]. Explique-se. A extensão de um conceito refere-se à parcela da realidade que abarca. A compreensão do conceito, por sua vez, consiste na quantidade de notas distintivas contidas em sua definição. Por isso, quanto mais notas distintivas se exigirem na definição do conceito, menos objetos serão por ele compreendidos. Inversamente, quanto menos características forem necessárias, mais objetos serão designados pelo conceito.

O modo de formação dos conceitos gerais abstratos exerce papel determinante sobre seu modo de operação, o qual deve ser analisado sob duas perspectivas. Analisa-se, primeiro, como operam os conceitos gerais abstratos em sua relação com a parcela da realidade que buscam designar. Em seguida, passa-se a uma perspectiva interna, relativa à relação que estabelecem entre si.

A inclusão ou não de um objeto, de um fato da realidade, dentro da classe identificada pelo conceito é realizada a partir de um juízo de

[9] Karl LARENZ explica que os conceitos gerais abstratos "chamam-se 'abstractos' porque são formados de notas distintivas que são desligadas, abstraídas dos objectos a que sempre estão ligadas de um modo determinado. (...) o pensamento abstractor apreende um objecto da experiência sensorial (...) não na plenitude 'concreta' de todas as suas partes e das suas particularidades, como todo único, mas só na medida em que nele sobressaem propriedades particulares ou 'notas', que considera como gerais, desligadas de sua união com outras e, assim, 'isoladas'. Das notas presentes, isoladas deste modo, formam-se de imediato conceitos que tornam possível subsumir a elas todos aqueles objectos que apresentem todas as notas recolhidas na definição do conceito – qualquer que seja sua vinculação concreta". **Metodologia da Ciência do Direito**, trad. José Lamego, 7ª ed. Lisboa: Calouste Gulbenkian, 2014, pp. 624-625. Cf. VASCONCELOS, Pedro Pais de. **Contratos Atípicos**, 2ª ed. Coimbra: Almedina, 2009, p. 25. DE NOVA, Giorgio. **Il tipo contrattuale**. Padova: CEDAM, 1974, p. 126. DUARTE, Rui Pinto. **Tipicidade e atipicidade dos contratos**. Coimbra: Almedina, 2000, p. 99.

[10] "Se trata de aquella teoría de la abstracción negativa, con la que ya nos hemos tropezado y según la cual abstraer significa tanto como abstraer *de* algo, orillando los momentos específicos. (...) Con referencia a los contenidos lógicos podemos decir brevemente: 'abstracción' es, según esa doctrina, reducción de contenido del concepto, 'determinación', aumento de contenido". ENGISCH, Karl. **La idea de concreción en el derecho y en la ciencia jurídica actuales**, trad. Juan José Gil Cremades. Granada: Comares, 2004, pp. 87-88.

[11] VASCONCELOS, Pedro Pais. **Contratos Atípicos**, 2ª ed. Coimbra: Almedina, 2009, pp. 25-26.

exclusão. Trata-se de um juízo binário de sim ou não, cujo critério é a presença ou não de todos os elementos integrantes do conceito[12]. Não tem lugar o "quase", nem o "mais ou menos", porquanto a ausência de um único elemento implica sua imediata e completa exclusão da classe de objetos abrangidos pelo conceito[13]. Por outro lado, um objeto será incluído dentro do conceito sempre que e somente se apresentar todas as notas distintivas enunciadas na definição[14], as quais se configuram como elementos necessários e suficientes para um caso adentrar os limites de um conceito.

O procedimento descrito acima configura o entendimento que será atribuído ao termo "subsunção" no presente trabalho[15]. Satisfazendo-se com o mero exame da presença ou ausência das notas distintivas necessárias e suficientes à inclusão do objeto no conceito, assume caráter puramente lógico-formal, isento de valoração. Isso porque, em suas origens, imaginou-se o procedimento subsuntivo como um mecanismo de atribuição de

[12] LARENZ, Karl. **Metodologia da Ciência do Direito**, trad. José Lamego, 7ª ed. Lisboa: Calouste Gulbenkian, 2014, p. 427. DE NOVA, Giorgio. Il tipo contrattuale. **Quaderni di Giurisprudenza commerciale**, Milano, v. 53, pp. 29-37, 1983. Tipicità e atipicità nei contratti, pp. 31-32. VASCONCELOS, Pedro Pais de. **Contratos Atípicos**, 2ª ed. Coimbra: Almedina, 2009, p. 43. DUARTE, Rui Pinto. **Tipicidade e atipicidade dos contratos**. Coimbra: Almedina, 2000, p. 99.

[13] "A sua [notas distintivas particulares] simples presença ou ausência decidem da aplicação do conceito a uma tal situação de facto. (...) Para o pensamento por conceitos abstractos não há um 'mais ou menos', mas um 'ou isto ou aquilo'". LARENZ, Karl. **Metodologia da Ciência do Direito**, trad. José Lamego, 7ª ed. Lisboa: Calouste Gulbenkian, 2014, p. 646.

[14] "Il concetto è la soma degli elementi caratteristici, determinati con precisione nel numero. (...) Per il concetto, è indifferente l'intensità maggiore o minore con cui un elemento caratteristico si presenta nel caso concreto: determinante è la sussistenza o la mancanza di ciascuna caratteristica." DE NOVA, Giorgio. **Il tipo contrattuale**. Padova: CEDAM, 1974, pp. 126-127. Cf. também LARENZ, Karl. **Metodologia da Ciência do Direito**, trad. José Lamego, 7ª ed. Lisboa: Calouste Gulbenkian, 2014, p. 307. DUARTE, Rui Pinto. **Tipicidade e atipicidade dos contratos**. Coimbra: Almedina, 2000, p. 99.

[15] Vale destacar que não há um entendimento unânime na doutrina quanto ao significado do termo "subsunção". Na visão de Karl ENGISCH, por exemplo, "trata-se primariamente da sotoposição de um caso individual à hipótese ou tipo legal e não directamente da subordinação ou enquadramento de um grupo de casos ou de uma espécie de casos". Prossegue então o autor explicando que essa sotoposição "fundamenta-se numa equiparação do novo caso àqueles casos cuja pertinência à classe já se encontra assente". **A introdução do pensamento jurídico**, 11ª ed., trad. João Baptista Machado. Lisboa: Calouste Gulbenkian, 2014, pp. 95-96. No final da última frase transcrita, consta uma nota de rodapé na qual ENGISCH expressamente se opõe à posição de Karl LARENZ, indicando diversos outros autores que apresentam entendimentos divergentes quanto ao significado de "subsunção". Ibid., n.r. 9, pp. 112-113.

segurança jurídica e igualdade de tratamento a situações que, sob determinado ponto de vista, são consideradas idênticas. Com isso, a atividade do operador do direito seria reduzida ao mínimo necessário, eliminando-se a influência de considerações valorativas[16].

Explicado que os conceitos abstratos se relacionam com a realidade por meio da subsunção, também se deve examinar a relação que reciprocamente estabelecem entre si. Nesse sentido, um sistema conceitual abstrato adota estrutura piramidal, com os conceitos relacionando-se de forma hierárquica, em função do maior ou menor grau de abstração[17]. Quanto maior a quantidade de notas distintivas, menos abstrato o conceito e menor a sua extensão. Por outro lado, quanto menor o seu conteúdo, maior o grau de

[16] Apontando os pontos positivos e negativos da utilização dos conceitos gerais abstratos, confira-se Pedro Pais de VASCONCELOS: "O conceito geral abstracto é particularmente eficaz e hábil para designar, para referir, uma pluralidade. É todavia pouco apto para explicitar a verdade e a totalidade dos objectos que abrange, bem como as relações e cambiantes entre si. É muito designativo, mas pouco informativo. A utilização do conceito geral abstracto no Direito, através da subsunção de indivíduos em conceitos e de conceitos inferiores em conceitos superiores, potencia um elevado grau de certeza e de segurança e permite, em princípio, uma operação em termos exclusivamente lógicos. Dá às decisões jurídicas a previsibildade e a sindicabilidade que previnem o arbítrio e o abuso. Confere 'cientificidade' ao sistema. A metódica do conceito geral abstrato, no achamento do Direito, tem todavia defeitos e lacunas importantes. Não permite, ou dificulta muito, os juízos valorativos, é pouco apta para a concretização das cláusulas gerais e conceitos indeterminados carecidos de preenchimento valorativo, não consegue dar resposta satisfatória aos problemas colocados pelas formas mistas e de transição e é pouco eficiente no que respeita à determinação da exigibilidade concreta". **Contratos Atípicos**, 2ª ed. Coimbra: Almedina, 2009, pp. 26-27. O mesmo objetivo é referido por LARENZ: "A subsunção ao conceito é, pelo menos no 'caso ideal', um procedimento isento de valoração.". **Metodologia da Ciência do Direito**, trad. José Lamego, 7ª ed. Lisboa: Calouste Gulbenkian, 2014, p. 309. Cf, também Ibid., p. 626.

[17] "[O sistema de conceitos gerais abstractos], que na exposição que se segue chamamos de 'externo', baseia-se em que se hão-de separar e generalizar, a partir dos factos-tipo que são objecto de uma regulação jurídica, determinados elementos. A partir deles formar-se-ão conceitos de gênero, que são ordenados de modo a que, acrescentando ou subtraindo notas específicas particulares, se possam alcançar diversos graus de abstração. (...) nos quadros de um tal sistema, se ele fosse 'completo', poder-se-ia dar a toda questão jurídica uma resposta, por via de uma operação lógica de pensamento. (...) Com efeito, a questão sobre a valoração apropriada será, num tal sistema, suplantada – enquanto nos mantivermos nos seus quadros – pela da subsunção adequada; a lógica formal ocupa o lugar da teleologia e da ética jurídica." LARENZ, Karl. **Metodologia da Ciência do Direito**, trad. José Lamego, 7ª ed. Lisboa: Calouste Gulbenkian, 2014, pp. 622-623.

abstração e maior o seu âmbito de abrangência[18]. Surgem, então, conceitos superiores e inferiores, os quais se ordenam em uma relação de gênero e espécie, com os últimos se subsumindo aos primeiros. Opera, portanto, mediante um raciocínio dedutivo-indutivo caracterizado por um processo de abstração e especificação[19]. É nesse sentido que se afirma enunciar-se o conceito por meio de definições, ou seja, a "enunciação do gênero próximo e da diferença específica"[20].

Dessa estrutura resulta a pretensão de completude do sistema, na medida em que todo e qualquer caso da realidade poderia ser subsumido a pelo menos um conceito e, como tal, regulado pelo ordenamento jurídico. Um sistema assim formado, em obediência às regras da lógica formal, constitui o que LARENZ denomina "sistema externo"[21].

[18] "Vale aqui a lei lógica de que o conceito 'supremo' – quer dizer, aquele ao qual (mediante a introdução de notas distintivas) se podem subsumir muitos outros – tem o conteúdo mais diminuto, uma vez que é caracterizado apenas por poucas notas, e, em contrapartida, tem a extensão ou o âmbito de aplicação mais amplos; enquanto que o mais rico em conteúdo, que apresenta um maior número de notas distintivas, tem, na contrapartida, a extensão mais diminuta." LARENZ, Karl. **Metodologia da Ciência do Direito**, trad. José Lamego, 7ª ed. Lisboa: Calouste Gulbenkian, 2014, p. 625. Cf. também VASCONCELOS, Pedro Pais de. **Contratos Atípicos**, 2ª ed. Coimbra: Almedina, 2009, pp. 25-26 e 67.

[19] Cite-se, a título de exemplo, os conceitos de fato jurídico *lato sensu*, ato jurídico, negócio jurídico e contrato. É com essa forma de pensamento que Antônio Junqueira de AZEVEDO constrói sua teoria sobre os elementos de existência dos negócios jurídicos: "Pois bem, se elemento do negócio jurídico é tudo aquilo que compõe sua existência, no campo do direito, e se, nesses diversos graus de abstração (deixando de lado o que está acima do negócio, isto é, o ato e o fato jurídico), considerarmos, no ápice, a categoria do negócio jurídico, e descermos pelas categorias intermediárias até o negócio jurídico em concreto, torna-se claro que a primeira classificação lógica dos elementos há de ser gradual, isto é, pelos graus de abstração com que se vai do negócio jurídico, passa-se pelos tipos abaixo dele, e se atinge o negócio jurídico em particular." **Negócio jurídico**: existência, validade e eficácia, 4ª ed., atual. São Paulo: Saraiva, 2002, p. 32. Muito ilustrativa do pensamento conceitual abstrato é a exposição das classes e subclasses de conceitos que compõem o "quadro geral dos fatos jurídicos". Cf. Id. **Negócio jurídico e declaração negocial**: noções gerais e formação da declaração negocial. São Paulo: Faculdade de Direito, Universidade de São Paulo, 1986, Tese de Titularidade, p. 40.

[20] VASCONCELOS, Pedro Pais de. **Contratos Atípicos**, 2ª ed. Coimbra: Almedina, 2009, p. 44.

[21] LARENZ, Karl. **Metodologia da Ciência do Direito**, trad. José Lamego, 7ª ed. Lisboa: Calouste Gulbenkian, 2014, p. 622.

1.1.2. Pensamento Conceitual Abstrato no Direito Contratual: a Doutrina dos *Essentialia*

Exemplo paradigmático do pensamento conceitual abstrato é a denominada doutrina dos *essentialia*, que se passa a analisar. O exame ora empreendido se justifica porque, conforme será discutido no capítulo 3, a doutrina dos *essentialia*, enquanto manifestação do método conceitual abstrato, pode integrar o juízo de qualificação, configurando-se como critério de determinação da tipicidade ou atipicidade legal de um contrato concreto.

Surgida quando da elaboração da teoria dos negócios jurídicos pelos pandectistas no século XIX, a doutrina dos *essentialia* foi elaborada com base nos textos romanos e possui, até os dias atuais, grande representatividade no pensamento jurídico[22]. Trata-se de uma classificação tripartida dos elementos dos negócios jurídicos, que são divididos em *essentialia negotii*, *naturalia negotii* e *accidentalia negotii*. Os elementos essenciais são as características imprescindíveis à existência do negócio jurídico como tal ou como pertencente a certo tipo. Os elementos naturais, por sua vez, são os que, embora não pertencendo ao núcleo fundamental do negócio jurídico em questão, defluem de sua natureza e se integram ao seu conteúdo. Os elementos acidentais, por sua vez, são as demais disposições que as partes acordam particularmente para o contrato concreto celebrado.[23]

Antônio Junqueira de AZEVEDO, contudo, critica a tradicional doutrina dos *essentialia*. Primeiro, constata que essa classificação tomou por base fontes romanas, ressalvando, porém, que os romanos não conheciam a categoria geral dos negócios jurídicos. O autor argumenta, então, que não seria possível transplantar aos elementos da categoria geral dos negócios jurídicos tal como atualmente compreendida uma classificação que originalmente era utilizada pelos romanos com sentido diverso[24]. Por essa

[22] ALVES, José Carlos Moreira. **Direito romano**, 14ª ed. rev., corig. e aum. Rio de Janeiro: Forense, 2010, n. 109, pp. 157-158.

[23] ALVES, José Carlos Moreira. **Direito romano**, 14ª ed. rev., corig. e aum. Rio de Janeiro: Forense, 2010, n. 110, pp. 162-163. AZEVEDO, Antônio Junqueira de. **Negócio jurídico e declaração negocial**: noções gerais e formação da declaração negocial. São Paulo: Faculdade de Direito, Universidade de São Paulo, 1986, Tese de Titularidade, p. 27.

[24] Assim é a crítica de Antônio Junqueira de AZEVEDO: "Tradicionalmente, distinguem-se, no negócio jurídico, determinados elementos, que são classificados em três espécies: essenciais, naturais e acidentais. Usam-se mesmo as expressões latinas *essentialia negotii, naturalia*

razão, apresenta, em sua obra, uma classificação diferente. Partindo da definição de que "elemento do negócio jurídico é tudo aquilo que compõe a sua existência no campo do direito"[25], classifica os elementos do negócio jurídico em gerais, categoriais e particulares.

Os elementos gerais são as características comuns a todos os negócios jurídicos, considerados estes como categoria abstrata final. Conforme expresso pelo autor, "basta a falta de um deles para inexistir negócio jurídico", já que "são eles elementos necessários e, se nos ativermos ao negócio jurídico como categoria geral, são também suficientes"[26]. Os elementos categoriais, a seu turno, são os que caracterizam cada tipo de negócio e decorrem diretamente da lei, distinguindo-se em duas espécies. Há os elementos categoriais inderrogáveis ou essenciais, que definem a respectiva categoria negocial e cuja ausência implica a não inclusão na categoria, e os elementos categoriais derrogáveis ou naturais, que decorrem da natureza do negócio e podem ser afastados pela vontade das partes sem lhe comprometer a existência. De acordo com a escala de abstração apresentada por Antônio Junqueira de AZEVEDO, os elementos categoriais referem-se a uma categoria intermediária, aos tipos subjacentes ao conceito mais amplo de negócio jurídico. Por fim, os elementos particulares são os que as partes voluntariamente dispõem no nível dos contratos concretos, sem alcançar graus maiores de abstração.[27]

Percebe-se, por conseguinte, que tanto os *essentialia negotii* quanto os elementos gerais e os elementos categoriais inderrogáveis são critérios

negotii e *accidentalia negotii* para caracterizá-los. (...) Entretanto, basta ter em mente que a categoria do negócio jurídico era estranha aos romanos, os quais, como diz Biondo Biondi, somente conheceram atos típicos, tendo cada um sua própria estrutura e regime jurídico, para se concluir que as fontes romanas ou os intérpretes mais antigos, quando falavam em elementos essenciais, naturais ou acidentais, não podiam estar referindo-se a elementos do negócio jurídico (visto que não conheciam esta categoria); referiam-se, na verdade, a elementos de determinadas categorias de negócio. Segue-se daí que não é possível, pura e simplesmente, transplantar esse esquema de classificação para o estudo do negócio jurídico". **Negócio jurídico**: existência, validade e eficácia, 4ª ed., atual. São Paulo: Saraiva, 2002, pp. 26-27, destaques no original.

[25] AZEVEDO, Antônio Junqueira de. **Negócio jurídico**: existência, validade e eficácia, 4ª ed., atual. São Paulo: Saraiva, 2002, p. 31.

[26] Ibid., p. 35.

[27] Ibid., pp. 32-40. Id., **Negócio jurídico e declaração negocial**: noções gerais e formação da declaração negocial. São Paulo: Faculdade de Direito, Universidade de São Paulo, 1986, Tese de Titularidade, p. 27.

que embasam um juízo binário de inclusão ou exclusão de determinado caso concreto em relação tanto à própria categoria do negócio jurídico, quanto aos tipos contratuais – conceitos organizados hierarquicamente conforme o maior grau de abstração. Em outros termos, aplica-se o pensamento conceitual para o juízo de qualificação, pois os *essentialia negotii* operam como elementos cuja presença, no caso concreto em análise, é necessária e suficiente para se concluir pela ocorrência de subsunção.[28] Se esse é ou não o método que se deve seguir ao qualificar um contrato em concreto é questão que se discute em minúcia no capítulo 3.

As teorias acima expostas, no entanto, sujeitam-se a diversas críticas por parte da doutrina, conforme será exposto na seção que se segue. Adiante-se, contudo, que uma das mais relevantes reside justamente no esvaziamento de sentido que resulta da abstração e da generalização inerentes ao pensamento conceitual. Argumenta-se que limitar a análise dos negócios jurídicos à verificação da presença de determinados elementos isoladamente considerados acarreta um indevido formalismo, que desconsidera o seu sentido e a operação econômica levada a cabo[29]. Prossiga-se com a análise do assunto na próxima seção.

[28] Considerando a tradicional tripartição dos elementos do contrato em essenciais, naturais e acidentais, Pedro Pais de VASCONCELOS observa que "no sistema exposto, os 'essentialia' servem sobretudo para a subsunção e a qualificação, enquanto que os *naturalia* servem para a integração. Os *accidentalia* enquadram o remanescente. (...) A subsunção opera com base num juízo de implicação: sempre que e só se todos os *essentialia* estiverem presentes no estipulado, o contrato, como premissa menor, é subsumido à noção legal, como premissa maior". **Contratos Atípicos**, 2ª ed. Coimbra: Almedina, 2009, p. 87. Igualmente, Rui Pinto DUARTE explica que, "de acordo com o pensamento subjacente à doutrina dos *essentialia*, para a qualificação de um negócio como pertencente a um dado tipo, operações necessárias e suficientes seriam a determinação de quais os elementos essenciais desse tipo e a verificação da presença na hipótese em jogo desses elementos essenciais (que são frequentemente reduzidos, como aliás já vimos, às estipulações negociais)". **Tipicidade e atipicidade dos contratos**. Coimbra: Almedina, 2000, p. 88, destaque no original.

[29] É o que bem expressa Andrea D'ANGELO: "È stato efficacemente rilevato, che per effetto dei procedimenti di generalizzazione e di astrazione della dottrina del negozio giuridico, si 'spostava l'attenzione dalla concretezza delle specifiche operazioni economiche ad una categoria puramente formale' e si determinava o consolidava una 'indifferenza per l'analisi giuridica dei contenuti sociali, economici, politici'. Così, gli elementi della volontà e del regolamento, su cui si costruisce e nei quali tendenzialmente si esauriscono le correnti nozioni giuridiche di contratto, attengono, a ben vedere, ad una dimensione meramente strutturale e funzionale, ma non investono (se non come loro materia-fine) la sostanza economica del fenomeno contrattuale". **Contratto e operazione economica**. Torino: G. Giappichelli, 1992,

1.1.3. Críticas ao Pensamento Conceitual Abstrato

Como se pode antever, o método conceitual abstrato é objeto de diversas críticas. A primeira delas recai sobre a pretensão de completude do sistema normativo, considerada um ideal de consecução impossível. Isso porque os limites conceituais rigidamente fixados não encontram respaldo na realidade, ante a existência de situações intermediárias para as quais um juízo de exclusão levaria a uma solução inadequada. Além disso, a imutabilidade dos conceitos, que se pretendem universais, contrasta com a incessante emergência de novos fenômenos. No campo negocial, em particular, é de crucial importância a possibilidade de as partes se valerem da autonomia privada para atender a necessidades e interesses antes inexistentes, criando soluções não previstas no ordenamento jurídico.

No mesmo sentido, critica-se o próprio método de construção dos conceitos abstratos. Conforme explanado acima, estes se formam por meio da abstração negativa, ou seja, pela extração, segundo determinado ponto de vista, das notas características consideradas comuns em um dado conjunto de casos. Assim procedendo, abstrai-se da totalidade que configura o caso concreto, isolando-se características específicas, elevadas a nível de elementos conformadores do conceito. Há, portanto, uma ausência de conexão com a imagem global dos fatos da vida. Disso resulta o risco tanto de se excluírem do conceito casos que por ele deveriam ser regulados, como de se incluírem hipóteses que assim não deveriam ser tratadas. Em última

p. 18. No mesmo sentido, Rui Pinto DUARTE expõe que "a doutrina dos *essentialia* não pode ser tida como um critério bastante para a aplicação do Direito. A norma jurídica, porque é um juízo de valor, não é desagregável sem perda de sentido; a soma das partes em que a norma seja analisável nunca atinge o sentido desta; assim, o esforço da decomposição de uma norma jurídica (ou de um instituto jurídico) em elementos, sendo obviamente insuficiente para a aplicação do Direito". Adiante, continua o autor, afirmando que a doutrina dos *essentialia*, "se parece ser necessário, não é, porém, suficiente. A tanto obsta ele não dar orientação sobre quais as consequências da verificação nas espécies contratuais concretas de outras características para além daquelas tidas por essenciais para a presença do tipo. Por outras palavras: a doutrina dos *essentialia* pode, nalguns casos, servir para a delimitação dos conceitos qualificativos, mas não é nunca critério bastante para o relacionamento destes com os factos. Aliás, como veremos, a insuficiência da doutrina dos *essentialia* decorre das críticas à suficiência do juízo subsuntivo como mecanismo de aplicação da lei., designadamente das vertentes dessa crítica acentuadas por alguns autores adeptos da 'Typuslehre'". **Tipicidade e atipicidade dos contratos**. Coimbra: Almedina, 2000, pp. 89-90, destaques no original.

instância esvazia-se o sentido do conceito[30], cuja inaptidão para adequadamente regular a realidade resultará ou em seu desuso ou na imposição de uma regulação injusta.

Critica-se também a verificação prática do método subsuntivo tal como idealizado. A esse respeito, Karl LARENZ é contundente ao afirmar que "a parte da subsunção lógica na aplicação da lei é muito menor do que a metodologia tradicional supôs e a maioria dos juristas crê"[31]. Isso ocorre justamente porque os fenômenos da vida não se mostram claramente compartimentados, mas se apresentam com graduações que colocam em xeque um pensamento por simples silogismo de subsunção.

Não bastasse essa circunstância, é comum que a própria definição legal do conceito contenha elementos cujo sentido não atinge o grau de precisão exigido para uma verdadeira definição conceitual. Na medida em que se mostram insuficientes as notas distintivas indicadas na norma, será inevitável uma atividade ulterior do intérprete para sua compreensão. A possibilidade de uma imediata subsunção lógica é, portanto, desde logo afastada, devendo o intérprete determinar o sentido da norma com base na consideração de uma pluralidade de pontos de vista[32]. Nesses casos, é frequente que o aplicador do Direito, referindo-se à sua atividade, qualifique-a como mera subsunção, o que se mostra não apenas ilusório, mas equivocado, dado o inescapável recurso a um prévio juízo de valoração[33].

[30] LARENZ, Karl. **Metodologia da Ciência do Direito**, trad. José Lamego, 7ª ed. Lisboa: Calouste Gulbenkian, 2014, pp. 648-650. Comparando a perspectiva conceitual com a tipológica, Maria COSTANZA afirma que "il ricorso al tipo rappresenti uno strumento corretto di qualificazione e conseguentemente di sussunzione nel modello legale, mentre il riferimento alla definizione 'concettuale' dello schema codificato conduce, per lo più, ad una applicazione allargata della disciplina dei contratti speciali, ma fa perdere l'esatta fisionomia del fatto da regolare". **Il contratto atipico**. Milano: Giuffrè, 1981, p. 231.

[31] LARENZ, Karl. **Metodologia da Ciência do Direito**, trad. José Lamego, 7ª ed. Lisboa: Calouste Gulbenkian, 2014, pp. 644-645.

[32] Ibid., p. 645.

[33] "Não é raro que uma definição legal contenha um elemento (ou vários) que não permita uma mera subsunção. (...) Onde quer que se faça uma tal indicação resulta claro que não é suficiente uma consideração baseada unicamente nas notas distintivas particulares, apreendidas de modo geral – e assim, uma 'subsunção' meramente lógica –, mas requer-se um juízo que leve em conta diferentes pontos de vista, combináveis de modo diverso." Ibid., pp. 300-301.

Giorgio DE NOVA reflete as críticas acima feitas em relação ao pensamento conceitual quando rejeita a posição de Andrea Belvedere, que sustenta a vinculatividade das definições dos "tipos contratuais":

> A esse respeito, o meu dissenso é de pressuposto. Belvedere é dominado pela preocupação de fidelidade à lei. Mas o problema é se é de fato fiel à lei uma aplicação mecânica, automática, que se arrisca a conduzir à aplicação de uma determinada norma a casos aos quais, na realidade, não corresponde. Não apenas: o problema é se é fiel à lei o intérprete que, para evitar esse resultado, recorta e cola sem explicitar a própria intervenção, e assim a oculta sob o manto da interpretação.[34]

Por fim, questiona-se se, ainda que possível, seria desejável um sistema jurídico conceitual puramente aplicável por subsunção. À luz das ponderações acima, entende-se que não. Nesse ponto, reitere-se a teoria da tridimensionalidade do Direito e seus três elementos: fato, valor e norma jurídica. Uma vez criada a norma jurídica, como resultado da apreensão de um fato segundo determinada perspectiva valorativa, a relação entre fato e valor não se extingue como em uma síntese hegeliana. Pelo contrário, fato e valor subjacentes à norma perduram, em uma relação de implicação-polaridade que influencia o sentido e a evolução da norma[35].

Não há como, portanto, dissociar a compreensão de uma norma de sua base fática e axiológica, de forma que, nas palavras de LARENZ,

[34] Original em italiano: "A questo proposito, il mio dissenso è di fondo. Belvedere è dominato dalla preoccupazione della fedeltà alla legge. Ma il problema è se sia davvero fedele alla legge un'applicazione meccanica, automatica, che rischia di portare ad applicare una data norma anche a casi cui in realtà non si attaglia. Non solo: il problema è se sia fedele alla legge l'interprete che, per evitare questo risultato, ritaglia e incolla senza esplicitare il proprio intervento, ed anzi nascondendolo sotto il manto dell'interpretazione". Il tipo contrattuale. **Quaderni di Giurisprudenza commerciale**, Milano, v. 53, pp. 29-37, 1983, Tipicità e atipicità nei contratti, p. 33. A crítica de DE NOVA é refletida por Andrea D'ANGELO: "Ma una penetrante valutazione critica operata dalla dottrina tedesca e italiana segnala la rigidità e l'inadeguatezza di un metodo che assume il tipo legale a concetto, come tale rigorosamente delimitato dai tratti e dagli elementi che ne costituiscono la definizione legale. Se la sussunzione nel concetto potrebbe operare solo per quei fenomeni che presentino gli elementi della definizione, ciò di per sé contraddice alla funzione del processo di tipizzazione, che presuppone la diversità del fenomeno (atipico) da regolare rispetto al tipo". **Contratto e operazione economica**. Torino: G. Giappichelli, 1992, p. 77.

[35] REALE, Miguel. **Lições preliminares de Direito**, 27ª ed. São Paulo: Saraiva, 2002, p. 67.

"'compreender' uma norma jurídica requer o desvendar da valoração nela imposta e o seu alcance"[36]. Um método puramente subsuntivo, que desconsidere a realidade fática e as perspectivas valorativas em favor de uma lógica puramente formal, vai na direção contrária à própria essência do Direito. Este, em última instância, torna-se um conjunto de conceitos vazios e perde sua razão de ser, transmudando-se em um fim em si mesmo, desconectado da realidade que se destina a regular[37].

Conclui-se, ante o exposto, pela insuficiência do sistema conceitual abstrato como única forma de pensamento na ciência jurídica, sendo necessário o desenvolvimento de novos métodos que não apenas melhor se adaptem à incessante mutabilidade dos fatos da vida, mas também tenham em conta considerações de ordem valorativa[38].

1.2. Pensamento por Tipos

1.2.1. Características dos Tipos

O método tipológico tem desenvolvimento mais recente em comparação com o conceitual[39]. A sua origem está atrelada à insuficiência dos conceitos gerais abstratos no tratamento das diversas nuances com que os fatos da realidade podem se mostrar[40]. Conforme explanado na seção ante-

[36] LARENZ, Karl. **Metodologia da Ciência do Direito**, trad. José Lamego, 7ª ed. Lisboa: Calouste Gulbenkian, 2014, pp. 298.

[37] "As contraposições pretensamente excludentes revelam-se apenas opostas; o que conceptualmente está radicalmente separado está ligado entre si de forma multímoda; a abstracção levada ao extremo interrompe as concatenações de sentido e acaba por conduzir-se *ad absurdum*, pela vacuidade dos seus conceitos supremos, que já nada dizem sobre a concatenação de sentido subjacente." Ibid., p. 650, destaque no original.

[38] "A metódica do conceito geral abstracto, no achamento do Direito, tem todavia defeitos e lacunas importantes. Não permite, ou dificulta muito, os juízos valorativos, é pouco apta para a concretização das cláusulas gerais e conceitos indeterminados carecidos de preenchimento valorativo, não consegue dar resposta satisfatória aos problemas colocados pelas formas mistas e de transição e é pouco eficiente no que respeita à determinação da exigibilidade concreta". VASCONCELOS, Pedro Pais de. **Contratos Atípicos**, 2ª ed. Coimbra: Almedina, 2009, pp. 26-27.

[39] Rui Pinto DUARTE remete o início da aplicação do método tipológico no campo do Direito ao ano de 1938. **Tipicidade e atipicidade dos contratos**. Coimbra: Almedina, 2000, p. 97.

[40] DE NOVA, Giorgio. **Il tipo contrattuale**. Padova: CEDAM, 1974, p. 122. DUARTE, Rui Pinto. **Tipicidade e atipicidade dos contratos**. Coimbra: Almedina, 2000, pp. 96-97.

rior, a definição dos conceitos abstratos, pela fixidez de seus elementos constitutivos e pela rigidez de seus limites, é criticada em razão de, muitas vezes, não lidar com casos mistos e limítrofes de maneira adequada. Desenvolveu-se, então, a perspectiva tipológica com a finalidade de oferecer a tais casos um tratamento satisfatório.

Assim como os conceitos abstratos, os tipos também são formas de compreensão do geral[41]. Ao contrário destes, todavia, não apresentam uma definição com limites clara e rigidamente delineados, resultantes do isolamento de notas distintivas cuja presença, em sua totalidade, é pressuposto necessário e suficiente para o juízo subsuntivo de inclusão. Tampouco originam um sistema hierarquizado e pretensamente completo, estruturado em conceitos que se ordenam em superiores e inferiores, conforme se adicionem ou subtraiam notas distintivas.

Os tipos são formados a partir de uma descrição. As características são apreendidas da realidade e ordenadas segundo determinado critério valorativo, de forma a configurar uma "imagem global", cujos limites são fluidos e elásticos. Há, portanto, uma aglomeração das diversas características individuais, as quais são tomadas em uma conexão de sentido que se expressa na imagem global conformadora do tipo.[42]

MARINO, Francisco Paulo De Crescenzo. **Contratos coligados no Direito Brasileiro**. São Paulo: Saraiva, 2009, p. 7.

[41] "Tanto os tipos como os conceitos gerais abstractos situam-se fora do campo do individual. Constituem modos de referir e de exprimir, de designar, algo de plural, são modos diferentes de pensamento do geral." VASCONCELOS, Pedro Pais de. **Contratos Atípicos**, 2ª ed. Coimbra: Almedina, 2009, pp. 24-25. No mesmo sentido, cf. COSTANZA, Maria. **Il contratto atipico**. Milano: Giuffrè, 1981, p. 224. DUARTE, Rui Pinto. **Tipicidade e atipicidade dos contratos**. Coimbra: Almedina, 2000, p. 98.

[42] Conforme Pedro Pais de VASCONCELOS: "Diferentemente dos conceitos gerais abstractos, os tipos não são formados por abstração. (...) Na formação dos tipos, pelo contrário, a realidade referida ou designada é aglomerada, é enquadrada, sem abstracção do incomum. Nos tipos, a parcela da realidade designada mantém-se íntegra sem ser amputada do diferente. Os tipos juntam o comum e o incomum em torno de algo que constitui o critério de tipificação e que dá coerência ao conjunto". **Contratos Atípicos**, 2ª ed. Coimbra: Almedina, 2009, pp. 37-38. Ao contrário de Pedro Pais de VASCONCELOS, Giorgio DE NOVA afirma que o modo de formação dos tipos também é uma forma de abstração, explicando que "i dati caratteristici vengono evidenziati in funzione di un quadro complessivo colto mediante l'intuizione, rinunciando alla pretesa che essi siano tutti presenti in tutti gli elementi del gruppo; e vengono riuniti non semplicemente sommandoli, ma ricomponendoli ad immagine del complesso intuito". **Il tipo contrattuale**. Padova: CEDAM, 1974, p. 126.

Do modo de formação acima decorre que os tipos são dotados de abertura, ou seja, não há um conjunto de características cuja presença seja necessária e suficiente para determinar a inclusão ou não de um caso concreto no grupo[43]. As notas distintivas, por serem apreendidas em uma totalidade de sentido, podem se apresentar em intensidades diversas e não precisam estar todas presentes[44]. Assim sendo, o ponto de relevância se desloca dos elementos individuais isolados para a imagem global do fato da vida analisado, o qual, se não necessita conter todas as características típicas, deve, contudo, aproximar-se em grau suficiente da figura típica. Por outro lado, a simples constatação da presença de todas as características descritas não implica a tipicidade do caso concreto. É preciso que a relação de coerência interna que ordena as características do tipo e lhe atribui um dado sentido corresponda à existente no caso concreto. Nesse sentido, é elucidativa a lição de LARENZ:

> As notas características indicadas na descrição do tipo não precisam, pelo menos algumas delas, de estar todas presentes; podem nomeadamente ocorrer em medida diversa. São com frequência passíveis de gradação e até certo ponto comutáveis entre si. Consideradas isoladamente, só tem o significado de sinais ou indícios. O que é decisivo é, em cada caso, a sua conexão na realidade concreta. (...) Trata-se antes de se saber se as notas características tidas como "típicas" estão presentes em tamanho grau e intensidade que a situação de facto "no seu todo" corresponda à imagem fenoménica do tipo. O tipo não se define, descreve-se. Não se pode subsumir à descrição do tipo; mas pode-se, com a sua ajuda, ajuizar se um fenómeno pode ou não integrar-se no tipo.[45]

[43] VASCONCELOS, Pedro Pais de. **Contratos Atípicos**, 2ª ed. Coimbra: Almedina, 2009, p. 43. DUARTE, Rui Pinto. **Tipicidade e atipicidade dos contratos**. Coimbra: Almedina, 2000, p. 99.

[44] No pensamento tipológico, portanto, importa mais a correspondência com a imagem global, conforme aponta Karl LARENZ: "De acordo com isto, a coordenação de um contrato determinado ao tipo contratual não depende tanto da coincidência em relação a todos os traços particulares, mas da 'imagem global'". **Metodologia da Ciência do Direito**, trad. José Lamego, 7ª ed. Lisboa: Calouste Gulbenkian, 2014, p. 666.

[45] Cf. Ibid., p. 307. Referindo-se à Larenz, cite-se também: DE NOVA, Giorgio. Il tipo contrattuale. **Quaderni di Giurisprudenza commerciale**, Milano, v. 53, pp. 29-37, 1983. Tipicità e atipicità nei contratti, p. 32.

Além de abertos, os tipos também são dotados de graduabilidade e de elasticidade, podendo um caso concreto ser mais ou menos típico. A graduabilidade refere-se ao juízo de maior ou menor correspondência, em oposição ao juízo binário de inclusão ou exclusão. Enquanto este opera segundo a lógica binária do sim ou não, do verdadeiro ou falso, aquele funciona em termos de mais ou menos. Sobre o objeto da graduabilidade, este pode se referir tanto às características do tipo quanto ao juízo de correspondência. Quando recai sobre as características típicas, significa a possibilidade de elas se verificarem em menor ou maior grau. Já quando o juízo de correspondência é graduável, a maior ou menor tipicidade decorre não só da graduabilidade da característica típica, mas também da presença ou ausência de uma ou mais características típicas. É justamente em razão desse caráter graduável que os tipos se mostram aptos a lidar com casos mistos e de transição, os quais outrora seriam imediatamente excluídos de uma definição conceitual.[46]

À luz das circunstâncias acima, tem-se que a relação dos tipos com os fatos da realidade não ocorre mediante subsunção, mas segundo um juízo de correspondência. Como explicado, os tipos são abertos, graduáveis e elásticos, apresentando fronteiras fluidas e que não permitem uma delimitação precisa e fixa como a da definição. Enquanto descritíveis, operam por meio de um juízo de maior ou menor correspondência, de modo que a coordenação ao tipo é feita mediante um pensamento por aproximação, comparação e analogia entre as características típicas e as verificadas no caso concreto.[47]

Nas situações duvidosas, em que não se consegue chegar a uma conclusão imediata quanto à tipicidade, o ponto decisivo é justamente a perspectiva valorativa que ordena as características do tipo. Será, em última instância, a conexão de sentido conformadora da imagem típica global o

[46] LARENZ, Karl. **Metodologia da Ciência do Direito**, trad. José Lamego, 7ª ed. Lisboa: Calouste Gulbenkian, 2014, p. 426. DE NOVA, Giorgio. Il tipo contrattuale. **Quaderni di Giurisprudenza commerciale**, Milano, v. 53, pp. 29-37, 1983. Tipicità e atipicità nei contratti, pp. 33 e 35. VASCONCELOS, Pedro Pais de. **Contratos Atípicos**, 2ª ed. Coimbra: Almedina, 2009, pp. 44-45.

[47] LARENZ, Karl. **Metodologia da Ciência do Direito**, trad. José Lamego, 7ª ed. Lisboa: Calouste Gulbenkian, 2014, p. 307. DE NOVA, Giorgio. **Il tipo contrattuale**. Padova: CEDAM, 1974, pp. 127-128. DUARTE, Rui Pinto. **Tipicidade e atipicidade dos contratos**. Coimbra: Almedina, 2000, pp. 99-100. VASCONCELOS, Pedro Pais de. **Contratos Atípicos**, 2ª ed. Coimbra: Almedina, 2009, pp. 189-192.

critério responsável por determinar se a articulação de um certo conjunto de notas distintivas e o grau com que se apresentam justificam ou não a coordenação do caso ao tipo[48]. Resulta dessas características, portanto, a existência de uma zona de penumbra entre os casos extremos, visto que nestes últimos a integração ou não ao tipo é clara. Essa circunstância, conforme será explicado na seção 1.2.5, é criticada por alguns como fonte de insegurança jurídica, mas acaba por reforçar a maior aptidão do método tipológico ao tratamento dos casos mistos e de transição[49].

Além da relação dos tipos com os fatos da realidade que abarcam, também se deve analisar a sua relação com os demais tipos. Em razão das características descritas anteriormente, Karl LARENZ explica que a ocorrência de determinado tipo "(...) pode resultar de enlaces arbitrários de elementos, que poderiam apresentar-se com diferentes graus de intensidade"[50]. Disso decorre que os diversos tipos existentes não se relacionam em uma estrutura vertical de classes e subclasses hierarquicamente organizadas em função do grau de abstração. Ordenam-se, sim, em uma estrutura horizontal, linear, na qual os tipos se distribuem em séries e planos[51]. As séries de tipos se organizam segundo um critério de seriação e consistem no alinhamento de tipos que, não obstante contenham diferenças entre si, apresentam certo grau de semelhança. Entre os polos da série, portanto, forma-se uma escala de graduação que opera por meio de um juízo comparativo, particularmente útil para a compreensão dos casos mistos e de transição[52].

A diferença entre tipos e subtipos, por conseguinte, não ocorre por indução e dedução, mas por analogia. Primeiro, comparam-se as características

[48] LARENZ, Karl. **Metodologia da Ciência do Direito**, trad. José Lamego, 7ª ed. Lisboa: Calouste Gulbenkian, 2014, p. 309.

[49] DE NOVA, Giorgio. **Il tipo contrattuale**. Padova: CEDAM, 1974, p. 128.

[50] **Metodologia da Ciência do Direito**, trad. José Lamego, 7ª ed. Lisboa: Calouste Gulbenkian, 2014, p. 668.

[51] "Por isto, os tipos não se relacionam uns com os outros verticalmente, em pirâmide, como os conceitos gerais abstractos, mas sim horizontalmente, em séries e planos. (...) Dentro de um mesmo tipo, os indivíduos ou os casos designados podem relacionar-se em séries ou em planos. O critério de tipificação assenta, em princípio, em mais do que uma característica típica. Dessas características, uma ou mais poderão ser graduáveis. (...) O modo como as características típicas se graduam, se relacionam, constitui a 'ordem interna do tipo'". VASCONCELOS, Pedro Pais de. **Contratos Atípicos**, 2ª ed. Coimbra: Almedina, 2009, pp. 38-39.

[52] LARENZ, Karl. **Metodologia da Ciência do Direito**, trad. José Lamego, 7ª ed. Lisboa: Calouste Gulbenkian, 2014, pp. 669 e 671.

dos tipos e subtipos, identificando-lhes os desvios e diferenças. Em seguida, procede-se à sua ordenação em séries graduáveis segundo um critério de seriação correspondente a uma ou mais características típicas. As diversas séries, por sua vez, também se distribuem horizontalmente, dando origem a um plano.[53] É nesse plano, portanto, que um objeto será comparado com os tipos e subtipos nele distribuídos, dependendo sua qualificação, conforme será tratado no capítulo 3, do posicionamento que lhe for atribuído.

1.2.2. Classificação dos Tipos

Referindo-se aos tipos no pensamento científico em geral, Karl LARENZ classifica-os, sem pretensão de exaustividade, segundo os diferentes significados que possam apresentar[54].

Distinguem-se, inicialmente, os tipos médios ou de frequência dos tipos de totalidade ou de configuração[55]. Os primeiros referem-se ao "tipo" como modelo que normalmente se apresenta na realidade, ou seja, "aquilo que é de esperar segundo o curso normal"[56]. Já nos segundos, o significado de "tipo" está atrelado à quantidade maior ou menor de características que tipificam uma imagem em sua globalidade. Assim, seria um tipo de frequência a menção ao comportamento "típico" de uma pessoa, enquanto que o tipo de totalidade pode ser exemplificado com a consideração de um cachorro como "típico" de determinada raça. Em comum, ambos os tipos

[53] A respeito da forma de relação entre os tipos, comparada com a existente entre os conceitos, Pedro Pais de VASCONCELOS afirma que: "A relação dos tipos com os subtipos não tem a ver com um processo indutivo-dedutivo, de abstracção e especificação, mas antes com a elasticidade, abertura e graduabilidade própria do tipo, e com um processo analógico que se desenvolve num só plano. (...) Entre o tipo e o subtipo, a diferença não é de maior ou menor elevação, mas sim de maior amplitude do tipo em relação ao subtipo". Mais adiante, prossegue com a conclusão de que: "Os tipos relacionam-se em série conforme critérios de seriação que podem ser variados e têm a ver com as características graduáveis que são postas em foco". Cf. **Contratos Atípicos**, 2ª ed. Coimbra: Almedina, 2009, pp. 67-68 e 72.

[54] LARENZ, Karl. **Metodologia da Ciência do Direito**, trad. José Lamego, 7ª ed. Lisboa: Calouste Gulbenkian, 2014, p. 657-659.

[55] Vale observar que Pedro Pais de VASCONCELOS, por sua vez, apresenta classificação distinta, contrapondo o tipo médio ao tipo de frequência. **Contratos Atípicos**, 2ª ed. Coimbra: Almedina, 2009, pp. 54-55.

[56] LARENZ, Karl. **Metodologia da Ciência do Direito**, trad. José Lamego, 7ª ed. Lisboa: Calouste Gulbenkian, 2014, p. 657.

apresentam a característica de serem intuídos a partir da experiência, ou seja, são os denominados tipos empíricos.

Os tipos empíricos ou só intuídos opõem-se aos tipos pensados ou só imaginados. Aqueles são intuídos a partir de modelos concretos que se considera possuírem as características típicas em grau acentuado. Como são apreendidos a partir das impressões sensoriais intuídas, forma-se apenas uma imagem global, sem distinção entre os traços particulares que os diferenciam dos demais tipos. Por outro lado, o conhecimento das notas distintivas pressupõe o pensar, de modo que se considera pensado o tipo que, embora preserve a imagem global intuída, identifica e reúne suas notas distintivas.

Por fim, Karl LARENZ contrapõe os tipos empíricos a outros dois significados de "tipo": os tipos ideais lógicos e os tipos ideais normativos. Os tipos ideais lógicos, da mesma forma que os empíricos, também derivam da experiência. Peculiarizam-se, contudo, por serem modelos utilizados como padrão de comparação, constituídos pela ênfase dada a algumas características selecionadas a partir de determinado ponto de vista. Considerados como produtos do pensamento, não precisam existir, em sua pureza, na realidade. Caso tal modelo se submeta a uma prevalência valorativa em relação a outros, surgirá, então, o tipo ideal axiológico ou normativo, de grande relevância para o pensamento jurídico, como será explicado na seção seguinte.

1.2.3. Pensamento por Tipos no Direito

Passando ao estudo do pensamento tipológico especificamente no campo do Direito, LARENZ identifica três acepções distintas[57]. A primeira é o tipo enquanto *standard*, ou seja, padrões normais de conduta considerados socialmente como corretos e elevados ao plano de norma jurídica. Configurando-se como "pautas móveis", aplicam-se mediante concretização constante, ou seja, pressupõem a permanente inferência a partir das condutas reconhecidas como típicas. É o que se passa, por exemplo, com os "usos do comércio" e os "bons costumes". Os *standards*, portanto, classificam-se como tipos de frequência e também como tipos ideais normativos.

[57] LARENZ, Karl. **Metodologia da Ciência do Direito**, trad. José Lamego, 7ª ed. Lisboa: Calouste Gulbenkian, 2014, pp. 660-664.

A segunda acepção refere-se aos tipos reais normativos, muito utilizados pela ciência jurídica. Consistem estes em tipos cuja formação e aplicação contemplam, além de elementos empíricos, elementos normativos. Assim, a imagem típica global é apreendida a partir da experiência, mas a seleção dos fenômenos decisivos é feita sob uma perspectiva normativa[58].

Por derradeiro, há os tipos jurídicos estruturais, que guardam particular importância no direito contratual. Destinados a lidar com relações jurídicas, consistem em regulamentações típicas verificadas na realidade da vida, podendo ou não ser apreendidas pelo legislador. Caso o sejam, este as eleva a normas e adiciona-lhes outras regras que entender adequadas à disciplina do tipo em questão. O tipo jurídico estrutural forma-se, portanto, a partir da estrutura de relações jurídicas concretas preexistentes, como os negócios jurídicos e, em particular, os contratos[59].

1.2.4. Pensamento por Tipos no Direito Contratual

No direito contratual, uma das principais questões com que se defronta o jurista é a determinação do regime jurídico aplicável a um contrato em concreto. Pressupostos para tanto são, primeiro, a compreensão do conteúdo do contrato em questão e, depois, sua qualificação. A depender de como o contrato se qualifique, serão drasticamente diversas as consequências sobre

[58] "Os tipos normativos não são apenas quadros significativos de um ser, caracterizadores de comportamentos ou de situações humanas típicas, trazem também em si os critérios de acção e de decisão, de bem e de mal, de dever-ser. Nos tipos normativos há um especial 'ser que deve ser' e, inseparável deste e dele inseparado, um 'dever-ser que é'." VASCONCELOS, Pedro Pais de. **Contratos Atípicos**, 2ª ed. Coimbra: Almedina, 2009, p. 58.

[59] Trata-se de visão que considera os negócios jurídicos como fonte reconhecida do Direito, ou seja, uma regulamentação que o precede e é por ele posteriormente absorvida. Nesse sentido, Norberto BOBBIO trata do poder de negociação como fonte do Direito e explica que: "Se se coloca em destaque a autonomia privada, entendida como a capacidade dos particulares de dar normas a si próprio numa certa esfera de interesses, e se considerarmos os particulares como constituintes de um ordenamento jurídico menor, absorvido pelo ordenamento estatal, essa vasta fonte de normas jurídicas é concebida de preferência como produtora independente de regras de conduta, que são aceitas pelo Estado. (...) Trata-se, em outras palavras, de decidir se a autonomia privada deve ser considerada como um resíduo de um poder normativo natural ou privado, antecedente ao Estado, ou como um produto do poder originário do Estado". **Teoria do ordenamento jurídico**, trad. Cláudio de Cicco e Maria Celeste C. J. São Paulo: Polis, 1989, pp. 40-41.

o conteúdo de seu regime jurídico[60-61]. Referindo-se às consequências da determinação do regime jurídico aplicável aos contratos atípicos no direito italiano, assim se pronuncia Maria COSTANZA:

> Vimos até o momento de qual modo é possível colocar em existência contratos atípicos; resta enfrentar o importante problema dos métodos de qualificação, isto é, do destino dos contratos atípicos uma vez que adentram a prática econômica. A jurisprudência deve resolver estes casos seja do ponto de vista da disciplina, no sentido de preencher as eventuais lacunas deixadas pelas partes, seja do ponto de vista do controle, ou seja, com o objetivo de avaliar se as regras estabelecidas pelas partes são mais ou menos admissíveis.[62]

[60] O juízo de qualificação será melhor estudado na seção 3.1, mas desde já se pode adiantar que: "A qualificação do contrato é um juízo predicativo. O contrato é qualificado através do reconhecimento nele de uma qualidade que é a qualidade de corresponder a este ou àquele modelo típico". VASCONCELOS, Pedro Pais de. **Contratos Atípicos**, 2ª ed. Coimbra: Almedina, 2009, p. 170. Karl LARENZ explica a "qualificação" como a determinação do "tratamento jurídico de uma situação de facto". **Metodologia da Ciência do Direito**, trad. José Lamego, 7ª ed. Lisboa: Calouste Gulbenkian, 2014, p. 628. Já Giuseppe SBISÀ restringe a "qualificação" ao confronto com o "tipo legal", apresentando definição mais restrita: "riferibilità dei dati della fattispecie concreta a dati delle fattispecie legali". Contratti innominati: riconoscimento e disciplina delle prestazioni. **Quaderni di Giurisprudenza commerciale**, Milano, v. 53, pp. 117-122, 1983. Tipicità e atipicità nei contratti, p. 118. Confira-se, ainda DE NOVA, Giorgio. Il tipo contrattuale. **Quaderni di Giurisprudenza commerciale**, Milano, v. 53, pp. 29-37, 1983, Tipicità e atipicità nei contratti, pp. 31-32.

[61] "A primeira questão a que o jurista tem de responder para julgar sobre um contrato é: o que é que acordaram as partes? Para responder a esta questão, como veremos já de seguida, tem de interpretar as declarações das partes do contrato. Só quando estiver apurado o que é que foi acordado, quer dizer, quais as consequências jurídicas que as partes acordaram, é que se coloca a questão subsequente de como se há-de juridicamente classificar e julgar este acordo, se, por exemplo, como compra e venda, doação mista, locação financeira, ou o que quer que seja. A classificação do contrato concreto num tipo contratual legal ou a sua qualificação como 'contrato misto' tem uma dupla importância. Por um lado, pode resultar daí que para um contrato de tal espécie existam pressupostos de validade especiais (...). Por outro lado, da classificação depende a aplicação de normas legais, na sua maior parte de natureza dispositiva, que complementam o acordo." LARENZ, Karl. **Metodologia da Ciência do Direito**, trad. José Lamego, 7ª ed. Lisboa: Calouste Gulbenkian, 2014, p. 420.

[62] Original em italiano: "Abbiamo finora visto in che modo è possibile porre in essere contratti atipici; ci resta ora da affrontare l'importante problema dei metodi di qualificazione, cioè della sorte dei contratti atipici una volta che sono entrati nella prassi economica. La giurisprudenza deve risolvere questi casi sia dal punto di vista della disciplina, nel senso di riempire le eventuali lacune lasciate dalle parti, sia dal punto di vista del controllo, al fine, cioè, di valutare se le regole stabilite dalle parti siano più o meno assecondabili". Il contratto

Conforme será discutido em detalhes na seção 3.1, a primeira indagação que se coloca é quanto à natureza dos denominados "tipos contratuais" previstos pelo legislador: configuram-se estes como conceitos ou como tipos propriamente ditos, especificamente tipos jurídicos estruturais[63]? Caso sejam entendidos como conceitos, os tipos contratuais devem operar por meio do juízo binário de subsunção, o que implica a necessidade de verificar se o contrato concreto reúne todas as notas distintivas isoladas pelo legislador, as quais constituem pressupostos necessários e suficientes para aquele se incluir na definição. Havendo desvio ou ausência de qualquer das notas distintivas, o caso será excluído do conceito e, por conseguinte, do âmbito de aplicação da respectiva disciplina jurídica legal.

Por outro lado, na hipótese de os tipos contratuais serem considerados verdadeiros tipos, deve-se então aplicar o juízo de correspondência, pelo qual se dá primazia à imagem global do contrato concreto e do tipo em análise, com a finalidade de apurar a maior ou menor correspondência entre ambos. Como já mencionado na seção 1.2, a fluidez dos limites do tipo viabiliza a aplicação, a casos mistos e de transição, de um regime jurídico outrora negado pelo método conceitual. Por outro lado, dessa mesma fluidez decorre a impossibilidade de se delimitar, de uma maneira geral e abstrata, o ponto até onde se estende a fronteira típica, ou seja, o limite além do qual o tipo se desfigura[64].

atípico. **Quaderni di Giurisprudenza commerciale**, Milano, v. 53, pp. 39-46, 1983. Tipicità e atipicità nei contratti, p. 44.

[63] Giuseppe SBISÀ ressalta a importância da escolha do método para o juízo de qualificação de um contrato e para a definição da respectiva disciplina jurídica. Contratti innominati: riconoscimento e disciplina delle prestazioni. **Quaderni di Giurisprudenza commerciale**, Milano, v. 53, pp. 117-122, 1983. Tipicità e atipicità nei contratti, p. 117.

[64] "De acordo com isto, a coordenação de um contrato determinado ao tipo contratual não depende tanto da coincidência em relação a todos os traços particulares, mas da 'imagem global'. Os desvios notórios da imagem global do 'tipo normal' classificar-se-ão como tipos especiais ou como 'configurações atípicas'. Onde reside em cada caso a fronteira, até onde é possível ainda uma coordenação a este tipo, não pode indicar-se de modo geral; quando as fronteiras são fluídas, como geralmente é o caso tratando-se do tipo, a coordenação só é possível com base numa avaliação global." LARENZ, Karl. **Metodologia da Ciência do Direito**, trad. José Lamego, 7ª ed. Lisboa: Calouste Gulbenkian, 2014, pp. 665-666. Criticando a tentativa de uma inclusão forçada no tipo contratual legal, Orlando GOMES afirma que: "A expectativa dos litigantes de que as sentenças sejam fundadas em artigos da lei leva os juízes a forçar a inserção de figuras atípicas no esquema de contratos típicos, em vez de recorrerem aos princípios gerais do direito contratual. Essa tendência manifesta-se a pretexto

Ponto inafastável que também se coloca nessa discussão é a realidade da praxe negocial, marcada pelo dinamismo decorrente das exigências de se atender a novos interesses e de solucionar novas necessidades. Por isso, a autonomia privada desempenha papel fundamental ao permitir o surgimento e a modificação dos modelos negociais já adotados. Frequentemente aparecem regulações novas, mistas e híbridas, que se afastam, em alguma medida, da configuração dos tipos contratuais existentes[65]. Nesse contexto, argumenta-se que o pensamento conceitual teria duas desvantagens. A primeira é indevidamente excluir casos em que a manutenção da imagem global não justificaria impedir a incidência do regime jurídico do tipo contratual, ainda que ausente ou modificada alguma de suas notas distintivas. A segunda consiste em indevidamente incluir casos concretos cuja imagem global não corresponde à do tipo contratual, apesar de verificados os elementos isolados e integrantes da definição. Sob essa perspectiva crítica, sustenta-se que o aplicador do direito deveria aplicar os tipos contratuais mediante o método tipológico, por ser o mais adequado a lidar com as transformações e criações de novos modelos contratuais[66].

de resguardar a certeza do direito, mas é condenável". **Contratos**, 26ª ed., rev., atual. e ampl. Rio de Janeiro: Forense, 2007, pp. 119-120. A questão levantada por Orlando GOMES será melhor analisada na seção 8.4, que trata da tendência à tipificação forçada.

[65] Sobre a liberdade de se criarem modelos contratuais novos, confira-se: "A tentativa de enumerar os principais contratos atípicos seria empresa temerária em face do princípio que franqueia sua formação. Se a ordem jurídica assegura aos indivíduos a liberdade de estruturação dos contratos, o número dos que podem ser estipulados à margem do paradigma legal é, por assim dizer, infinito. Haverá tantos quanto as possíveis combinações e os interesses dignos de proteção jurídica". GOMES, Orlando. **Contratos**, 26ª ed., rev., atual. e ampl. Rio de Janeiro: Forense, 2007, p. 126.

[66] Trata-se da mesma conclusão a que chega Orlando GOMES: "O problema resolve-se com a aceitação da categoria lógica do tipo, elaborada pela doutrina alemã e contraposta ao conceito, pois, enquanto este põe em evidência os elementos comuns a todos os indivíduos do grupo, o tipo se constrói individualizando os dados característicos em função de um quadro total que se apanha globalmente sem que seja necessário que todos os dados estejam presentes em todos os indivíduos do grupo. Tal é o método tipológico." Ibid., pp. 126-127. Em igual sentido, cite-se Karl LARENZ: "A consideração tipológica abre a possibilidade de classificar adequadamente transformações de tipos e combinações de tipos. (...) Em contrapartida, para a consideração tipológica, o contrato pode em certos aspectos integrar-se num tipo e noutros no outro, ou unir em si, de forma específica, traços de diferentes tipos num novo tipo. (...) A necessidade de uma certa flexibilidade ao fazer a classificação adentro dos tipos contratuais legais resulta do princípio da liberdade contratual, predominante no domínio dos contratos obrigacionais, o qual tem como consequência que o comércio jurídico nem sempre se atém

Trata-se de discussão que, por sua complexidade e diversidade de soluções, será abordada em detalhes na já mencionada seção 3.1.

Outra questão que merece destaque ao se tratar dos tipos no direito contratual refere-se à formação do tipo jurídico estrutural. Questiona-se se o surgimento do tipo jurídico estrutural depende da apreensão, pelo legislador, das regulamentações típicas existentes na realidade[67]. Responde-se que não. Os tipos jurídicos estruturais, como exposto na seção 1.2.3, formam-se a partir da estrutura de relações jurídicas que ocorrem na realidade da vida, de modo que, para o surgimento de um tipo contratual propriamente dito, basta que determinado conjunto de relações contratuais concretas configure uma regulamentação típica. É o que sustenta, por exemplo, Karl LARENZ[68]. Se essa regulamentação típica será ou não posteriormente elevada ao plano de norma jurídica pelo legislador é questão que não influi na formação do tipo jurídico estrutural. Não é por outro motivo que se distinguem os contratos em legalmente típicos, socialmente típicos e atípicos em sentido estrito, consoante será explicado em minúcias nas seções 2.1.2 e 2.1.3[69].

ao modelo do contrato regulado por ele, mas produz constantemente desvios e novos tipos." **Metodologia da Ciência do Direito**, trad. José Lamego, 7ª ed. Lisboa: Calouste Gulbenkian, 2014, pp. 427-428. Veja-se, ainda a afirmação de Giorgio DE NOVA: "In conclusione, si può dire che il metodo tipologico presenta il vantaggio di evitare applicazioni di norme di legge a casi ai quali le norme stesse non sono adatte; e soprattutto consente di trovare la una disciplina per il caso nuovo, in più discipline legali". Il tipo contrattuale. **Quaderni di Giurisprudenza commerciale**, Milano, v. 53, pp. 29-37, 1983. Tipicità e atipicità nei contratti, p. 35. Por fim, VASCONCELOS, Pedro Pais de. **Contratos Atípicos**, 2ª ed. Coimbra: Almedina, 2009, pp. 93-94.

[67] Trata-se do problema da concretização do Direito exposto por Karl ENGISCH: "Pues el problema reside en saber si determinados órdenes jurídicos vienen ya trazados por las realidades, o si un determinado ordenamiento es inmanente a la realidad, o, de otra parte, si el derecho mismo decide soberanamente de qué realidades deben seguirse tales consecuencias jurídicas". **La idea de concreción en el derecho y en la ciencia jurídica actuales**, trad. Juan José Gil Cremades. Granada: Comares, 2004, p. 183.

[68] "Como mostra o exemplo, a apreensão de um tipo jurídico-estrutural tem o seu ponto de partida no conjunto da regulamentação que este tipo teve, seja na lei, seja já, no caso de se tratar de um tipo contratual extralegal, no respectivo contrato". **Metodologia da Ciência do Direito**, trad. José Lamego, 7ª ed. Lisboa: Calouste Gulbenkian, 2014, p. 665.

[69] Adiante-se desde já que Umberto BRECCIA se refere a uma ambiguidade do termo "atípico", na medida em que há contratos que são atípicos em sentido legal, mas típicos na experiência negocial e na própria linguagem jurídica, como o *leasing*. Cf. Le nozioni di "tipico" e "atipico". **Quaderni di Giurisprudenza commerciale**, Milano, v. 53, pp. 3-17, 1983. Tipicità

1.2.5. Crítica ao Pensamento Tipológico

Como já adiantado na seção anterior, a despeito de o pensamento tipológico configurar um contraponto às deficiências apontadas no método conceitual, tampouco está isento de críticas. Nesse sentido, apontam-se a seguir as duas principais objeções que se colocam.

A primeira refere-se à segurança jurídica. Argumenta-se que a fluidez e a graduabilidade dos tipos ferem a segurança jurídica, tornando a aplicação das normas jurídicas um procedimento pautado por incerteza, subjetividade e, em última instância, arbitrariedade. É a crítica exposta por Maria COSTANZA:

> Refira-se, também, que o problema da qualificação, seja como qualificação de modelos ou como subsunção em um tipo, é necessariamente uma operação de simplificação: daí, talvez, a justificativa do fato de que a jurisprudência utilize sempre critérios unitários (...). Portanto, se é verdade que o método tipológico é seguramente o mais honesto e rigoroso, do ponto de vista de sua aplicação, é certamente o mais complicado. (...) Mas, porque a escolha dos elementos constitutivos do tipo é atribuída exclusivamente ao intérprete, podem ocorrer escolhas distintas ainda que para hipóteses fáticas iguais ou similares, com graves consequências para a certeza do direito.[70]

e atipicità nei contratti, pp. 4 e 8-11. Para classificação distinta, cf. AZEVEDO, Álvaro Villaça. **Teoria Geral dos Contratos Típicos e Atípicos**: Curso de Direito Civil, 3ª ed. São Paulo: Atlas, 2009, p. 128.

[70] Original em italiano: "Va detto, inoltre, che il problema della qualificazione, sia come qualificazione di schemi che come sussunzione in un tipo, è necessariamente un'operazione di semplificazione: di qui, forse, la giustificazione del fatto che la giurisprudenza utilizzi sempre criteri unitari (...). Quindi, si è vero che il metodo tipologico è sicuramente il più onesto e rigoroso, dal punto di vista attuativo è senz'altro il più complicato. (...) Ma poiché la scelta degli elementi costitutivi del tipo è affidata esclusivamente all'interprete, potrebbero aversi delle scelte diverse anche per fattispecie eguali o similari con gravi conseguenze per la certezza del diritto." De igual teor é a manifestação de Giuseppe SBISÀ, que se refere a "il pericolo degli arbitri connessi a una valutazione di sintesi, fondata su criteri di valutazione quantitativi (prevalenza, assorbimento e simili)". Il contratto atipico. **Quaderni di Giurisprudenza commerciale**, Milano, v. 53, pp. 39-46, 1983. Tipicità e atipicità nei contratti, p. 45. Cf, também SBISÀ, Giuseppe. Contratti innominati: riconoscimento e disciplina delle prestazioni. **Quaderni di Giurisprudenza commerciale**, Milano, v. 53, pp. 117-122, 1983. Tipicità e atipicità nei contratti, p. 120.

Bem observou Karl LARENZ, contudo, que os defensores desse posicionamento agem sob a ilusão de uma segurança jurídica pretensamente garantida pelo sistema conceitual. Trata-se de um falso pressuposto, na medida em que, como referido na seção 1.1.3, nem sempre os elementos definidores dos conceitos abstratos permitem um imediato juízo de subsunção. Pelo contrário, é de grande frequência a necessidade de um prévio juízo valorativo destinado a compreender o sentido da nota distintiva integrante da definição conceitual. Além disso, o autor observa que o método subsuntivo de aplicação dos conceitos implicaria a exclusão de grande número de situações, as quais simplesmente permaneceriam sem qualquer vínculo, direto ou indireto, com alguma das disciplinas predispostas pelo legislador. Disso decorreria o estímulo a uma subsunção forçada, que camufla os verdadeiros critérios levados em conta pelo aplicador do Direito para evitar que o caso caia nessa zona sem regulamentação jurídica. De forma contrária, o método tipológico obrigaria o aplicador do direito a explicitar o raciocínio que seguiu para determinar as normas aplicáveis, o qual restaria passível de controle e gozaria de maior transparência[71]. Ao comparar ambos os métodos, LARENZ chega à conclusão de que o pensamento por conceitos abstratos cria insegurança jurídica muito maior do que a gerada pelo juízo de aproximação inerente ao pensamento tipológico.[72]

A segunda objeção recai sobre a limitação dos tipos para a função de compreender as conexões internas do ordenamento jurídico. Trata-se, em outros termos, da impossibilidade de permitir o conhecimento e de tornar expressas as pautas valorativas que conferem unidade de sentido ao complexo de normas integrantes do sistema jurídico[73].

À luz do quanto exposto, constata-se que tanto os conceitos abstratos quanto os tipos desempenham uma função importante na compreensão e aplicação do Direito, apresentando ambos pontos positivos e negativos. No direito contratual em particular, essa diversidade ganha especial

[71] "Il metodo tipologico ha – a mio avviso – un pregio fondamentale. Costringe l'interprete ad esplicitare le proprie scelte, ad evidenziare argomenti che possono essere agevolmente sottoposti a verifica." DE NOVA, Giorgio. Il tipo contrattuale. **Quaderni di Giurisprudenza commerciale**, Milano, v. 53, pp. 29-37, 1983. Tipicità e atipicità nei contratti, p. 37.

[72] LARENZ, Karl. **Metodologia da Ciência do Direito**, trad. José Lamego, 7ª ed. Lisboa: Calouste Gulbenkian, 2014, p. 426.

[73] Argumenta Karl LARENZ que essa missão extrapola o alcance dos tipos, sendo atribuída aos princípios jurídicos. Ibid., p. 673.

relevo quando referida aos tipos contratuais, sendo a escolha do método de pensamento mais adequado fonte de grande debate entre juristas. Antes de se adentrar nessa discussão, porém, cumpre estudar em que consistem os tipos contratuais. É o que se passa a expor no próximo capítulo.

2. Tipos Contratuais e Tipicidade

Considerando as formas de pensamento explicadas no capítulo anterior, um de seus campos de aplicação prática no direito contratual é a determinação do regime jurídico aplicável aos contratos concretos. Para tanto, é preciso compreender a dicotomia entre contratos típicos e atípicos, bem como o procedimento pelo qual se conclui sobre a tipicidade ou não de um contrato concreto. O primeiro ponto é o objeto do presente capítulo, em que serão estudados os tipos contratuais, legais ou sociais, o fundamento da distinção entre os contratos típicos e atípicos e, por fim, os limites à tutela jurídica dos contratos atípicos nos ordenamentos jurídicos pátrio e estrangeiro. Quanto ao segundo ponto, consistente no juízo de qualificação, a sua abordagem será feita em detalhes no capítulo 3.

2.1. Contratos Típicos e Atípicos: Critério Distintivo

O exame dos tipos contratuais e do critério distintivo da tipicidade ou atipicidade pressupõe um esclarecimento preliminar de ordem terminológica. Trata-se da contraposição entre as expressões "tipo" e "tipo contratual", as quais, na ausência de uma distinção precisa quanto a seus significados, podem ser empregadas de forma incorreta e dar azo aos mais diversos equívocos[74].

[74] A respeito da polissemia dos termos "tipo" e "tipicidade", Rui Pinto DUARTE observa que: "Assim – e sem considerar os sentidos exteriores à dogmática jurídica – tipicidade tanto designa taxatividade como conformidade com um tipo e tipo pode designar uma categoria intelectual geral (intermediária do conceito geral e do conceito individual) ou uma das modalidades que as espécies de um género podem assumir ou ainda previsão normativa (*Tatbestand*)". **Tipicidade e atipicidade dos contratos**. Coimbra: Almedina, 2000, p. 34, destaque no original.

Tanto o "tipo" objeto do pensamento tipológico, quanto o "tipo contratual" contêm o substantivo "tipo" em sua designação. A despeito dessa semelhança, as figuras não guardam relação de correspondência entre si e não devem ser usadas como sinônimas. O tipo contratual, como se explicará adiante, refere-se à disciplina jurídica do contrato e é o parâmetro para sua qualificação. Já o "tipo" remete ao método de pensamento tipológico, que pode ou não ser aplicado a um tipo contratual. Isso significa que o tipo contratual e o juízo de qualificação não necessariamente operam segundo o método tipológico, podendo também ser aplicados por meio do pensamento conceitual. Não há, por conseguinte, vinculação entre o tipo contratual e o tipo, dado que aquele pode ser construído e operado tanto sob a perspectiva tipológica quanto conceitual[75]. Analise-se, então, em que consiste o denominado tipo contratual.

O tipo contratual é um modelo de disciplina jurídica suficientemente completo para dar às partes a base da regulação de um contrato[76]. Vincenzo ROPPO, por sua vez, considera o tipo contratual como:

> (...) um modelo de operação econômica, realizada por meio de contrato, reconhecida e difundida na vida negocial. (...) O sentido fundamental do tipo está justamente em determinar as regras aplicáveis às relações contratuais pertencentes ao tipo e, portanto, – em concreto – os direitos e obrigações das partes.[77]

[75] A distinção é bem posta por Giorgio DE NOVA ao tratar da construção do tipo legal pelo legislador: "Non è, infatti, necessariamente costretto a servirsi di definizioni concettuali, può anche utilizzare descrizioni del tipo. (...) Così formulato, il problema si traduce nell'alternativa fra natura definitoria o descrittiva delle nozioni dei contratti speciali". **Il tipo contrattuale**. Padova: CEDAM, 1974, p. 131.

[76] VASCONCELOS, Pedro Pais de. **Contratos Atípicos**, 2ª ed. Coimbra: Almedina, 2009, pp. 211-215. Observe-se, porém, que Rui Pinto DUARTE nega o caráter normativo aos tipos contratuais legais: "Ora, os tipos legais, por si, não são normas. Neles – entendidos como configurações legais abstractas de contratos socialmente existentes – há simultaneamente mais e menos que normas: mais por nas suas formulações se considerarem várias (fracções de) normas e menos por nessas mesmas formulações não se considerar a dimensão estatuidora das normas em causa. Não sendo os tipos normas, as funções que lhes sejam atribuíveis não podem servir de critérios bastantes de aplicação do Direito". **Tipicidade e atipicidade dos contratos**. Coimbra: Almedina, 2000, pp. 95-96. Adiante, o autor explica que também é preciso considerar a ideia de causa objetiva (função econômico-social do contrato) e a adequação do regime ao caso concreto. Id. **Tipicidade e atipicidade dos contratos**. Coimbra: Almedina, 2000, pp. 121-130.

[77] Original em italiano: "un modello di operazione economica, attuata mediante contratto, nota e diffusa nella vita di relazione. (...) Il senso fondamentale del tipo sta proprio nel

O processo por meio do qual se conclui sobre a correspondência ou não de um contrato concreto a um tipo contratual denomina-se qualificação. No raciocínio conceitual, a qualificação de um contrato concreto como típico consiste na sua subsunção ao tipo contratual, dependendo da presença necessária e suficiente de todas as características integrantes da definição. Já no pensamento tipológico, a qualificação ocorre por correspondência, em maior ou menor grau, entre o caso concreto e o tipo contratual[78].

A qualificação desempenha papel fundamental na determinação do regime jurídico dos contratos. Isso porque a recondução de um contrato concreto a certo tipo contratual determina a aplicação das normas jurídicas integrantes da respectiva disciplina. Nesta incluem-se tanto normas legais imperativas, quanto normas, legais ou extralegais, dispositivas, destinadas a reger aspectos não regulados expressamente pelas partes.

O tipo contratual, enquanto modelo regulativo típico, pode ser encontrado tanto na lei quanto na prática negocial. No primeiro caso, está-se a referir aos denominados tipos contratuais legais, enquanto que, no segundo, aos tipos contratuais sociais ou sócio-jurisprudenciais. Embora a qualificação sobre a tipicidade ou atipicidade normalmente se refira aos tipos contratuais legais, também pode ser examinada em relação aos tipos contratuais sociais[79]. É possível, assim, formular a seguinte tripartição: (i)

determinare le regole applicabili ai rapporti contrattuali appartenenti al tipo, e così – in concreto – i diritti e gli obblighi delle parti". **Il contratto**, 2ª ed. Milano: Giuffrè, 2011, p. 397.

[78] "A recondução de um contrato a um tipo contratual implica a sua qualificação como contrato desse tipo. Na metodologia tradicional, esta qualificação vai, por sua vez, possibilitar a subsunção desse contrato (...) ao tipo legal. (...) Na doutrina tipológica, a qualificação não constitui um processo de subsunção a um conceito, mas de correspondência do contrato a um tipo. A qualificação é um juízo predicativo que tem como objeto um contrato concretamente celebrado e que tem como conteúdo a correspondência de um contrato a um ou a mais tipos, bem como o grau e o modo de ser dessa correspondência." VASCONCELOS, Pedro Pais de. **Contratos Atípicos**, 2ª ed. Coimbra: Almedina, 2009, p. 166. No mesmo sentido, ROPPO, Vincenzo. **Il contratto**, 2ª ed. Milano: Giuffrè, 2011, p. 407.

[79] Como observa Vincenzo ROPPO: "Quando si dice 'tipo', s'intende normalmente 'tipo legale', cioè appunto tipo previsto, denominato e regolato dalla legge. Ma vedremo fra poco che ai tipi legali si affiancano tipi 'social-giurisprudenziali'". **Il contratto**, 2ª ed. Milano: Giuffrè, 2011, pp. 399-400. No mesmo sentido, Pedro Pais de VASCONCELOS explica que: "A atipicidade dos contratos pode ser referida aos tipos contratuais legais ou simplesmente aos tipos contratuais sem restrição aos legais. (...) Quando se fala de contratos atípicos quase nunca se distingue e quase sempre se está, na verdade, a falar de contratos legalmente atípicos".

contratos legalmente típicos; (ii) contratos legalmente atípicos, mas socialmente típicos; e (iii) contratos legalmente atípicos e socialmente atípicos.

Visto que o critério distintivo para a qualificação de um contrato como típico é a sua correspondência a um tipo contratual legal ou extralegal, cabe, de início, abordar a questão da eventual equivalência entre as dicotomias "contratos típicos e atípicos" e "contratos nominados e inominados". Em seguida, serão examinados com maior profundidade o tipo contratual legal e o tipo contratual social, encerrando-se o capítulo com a análise da forma pela qual ambos se relacionam.

2.1.1. Contratos Atípicos e Contratos Inominados

É comum, tanto em doutrina como em algumas legislações, referir-se aos contratos típicos e atípicos como contratos nominados e inominados, respectivamente. É o que se passa, por exemplo, quando o legislador francês, no art. 1107 do *Code Civil*, menciona que: "Os contratos, sejam os que possuem uma denominação própria, sejam os que não possuem (...) (original em francês: *Les contrats, soit qu'ils aient une dénomination propre, soit qu'ils n'en aient pas*[80]). A equiparação, contudo, não se mostra adequada na atualidade.[81]

A distinção entre contratos nominados e inominados funda-se na existência ou não de um *nomen juris* previsto na lei. A origem da dicotomia remete ao Direito Romano clássico, em que o *nomen juris* era pressuposto

Contratos Atípicos, 2ª ed. Coimbra: Almedina, 2009, p. 211. Tratando da ambiguidade do termo "atípico", cf. BRECCIA, Umberto. Le nozioni di "tipico" e "atipico". **Quaderni di Giurisprudenza commerciale**, Milano, v. 53, pp. 3-17, 1983. Tipicità e atipicità nei contratti, pp. 4-5.

[80] Vale mencionar que a *Ordonnance* n°2016-131, de 10/02/2016, renumerou o artigo 1107 para 1105 e alterou sua redação. O conteúdo principal da normal originalmente estipulada, porém, foi mantido. Confira-se: "Les contrats, qu'ils aient ou non une dénomination propre, sont soumis à des règles générales, qui sont l'objet du présent sous-titre. Les règles particulières à certains contrats sont établies dans les dispositions propres à chacun d'eux. Les règles générales s'appliquent sous réserve de ces règles particulières".

[81] VASCONCELOS, Pedro Pais de. **Contratos Atípicos**, 2ª ed. Coimbra: Almedina, 2009, pp. 211-212. DUARTE, Rui Pinto. **Tipicidade e atipicidade dos contratos**. Coimbra: Almedina, 2000, pp. 37-38. COSTANZA, Maria. **Il contratto atipico**. Milano: Giuffrè, 1981, p. 15. Cf. Também AZEVEDO, Álvaro Villaça. **Contratos inominados ou atípicos e negócio fiduciário**, 3ª Ed. Belém: CEJUP, 1988, pp. 91-92. GOMES, Orlando. **Contratos**, 26ª ed., rev., atual. e ampl. Rio de Janeiro: Forense, 2007, p. 120.

para tutela jurídica de um determinado contrato. Havia, portanto, uma correspondência entre o tipo contratual e o *nomen juris*, já que apenas tinham disciplina jurídica típica reconhecida os contratos cujo nome fosse especificamente mencionado na lei. Do contrário, o contrato seria considerado inominado.[82]

Atualmente, todavia, a emergência do consensualismo em detrimento do formalismo romano fez com que a tutela da autonomia privada e da liberdade contratual tornasse ultrapassada a correspondência entre o tipo contratual e o *nomen juris*[83]. Dessa forma, a ausência de previsão legal não impede o contrato de ter um nome próprio, tal qual ocorre com muitos contratos socialmente típicos. De outro lado, a previsão, na lei, do *nomen juris* de um contrato não implica sua tipicidade legal. É o que ocorre quando a lei se refere ao *nomen juris* de determinado contrato sem estabelecer a sua disciplina jurídica típica, de modo que o contrato, ainda que nominado, será legalmente atípico.[84]

[82] AZEVEDO, Álvaro Villaça. **Teoria Geral dos Contratos Típicos e Atípicos**: Curso de Direito Civil, 3ª ed. São Paulo: Atlas, 2009, p. 68. Id. **Contratos inominados ou atípicos e negócio fiduciário**, 3ª ed. Belém: CEJUP, 1988, pp. 29-30. PEREIRA, Caio Mário da Silva. **Instituições de Direito Civil**, v. III – Contratos, 16ª ed., rev. e atual. Rio de Janeiro: Forense, 2012, pp. 51-52. VASCONELOS, Pedro Pais de. **Contratos Atípicos**, 2ª ed. Coimbra: Almedina, 2009, p. 212. BETTI, Emilio. **Teoria generale del negozio giuridico**. Napoli: Edizione Scientifiche Italiane, 2002, pp.191-192. COSTANZA, Maria. **Il contratto atipico**. Milano: Giuffrè, 1981, pp. 1-2.

[83] Referindo-se à evolução do conceito de contrato, D'ANGELO explica que, no direito francês do século XVIII: "Il contratto è consenso, ed è caratterizzato, rispetto alle altre convenzioni dall'effetto obbligatorio che produce. La distinzione, propria della tradizione romanistica, tra patto e contratto è respinta per il diritto vigente, negandosi in particolare che, oltre al consenso ed all'obbligazione, costituiscano elementi della nozione di contratto il *nomen* (tanto che neppure più si ricorda la distinzione tra contratti nominati ed innominati) o la *causa*". **Contratto e operazione economica**. Torino: G. Giappichelli, 1992, p. 43, destaques no original. Igualmente, Rui Pinto DUARTE corretamente afirma que: "Para além de se notar que a tipicidade romana se referia às acções e não aos contratos, há que dizer a comparação assim feita está viciada pela diferente qualidade dos termos. (...) A diferente qualidade dos termos da comparação radica assim na oposição entre o formalismo (no duplo sentido da necessidade e da suficiência da forma) do Direito Romano e o consensualismo (no duplo sentido da necessidade e da suficiência do consenso) do Direito hodierno". **Tipicidade e atipicidade dos contratos**. Coimbra: Almedina, 2000, pp. 56-57.

[84] Maria COSTANZA é assertiva ao afirmar que: "Il *nomen* è per una semplice etichetta. Esso ha un valore puramente indicativo, ma è neutro relativamente al contenuto sostanziale e soprattutto alla disciplina che va applicata alla fattispecie". **Il contratto atipico**. Milano: Giuffrè, 1981, p. 3, destaque no original. Também tratando da distinção entre as dicotomias

Conclui-se, desse modo, que é tecnicamente impreciso referir-se aos contratos típicos e atípicos como contratos nominados e inominados. Enquanto a primeira dicotomia refere-se à existência ou não de um regime jurídico típico, legal ou extralegal, a segunda deve ter seu âmbito restrito à previsão ou não de um *nomen juris* para o contrato.[85]

2.1.2. Tipo Contratual Legal

Verifica-se que, com relação a determinados contratos, o legislador entendeu por bem regulá-los na lei, por meio da criação de tipos contratuais legais. Fê-lo com os objetivos de impor determinadas normas cuja aplicação é inderrogável pela vontade das partes, bem como de prever normas destinadas a complementar e integrar, segundo o padrão de normalidade apreendido pelo legislador, o conteúdo do negócio celebrado.[86]

Para que se configure um tipo contratual legal, contudo, não basta que o legislador estabeleça uma qualquer regulamentação a respeito de um

contratos típicos e atípicos e contratos nominados e inominados, MARINO explica que: "Afigura-se preferível a denominação contrato atípico em contraposição à expressão contrato inominado, já que, etimologicamente, inominado é o que não tem nome, sendo certo que a maioria dos contratos atípicos (em especial os 'sócio-jurisprudencialmente típicos') possui nome. Ademais, há contratos que possuem *nomen iuris* na lei e são atípicos, por não lhes ser prescrito um modelo regulativo suficiente." Classificação dos contratos. In: PEREIRA JÚNIOR, Antonio; HÁBUR, Gilberto Haddad (coord.). **Direito dos contratos**. São Paulo: Quartier Latin, 2006, p. 24, destaque no original. A mesma observação é feita por AZEVEDO, Álvaro Villaça. **Teoria Geral dos Contratos Típicos e Atípicos**: Curso de Direito Civil, 3ª ed. São Paulo: Atlas, 2009, p. 68.

[85] VASCONELOS, Pedro Pais de. **Contratos Atípicos**, 2ª ed. Coimbra: Almedina, 2009, p. 212. Maria COSTANZA, por outro lado, critica a denominação contratos típicos e atípicos, entendendo mais adequado falar-se em contratos tipificados e não tipificados. **Il contratto atipico**. Milano: Giuffrè, 1981, pp. 8-9.

[86] Giovanni B. FERRI exalta o critério de normalidade social na formação dos tipos legais pelo legislador: "Se anche infatti la socialità individua uno dei caratteri generali dell'ordinamento giuridico (...), in sede de autonomia privata, la socialità rileva, in un senso differente. Essa ha una portata più immediata; l'ordinamento giuridico ha assunto espressamente nel suo sistema talune categorie dell'attività umana, nella configurazione più stabile, normale e consueta che esse sono venute assumendo nella realtà sociale e ad un criterio di normalità sociale l'ordinamento giuridico ispira la sua interpretazione degli atti individuali". **Causa e tipo nella teoria del negozio giuridico**. Milano: Giuffrè, 1966, p. 226. Igualmente, cf. VASCONCELOS, Pedro Pais de. **Contratos Atípicos**, 2ª ed. Coimbra: Almedina, 2009, p. 22.

contrato. Cumpre, então, apurar qual o conteúdo necessário para que dada regulamentação se conforme como tipo contratual legal.

Tratando das normas jurídicas legais que, de algum modo, podem se relacionar a contratos, Pedro Pais de VASCONCELOS identifica as seguintes possibilidades: (i) normas jurídicas que são alheias ao tipo contratual e que constituem uma disciplina estabelecida na lei a propósito do contrato; (ii) normas que se referem a um contrato e cuja consequência jurídica é desencadeada por esse contrato; e (iii) normas que modelam a disciplina própria do contrato e que pertencem a seu tipo contratual, devendo corresponder aproximadamente, ao tipo social.[87] Segundo o autor, apenas as últimas conformam os tipos contratuais legais, pois estes consistem no "modelo completo da disciplina típica do contrato", sendo "necessário que a regulação legal corresponda pelo menos aproximadamente ao tipo social e seja suficientemente completa para dar às partes a disciplina básica do contrato"[88].

Como exemplos de normas alheias ao tipo contratual, VASCONCELOS refere as de regimes aduaneiro e fiscal, as que impõem determinadas exigências de forma com vistas a cumprir uma finalidade fixada pela lei, bem como as que tratam de decadência e prescrição. Quanto às duas últimas, exceção é feita à hipótese em que determinada forma ou limitação temporal encontra-se consolidada nos usos. Nesses casos, a previsão na lei será considerada como parte do regime jurídico próprio do contrato em questão, na medida em que reflete o respectivo tipo contratual social.[89]

Há diversos exemplos citados pela doutrina de contratos que, embora tenham previsão legal e sejam, portanto, nominados, não encontram na lei uma regulação que constitua um tipo contratual nos moldes acima explicados. No direito português, Rui Pinto DUARTE cita como exemplos os contratos de *factoring* e, caso ainda mais interessante, os contratos de jogo e aposta. Com relação a estes, o Código Civil português limita-se a prever

[87] VASCONCELOS, Pedro Pais de. **Contratos Atípicos**, 2ª ed. Coimbra: Almedina, 2009, pp. 212-213.

[88] Ibid., p. 214. A mesma ponderação é feita por MARINO: "Pode-se dizer que a regulação é suficiente quando soluciona os principais problemas referentes ao contrato, surgidos na prática das relações sociais". Classificação dos contratos. In: PEREIRA JÚNIOR, Antonio; HÁBUR, Gilberto Haddad (coord.). **Direito dos contratos**. São Paulo: Quartier Latin, 2006, pp. 24-25.

[89] VASCONCELOS, Pedro Pais de. **Contratos Atípicos**, 2ª ed. Coimbra: Almedina, 2009, pp. 213-214.

dois artigos sobre sua validade[90], não sendo possível inferir, das referidas previsões legais, as suas características.[91]

No direito brasileiro, exemplo emblemático da discussão ora abordada é o contrato de *leasing*. É comum afirmar-se na doutrina que, após a promulgação da Lei nº 6.099/1974, o *leasing* tornou-se um contrato típico no direito brasileiro[92]. Referido diploma legal, todavia, destina-se a regular aspectos tributários de uma das modalidades contratuais de *leasing*, o *leasing* financeiro. É o que resulta evidente logo no artigo 1º da Lei nº 6.099/1974[93]. No mais, afora a definição de contrato de *leasing*, contida no parágrafo único do artigo 1º[94], pode-se considerar que apenas o artigo 5º[95] e o § 1º do artigo

[90] "Artigo 1245. Nulidade do contrato. O jogo e a aposta não são contratos válidos nem constituem fonte de obrigações civis; porém, quando lícitos, são fonte de obrigações naturais, excepto se neles concorrer qualquer outro motivo de nulidade ou anulabilidade, nos termos gerais de direito, ou se houver fraude do credor na sua execução.
"Artigo 1246. Competições desportivas. Exceptuam-se do disposto no artigo anterior as competições desportivas, com relação às pessoas que nelas tomarem parte." Disponível em <http://www.pgdlisboa.pt/leis/lei_mostra_articulado.php?artigo_id=775A1245&nid=775&tabela=leis&pagina=1&ficha=1&so_miolo=&nversao=#artigo>. Acesso em 12 jul. 2016.

[91] Rui Pinto DUARTE aponta que: "São vários os exemplos de contratos nominados para os quais não é possível formar um modelo a partir de descrições legais, explícitas ou implícitas. Em figuras historicamente recentes, entre nós, tal sucede (ou, pelo menos, sucedia à luz do Dec.-Lei 56/86, de 18 de Março, entretanto substituído pelo Dec.-Lei 171/95, de 18 de Julho) com o *factoring*, como noutro local, reservando a justificação, tínhamos notado". **Tipicidade e atipicidade dos contratos**. Coimbra: Almedina, 2000, p. 43, destaque no original. A respeito do jogo e aposta, o autor indica que não há definição legal de seu conceito nos ordenamentos português, francês, suíço, alemão e italiano. Ibid., p. 105, n.r. 350. O mesmo se pode dizer com relação ao Brasil, em que os artigos 814 a 817 do Código Civil de 2002 nada dizem sobre o que se entende por "jogo e aposta", limitando-se a prever sua natureza de obrigação natural.

[92] Na edição atualizada da obra de Caio Mário da Silva PEREIRA, por exemplo, assim se escreve sobre o contrato de *leasing*: "Embora nos falte uma legislação minuciosa ao contrário do que ocorre em outros sistemas (cf. Lei Belga nº 55, de 10 de novembro de 1967), adquiriu tipicidade com o nome de 'arrendamento mercantil', *ex vi* da Lei nº 6.099, de 12 de dezembro de 1974". **Instituições de Direito Civil**, v. III – Contratos, 16ª ed., rev. e atual. Rio de Janeiro: Forense, 2012, p. 201, destaque no original.

[93] "Art. 1º. O tratamento tributário das operações de arrendamento mercantil reger-se-á pelas disposições desta Lei."

[94] "Art. 1º, parágrafo único. Considera-se arrendamento mercantil, para os efeitos desta Lei, o negócio jurídico realizado entre pessoa jurídica, na qualidade de arrendadora, e pessoa física ou jurídica, na qualidade de arrendatária, e que tenha por objeto o arrendamento de bens adquiridos pela arrendadora, segundo especificações da arrendatária e para uso próprio desta."

[95] "Art 5º. Os contratos de arrendamento mercantil conterão as seguintes disposições: a) prazo do contrato; b) valor de cada contraprestação por períodos determinados, não superiores a um

11[96] contêm normas atinentes ao tipo contratual em si. Por conseguinte, não se logra vislumbrar na Lei nº 6.099/1974 o estabelecimento de um tipo contratual para o contrato de *leasing*. Este, apesar de contar com um *nomen juris* legal, não se qualifica como um contrato legalmente típico[97].

Com relação ao modo de formação dos tipos contratuais legais, trata-se de questão vinculada ao juízo de qualificação, objeto de análise detalhada no capítulo 3. Pode-se antecipar, desde já, que existe divergência significativa tanto no que tange ao modo de formação, quanto ao modo de operação dos tipos legais. Isso porque se identificam, na doutrina, pelo menos três principais correntes argumentativas: (i) os tipos contratuais legais são verdadeiros conceitos e como tais devem ser operados; (ii) os tipos contratuais legais foram construídos como conceitos pelo legislador, mas devem ser aplicados como se fossem tipos; e (iii) os tipos contratuais legais são verdadeiros tipos e sua aplicação deve ser por meio do método tipológico[98].

2.1.3. Tipo Contratual Social

O tipo contratual social tem sua origem na prática dos negócios e, via de regra, antecede a criação do respectivo tipo contratual legal pelo legislador[99]. Consiste na disciplina jurídica que, devido à sua prática social

semestre; c) opção de compra ou renovação de contrato, como faculdade do arrendatário; d) preço para opção de compra ou critério para sua fixação, quando for estipulada esta cláusula. "Parágrafo único – Poderá o Conselho Monetário Nacional, nas operações que venha a definir, estabelecer que as contraprestações sejam estipuladas por períodos superiores aos previstos na alínea b deste artigo."

96 "Art. 11, § 1º. A aquisição pelo arrendatário de bens arrendados em desacordo com as disposições desta Lei, será considerada operação de compra e venda a prestação."

97 Externando conclusão no mesmo sentido, cf. MARINO, Francisco Paulo De Crescenzo. Classificação dos contratos. In: PEREIRA JÚNIOR, Antonio; HÁBUR, Gilberto Haddad (coord.). **Direito dos contratos**. São Paulo: Quartier Latin, 2006, p. 25.

98 A título de exemplo, podem-se se citar Pedro Pais de Vasconcelos, Karl Larenz e Giorgio De Nova como defensores, respectivamente, da primeira, da segunda e da terceira posição. Para maiores detalhes, remete-se o leitor ao capítulo 3 do presente trabalho.

99 "Raros são seguramente os tipos contratuais legais com origem totalmente legal, como é o caso da sociedade por quotas. A generalidade dos tipos contratuais legais tem origem extralegal, em práticas contratuais típicas, socialmente típicas, que o legislador recolheu e modelou na lei." VASCONCELOS, Pedro Pais de. **Contratos Atípicos**, 2ª ed. Coimbra: Almedina, 2009, pp. 21-22. O mesmo é corroborado por Rui Pinto DUARTE: "Sem querer

reiterada, é considerada consequência usual de determinado negócio[100]. Quanto a seu conteúdo, os tipos contratuais sociais, da mesma forma que os legais, também devem corresponder a uma disciplina suficientemente completa da relação jurídica contratual, contendo normas que permitam às partes solucionar as principais questões que eventualmente surjam[101].

Como práticas sociais, não se pode aferir com precisão o momento em que surge um modelo regulativo típico. Há, todavia, três pressupostos que os tipos contratuais sociais devem preencher para existirem. O primeiro consiste na ocorrência de uma pluralidade de casos, pois não se pode conceber um modelo social na presença de apenas um ou poucos negócios. O segundo é o reconhecimento social dessa pluralidade de casos como sendo uma prática. Isso significa que os casos devem ser socialmente percebidos como pertencentes ao mesmo tipo e a relação de semelhança existente não deve ser considerada como mera coincidência. Por fim, é preciso que essa prática seja reconhecida como vinculante, ou seja, como uma norma de comportamento a ser seguida pelas partes. A análise de tais pressupostos leva à constatação de que se trata dos mesmos pressupostos necessários ao reconhecimento das normas de direito consuetudinário. Depreende-se, portanto, que o tipo contratual social é, em verdade, um conjunto de normas de direito consuetudinário que estabelecem o regime jurídico de um contrato.[102]

dizer que o legislador não se possa antecipar à realidade social, promovendo-a, a verdade é que, ao menos pelo que respeita aos códigos, por força das suas características, as espécies legais de contratos tendem a corresponder a realidades sociais". **Tipicidade e atipicidade dos contratos**. Coimbra: Almedina, 2000, pp. 27-28. Goivanni B. FERRI, por sua vez, destaca que a recepção, na lei, de um tipo social não altera a estrutura de sua relação econômica, nem seu valor efetivo na realidade social. **Causa e tipo nella teoria del negozio giuridico**. Milano: Giuffrè, 1966, p. 241.

[100] "Os tipos jurídico-estruturais são formações que podem ser encontradas na realidade social, bem como as regulamentações que lhes correspondem. (...) Se se trata de um tipo contratual extralegal que se desenvolveu no tráfego jurídico, então o lugar das regras legais é ocupado, em primeiro lugar, pelos modelos contratuais que se tornaram usuais." LARENZ, Karl. **Metodologia da Ciência do Direito**, trad. José Lamego, 7ª ed. Lisboa: Calouste Gulbenkian, 2014, pp. 667. Cf. também MARINO, Francisco Paulo De Crescenzo. **Contratos coligados no Direito Brasileiro**. São Paulo: Saraiva, 2009, p. 6.

[101] VASCONCELOS, Pedro Pais de. **Contratos Atípicos**, 2ª ed. Coimbra: Almedina, 2009, p. 215.

[102] "Não existem, nem podem ser construídos, critérios firmes e exactos para o juízo sobre se uma certa prática contratual constitui já um tipo social, até porque a tipicidade social

Fixada a natureza jurídica dos tipos contratuais sociais, cumpre examinar o papel de suas normas em relação à interpretação e à integração das declarações das partes. Diferentemente dos tipos contratuais legais, que também contemplam normas de natureza imperativa, os tipos contratuais sociais aplicam-se apenas de maneira dispositiva[103]. Isso implica que, superior ao tipo contratual social, é a vontade das partes, às quais se reconhece o poder de derrogar as normas do regime típico e de regular os próprios interesses da forma que lhes convier. As normas socialmente típicas, por conseguinte, auxiliam na interpretação do clausulado[104], ou seja, na determinação do conteúdo do negócio jurídico, e também colmatam as lacunas deixadas pelas partes, incluindo-se, por meio do processo de integração, no conteúdo da regulação contratual objetiva[105].

Considerando a análise que será realizada no capítulo 3, faça-se, por derradeiro, breve menção aos modos de construção e operação dos tipos contratuais sociais. Diferentemente dos tipos contratuais legais, nota-se consenso quanto aos tipos contratuais sociais serem produto do pensamento tipológico. Dada uma pluralidade de casos, não há um processo de abstração

é graduável. Para que de um tipo social se possa falar é preciso, em primeiro lugar, que se verifique uma pluralidade de casos: a tipicidade não é compatível com a individualidade. Em segundo lugar, é necessário que essa pluralidade se traduza numa prática, quer dizer, que entre os casos que constituem a pluralidade haja uma relação ou ligação tal que eles se reconheçam como aparentados ou do mesmo tipo e que essa prática seja socialmente reconhecível, quer dizer, que seja, no meio social em que é praticada, reconhecida como uma prática e não apenas como uma ou mais coincidências fortuitas. Em terceiro lugar, é preciso que exista, no meio social em que é praticada, uma consciência assumida, em termos tendencialmente gerais e pacíficos, da vigência e da existência dessa prática como algo de vinculativo, como modelo de referência e padrão de comparação, e como norma de comportamento, isto é, é preciso que exista o reconhecimento do caráter vinculativo dessa prática e desse modelo. São, no fundo, estes os requisitos do reconhecimento do direito consuetudinário. Os tipos contratuais sociais são direito consuetudinário." VASCONCELOS, Pedro Pais de. **Contratos Atípicos**, 2ª ed. Coimbra: Almedina, 2009, pp. 62-63. Giovanni B. FERRI, por outro lado, concebe o tipo social como a consolidação da atividade mais eficiente para se obter determinado interesse, incutindo um caráter econômico no agir social. **Causa e tipo nella teoria del negozio giuridico**. Milano: Giuffrè, 1966, pp. 205-221.

[103] VASCONCELOS, Pedro Pais de. **Contratos Atípicos**, 2ª ed. Coimbra: Almedina, 2009, p. 64.

[104] FERRI, Giovanni B. **Causa e tipo nella teoria del negozio giuridico**. Milano: Giuffrè, 1966, p. 224.

[105] A diferença entre conteúdo da declaração negocial, conteúdo do negócio jurídico e conteúdo da regulação objetiva é tratada adiante, na seção 8.1.

de notas distintivas comuns cuja presença seja necessária e suficiente para um juízo positivo de inclusão no grupo. O tipo contratual social corresponde a uma imagem global caracterizada pelo nexo de sentido entre as notas distintivas que compõem a sua descrição. Como visto na seção 1.2, não é necessário nem suficiente para o juízo de qualificação que todas essas características estejam presentes no caso concreto. Não há um juízo binário de típico ou atípico, mas um juízo graduável de mais ou menos típico ou atípico. Disso resulta, portanto, que os tipos contratuais sociais não se aplicam por subsunção, mas por um juízo de correspondência.

2.2. Tutela Jurídica dos Contratos Atípicos

Retome-se, neste momento, a célebre frase de Antônio Junqueira de AZEVEDO, para quem os negócios jurídicos, classe na qual se incluem os contratos, são, antes de tudo, "uma criação do povo"[106]. Configuram-se como uma realidade inevitável, que independe de ser tornada ou não fato jurídico pelo legislador. Nesse sentido, os contratos legalmente atípicos resultam de múltiplas razões, mas destacadamente da necessidade de os particulares satisfazerem seus interesses segundo um modelo regulativo não previsto pelo legislador. Isso ocorre sobretudo porque a legislação não evolui na mesma velocidade que a sociedade, surgindo diversos novos interesses cuja acomodação não foi originalmente prevista pelo legislador[107].

O Direito, diante dessa importante forma de expressão da autonomia privada, não pode permanecer inerte[108]. Como bem pontuado por Álvaro

[106] AZEVEDO, Antônio Junqueira de. **Negócio jurídico e declaração negocial**: noções gerais e formação da declaração negocial. São Paulo: Faculdade de Direito, Universidade de São Paulo, 1986, Tese de Titularidade, p. 3.

[107] "Mas não é só uma mudança no todo do Direito que arrasta atrás de si, como por simpatia, o Direito preexistente: também o fluir da vida o leva atrás de si. Novos fenómenos técnicos, económicos, sociais, políticos, culturais e morais têm de ser juridicamente apreciados com base nas normas jurídicas preexistentes." ENGISCH, Karl. **A introdução do pensamento jurídico**, 11ª ed., trad. João Baptista Machado. Lisboa: Calouste Gulbenkian, 2014, p. 173. Especificamente sobre a relação entre o dinamismo da autonomia privada na realidade social e a rigidez dos limites do ordenamento jurídico, cf. FERRI, Giovanni B. **Causa e tipo nella teoria del negozio giuridico**. Milano: Giuffrè, 1966, pp. 221-224.

[108] A respeito da liberdade de celebrar contratos atípicos como expressão da liberdade contratual, Vincenzo ROPPO afirma que: "La libertà di fare contratti atipici è un aspetto della più

Villaça AZEVEDO: "(...) a lei, pelo menos, já que não pode regular todos os contratos, que vão surgindo, necessita fixar moldes para os atípicos, mesmo que genéricos, no âmbito da teoria geral dos contratos, para que a liberdade contratual privada não vá além de seus limites"[109]. Assim é que, no tocante à liberdade para celebrar contratos legalmente atípicos, a lei prevê normas tanto para garantir-lhe a tutela jurídica quanto para limitar-lhe o exercício.

No Brasil, o Código Civil de 1916 regulou os contratos em geral no Título IV do Livro III, permanecendo, todavia, silente no que se refere aos contratos legalmente atípicos. A despeito disso, entendia-se pela admissibilidade de sua celebração enquanto respeito ao princípio da autonomia privada[110]. Já no Código Civil de 2002, tratou-se dos contratos legalmente atípicos de forma expressa no artigo 425, *in verbis*: "É lícito às partes estipular contratos atípicos, observadas as normas gerais fixadas neste Código". Ainda que não tenha previsto uma teoria geral dos contratos atípicos, o Código Civil de 2002 pode ser considerado um progresso em relação a seu antecessor não apenas por expressamente reconhecer a licitude dos contratos legalmente atípicos, mas também por lhes impor limites cujo respeito é necessário à concessão da tutela jurídica. Os contratos legalmente atípicos,

generale libertà contrattuale riconosciuta ai privati, e si basa su forti ragioni di opportunità sociale". **Il contratto**, 2ª ed. Milano: Giuffrè, 2011, p. 400. Rossella Cavallo BORGIA, por sua vez, ressalta a necessidade de se respeitar a autonomia das partes, advertindo os riscos de uma "tipificação a todo custo", tema que será analisado adiante, na seção 8.4. **Il contratto di Engineering**. Padova: Cedam, 1992, p. 119, n.r. 35. Referindo-se à liberdade contratual como expressão da autonomia privada, João de Matos ANTUNES VARELA identifica sua manifestação em quatro vertentes: (i) "livre opção por qualquer dos tipos contratuais fixados na lei"; (ii) "livre introdução, dentro do tipo contratual utilizado (...) das cláusulas necessárias à defesa de interesses que qualquer das partes pretenda acautelar, sem quebra da função essencial desse tipo legal"; (iii) "livre celebração de contratos diferentes dos previstos na lei"; e (iv) "possibilidade de as partes reunirem no mesmo contrato (...) regras de dois ou mais contratos tipicamente regulados na lei". **Centros comerciais (shopping centers)**: natureza jurídica dos contratos de instalação dos lojistas. Coimbra: Coimbra, 1995, pp. 45-46.

[109] **Teoria Geral dos Contratos Típicos e Atípicos**: Curso de Direito Civil, 3ª ed. São Paulo: Atlas, 2009, p. 69. No mesmo sentido, cf. BRECCIA, Umberto. Le nozioni di "tipico" e "atipico". **Quaderni di Giurisprudenza commerciale**, Milano, v. 53, pp. 3-17, 1983. Tipicità e atipicità nei contratti, pp. 11-14.

[110] AZEVEDO, Álvaro Villaça. **Teoria Geral dos Contratos Típicos e Atípicos**: Curso de Direito Civil, 3ª ed. São Paulo: Atlas, 2009, p. 136.Id. **Contratos inominados ou atípicos e negócio fiduciário**, 3ª Ed. Belém: CEJUP, 1988, pp. 75-78.

por conseguinte, sujeitam-se à aplicação direta das normas sobre os contratos em geral e sua validade depende do respeito aos princípios gerais de direito, aos bons costumes e às normas de ordem pública.[111]

De forma semelhante ao Código Civil de 2002, o Código Civil português também reconhece o princípio da autonomia privada, garantindo às partes o direito de concluir contratos legalmente atípicos desde que observados os limites da lei[112]. É o que dispõe seu artigo 405:

> Liberdade contratual
> 1. Dentro dos limites da lei, as partes têm a faculdade de fixar livremente o conteúdo dos contratos, celebrar contratos diferentes dos previstos neste código ou incluir nestes as cláusulas que lhes aprouver.
> 2. As partes podem ainda reunir no mesmo contrato regras de dois ou mais negócios, total ou parcialmente regulados na lei.[113]

Na França, a possibilidade de as partes contratarem segundo modelos não previstos na lei era expressamente reconhecida já no *Code Napoléon*, desde que se observassem as regras gerais aplicáveis a todos os contratos

[111] A respeito da comparação entre o Código Civil de 1916 e o Código Civil de 2002, cf. AZEVEDO, Álvaro Villaça. **Teoria Geral dos Contratos Típicos e Atípicos**: Curso de Direito Civil, 3ª ed. São Paulo: Atlas, 2009, p. 138. Sobre a necessidade de os contratos atípicos respeitarem os princípios gerais de direito, os bons costumes e as normas de ordem pública, cf. Ibid., p. 122.

[112] É pertinente a observação de Pedro Pais de VASCONCELOS no sentido de que a autonomia privada não é instituída pela norma legal, mas antes por ela reconhecida: "Este artigo [artigo 405 do Código Civil português] não institui, mas reconhece, formalmente o princípio da autonomia contratual e a admissibilidade da celebração de contrato atípicos". **Contratos Atípicos**, 2ª ed. Coimbra: Almedina, 2009, p. 215. A observação de VASCONCELOS remete à discussão, exposta por Norberto BOBBIO, sobre a autonomia privada ser fonte de direito delegada ou reconhecida. **Teoria do ordenamento jurídico**, trad. Cláudio de Cicco e Maria Celeste C. J. São Paulo: Polis, 1989, pp. 40-41. Em igual direção é Rui Pinto DUARTE: "É unanimemente admitida, nas Doutrinas portuguesa e dos países cujos direitos privados mais influenciam o nosso, a possibilidade de celebração dos chamados contratos inominados ou atípicos, ou seja, de contratos não reconduzíveis às espécies de contratos que a lei regula. Essa possibilidade está no próprio cerne da liberdade contratual, correspondendo a algumas das vertentes em que ela é analisável. Além disso, no caso do direito português, como nalguns outros, encontra consagração expressa (art. 405º)". **Tipicidade e atipicidade dos contratos**. Coimbra: Almedina, 2000, p. 17.

[113] Decreto Lei nº 47.344, de 25 de novembro de 1966, 69ª versão. Disponível em <http://www.pgdlisboa.pt/leis/lei_mostra_articulado.php?nid=775&tabela=leis&ficha=1&pagina=1&so_miolo=>. Acesso em 25 out. 2015.

e não se violasse a esfera jurídica alheia[114]. O artigo 1.107, contudo, deve ser lido com a ressalva terminológica feita na seção 2.1.1, pois se refere aos contratos típicos e atípicos como "nominados" e "inominados". Confira-se:

> Artigo 1107. Os contratos, sejam os que possuem uma denominação própria, sejam os que não possuem, estão submetidos às regras gerais que são objeto do presente título. As regras particulares às espécies contratuais são estabelecidas sob os títulos relativos a cada qual; e as regras particulares para transações comerciais são estabelecidas pelas leis relativas ao comércio.[115]

O mesmo se aplica ao *Codice Civile del Regno d'Italia*, também conhecido como *Codice Pisanelli*, cujo artigo 1.103 reproduziu o artigo 1.107 do *Code Napoléon*[116]. Com a ascensão do fascismo e a subsequente promulgação do *Codice Civile* de 1942, o artigo 1.322 trouxe uma mudança de perspectiva:

> Art. 1322. Autonomia contratual
> As partes podem livremente determinar o conteúdo do contrato nos limites impostos pela lei e pelas normas corporativistas.
> As partes podem também concluir contratos que não pertençam aos tipos que possuem uma disciplina particular, desde que sejam destinados a realizar interesses merecedores de tutela segundo o ordenamento jurídico.[117]

[114] COSTANZA, Maria. **Il contratto atipico**. Milano: Giuffrè, 1981, p. 17.

[115] Original em francês: "Article 1107. Les contrats, soit qu'ils aient une dénomination propre, soit qu'ils n'en aient pas, sont soumis à des règles générales, qui sont l'objet du présent titre. Les règles particulières à certains contrats sont établies sous les titres relatifs à chacun d'eux; et les règles particulières aux transactions commerciales sont établies par les lois relatives au commerce". Loi nº 1803-03-05, promulgada em 15 mar. 1803. Disponível em <http://www.legifrance.gouv.fr/affichCode.do;jsessionid=FA1367A862B80ABD38B4CF22668495B0.tpdila21v_2?cidTexte=LEGITEXT000006070721&dateTexte=20150829>. Acesso em 15 nov. 2017.

[116] "I contratti, abbiano o non abbiano una particolare denominazione propria, sono sottoposti a regole generali, le quali formano l'oggetto di questo titolo. Le regole particolari a certi contratti civili sono stabilite nei titoli relativi a ciascuno di essi e quelle proprie delle contrattazioni commerciali nel codice di commercio." ITALIA. **Codice civile del Regno d'Italia**: corredato della relazione del Ministro Guardasigilli fatta a S. M. in udienza del 25 giugno 1865. Torino: Tipografia Eredi Botta; Firenze: Tipografia Reale, 1865, pp. 197-198. Disponível em: <https://books.google.it/books?id=QBgVAAAAQAAJ&hl=pt-BR&pg=PP2#v=onepage&q&f=false>. Acesso em 15 nov. 2017. Sobre referido artigo, cf. COSTANZA, Maria. **Il contratto atipico**. Milano: Giuffrè, 1981, pp. 20-24.

[117] Original em italiano: "Art. 1322. Autonomia contrattuale. Le parti possono liberamente determinare il contenuto del contratto nei limiti imposti dalla legge e dalle norme corporative.

Se o artigo 1.322, por um lado, aprimorou a questão terminológica ao se referir a contratos típicos e atípicos, por outro, acrescentou um novo critério de limitação da autonomia privada. Trata-se do denominado *giudizzio di meritevolezza*, previsto no final da segunda parte do artigo 1.322, pelo qual apenas merecem tutela jurídica os contratos atípicos "destinados a realizar interesses merecedores de tutela segundo o ordenamento jurídico" (*diretti a realizzare interessi meritevoli di tutela secondo l'ordinamento giuridico*)[118]. Quando foi criado, era uma ferramenta para garantir, além do respeito, sobretudo a positiva realização dos ideais corporativistas do fascismo. Entendia-se, à época, que o *giudizzio di meritevolezza* tinha por parâmetro não os princípios gerais de direito – os quais já eram um dos limites à autonomia privada no código anterior –, mas os princípios gerais do Estado[119].

Le parti possono anche concludere contratti che non appartengano ai tipi aventi una disciplina particolare, purché siano diretti a realizzare interessi meritevoli di tutela secondo l'ordinamento giuridico". Regio Decreto nº 262, de 16 de março de 1942. Disponível em <http://www.normattiva.it/uri-res/N2Ls?urn:nir:stato:regio.decreto:1942-03-16;262>. Acesso em 15 nov. 2017.

[118] Para Giovanni B. FERRI, o *giudizio di meritevolezza* se aplica ao interesse que é perseguido por meio da estrutura do contrato, de modo que o artigo 1.322 do Código Civil de 1942 seria aplicável não apenas aos interesses novos que se manifestem por estruturas contratuais também novas (contratos atípicos), mas também aos interesses não típicos que se manifestem por meio do uso de estruturas típicas. Confiram-se as palavras do autor: "Ma, a norma dell'art. 1322 c.c., l'interesse realizzabile mediante il contratto non è soltanto quello che corrisponde alle strutture tipiche; non è cioè, soltanto un interesse tipizzato. Il contratto può, infatti, realizzare anche interessi nuovi e diversi, purché siano meritevoli di tutela; e la realizzazione di questi interessi nuovi e diversi si può attuare, sia attraverso l'attribuzione di una nuova funzione alle strutture già tipiche, sia attraverso la creazione di nuove strutture. (...) Infatti normalmente ad una struttura tipica corrisponde un suo interesse tipico, che viene, cioè con essa normalmente realizzato, ma nulla vieta ai privati di introdurre nel negozio tipico altri elementi extratipici. La valutazione da parte dell'ordinamento si deve estendere anche a questi elementi i quali non sono affatto in sé e per sé, meritevoli di tutela, per il semplice fatto cioè che siano inseriti in una struttura tipica. A maggior ragione ciò evidentemente accade nell'ipotesi di negozi atipici, in cui devono essere valutati *ex novo* sia l'attività posta in essere, che gli interessi che si vogliono perseguire. La tipicità, lungi dall'esprimere un sicuro e vincolante criterio di meritevolezza, non fa altro che esserne, al più, un *sintomo* e non sempre sicuro". **Causa e tipo nella teoria del negozio giuridico**. Milano: Giuffrè, 1966, pp. 251-253, destaques no original.

[119] "Il significato di questa regola è spiegato nella Relazione al Re, dove si legge che 'il giudizio di meritevolezza' doveva fungere da filtro che impedisse la giuridicizzazione delle convenzioni private lecite, ma insignificanti o irrilevanti per lo svolgersi della vita economica dello Stato. In questo modo si intendeva raggiungere un compromesso fra tradizione liberale ed ideologia fascista: salvare la autonomia privata e funzionalizzare gli interessi individuali. (...) il giudizio

Findo o regime fascista, emergiu um intenso debate sobre qual passaria a ser o sentido e a função do *giudizzio di meritevolezza*. Discutia-se a exigência ou não de os contratos atípicos, além de não violarem os limites da lei, positivamente realizarem uma utilidade social e, em caso afirmativo, em que esta consistiria. A esse respeito, vale mencionar a posição de Vincenzo ROPPO, para quem os limites à tutela dos contratos atípicos restringem-se ao respeito às normas imperativas, à ordem pública e aos bons costumes, não condizendo com o sentido do atual ordenamento jurídico italiano a exigência de que se realize uma específica utilidade social. Assim sendo, mesmo os contratos atípicos frívolos e egoísticos seriam merecedores de tutela jurídica[120]. Registre-se, contudo, que a posição apresentada pelo autor não é de todo pacífica, existindo até mesmo quem defenda a necessidade de os contratos atípicos realizarem princípios gerais do Estado[121].

Estabelecido que o critério distintivo entre contratos típicos e atípicos é a presença ou ausência, seja na lei, seja na prática negocial, de um

di meritevolezza – come già ricordato – servirebbe per verificare la non contraddizione delle private convenzioni con le finalità che lo Stato si propone di raggiungere." COSTANZA, Maria. **Il contratto atipico**. Milano: Giuffrè, 1981, pp. 24-26.

[120] "Si è già detto per quali ragioni in un sistema come il nostro – né dirigistico né moralistico – questa tesi vada respinta, e possano trovare spazio anche contratti conclusi per soddisfare bisogni o interessi esclusivamente individuali – fino ai limiti della frivolezza o del capriccio – senza realizzare alcuna significativa utilità sociale. (...) Perciò i contratti atipici non 'diretti a realizzare interessi meritevoli di tutela', e perciò vietati ex art. 1322², non sono altro che quelli contrari a norme imperative o all'ordine pubblico o al buon costume". ROPPO, Vincenzo. **Il contratto**, 2ª ed. Milano: Giuffrè, 2011, pp. 402-403. Tullio ASCARELLI, por sua vez, afirma que todo contrato lícito merece tutela jurídica. **Studi in tema di contratti**. Milano: Giuffrè, 1952, cap. II, Contratto misto, negozio indiretto, *negotium mixtum cum donatione*, p. 85.

[121] Maria COSTANZA entende que o *giudizio di meritevolezza* destina-se, na atualidade, a verificar se os contratos cumprem uma função social consistente na realização dos princípios gerais do Estado, entendidos estes como os princípios constitucionais: "Le considerazioni che precedono rilevano con un discreto margine di plausibilità che i princìpi generali dell'ordinamento giuridico dello Stato identificati con i princìpi costituzionali offrono una serie di parametri utilizzabili in sede di giudizio di meritevolezza e cioè di apprezzamento della giuridicità e della conseguente tutelabilità di un atto giuridico non disciplinato da norme positive". Entende, porém, que há "il limite della irrilevanza, della arbitrarietà e del puro capriccio". **Il contratto atipico**. Milano: Giuffrè, 1981, pp. 30-40. Da mesma autora, cf. **Quaderni di Giurisprudenza commerciale**, Milano, v. 53, pp. 39-46, 1983. Tipicità e atipicità nei contratti, pp. 40-41. Discordando de COSTANZA, Giuseppe SBISÀ sustenta que se devem considerar os princípios gerais e as normas cogentes do ordenamento jurídico como um todo. Cf. Contratti innominati: riconoscimento e disciplina delle prestazioni. **Quaderni di Giurisprudenza commerciale**, Milano, v. 53, pp. 117-122, 1983. Tipicità e atipicità nei contratti, pp. 118-119.

regime jurídico tendencialmente completo da relação jurídica estabelecida e constatado que os ordenamentos jurídicos, desde que respeitados certos limites, garantem a tutela jurídica dos contratos atípicos, encerra-se a análise do primeiro ponto necessário à determinação do regime jurídico aplicável aos contratos concretos. Cumpre, então, examinar o segundo ponto, consistente no juízo de qualificação e na classificação dos contratos legalmente atípicos.

3. O Juízo de Qualificação e a Classificação dos Contratos Atípicos

Compreendidos os fundamentos de distinção entre os contratos típicos e atípicos, bem como dos tipos contratuais entre si, a próxima etapa no estudo da forma de determinação do regime jurídico aplicável aos contratos concretos é a compreensão de como opera o juízo de tipicidade ou atipicidade. O presente capítulo examina, portanto, o juízo de qualificação e prossegue, já no campo dos contratos qualificados como legalmente atípicos, com o estudo de sua classificação e das consequências que esta traz na determinação do regime jurídico aplicável. Por fim, confrontam-se os contratos atípicos mistos e os contratos coligados, figuras que, embora podendo ambas revestir satisfatoriamente determinado negócio, comportam regimes jurídicos de todo distintos.

3.1. O Juízo de Qualificação

Considerando que o critério distintivo entre os contratos típicos e atípicos é a existência ou não de um correspondente tipo contratual, legal ou social, passa-se ao exame do processo de determinação da tipicidade ou atipicidade de um contrato concreto. Trata-se, em outros termos, do estudo do juízo de qualificação.

O juízo de qualificação é, segundo Pedro Pais de VASCONCELOS, o processo por meio do qual se afere a recondução ou não de um contrato concreto a um tipo contratual[122]. Assim como a classificação, a qualificação

[122] **Contratos Atípicos**, 2ª ed. Coimbra: Almedina, 2009, p. 166. No mesmo sentido, MARINO afirma que "a função de tipos e categorias contratuais é permitir um juízo de

também é um juízo predicativo, na medida em que visa a reconhecer uma qualidade em um dado contrato. A diferença entre ambas reside, contudo, no fato de a primeira dirigir-se a uma classe de contratos, ou seja, a "um conjunto de objectos agrupados em torno de uma ou mais qualidades"[123], enquanto que a segunda se refere a um tipo contratual.

No que tange à relação entre o tipo contratual e o contrato *in concreto* para fins de qualificação, é possível proceder sob duas perspectivas distintas, quais sejam, o método conceitual abstrato e o método tipológico. Ao tratar o tipo contratual como um conceito geral abstrato, a qualificação configura-se como um processo subsuntivo, entendido neste trabalho como o procedimento pelo qual se verifica a presença, no caso concreto, de todos os elementos enunciados na definição, os quais são necessários e suficientes para a inclusão no tipo contratual[124]. O método tipológico, por outro lado, abandona o juízo binário do pensamento conceitual abstrato

conformidade do contrato *in concreto* ao modelo, possibilitando a aplicação de um determinado regime jurídico preestabelecido". **Contratos coligados no Direito Brasileiro.** São Paulo: Saraiva, 2009, p. 6, destaque no original. Segundo Antônio Junqueira de AZEVEDO, em parecer proferido em disputa sobre o regime jurídico aplicável a determinado contrato, qualificar é "(...) determinar a natureza [do contrato concreto em análise] no quadro geral das categorias contratuais", sendo que "(...) a qualificação do contrato entre os vários tipos contratuais é fundamental para o exame de seu regime jurídico". **Novos estudos e pareceres de direito privado.** São Paulo: Saraiva, 2009, p. 138. Igualmente, ROPPO explica que: "La qualificazione del contratto è l'operazione logica con cui l'interprete, di fronte a un concreto contratto, ne afferma o nega la riconducibilità a un determinato tipo contrattuale. La sua funzione principale è stabilire se al contratto sia applicabile la disciplina di qualche tipo; e se sì, di quale tipo". **Il contratto,** 2ª ed. Milano: Giuffrè, 2011, p. 407. Para a determinação do regime jurídico aplicável a um contrato concreto, Maria COSTANZA diferencia três operações hermenêuticas: "In particolare, l'interpretazione permette di individuare i connotati della fattispecie contrattuale; la qualificazione consente di inquadrare l'atto di autonomia in uno schema, in una di quelle strutture giuridiche contemplate dal diritto positivo e perciò tipiche, ma a contenuto variabile; la sussunzione, pur attuandosi con modalità prossime a quelle della qualificazione, serve per ricondurre il negozio in uno o più tipi legali, onde applicarne la relativa disciplina". **Il contratto atipico.** Milano: Giuffrè, 1981, p. 176.

[123] VASCONCELOS, Pedro Pais de. **Contratos Atípicos,** 2ª ed. Coimbra: Almedina, 2009, p. 167.

[124] ENGISCH, Karl. **La idea de concreción en el derecho y en la ciencia jurídica actuales,** trad. Juan José Gil Cremades. Granada: Comares, 2004, pp. 360-361. LARENZ, Karl. **Metodologia da Ciência do Direito,** trad. José Lamego, 7ª ed. Lisboa: Calouste Gulbenkian, 2014, pp. 624-625. MARINO, Francisco Paulo De Crescenzo. **Contratos coligados no Direito Brasileiro.** São Paulo: Saraiva, 2009, p. 13. VASCONCELOS, Pedro Pais de. **Contratos Atípicos,** 2ª ed. Coimbra: Almedina, 2009, p. 43.

em favor de um juízo graduável de maior ou menor correspondência do caso concreto em face do tipo contratual. Assim sendo, a ausência ou o menor grau de intensidade de uma ou mais notas distintivas enunciadas na definição não implica necessariamente a atipicidade do contrato. Por outro lado, tampouco a presença de todas as notas acarreta sua automática integração ao tipo contratual. O critério relevante para a tipicidade é a correspondência com o nexo de sentido que estrutura o tipo contratual[125].

Isso posto, cabe perquirir sobre qual método deve ser aplicado ao juízo de qualificação dos contratos em face, primeiro, dos tipos contratuais legais e, em seguida, dos tipos contratuais sociais. A bipartição da análise é de suma importância, na medida em que as consequências decorrentes da tipicidade legal não coincidem com as da tipicidade extralegal, exigindo a consideração de valores distintos quando da escolha do método de pensamento mais adequado. Como bem pontua Pedro Pais de VASCONCELOS, a qualificação de um contrato como pertencente a determinado tipo legal acarreta não só a incidência das normas, cogentes ou dispositivas, que conformam o respectivo regime jurídico típico, mas também de outras que não o integram. Além disso, Rui Pinto DUARTE é preciso ao afirmar que a análise dos tipos contratuais legais não pode prescindir da consideração do Direito positivado pelo legislador[126]. Por outro lado, a consequência de um contrato se qualificar como socialmente típico limita-se à aplicação das normas dispositivas do modelo jurídico existente na prática. Em outros termos, "a questão da tipicidade como problema de determinação

[125] Tratando da possibilidade de o juízo de qualificação operar segundo a perspectiva tipológica, Pedro Pais de VASCONCELOS afirma que: "O juízo predicativo não precisa de ser de correspondência exacta e total entre o caso e o tipo e só raramente o será. A correspondência entre o caso e o tipo é graduável e pode ser maior ou menor. O juízo predicativo é um juízo de correspondência que opera com base na semelhança. (...) A qualificação, como juízo predicativo, não se traduz assim num juízo binário de correspondência total ou de não correspondência, de inclusão ou de exclusão, mas sim num juízo graduável e ponderado de maior ou menor correspondência". **Contratos Atípicos**, 2ª ed. Coimbra: Almedina, 2009, p. 173. Cf. também ENGISCH, Karl. **La idea de concreción en el derecho y en la ciencia jurídica actuales**, trad. Juan José Gil Cremades. Granada: Comares, 2004, pp. 361-362. LARENZ, Karl. **Metodologia da Ciência do Direito**, trad. José Lamego, 7ª ed. Lisboa: Calouste Gulbenkian, 2014, p. 307.

[126] DUARTE, Rui Pinto. **Tipicidade e atipicidade dos contratos**. Coimbra: Almedina, 2000, p. 102.

do direito injuntivo e dispositivo do tipo e para além do tipo só se coloca, contudo, quanto aos tipos legais de contratos"[127].

Considerando as consequências resultantes da qualificação de um contrato como legalmente típico, tradicionalmente se afirma haver uma preocupação, por parte do legislador, com a segurança jurídica e a certeza na aplicação das normas[128]. Disso resultaria o objetivo de delimitar com precisão o âmbito de incidência da norma qualificadora[129], levando à cons-

[127] Antes, o autor português explica que: "A importância da qualificação para a concretização da disciplina do contrato e o modo como essa concretização se faz é acentuadamente diferente consoante se trate de tipos contratuais legais ou de tipos contratuais extralegais. O juízo de correspondência do contrato a um tipo legal determina a entrada em vigor do modelo regulativo constante da lei. Trata-se aqui de vigência e aplicação da lei, quer no que concerne ao modelo regulativo típico propriamente dito, quer no que está além do tipo e que se traduz, por exemplo, em exigências de publicidade e de forma, ou em incidência de impostos. O juízo de correspondência do contrato a um tipo extralegal, a um tipo social de contrato, a um tipo que existe na prática da contratação mas que não tem na lei um modelo regulativo, possibilita apenas o recurso ao modelo regulativo socialmente e extralegalmente típico, (...) a título de integração do contrato". **Contratos Atípicos**, 2ª ed. Coimbra: Almedina, 2009, p. 186. A mesma observação é colocada por LARENZ, para quem, ressalvado o uso do termo "classificação"como equivalente ao que ora se denomina "qualificação": "A classificação do contrato concreto num tipo contratual legal ou a sua qualificação como 'contrato misto' tem uma dupla importância. Por um lado, pode resultar daí que para um contrato de tal espécie existam pressupostos de validade especiais (...). A classificação pode também ser importante em relação à questão de se existe uma proibição legal ou se se requer uma autorização da entidade pública. Por outro lado, da classificação depende a aplicabilidade de normas legais, na sua maior parte de natureza dispositiva, que complementam o acordo". **Metodologia da Ciência do Direito**, trad. José Lamego, 7ª ed. Lisboa: Calouste Gulbenkian, 2014, p. 420.

[128] Segundo Maria COSTANZA: "Quindi, se è vero che il metodo tipologico è sicuramente il più onesto e rigoroso, dal punto di vista attuativo è senz'altro il più complicato. (...) Ma, poiché la scelta degli elementi costitutivi del tipo è affidata esclusivamente all'interprete, potrebbero aversi delle scelte diverse anche per fattispecie eguali o similari con gravi conseguenze per la certezza del diritto". Il contratto atipico. **Quaderni di Giurisprudenza commerciale**, Milano, v. 53, pp. 39-46, 1983. Tipicità e atipicità nei contratti, p. 45. Refutando a objeção comumente formulada ao método tipológico, de que comprometeria a segurança jurídica, LARENZ afirma que "A flexibilidade muito maior da consideração tipológica frente à puramente conceptual, que resulta do que foi dito, só aparentemente se consegue à custa de uma menor medida de segurança jurídica, pois que, na verdade, em todos aqueles casos em que, em vez de limites fixos, só existem transições gradativas ou tipos mistos, a jurisprudência dos tribunais não encontrará os enunciados decisivos por via conceptual". **Metodologia da Ciência do Direito**, trad. José Lamego, 7ª ed. Lisboa: Calouste Gulbenkian, 2014, p. 428.

[129] A respeito das normas qualificadoras, Pedro Pais de VASCONCELOS explica que: "Não são, pois, as definições dos tipos contratuais legais que lhes atribuem certos regimes mas,

trução dos tipos contratuais legais sob a forma de definições aplicáveis por subsunção. A esse respeito, há intensa divergência doutrinária.

Refira-se, inicialmente, a posição de LARENZ. Para o autor, a pretensão de construir os tipos contratuais legais como verdadeiras definições não se verifica de fato. Argumenta que apenas em relação a alguns tipos contratuais legais poder-se-ia cogitar de uma suposta definição, na medida em que os demais contêm, pelo menos, uma característica dotada de um grau de imprecisão e de amplitude que impossibilita a fixação de limites em moldes conceituais[130]. Também fundamenta sua posição afirmando que o reconhecimento dos "contratos mistos" é evidência da aplicação dos tipos contratuais legais sob a perspectiva tipológica, já que uma lógica subsuntiva simplesmente negaria tratamento jurídico a tais contratos[131].

ao contrário, é a estipulação desses regimes que funda a qualificação. Os artigos do Código Civil que contêm as 'noções' dos contratos em especial não são normas de regime, mas sim normas qualificadoras. As normas qualificadoras não põem em vigor os regimes jurídicos que referem, mas antes delimitam os contornos do tipo contratual através da enunciação de suas características típicas". Adiante, o autor complementa que: "A finalidade das 'noções' legais dos tipos contratuais é a de delimitar o âmbito material de aplicação da respectiva disciplina legal". **Contratos Atípicos**, 2ª ed. Coimbra: Almedina, 2009, pp. 180 e 187. Contrapondo-se a essa visão, Maria COSTANZA defende que: "Nella prospettiva della funzione costruttiva delle definizioni giuridiche, il rapporto fra queste e le regole operative non è più configurabile nei termini di fattispecie e disciplina, ma deve ritenersi come una relazione di complementarietà, in quanto entrambe servono per la individuazione dell'istituto". **Il contratto atipico**. Milano: Giuffrè, 1981, p. 228.

130 "A aplicação das regras dadas para um determinado tipo de contrato tem que ser antecedida pela classificação do contrato concreto na esfera de sentido desse tipo contratual. Segundo a concepção mais difundida, isto ocorre sempre pela via de um silogismo de subsunção. Porém, uma vez que este pressupõe, como vimos, como premissa maior um conceito plenamente definido, a subsunção só se pode realizar quando e na medida em que for possível definir de modo acabado o tipo contratual legal mediante a indicação das notas distintivas fixas que o caracterizam. A lei dispõe, aparentemente, de uma definição desse gênero para alguns tipos contratuais. (...) Mas, em qualquer caso, já será duvidosa a possibilidade de uma determinação conceptual rigorosa em relação aos tipos 'contrato de prestação de serviço' e 'contrato de empreitada', do que dão testemunho as múltiplas tentativas infrutíferas para a sua delimitação conceptual". LARENZ, Karl. **Metodologia da Ciência do Direito**, trad. José Lamego, 7ª ed. Lisboa: Calouste Gulbenkian, 2014, p. 425.

131 "Na realidade, porém, também existem tipos por detrás das fixações conceptuais da lei. (...) Se considerássemos a compra e venda, a locação, a doação como conceitos entendidos à maneira de categorias lógicas, os tipos mistos não recairiam sob nenhuma destas categorias, e, assim, estariam fora da sistemática da lei. (...) Por conseguinte, pensou-se neste ponto sempre de maneira tipológica. A existência indubitável de numerosos contratos 'mistos' indica que

Apesar de não excluir a possibilidade de se recorrer à subsunção para qualificar os contratos que sejam francamente típicos, conclui que "nos 'tipos contratuais' do BGB hão de se ver tipos autênticos, não conceitos lógico-classificatórios. Mais concretamente, trata-se, no que a eles diz respeito, de 'tipos jurídicos estruturais'"[132].

Giorgio DE NOVA, por sua vez, parte da análise do processo de tipificação pelo legislador. Identifica duas etapas na construção dos tipos contratuais legais: de início, há a seleção de um tipo contratual existente na prática, a que se segue a determinação de como ocorrerá seu recebimento pela lei. Quanto a esta última etapa, considera estar o legislador diante de uma alternativa entre formular o tipo contratual legal como conceito ou como tipo aberto. A esse respeito, a sua posição é de que o legislador italiano adotou a perspectiva conceitual para construir os tipos contratuais do *Codice Civile*.[133]

A despeito de reconhecer que os tipos contratuais legais foram concebidos pelo legislador como verdadeiros conceitos, DE NOVA questiona, em um segundo momento, a legitimidade de assim os considerar. O autor italiano posiciona-se a favor de uma leitura tipológica dos tipos contratuais legais, em detrimento da perspectiva conceitual e do seu método subsuntivo. Para tanto, argumenta que a construção sob a forma conceitual resulta de mera tradição, desprovida de justificativa válida[134]. Sustenta sua

nas pretensas definições legais se trata somente de descrições abreviadas de tipos." LARENZ, Karl. **Metodologia da Ciência do Direito**, trad. José Lamego, 7ª ed. Lisboa: Calouste Gulbenkian, 2014, pp. 425-426.

[132] Ibid., p. 426. Observe-se que "BGB" é a sigla para "Bürgerliches Gesetzbuch", o código civil alemão. Para a explicação dos tipos jurídicos estruturais, cf. seção 1.2.3.

[133] "Operando questa prima selezione, il legislatore isola un tipo della prassi. In astratto, ora si trova di fronte ad un'alternativa: o recepire il tipo aperto come tale, o trasformarlo in un tipo chiuso, cioè, in definitiva, in un concetto. (...) Così formulato, il problema si traduce nell'alternativa fra natura definitoria o descrittiva delle nozioni dei contratti speciali." DE NOVA, Giorgio. **Il tipo contrattuale**. Padova: CEDAM, 1974, p. 130. Adiante, prossegue o autor: "In conclusione, il legislatore italiano non ha recepito direttamente i tipi 'aperti' della prassi, ma li ha cristallizzati in concetti: fra i tratti individuanti il tipo – scelto come modello per la disciplina – ha operato una selezione, mettendone in evidenza soltanto alcuni ed organizzandoli in una definizione." Ibid., p. 136.

[134] A respeito da tendência que por longo tempo prevaleceu na Itália de questionar a vinculatividade das definições legais, cf. DUARTE, Rui Pinto. **Tipicidade e atipicidade dos contratos**. Coimbra: Almedina, 2000, pp. 72-79. O autor critica a posição de DE NOVA, aduzindo que "não se vê, porém, qualquer argumento que torne as definições legais menos vinculativas que

posição sob o fundamento de que, em matéria de disciplina contratual, a finalidade prevalecente não é a certeza na aplicação do direito, mas a de, em respeito à autonomia privada, oferecer aos contratantes a disciplina jurídica mais adequada à sua relação jurídica. Nesse contexto, conclui que os tipos contratuais devem operar tipologicamente.[135]

Do posicionamento acima emanam reflexos significativos sobre o juízo de qualificação. A subsunção do contrato concreto ao tipo contratual legal, mediante a constatação das notas distintivas fixadas na definição, deixa de ser o critério delimitador de sua tipicidade ou atipicidade. Em seu lugar, adota-se um juízo de recondução, fundado na correspondência suficiente do contrato, globalmente considerado, em relação a um ou mais tipos contratuais legais[136].

DE NOVA identifica, em seguida, duas funções distintas do método tipológico aplicado aos tipos contratuais legais. A primeira consiste em

qualquer outra proposição normativa. Resolver os problemas criados pelas definições legais negando ou atenuando a sua vinculatividade não parece o caminho correto". Ibid., p. 78.

135 "Di fronte a questa realtà normativa, occorre chiedersi se siano da approvare quelle tendenze eversive rispetto allo schema della sussunzione, che abbiamo rivelato indagando sui limiti di funzionalità dei tratti distintivi fra i tipi utilizzati quale istrumento di riconduzione del caso concreto al tipo legale. Più in generale, è necessario stabilire se sia legittima una lettura in chiave tipologica della normativa legale sui contratti speciali. La risposta è positiva, in entrambe i casi. (...) Se ora consideriamo quale sia la funzione della disciplina legale dei contratti speciali – sia essa dispositiva o cogente – no ci è dato rinvenire altra finalità oltre a quella di offrire la disciplina più congrua al dato da regolare. Di fronte al riconoscimento dell'autonomia privata, la certezza del diritto non costituisce per l'ordinamento il valore prevalente. (...) Ed allora, si conferma legittima una lettura in chiave tipologica della normativa sui contratti speciali." **Il tipo contrattuale**. Padova: CEDAM, 1974, pp. 138-139. Do mesmo autor, cf. Il tipo contrattuale. **Quaderni di Giurisprudenza commerciale**, Milano, v. 53, pp. 29-37, 1983. Tipicità e atipicità nei contratti, pp. 32-33. Explicando a posição do autor italiano e o debate que promoveu com outros autores contemporâneos, cf. VASCONCELOS, Pedro Pais de. **Contratos Atípicos**, 2ª ed. Coimbra: Almedina, 2009, pp. 174-185. A proposta de Giorgio DE NOVA é criticada por SBISÀ, Giuseppe. Contratti innominati: riconoscimento e disciplina delle prestazioni. **Quaderni di Giurisprudenza commerciale**, Milano, v. 53, pp. 117-122, 1983. Tipicità e atipicità nei contratti, pp. 119-120.

136 "Se la sussumibilità nel concetto non dice nulla di definitivo circa l'appartenenza al tipo, e la disciplina è conforme non al concetto ma al tipo, premessa necessaria e sufficiente per affermare l'applicabilità della disciplina legale sarà non la sussumibilità nel concetto, ma la riconducibilità al tipo. (...) La presenza, nel caso concreto, dei requisiti previsti dalla definizione del tipo legale fornisce allora soltanto un'indicazione di massima, che necessita di un controllo alla luce della conformità con il tipo normativo." DE NOVA, Giorgio. **Il tipo contrattuale**. Padova: CEDAM, 1974, pp. 142-143.

uma função restritiva, pela qual se excluem, total ou parcialmente, do âmbito de aplicação da disciplina jurídica típica os contratos que, a despeito de preencherem os critérios para um juízo de subsunção, destoam do sentido do tipo contratual enquanto tipo normativo[137]. A segunda função, por seu turno, tem natureza extensiva e promove a aplicação direta, total ou parcial, da disciplina jurídica típica a um contrato que, sendo excluído da definição legal por um raciocínio subsuntivo, guarda correspondência com o tipo normativo.[138]

A concepção de DE NOVA é diretamente criticada por Rui Pinto DUARTE. Sob uma perspectiva mais ampla, de crítica aos defensores da leitura tipológica dos tipos contratuais legais, Rui Pinto DUARTE argumenta que as conclusões desses autores não se sustentam juridicamente, fundando-se em considerações de justiça insuficientes no plano do direito constituído[139]. Com relação a DE NOVA em especial, Rui Pinto

[137] DE NOVA explica que o tipo normativo é o tipo contratual subjacente à disciplina típica legal formulada pelo legislador, devendo ser reconstruído com base nos seguintes pontos: (i) disciplina legal do tipo contratual, tanto dispositiva quanto cogente, dada a insuficiência das características da definição legal; (ii) comparação com a disciplina legal de contratos afins e com a disciplina de contratos que poderiam ser reconduzidos ao tipo contratual em questão, mas que apresentam regulamentação distinta; (iii) comparação entre a disciplina típica legal e a concretamente acordada pelas partes (ex.: a constante derrogação de uma norma legal dispositiva é indício de que o tipo contratual legal difere do tipo normativo); e (iv) jurisprudência (ex.: decisões excluindo da disciplina típica contratos concretos que se subsumem ao conceito legal, mas não correspondem ao tipo normativo subjacente). **Il tipo contrattuale**. Padova: CEDAM, 1974, pp. 140-142.

[138] Ibid., pp. 142-148. Id. Il tipo contrattuale. **Quaderni di Giurisprudenza commerciale**, Milano, v. 53, pp. 29-37, 1983. Tipicità e atipicità nei contratti, pp. 33-34. Comentando as funções do método tipológico tal como propostas por DE NOVA, Francisco MARINO ressalva que: "Contudo, não se pode deixar de recomendar alguma cautela ao prescrevê-lo enquanto método necessário de aplicação de um dado regime contratual a toda e qualquer *fattispecie* contratual concreta. (...) Entretanto, afigura-se mais adequado circunscrever o raciocínio tipológico aos casos nos quais o juízo de subsunção é insuficiente devido à presença de desvios em relação ao tipo normal. Trata-se dos casos periféricos ou casos-limites, que não são maioria na prática, porém são bastante frequentes nas lides. Em tais circunstâncias, é vital o controle da idoneidade da disciplina legal ao caso concreto, com base na ponderação dos interesses em jogo". **Contratos coligados no Direito Brasileiro**. São Paulo: Saraiva, 2009, p. 15, destaque no original.

[139] "Os autores que têm procurado demonstrar que o conceito classificatório deve ceder o passo ao conceito-tipo têm trabalhado insuficientemente os dados do direito positivo. Se, no plano da política legislativa, pode bastar a demonstração da superioridade da justiça alcançada através da utilização pela lei de conceitos-tipo, em vez de conceitos classificatórios, no

DUARTE contesta o argumento de que seria o caráter de mera tradição do pensamento por conceitos abstratos a justificativa para desconsiderar a natureza conceitual dos tipos contratuais legais. Em verdade, sustenta o autor português, o que ocorre é a desconsideração da vinculatividade das definições legais de contratos por DE NOVA[140]. Nesse ponto, acompanha-se a crítica de DUARTE, sobretudo quanto ao entendimento de que as definições legais de contratos têm caráter preceptivo[141].

Já Pedro Pais de VASCONCELOS adota outro entendimento e biparte o juízo de qualificação em dois momentos. Embora reconheça as vantagens do método tipológico quando se trate de promover os valores da justiça e da melhor adequação da decisão em relação ao caso concreto, não ignora a sua insuficiência quando colocado frente à necessidade de um juízo binário sobre a tipicidade ou atipicidade legal de um contrato. Nesse caso, entende que predominam os valores da segurança e da certeza na aplicação das normas, os quais são mais bem concretizados por meio do método conceitual.[142]

Diante dessas circunstâncias, VASCONCELOS biparte o juízo de qualificação em juízo primário e juízo secundário. Este é de natureza conceitual e aplica-se na determinação da tipicidade ou atipicidade legal. No confrontar do caso concreto com o tipo contratual legal procede-se, portanto, mediante a lógica binária do juízo de subsunção. Subsumindo-se o caso concreto ao tipo contratual legal, está-se diante de um contrato legalmente típico. Do contrário, o contrato qualifica-se como legalmente

plano do direito constituído, é necessário demonstrar a inevitabilidade – ou, quando menos, a possibilidade – do entendimento dos conceitos legais como conceitos-tipo. O que, aliás, não parece poder ser feito no grau de generalidade em que esses autores têm trabalhado; a diversidade dos materiais fornecidos pelo legislador a tanto obsta." **Tipicidade e atipicidade dos contratos**. Coimbra: Almedina, 2000, p. 102.

140 DUARTE, Rui Pinto. **Tipicidade e atipicidade dos contratos**. Coimbra: Almedina, 2000, p. 103.

141 "Na ausência de qualquer indicação do direito positivo, não se vê, porém, qualquer argumento que torne as definições legais menos vinculativas que qualquer outra proposição normativa. Resolver os problemas criados pelas definições legais negando ou atenuando a sua vinculatividade não parece caminho correcto." Ibid., p. 78.

142 "Quando os valores dominantes são os primeiros, a justiça e a adequação na decisão, é o tipo, como instrumento metodológico que é próprio para o exercício jurídico. Quando os valores dominantes são a certeza e a segurança, é então mais adequado como instrumento o conceito e a sua definição." VASCONCELOS, Pedro Pais de. **Contratos Atípicos**, 2ª ed. Coimbra: Almedina, 2009, p. 188.

atípico e adentra o campo de aplicação do juízo primário. Para este, adota-se a perspectiva tipológica, pela qual o contrato é comparado com os demais tipos contratuais legais e sociais, segundo um juízo graduável de maior ou menor correspondência[143].

Importante notar que o autor português também identifica uma função do juízo primário no campo da tipicidade legal. Considerando que a adoção do juízo secundário para a qualificação legal se justifica pela finalidade de determinar com maior certeza o âmbito de aplicação do regime jurídico típico previsto na lei, isso "não obsta que, na concretização do regime dos contratos legalmente típicos, designadamente na interpretação complementadora, se use o juízo primário"[144]. Como observa MARINO, "Pedro Pais de Vasconcelos acertadamente propõe a complementação do processo subsuntivo pelo tipológico"[145]. Nesse sentido, vislumbra-se o uso do método tipológico, no campo da tipicidade legal, sobretudo na função que DE NOVA denomina de restritiva, para excluir do tipo contratual legal os contratos cujo sentido não lhe corresponda.

Outro autor português que também se posiciona sobre o tema é Rui Pinto DUARTE. Antes, porém, cumpre uma observação de cunho terminológico: o autor emprega, em sua obra, as expressões "conceitos classificatórios" e "conceitos-tipo", ambas consideradas como espécies de "definições", como equivalentes ao que neste trabalho se denominam "conceitos gerais abstratos" e "tipos" respectivamente. Isso posto, Rui Pinto DUARTE inicia sua exposição sobre o tema com o reconhecimento de que as definições legais podem assumir a forma tanto de "conceitos classificatórios", como de "conceitos-tipo", possuindo em qualquer dos casos caráter vinculativo. A partir disso, Rui Pinto DUARTE afirma a necessidade de se determinar, caso a caso, se a definição legal tem a estrutura de "conceito classificatório"

[143] "O juízo primário, nesta perspectiva, é de natureza tipológica, fluida e gradativa, e é feito numa perspectiva de justiça e de adequação material. O juízo secundário, diferentemente, é de natureza conceptual subsuntiva, e é feito numa perspectiva de certeza e segurança. (...) O juízo binário sobre a tipicidade ou atipicidade legal do contrato é um juízo secundário e o seu critério tem de ser encontrado no modo como a lei delimita o tipo legal, nos limites legais do tipo. Legalmente típicos são assim os contratos que conceptual e subsuntivamente correspondam à 'noção' legal do contrato." VASCONCELOS, Pedro Pais de. **Contratos Atípicos**, 2ª ed. Coimbra: Almedina, 2009, pp. 188-189.

[144] Ibid., p. 189.

[145] **Contratos coligados no Direito Brasileiro**. São Paulo: Saraiva, 2009, p. 15.

ou de "conceito-tipo".[146] Com isso, o autor estabelece um contraponto à corrente doutrinária que defende a leitura tipológica dos conceitos gerais abstratos constantes na lei. É o que já se explicou anteriormente, a propósito de sua crítica a DE NOVA.

Como consequência das considerações acima, Rui Pinto DUARTE passa a criticar a necessidade de se recorrer à subsunção, representada pela doutrina dos *essentialia*, como método de aplicação das definições legais dos tipos contratuais[147]. Após tecer diversas críticas ao método subsuntivo, o autor argumenta a aplicação do Direito mediante analogia, entendida esta no seu sentido de proporção, ou seja, de correspondência entre dois

[146] "É, pois, nossa opinião que, genericamente falando, os conceitos utilizados pela lei podem ser entendidos quer como conceitos classificatórios quer como conceitos-tipo e que a opção, norma a norma, deve ser consequência dos dados do direito positivo, não sendo lícito, na ausência de outra indicação do legislador, entender como conceitos-tipo definições legais de caráter fechado." DUARTE, Rui Pinto. **Tipicidade e atipicidade dos contratos**. Coimbra: Almedina, 2000, p. 104.

[147] "É que, julgamos, não há uma ligação indissociável entre a utilização das definições legais (ou o seu entendimento como vinculativas, ou ainda, o seu entendimento como expressões de conceitos) e o esquema subsuntivo, tal como não há laço semelhante entre a recusa dessa utilização das definições legais (ou entre o seu entendimento como não vinculativas, ou ainda entre o seu entendimento como expressões de tipos) e a negação do esquema subsuntivo." Ibid., p. 103. As críticas do autor ao método subsuntivo podem ser assim sumarizadas: (i) não considera a interferência, no processo de aplicação do direito, de elementos de ordem não intelectual, como o juízo de justiça, cuja natureza é intuitivo-emocional; (ii) a premissa menor não resulta de dedução, como prevê o método subsuntivo, mas da apreensão da realidade e do recurso à própria regra como critério de seleção; (iii) a determinação do sentido da regra, ao contrário do que se sustenta com o método subsuntivo, não é autônoma em relação à determinação dos fatos a que se aplica; (iv) apenas considera a hipótese normativa, descurando da unidade existente entre aquela e a consequência normativa (dissociabilidade entre previsão e estatuição normativas); (v) não permite a transitividade entre asserções de diferentes naturezas, mas considera que a premissa maior tem natureza normativa e a menor, enunciativa; (vi) mostra-se insuficiente como procedimento exclusivo de aplicação do Direito. Ibid., pp. 109-115. Por isso, DUARTE conclui que: "De tudo isto resulta que, não negando obviamente a necessidade de confronto (da conceituação) dos factos com a norma, neguemos a neutralidade valorativa desse confronto e a sua suficiência para a aplicação da consequência jurídica. E, por isso, achamos que a ideia de 'subsunção', podendo exprimir o resultado da qualificação (um dos resultados possíveis) dos factos, não traduz esse processo de qualificação". Ibid., pp. 115-116.

momentos normativos, o da norma abstrata e o do fato que se pretende regular[148].

A despeito das críticas ao método subsuntivo, Rui Pinto DUARTE acaba por reconhecer a aplicação da doutrina dos *essentialia*, tanto para os "conceitos classificatórios", quanto para os "conceitos-tipo", buscando-se uma proporção de identidade entre norma e situação concreta[149]. Como consequência, limita o campo de aplicação do método tipológico apenas aos "casos em que a lei, pura e simplesmente, se abstenha de dar definições e em que não seja possível retirar dela a exigência da verificação de certos elementos para que o tipo seja preenchido", hipóteses em que terá papel relevante o tipo contratual social[150].

Ainda a respeito do juízo de qualificação, Rui Pinto DUARTE observa que a conclusão obtida com a aplicação da doutrina dos *essentialia* é provisória e necessita de subsequente confirmação. Isso porque, dada a insuficiência do método subsuntivo, é preciso valer-se de critérios adicionais, como a correspondência entre a causa do tipo contratual legal e a do caso concreto, bem como a adequação da disciplina jurídica daquele a este[151]. Entre as consequências dessa confirmação, Rui Pinto DUARTE aponta a

[148] DUARTE, Rui Pinto. **Tipicidade e atipicidade dos contratos**. Coimbra: Almedina, 2000, pp. 116-119.

[149] Com relação aos conceitos classificatórios, segue a explicação de Rui Pinto DUARTE: "Quando a lei recorre a definições de natureza classificatória, a doutrina dos *essentialia* tem de servir de base à qualificação. Nesses casos, será indispensável verificar se se encontram presentes na espécie contratual concreta as características definidoras do tipo, ainda que o resultado positivo dessa verificação não seja suficiente para a recondução do contrato ao tipo". Ibid., p. 124, destaque no original. Já sobre os conceitos-tipo, assim escreveo autor: "Quando a lei recorta o tipo através de definições não classificatórias, abertas, o critério dos *essentialia* poderá ter ainda um papel a desempenhar, quando seja possível formar sub-conjuntos de elementos a que se possa atribuir o papel de núcleos mínimos do tipo". Ibid., p. 128, destaque no original.

[150] Ibid., p. 129.

[151] "Nessa confirmação do juízo saído do critério dos *essentialia* pode ter um papel a desempenhar a ideia de causa, sempre que seja possível identificar relações de constância entre o tipo legal e as funções sociais. (...) Outra via de confirmação daquele juízo liminar – que deverá ser sempre utilizada, como resulta do já escrito – é a do apuramento da adequação ao caso concreto da generalidade do regime ditado para o tipo. Um juízo negativo sobre essa adequação deve acarretar a recusa de qualificação." DUARTE, Rui Pinto. **Tipicidade e atipicidade dos contratos**. Coimbra: Almedina, 2000, pp. 126-127, destaque no original.

possibilidade de se negar a tipicidade de um caso concreto cujo conteúdo exceda o do tipo contratual[152].

À luz do quanto exposto, considera-se que a posição de Rui Pinto DUARTE, por mais que se sustente como via alternativa, acaba por não diferir substancialmente da defendida por Pedro Pais de VASCONCELOS. Com efeito, podem-se identificar as seguintes semelhanças: (i) o juízo de qualificação inicia-se com a verificação da tipicidade legal, aplicando-se os tipos contratuais legais segundo o método subsuntivo (doutrina dos *essentialia*); (ii) sendo positivo o resultado da subsunção, este deve ser confirmado mediante o recurso a critérios adicionais, relativos à correspondência de sentido entre o tipo contratual legal e o caso concreto, bem como à adequação da disciplina daquele a este; (iii) sendo negativo o resultado da subsunção ou não havendo correspondência de sentido com o tipo contratual legal, ou seja, quando o contrato for legalmente atípico, aplica-se o método tipológico. Trata-se do método que será utilizado adiante, a propósito da qualificação do contrato de *engineering, procurement and construction* (EPC), já que logra aliar a necessidade de segurança e de certeza na determinação da tipicidade legal com a de adequação material da disciplina jurídica do contrato.

3.2. Classificação dos Contratos Atípicos

Uma vez no campo dos contratos atípicos e procedendo conforme o juízo de qualificação adotado na seção 3.1, tem-se que o regime jurídico aplicável a um dado contrato legalmente atípico será determinado a partir da sua relação, sob uma perspectiva tipológica, com os demais tipos contratuais legais ou sociais existentes. Em outros termos, a maior ou menor proximidade com um ou mais tipos contratuais impacta fundamentalmente na disciplina jurídica que lhe será aplicada. Por isso, é imprescindível a

[152] "O mesmo é dizer que, embora a via normal para o resultado negativo da qualificação seja a da determinação da falta, na situação concreta, de alguns dos elementos do tipo legal, do que sustentamos sobre a aplicação do Direito em geral resulta que a qualificação também pode (e deve) ser negada por 'excesso' da situação concreta relativamente ao tipo. É isto mesmo que justifica a afirmação já feita segundo a qual os contratos mistos não correspondem a qualquer dos tipos envolvidos, tal como é isto que permite solucionar – ou ajudar a solucionar – muitos outros problemas que geram perplexidade." Ibid., p. 126.

análise da classificação dos contratos legalmente atípicos conforme a sua estrutura. Trata-se, todavia, de tema em que não se verifica homogeneidade na doutrina, a qual apresenta diversas possibilidades de classificação. Considerando que a principal questão envolvendo o tema dos contratos típicos e atípicos é a do regime jurídico que lhes será aplicado, a classificação a ser adotada há que se nortear pelo melhor cumprimento dessa finalidade.

Uma primeira distinção que se faz é entre os contratos atípicos totalmente originais e aqueles que guardam alguma relação com os tipos contratuais já existentes, seja esta de modificação ou de combinação. Assim é que Orlando GOMES distingue entre os contratos atípicos propriamente ditos e os contratos atípicos mistos[153]. No mesmo sentido, Álvaro Villaça AZEVEDO contrapõe os contratos atípicos singulares, ou contratos atípicos em sentido estrito, aos contratos atípicos mistos[154]. Pedro Pais de VASCONCELOS, por sua vez, refere-se a contratos atípicos puros e contratos atípicos mistos[155].

Seguindo a terminologia de VASCONCELOS, pode-se afirmar que os contratos atípicos puros são de rara ocorrência na atualidade. Isso porque é difícil conceber um contrato inteiramente novo e distinto das figuras típicas já existentes tanto na lei quanto na prática. O autor português, no entanto, vislumbra a possibilidade de contratos atípicos puros nos casos de importação de modelos contratuais de outros sistemas jurídicos, sobretudo dos ordenamentos anglo-americanos[156]. Mesmo assim, trata-se de

[153] "Os contratos atípicos formam-se de elementos originais ou resultam da fusão de elementos próprios de outros contratos. Dividem-se em contratos atípicos propriamente ditos e mistos." **Contratos**, 26ª ed., rev., atual. e ampl. Rio de Janeiro: Forense, 2007, p. 120.

[154] "Assim, classifiquei, em sentido amplo, os contratos atípicos em duas categorias: os singulares e os mistos." **Teoria Geral dos Contratos Típicos e Atípicos**: Curso de Direito Civil, 3ª ed. São Paulo: Atlas, 2009, p. 127.

[155] "Para além dos contratos legalmente típicos podem ser celebrados contratos atípicos, e estes podem ser completamente diferentes dos tipos legais, ou ser modificações dos tipos legais, ou ser misturas ou combinações desses tipos." VASCONCELOS, Pedro Pais de. **Contratos Atípicos**, 2ª ed. Coimbra: Almedina, 2009, p. 215. A respeito da consequência jurídica da classificação de um contrato atípico, cf. Ibid., p. 218.

[156] "Os contratos atípicos podem ser completamente diferentes dos tipos contratuais legais. São os contratos atípicos puros, que a literatura de língua alemã designa como *sui juris, sui generis* ou ainda *eigener Art*. Não é fácil imaginar e criar um contrato que não tenha nada dos tipos já reconhecidos na lei ou na prática. (...) Tem acontecido com alguma frequência a importação de tipos contratuais originários de outros sistemas e que são muito diferentes de tudo quanto está consagrado tipicamente, quer na lei, quer na prática. Tal tem sucedido com

hipótese que tende a rarear cada vez mais em um mundo globalizado e em crescente integração.

A grande parte dos contratos atípicos classifica-se, portanto, como contratos atípicos mistos, o que pode justificar a maior dedicação da doutrina ao seu estudo[157]. Quanto à sua definição, existe relativa homogeneidade da doutrina no sentido de os contratos atípicos mistos serem aqueles que combinam elementos de diversos tipos contratuais[158]. Isso é inclusive expresso no Código Civil português[159]. Segundo ALPA, há a fusão das diversas

contratos que são típicos no sistema anglo-americano, como, por exemplo o *leasing*, o *factoring*, o *franchising* e que em grande parte dos ordenamentos europeus continentais são legalmente atípicos, embora socialmente típicos. Em Portugal, a maior parte deles já foi tipificada na lei." **Contratos Atípicos**, 2ª ed. Coimbra: Almedina, 2009, p. 216. Acompanha-o Francisco Paulo De Crescenzo MARINO: "Os [contratos atípicos] puros são inteiramente diversos dos tipos legislativos. Resultam, normalmente, da importação de tipos provenientes de outros sistemas jurídicos. É o exemplo do leasing, do franchising e do factoring". Classificação dos contratos. In: PEREIRA JÚNIOR, Antonio; HÁBUR, Gilberto Haddad (coord.). **Direito dos contratos**. São Paulo: Quartier Latin, 2006, p. 25.

[157] "Na maior parte dos casos, os contratos atípicos não são puros; são construídos a partir de um ou mais tipos que são combinados ou modificados de modo a satisfazerem os interesses contratuais das partes. Esses são os chamados contratos mistos. Na prática, quase todos os contratos atípicos são mistos." VASCONCELOS, Pedro Pais de. **Contratos Atípicos**, 2ª ed. Coimbra: Almedina, 2009, p. 217. Interessante destacar também que a maioria dos tipos contratuais legais configura-se como tipificação de contratos que, originalmente, eram atípicos mistos, cf. Ibid., p. 218.

[158] No mesmo sentido, MARINO constata que: "O contrato misto é definido, de modo quase unânime na doutrina atual, como o contrato em que se combinam elementos próprios de tipos contratuais diversos". **Contratos coligados no Direito Brasileiro**. São Paulo: Saraiva, 2009, p. 111. Assim é que, segundo Orlando GOMES: "Contrato misto é o que resulta da combinação de elementos de diferentes contratos, formando nova espécie contratual não esquematizada na lei. Caracteriza-o a unidade de causa". **Contratos**, 26ª ed., rev., atual. e ampl. Rio de Janeiro: Forense, 2007, pp. 120-121. Para ROPPO: "I contratti misti (o 'complessi') sono contratti in cui figurano elementi di tipi contrattuali diversi". **Il contratto**, 2ª ed. Milano: Giuffrè, 2011, p. 405. O mesmo é afirmado por Antônio Junqueira de AZEVEDO em parecer no qual qualifica determinados contratos-quadros como contratos atípicos mistos. Cf. **Novos estudos e pareceres de direito privado**. São Paulo: Saraiva, 2009, p. 169. Analisando a classificação dos contratos de *engineering* como contratos atípicos mistos, Rossella Cavallo BORGIA considera que o caráter misto de um contrato atípico decorre "(...) della fusione di diversi schemi negoziali e della interna connessione tra le cause". **Il contratto di Engineering**. Padova: Cedam, 1992, p. 125.

[159] Cf. artigo 405(2) do Código Civil português: "Liberdade contratual (...) 2. As partes podem ainda reunir no mesmo contrato regras de dois ou mais negócios, total ou parcialmente regulados na lei".

causas contratuais em uma causa única[160]. Com pequena distinção em relação ao conceito tradicional, Pedro Pais de VASCONCELOS corretamente inclui, entre os contratos atípicos mistos, também as hipóteses em que há a modificação de um tipo contratual de referência[161]. Merece ressalva, contudo, a posição de Álvaro Villaça AZEVEDO de considerar, como contratos atípicos mistos, aqueles que apresentam "elementos somente atípicos"[162]. Justifique-se: a não ser que se interprete a expressão "somente atípicos" como se referindo a contratos ou elementos de contratos legalmente atípicos, mas socialmente típicos, a hipótese é, para usar a terminologia do autor, de contrato atípico singular e não de contrato atípico misto.

A respeito dos contratos atípicos mistos, põe-se uma questão terminológica referente à relação com os denominados contratos complexos. Alguns autores equiparam ambas as categorias e utilizam as expressões

[160] Referindo-se aos contratos mistos como "contratos complexos", Guido ALPA explica que: "Il negozio giuridico complesso, secondo l'orientamento corrente in giurisprudenza, delinea appunto il risultato della combinazione di distinti schemi negoziali, unitamente considerati delle parti, in base ad una causa unica, derivante della fusione degli elementi causali dei contratti che concorrono alla formazione del rapporto e in dipendenza di un unico nesso obiettivo e funzionale, in modo che le varie prestazioni, intimamente e organicamente commiste e reciprocamente condizionate nella loro essenza e nelle loro modalità di esecuzione risultino preordinate al raggiungimento di un unico intento negoziale in senso oggettivo, sì dar vita ad una convenzione unitaria per autonoma individualità". Engineering: problemi de qualificazione e di distribuzione del rischio contrattuale. In: VERRUCOLI, Piero. **Nuovi tipi contrattuali e tecniche di redazione nella pratica commerciale**: profili comparatistici. Milano: Giuffrè, 1978, p. 336. Francisco MARINO, no mesmo sentido, considera que: "O que garante a unidade do contrato misto é que os elementos dos diversos tipos contratuais se subordinam à mesma causa (fala-se em unidade de causa e em 'causa mista')". **Contratos coligados no Direito Brasileiro**. São Paulo: Saraiva, 2009, p. 112. Igualmente, cf. ROPPO, Vincenzo. **Il contratto**, 2ª ed. Milano: Giuffrè, 2011, p. 406.

[161] "Numa perspectiva genética, pode distinguir-se dentro dos contratos atípicos mistos aqueles que são construídos a partir de um tipo, que é modificado, e aqueles que são construídos a partir de mais de um tipo contratual." **Contratos Atípicos**, 2ª ed. Coimbra: Almedina, 2009, p. 231. Adotando a classificação de VASCONCELOS, cf. AZEVEDO, Antônio Junqueira de. **Novos estudos e pareceres de direito privado**. São Paulo: Saraiva, 2009, p. 169.

[162] "Assim, classifiquei, em sentido amplo, os contratos atípicos em duas categorias: os singulares e os mistos. Os contratos atípicos singulares são figuras atípicas, consideradas individualmente. Os contratos atípicos mistos apresentam-se: (a) com contratos ou elementos somente típicos; (b) com contratos ou elementos somente atípicos; e (c) com contratos ou elementos típicos e atípicos." **Teoria Geral dos Contratos Típicos e Atípicos**: Curso de Direito Civil, 3ª ed. São Paulo: Atlas, 2009, p. 127.

como sinônimas[163]. O entendimento, todavia, não é pacífico. Conquanto adote referida sinonímia, Rossella Cavallo BORGIA, por exemplo, não deixa de observar que a jurisprudência italiana por vezes diferencia os contratos mistos dos contratos complexos. Nesse sentido, os primeiros seriam dotados de maior unidade do que os segundos[164].

Francisco MARINO, por sua vez, adapta, aos contratos, a classificação de PONTES DE MIRANDA dos negócios jurídicos em simples e complexos[165]. Classifica, então, como contratos complexos aqueles que apresentam complexidade: (i) subjetiva, em que pelo menos um polo contratual é composto por mais de um sujeito; (ii) volitiva, em que pelo menos uma das partes emite mais de uma declaração de vontade diversas entre si; ou (iii) objetiva, em que ao menos uma das partes executa mais de uma prestação ou em que se combinam prestações de diversos tipos contratuais. Dessa forma, resulta que: "(...) o contrato misto diz respeito, por um lado, somente à complexidade objetiva e, por outro, a uma hipótese específica de complexidade objetiva, na qual as prestações das partes aludem a tipos contratuais distintos"[166]. Mostra-se mais preciso e, portanto, tecnicamente preferível, utilizar apenas a expressão "contratos mistos" e evitar a sinonímia com "contratos complexos".

[163] É o que expõe Francisco MARINO: "Importa notar, contudo, a existência de grande flutuação terminológica no tocante à expressão 'contrato complexo'. (...) No tocante à doutrina moderna, a maior parte dos autores parece equiparar o contrato complexo ao misto (...)". **Contratos coligados no Direito Brasileiro**. São Paulo: Saraiva, 2009, p. 111, n.r. 525. Utilizam as expressões como sinônimas, exemplificativamente, AZEVEDO, Antônio Junqueira de. **Novos estudos e pareceres de direito privado**. São Paulo: Saraiva, 2009, p. 169. BORGIA, Rossella Cavallo. **Il contratto di Engineering**. Padova: Cedam, 1992, p. 124. Utilizando apenas a expressão "contrato complexo", cf. ALPA, Guido. Engineering: problemi de qualificazione e di distribuzione del rischio contrattuale. In: VERRUCOLI, Piero. **Nuovi tipi contrattuali e tecniche di redazione nella pratica commerciale**: profili comparatistici. Milano: Giuffrè, 1978, p. 336.

[164] "Anche se generalmente le due espressioni 'contratto complesso' o 'contratto misto' sono usate indifferentemente soprattutto in dottrina (...), la giurisprudenza talvolta evidenzia sia pure sfumate differenze ricollegate al fatto che nel contratto misto prevale un elemento di maggiore unitarietà." **Il contratto di Engineering**. Padova: Cedam, 1992, p. 124, n.r. 56.

[165] PONTES DE MIRANDA, Francisco Cavalcanti. **Tratado de direito privado**, t. III, Negócios jurídicos. Representação. Conteúdo. Forma. Prova. Atualizado por Marcos Bernardes de Mello e Marcos Ehrhardt Jr. São Paulo: Revista dos Tribunais, 2012, § 287.

[166] **Contratos coligados no Direito Brasileiro**. São Paulo: Saraiva, 2009, p. 111.

No tocante às espécies de contratos atípicos mistos, a doutrina tradicional empreende a seguinte subdivisão: (i) contratos gêmeos ou combinados; (ii) contratos dúplices ou de tipo duplo; e (iii) contratos mistos *stricto sensu*. É o que explica Orlando GOMES:

> Os contratos mistos enquadram-se em três classes: 1ª) *contratos gêmeos*; 2ª) *contratos dúplices*; 3ª) *contratos mistos "stricto sensu"*. Nos *contratos gêmeos* e nos *contratos dúplices*, há pluralidade de prestações típicas de vários contratos que se misturam. Distinguem-se, no entanto, porque nos *contratos gêmeos*, como é o de hospedagem, a diversas prestações de uma das partes corresponde uma única contraprestação, enquanto nos *contratos dúplices*, como o de alojamento pago em dinheiro e trabalho, a diversas prestações correspondem várias contraprestações. (...) O *contrato misto "stricto sensu"*, segundo Enneccerus, contém elemento que representa contrato de outro tipo, como é o caso típico do *negotium mixtum cum donatione*.[167]

À luz da finalidade de auxiliar na determinação do regime jurídico aplicável, a classificação dos contratos mistos empreendida por VASCONCELOS mostra-se mais útil. Isso porque o autor divide os contratos atípicos mistos em duas subclasses. A primeira é a dos contratos atípicos mistos de tipo modificado, em que as partes adotam, como regime jurídico de base, um determinado tipo contratual, modificando-o de forma a melhor atender seus interesses. Há, portanto, um tipo contratual de referência que é modificado por meio de um pacto de adaptação[168]. Já na segunda

[167] **Contratos**, 26ª ed., rev., atual. e ampl. Rio de Janeiro: Forense, 2007, p. 123, destaques no original. No mesmo sentido, cf. MARINO, Francisco Paulo De Crescenzo. **Contratos coligados no Direito Brasileiro**. São Paulo: Saraiva, 2009, p. 112. Traçando um panorama da doutrina portuguesa, que segue a classificação tradicional, cf. VASCONCELOS, Pedro Pais de. **Contratos Atípicos**, 2ª ed. Coimbra: Almedina, 2009, pp. 218-221. Discutindo o *negotium mixtum cum donatione*, especialmente a sua qualificação como contrato misto ou contrato indireto, cf. ASCARELLI, Tullio. **Studi in tema di contratti**. Milano: Giuffrè, 1952, cap. II, Contratto misto, negozio indiretto, "negotium mixtum cum donatione", pp. 79-93.

[168] "No primeiro caso [contrato de tipo modificado], as partes elegem um tipo contratual que desempenha o papel de instrumento de base e a cuja disciplina típica as partes se referem na contratação. A este tipo – tipo de referência – acrescentam uma convenção – pacto de adaptação – na qual estipulam o necessário para modificar a disciplina do tipo de referência de modo a torná-lo apto a satisfazer o seu interesse contratual." VASCONCELOS, Pedro Pais de. **Contratos Atípicos**, 2ª ed. Coimbra: Almedina, 2009, p. 231. O pacto de adaptação deve modificar a disciplina típica de forma a exceder-lhe os limites, tornando o contrato atípico. Do

subespécie, a dos denominados contratos atípicos mistos de tipo múltiplo, não é possível identificar um tipo de referência adaptado pelas partes. Há a combinação de prestações típicas de dois ou mais contratos, podendo-se identificar, eventualmente, o predomínio de um deles[169]. Importante observar que a linha de transição entre a modificação de tipo e a pluralidade de tipos é tênue e fluida, existindo casos intermediários cuja classificação não é clara[170].

A classificação apresentada por VASCONCELOS mostra-se mais útil ao processo de determinação do regime jurídico aplicável porque permite organizar as três classes de contratos atípicos em função de sua maior ou menor tipicidade, assimilando a cada uma, em um juízo preliminar, a forma de regulação tendencialmente aplicável. É o que será objeto de estudo específico adiante, no capítulo 8.

Conclui-se, portanto, que, uma vez qualificado um contrato como legalmente atípico, prosseguir com a sua classificação é etapa fundamental na busca do regime jurídico aplicável. Entretanto, há outra figura da qual

contrário, configurarão apenas cláusulas acessórias. Sobre esse ponto, confira-se a explicação de Pedro Pais de VASCONCELOS: "A elasticidade do tipo não é, no entanto, ilimitada. Quando exceda o limite de elasticidade do tipo, a estipulação adicional torna o contrato atípico. Nestes casos, porém, o contrato não deixa de ter alguma semelhança com o tipo de referência ao qual foi acrescentado o 'pacto de adaptação'". Ibid., p. 245. MARINO explica os contratos atípicos de tipo modificado como sendo os "(...) oriundos da alteração de um tipo legislativo (denominado 'tipo de referência') para além dos seus limites (*v.g.*, um contrato de utilização de unidade em *flats* e 'apart—hotéis')". Classificação dos contratos. In: PEREIRA JÚNIOR, Antonio; HÁBUR, Gilberto Haddad (coord.). **Direito dos contratos**. São Paulo: Quartier Latin, 2006, pp. 25-26, destaque no original.

[169] "No segundo caso [contrato de tipo múltiplo], o contrato não é construído a partir da modificação de um modelo típico, mas da conjunção de mais de um tipo. Neste caso, não existe um tipo contratual de referência que forneça ao contrato a base da sua disciplina, mas uma pluralidade de tipos. O contrato pode ser de tipo duplo, triplo ou múltiplo consoante o número de tipos de referência." VASCONCELOS, Pedro Pais de. **Contratos Atípicos**, 2ª ed. Coimbra: Almedina, 2009, p. 231. Os contratos atípicos mistos de tipo múltiplo são descritos por MARINO como os "(...) estruturados por meio da combinação de mais de um tipo de referência (podendo ser todos eles tipos legislativos, ou podendo haver combinação de tipos legislativos com tipos sócio-jurisprudenciais)". Classificação dos contratos. In: PEREIRA JÚNIOR, Antonio; HÁBUR, Gilberto Haddad (coord.). **Direito dos contratos**. São Paulo: Quartier Latin, 2006, p. 26.

[170] Cite-se, por exemplo, a hipótese de um tipo de referência modificado por um pacto de adaptação que se assemelha a outro tipo contratual. VASCONCELOS, Pedro Pais de. **Contratos Atípicos**, 2ª ed. Coimbra: Almedina, 2009, pp. 231-232.

os contratos atípicos mistos se aproximam e cuja distinção se impõe: os contratos coligados. É o que se estuda na seção seguinte.

3.3. Contratos Atípicos Mistos e Contratos Coligados

Na esfera contratual, comumente há mais de uma estrutura jurídica possível para atender aos interesses das partes com determinada operação econômica. A escolha de uma ou de outra estrutura, contudo, não é indiferente. Pelo contrário, pois, a depender da roupagem jurídica adotada, os efeitos jurídicos produzidos podem ser significativamente distintos. É o que se passa, por exemplo, com os contratos atípicos mistos e os contratos coligados. Na prática, a fronteira entre ambos é difícil de se delimitar, sobretudo porque, muitas vezes, uma mesma operação pode ser estruturada dos dois modos, variando a conclusão conforme a perspectiva que se adote[171]. Juridicamente, contudo, as figuras encontram-se claramente apartadas.

Os contratos coligados, conforme analisa MARINO, apresentam dois elementos essenciais. O primeiro consiste na pluralidade de contratos,

[171] A respeito, confiram-se as ponderações de Orlando GOMES: "Em qualquer de suas formas, a coligação dos contratos não enseja as dificuldades que os contratos mistos provocam quanto ao direito aplicável, porque os contratos coligados não perdem a individualidade, aplicando-se-lhes o conjunto de regras próprias do tipo a que se ajustam". **Contratos**, 26ª ed., rev., atual. e ampl. Rio de Janeiro: Forense, 2007, p. 122. A dificuldade prática da distinção é referida por Francisco MARINO, para quem: "Feita essa advertência, importa destacar que, por vezes, surgem dificuldades de qualificação de alguns negócios *prima facie* passíveis de configuração tanto como contratos únicos quanto como coligações contratuais". **Contratos coligados no Direito Brasileiro.** São Paulo: Saraiva, 2009, pp. 115-116, destaque no original. Para Pedro Pais de VASCONCELOS: "Saber onde se encontra a autonomia suficiente para que haja uma união de contratos e não um contrato misto, qual o limite cuja ultrapassagem distingue um contrato típico com cláusulas acessórias atípicas de um contrato atípico de tipo modificado, é algo complicado, é algo que a doutrina tradicional mal consegue expor e dificilmente consegue pôr em prática". **Contratos Atípicos**, 2ª ed. Coimbra: Almedina, 2009, p. 222. Adiante, o autor português traz o exemplo da doação mista: "A chamada doação mista pode, nesta perspectiva, ser qualificada de ambos os modos, consoante se entenda que nela podem subsistir uma compra e venda completa de uma parte da coisa e uma doação completa da outra parte da coisa, ou se conclua que, sendo uno e único o objecto, não é possível separar no todo estipulado dois contratos estruturalmente completos". Ibid., pp. 225-226. Também aponta essa dificuldade DUARTE, Rui Pinto. **Tipicidade e atipicidade dos contratos.** Coimbra: Almedina, 2000, p. 47.

enquanto que o segundo é o vínculo de dependência entre tais contratos, o qual pode ser unilateral ou recíproco[172]. A fonte desse vínculo pode ser a lei em sentido amplo, a natureza acessória de um dos contratos ou uma estipulação contratual, expressa ou implícita, classificando-se a coligação em *ex lege*, natural e voluntária respectivamente[173]. O contrato atípico misto, por outro lado, é um contrato unitário, com uma única causa, ainda que seu conteúdo resulte da combinação ou modificação de outros tipos contratuais, conforme abordado na seção 3.2[174].

Visto que o critério distintivo é a existência de unidade ou de pluralidade contratual, questiona-se, então, como aferir se o caso é de contrato

[172] Pedro Pais de VASCONCELOS explica que, sendo o nexo de dependência elemento essencial do conceito de contratos coligados, torna-se possível equacionar o problema da classificação tripartida das hipóteses de união de contrato em: (i) união externa; (ii) união interna ou com dependência; e (iii) união alternativa. Isso porque a primeira e a última não são verdadeiros casos de coligação, faltando-lhes justamente o vínculo de dependência. A coligação de fato se verifica na união interna, pois: "Nos casos de união interna existe uma autonomia formal entre os contratos, autonomia formal que falta nos contratos mistos, sem que exista uma autonomia substancial". **Contratos Atípicos**, 2ª ed. Coimbra: Almedina, 2009, p. 224. Orlando GOMES também se refere à tripartição, reconhecendo que: "A *união com dependência* é a figura que mais se aproxima do *contrato misto*". **Contratos**, 26ª ed., rev., atual. e ampl. Rio de Janeiro: Forense, 2007, p. 121, destaque no original.

[173] "Contratos coligados podem ser conceituados como contratos que, por força de disposição legal, da natureza acessória de um deles ou do conteúdo contratual (expresso ou implícito), encontram-se em relação de dependência unilateral ou recíproca. Da noção apresentada, podem-se deduzir os dois 'elementos essenciais' da coligação contratual juridicamente relevante: (i) pluralidade de contratos, não necessariamente celebrados entre as mesmas partes; (ii) vínculo de dependência unilateral ou recíproca. (...) O vínculo existente entre os contratos coligados pode ser instaurado por força de disposição legal, da natureza acessória de um dos contratos ou, o que é mais freqüente, por meio de cláusula contratual expressa ou implícita. No primeiro caso, tem-se coligação *ex lege*. No segundo, é lícito falar em coligação natural. No terceiro, trata-se da coligação 'voluntária', que pode ser expressa ou implícita." MARINO, Francisco Paulo De Crescenzo. **Contratos coligados no Direito Brasileiro**. São Paulo: Saraiva, 2009, pp. 99-100, destaque no original.

[174] Vincenzo ROPPO assim se refere à distinção jurídica entre contratos mistos e contratos coligados: "È chiara la differenza rispetto ai contratti collegati. Questi sono contratti distinti, e ciascuno ha la sua causa distinta e autosufficiente (anche se in concreto integrata dal collegamento con l'altro contratto). Invece il contratto misto è un contratto unico, con unica causa, nella quale peraltro si combinano elementi di tipi diversi: tanto che lo si definisce anche contratto 'a causa mista'". **Il contratto**, 2ª ed. Milano: Giuffrè, 2011, p. 406. Acompanha-o VASCONCELOS, Pedro Pais de. **Contratos Atípicos**, 2ª ed. Coimbra: Almedina, 2009, p. 220.

atípico misto ou de coligação contratual[175]. Para tanto, VASCONCELOS propõe uma análise da relação entre os tipos contratuais a que o conteúdo do contrato possa se subsumir. Se o conteúdo puder ser separado, de forma que cada um dos tipos contratuais subsista como um contrato estruturalmente completo, o caso será de coligação contratual. Do contrário, haverá um único contrato, qualificado como atípico misto[176].

MARINO, por sua vez, sem deixar de pontuar a dificuldade da distinção entre unidade e pluralidade contratual, apresenta três parâmetros para nortear a análise em questão. O primeiro consiste nos limites dos tipos contratuais de referência, tanto legais como sociais. Quando o tipo contratual de referência for incompatível com a operação econômica subjacente ou seu modelo regulativo for insuficiente para disciplinar o conteúdo contratual como um todo, haverá coligação contratual. Já se a elasticidade dos limites do tipo comportar as prestações contratuais, o contrato será único. O segundo parâmetro é a participação de diversos centros de interesse. Havendo mais de duas partes e não participando todas elas de todas as relações jurídicas, tem-se coligação contratual. Por outro lado, a unidade

[175] Ressalve-se, como observa Francisco MARINO, que a qualificação como contrato único ou como pluralidade contratual não necessariamente implica a conclusão de que há contrato atípico misto ou contratos coligados. **Contratos coligados no Direito Brasileiro.** São Paulo: Saraiva, 2009, p. 115. Questionando a utilidade da categoria da união de contatos, Rui Pinto DUARTE argumenta que: "A razão de ser de tal estado de coisas está, julgamos, em os problemas de regime surgidos a propósito das uniões de contratos se [resolverem] em sede de outras figuras, sem que a união seja, ela própria, relevante, até porque inexistem preceitos legais que se refiram às ligações entre negócios jurídicos". Adiante, o autor complementa que: "Na sequência do que antecede, arriscaremos mesmo que o único problema dogmático real entre os normalmente versados a propósito da união de contratos é o do critério da unidade dos contratos. No entanto, esse problema não é próprio da união de contratos, já que se coloca de modo igual para os negócios jurídicos em geral. (...) De tudo quanto dissemos, resulta que os problemas envolvidos na união de contratos são diversos e autónomos dos relativos à tipicidade e à atipicidade – o que não significa que não se possam cumular". **Tipicidade e atipicidade dos contratos**. Coimbra: Almedina, 2000, pp. 50-51 e 54-55.

[176] "Quando a matéria contratada se subsuma a mais de um tipo contratual legal, a doutrina tradicional classifica-a como união de contratos ou como contrato misto consoante o relacionamento entre ambos. Se o relacionamento entre os tipos for tal que ambos possam subsistir e vigorar como contratos completos separados, não obstante o vínculo que os liga, a classificação é a de união de contratos. Se o relacionamento entre os tipos não permitir a separação, o contrato é classificado como misto. Tudo está em saber se é possível, no caso, separar, na matéria contratada, um contrato estruturalmente completo por cada tipo." VASCONCELOS, Pedro Pais de. **Contratos Atípicos**, 2ª ed. Coimbra: Almedina, 2009, p. 225.

contratual se assimila às hipóteses em que há apenas dois centros de interesse ou, existindo mais de dois, "o interesse de todas elas for indissociável e disser respeito à operação econômica subjacente como um todo"[177]. O terceiro critério tem caráter subsidiário e consiste na unidade ou diversidade instrumental, temporal e de contraprestação. Por fim, observe-se que se trata de conclusões extraídas a princípio e que dependem de uma análise casuística, inclusive considerando as circunstâncias negociais[178].

Sumarizando o que se abordou neste capítulo, pode-se concluir que tanto o juízo de qualificação, quanto a classificação dos contratos atípicos desempenham papel fundamental na busca de uma resposta à grande questão que cerca os contratos atípicos: qual o regime jurídico que lhes deve ser aplicado? Assim é que o juízo de qualificação deve ser bipartido em duas etapas. A primeira é a do juízo de tipicidade legal, em que se verifica a possibilidade de subsunção a um dos tipos contratuais legais. Sendo positivo o resultado, este deve ser confirmado por meio de uma perspectiva tipológica, em que se examina a real correspondência de sentido entre o caso concreto e o tipo normativo em questão. Nesse momento, especial atenção deve ser dada à possibilidade de o caso concreto apresentar excesso de conteúdo em relação ao tipo contratual, hipótese em que deverá ser excluído dos limites do tipo contratual em questão. Se a subsunção não for possível ou o contrato concreto for excluído dos limites do tipo contratual legal, deve-se passar à segunda etapa, prosseguindo-se com a comparação, sob a perspectiva tipológica, com os demais tipos contratuais existentes. Nesse momento, emerge a importância da classificação dos contratos legalmente atípicos, na medida em que o maior ou menor grau de tipicidade exercerá influência determinante no regime jurídico aplicável, conforme será melhor estudado adiante, na seção 8.2.5. Também é importante atentar, quando falhada a subsunção, se o caso é de contrato misto ou de coligação contratual, dado que a configuração de um ou de outro traz significativas mudanças na disciplina a ser aplicada.

177 MARINO, Francisco Paulo De Crescenzo. **Contratos coligados no Direito Brasileiro.** São Paulo: Saraiva, 2009, p. 119.

178 Ibid., pp. 119-127.

PARTE II

O CONTRATO DE EPC NO QUADRO DOS CONTRATOS DE CONSTRUÇÃO

4. A Indústria da Construção e os Modelos de Operação Econômica

Pressuposto para uma adequada compreensão do contrato de EPC é o conhecimento do setor econômico ao qual ele atende. O presente capítulo, por conseguinte, apresenta um panorama geral da indústria da construção, em especial do ramo da construção de grandes empreendimentos. Explicados os principais agentes envolvidos, quais são as suas necessidades e quais as possíveis dinâmicas de atuação, passa-se à análise das ferramentas que o direito contratual oferece para estruturar juridicamente essa atividade econômica. Enfocam-se, então, os contratos de construção como uma categoria geral na qual se inclui o contrato de EPC.

4.1. Principais Agentes da Indústria da Construção

A indústria da construção como um todo e, em maiores proporções, a construção de grandes empreendimentos têm como uma de suas mais marcantes características a existência de dezenas ou centenas de agentes, de diversas disciplinas, interagindo entre si tanto direta quanto indiretamente[179]. O que une todos eles é um objetivo comum, consistente na

[179] Tratando da indústria da construção nos Estados Unidos, MURDOCH e HUGHES são bastante claros ao explicar a ausência de um limite externo claro às atividades da indústria da construção e a consequente multiplicidade de agentes envolvidos: "(...) there are many different descriptions of the construction industry, drawn from different specialist disciplines. This vagueness is compounded by the fact that construction involves such a wide range of activity that the industry's external boundaries are also unclear. (...) The fragmentation of construction into a large number of diverse skills is an inevitable consequence of the economic, technological and sociological environment; there is an extraordinary diversity

consecução da obra. Entre esses agentes, há cinco figuras principais que merecem destaque e serão a seguir descritas: o dono da obra, o projetista, o construtor, os subcontratados e o financiador externo.

O dono da obra, também conhecido como *owner* ou *employer* em língua inglesa, é aquele que encomenda e para quem se entrega a obra[180]. Como bem explicam CLOUGH, SEARS e SEARS, pode ser tanto um ente público, quanto um ente privado, como um indivíduo, uma sociedade ou um consórcio. Importante salientar que, embora seja o dono da obra aquele para quem a obra deve ser entregue, não é este necessariamente o seu usuário final. Além de usá-la para si, pode o dono da obra tratá-la como um investimento, visando, por exemplo, à sua venda ou locação a terceiros.[181]

O primeiro passo para que o dono da obra viabilize seu empreendimento é projetá-lo. Essa atividade, em inglês denominada *design* ou *engineering*, é realizada pelos projetistas, também chamados de *designers* ou *design professionals*[182]. Sua função é elaborar os projetos de uma obra, os quais

of professions, specialists and suppliers". **Construction contracts**: law and management, 3rd ed. London: Spon, 2000, p. 1.

[180] Conforme definição da NBR 5671, "proprietário" é: "Pessoa física ou jurídica de direito, que tem a aptidão legal de determinar a execução de um empreendimento, correndo por sua conta todas as despesas inerentes". ASSOCIAÇÃO BRASILEIRA DE NORMAS TÉCNICAS. **NBR 5671**: Participação dos intervenientes em serviços e obras de engenharia e arquitetura. Rio de Janeiro, 1990, incorpora errata de mai. 1991, § 3.1.

[181] "The owner, public or private, is the instigating party for whose purposes the construction project is designed and built. Public owners range from agencies of the federal government, through state, country, and municipal entities, to a multiplicity of local boards, commissions, and authorities. (...) Private owners may be individuals, partnerships, corporations, or various combinations thereof. Most private owners have structures built for their own use: business, habitation, pleasure, or otherwise. However, some private owners do not intend to become the end users. The completed structure is to be sold, leased, or rented to others." CLOUGH, Richard H.; SEARS, Glenn A.; SEARS, S. Keoki. **Construction contracting**: a practical guide to company management, 7th ed. Hoboken: John Wiley & Sons, 2005, p. 2. No mesmo sentido, cf. KLEE, Lukas. **International construction contract law**. Chichester: John Wiley & Sons, 2015, p. 3. Allan ASHWORTH, por exemplo, menciona que os donos de obra (*employers*) podem ser incorporadores ou promotores imobiliários (*property developers*), ocupantes (*occupiers*), investidores (*investors*), construtoras atuando como promotores imobiliários (*builders*) e entidades do setor público (*public sector*), destacando os principais interesses de cada qual com a obra contratada. Cf. **Contractual procedures in the construction industry**, 6th ed. Harlow: Pearson, 2012, pp. 246-249.

[182] Confira-se a definição de *engineering*: "engenharia; engenharia de projetos". TAYLOR, James L. **Dicionário metalúrgico**: inglês-português, português-inglês, 2º ed. São Paulo: Associação Brasileira de Metalurgia e Materiais, 2000. Na NBR 5671, preveem-se as figuras

abrangem diversos níveis de detalhamento e diversas disciplinas, como projetos de fundações, estruturais, elétricos, hidráulicos, de instalações, arquitetônicos, entre inúmeros outros. Além disso, vale explicar que os projetos consistem em documentos com informações técnicas que podem estar contidas nos mais diversos meios de representação, incluindo desenhos (plantas, cortes, elevações), textos (memoriais, relatórios, relações, listagens), planilhas e tabelas, fluxogramas e cronogramas, fotografias e maquetes[183]. Justamente em função da variedade de conhecimentos envolvidos, os projetistas podem ser tanto engenheiros quanto arquitetos[184].

À medida que a concepção do empreendimento amadurece e definem-se suas características, os projetos tornam-se cada vez mais detalhados – partindo dos documentos e estudos preliminares, passa-se aos projetos básicos de concepção da obra e, por fim, para o detalhamento de sua execução no projeto executivo. Tarefa muito importante nesse processo de evolução é a compatibilização e a coordenação entre os diversos projetos que se elaboram, sob pena de haver graves problemas durante a fase de

da "firma projetista" e do "autor do projeto". A primeira é definida como: "Pessoa jurídica, legalmente habilitada, contratada para elaborar, através de seu quadro técnico, o projeto de um empreendimento ou parte deste (ver Lei nº 5.194, NBR 13531 e NBR 13532)". O segundo é definido como: "Pessoa física, legalmente habilitada, contratada para elaborar o projeto de um empreendimento ou parte deste (ver Lei nº 5.194, NBR 13531 e NBR 13532)". ASSOCIAÇÃO BRASILEIRA DE NORMAS TÉCNICAS. **NBR 5671**: Participação dos intervenientes em serviços e obras de engenharia e arquitetura. Rio de Janeiro, 1990, incorpora errata de mai. 1991, §§ 3.3-3.4.

183 A respeito dos documentos que integram o projeto, a NBR 13532 traz a seguinte explicação: "As informações técnicas produzidas em quaisquer das etapas de elaboração do projeto de arquitetura devem ser apresentadas mediante documentos técnicos (originais e/ou cópias) em conformidade com os padrões estabelecidos nas normas pertinentes, podendo ser: a) desenhos; b) textos (memoriais, relatórios, relações e listagens); c) planilhas e tabelas; d) fluxogramas e cronogramas; e) fotografias; f) maquetes; g) outros meios de representação". ASSOCIAÇÃO BRASILEIRA DE NORMAS TÉCNICAS. **NBR 13532**: Elaboração de projetos de edificações – Arquitetura. Rio de Janeiro, 1995, § 4.4.1.2.

184 "The architect-engineer, also known as the design professional, is the party, organization, or firm that designs the project. Because such projects involve architectural or engineering design, or often a combination of both, the term architect-engineer is used in this book to refer to the design professional, regardless of the applicable specialty or the relationship between the designer and the owner". CLOUGH, Richard H.; SEARS, Glenn A.; SEARS, S. Keoki. **Construction contracting**: a practical guide to company management, 7th ed. Hoboken: John Wiley & Sons, 2005, p. 3. Igualmente, KLEE, Lukas. **International construction contract law**. Chichester: John Wiley & Sons, 2015, p. 3.

execução da obra. Como última etapa há os denominados projetos *as built*, que são os projetos finais elaborados quando da conclusão da obra, registrando o que foi efetivamente construído.

Responsável por concretizar o que se planeja no projeto é o construtor, também conhecido por *contractor, constructor* ou *builder*[185]. Antes de analisar a função que atualmente se atribui aos construtores, vale fazer uma breve retrospectiva sobre como evoluiu seu papel ao longo da história. Nesse histórico, a Revolução Industrial foi um verdadeiro divisor de águas. Até então, as construções eram executadas com trabalhos de caráter predominantemente manual e maior grau de simplicidade. O gerenciamento de uma obra, nesse contexto, não se mostrava muito complexo e podia ser feito, sem grandes problemas, pelo próprio dono da obra. Assumia este, portanto, não apenas a contratação de todos os fornecedores e prestadores de serviço, como também seu gerenciamento ao longo da execução da obra, atividade que podia realizar tanto diretamente quanto por meio de um mestre de obras ou arquiteto.[186]

Com a Revolução Industrial, a indústria da construção tornou-se muito mais complexa. Surgiram novos materiais e tecnologias, criaram-se projetos inovadores e desenvolveram-se as redes de transporte. Nesse contexto, a execução de uma obra passou a envolver maior quantidade de participantes, das mais diversas especialidades. Naturalmente, gerenciar todas essas atividades e profissionais também passou a ser tarefa complexa, de modo que os donos de obra sentiram a necessidade de atribuí-la a um terceiro com melhores condições de desempenhá-la. Assim surgiu a figura do construtor principal, também conhecida por *general contractor, principal contractor, prime contractor* ou *main contractor*, cuja principal obrigação era executar e gerenciar a obra segundo o projeto que lhe era fornecido

[185] Na definição da NBR 5671, "executante" é: "Pessoa física ou jurídica, legalmente habilitada, contratada por quem de direito (contratante), para executar o empreendimento, assumindo a responsabilidade técnica deste, de acordo com o projeto e em condições mutuamente estabelecidas, conforme Lei nº 5.194". ASSOCIAÇÃO BRASILEIRA DE NORMAS TÉCNICAS. **NBR 5671**: Participação dos intervenientes em serviços e obras de engenharia e arquitetura. Rio de Janeiro, 1990, incorpora errata de mai. 1991, § 3.6.

[186] MURDOCH, John; HUGHES, Will. **Construction contracts**: law and management, 3rd ed. London: Spon, 2000, p. 2.

pelo seu contratante, providenciando toda a mão de obra, equipamentos e materiais necessários, seja por meios próprios, seja por terceiros subcontratados[187].

Os subcontratados ou *subcontractors*, por sua vez, são as empresas contratadas pelo construtor principal para executar parcelas de seu escopo. Embora seja possível, em teoria, que um construtor principal consiga realizar uma obra inteira apenas com seu próprio pessoal e seus próprios equipamentos, a realidade evidencia não ser isso o que ocorre na prática. O que normalmente se vê é a execução de um núcleo básico de atividades pelo construtor principal e a atribuição de atividades especializadas a subcontratados. A título ilustrativo, podem-se citar como exemplos comuns de subcontratação a locação de equipamentos de obra, o fornecimento de materiais de construção, bem como a fabricação e montagem de maquinário a ser instalado no empreendimento.

As razões que justificam a onipresente prática das subcontratações são inúmeras. Mencione-se, por exemplo, a eficiência econômica. Comparados com a possibilidade de execução direta pelo construtor principal, há, de fato, diversos serviços que se mostram menos custosos e de melhor qualidade quando prestados por uma empresa especializada. Além disso, seria difícil que o construtor principal lograsse captar uma demanda suficiente a ponto de justificar a manutenção de profissionais e equipamentos usados para solucionar necessidades pontuais de uma obra. Há, também, questões envolvendo licenças, autorizações e outras exigências legais relativas à prestação de determinados serviços, as quais podem não ser atendidas pelo construtor principal.

Por outro lado, a subcontratação exige atenção a alguns pontos. O primeiro deles refere-se à responsabilidade do construtor principal. Com a celebração do subcontrato, cria-se uma relação jurídica apenas entre o

[187] "The general contractor fulfilled a need by employing all the necessary skills, providing all of the materials, plant and equipment and undertaking to build what the client had designed. Thus, in a general contract, the basic premise is that the employer takes the responsibility for design and the contractor takes the responsibility for fabrication." MURDOCH, John; HUGHES, Will. **Construction contracts**: law and management, 3rd ed. London: Spon, 2000, p. 2. Sobre a história do DBB, confira-se também MESQUITA, Marcelo Alencar Botelho de. **Contratos chave na mão (*Turnkey*) e EPC (*Engineering, Procurement and Construction*)**: conteúdo e qualificações. Florianópolis: Faculdade de Direito da Universidade Federal de Santa Catarina, 2017, Dissertação de Mestrado, pp 20-25.

construtor principal e o subcontratado, a qual não é oponível ao dono da obra. Isso significa que não há uma redução de obrigações do construtor principal perante o dono da obra, permanecendo aquele integralmente responsável pelo escopo que assumiu. Ressalvadas eventuais particularidades do caso concreto, a princípio não poderá alegar culpa do subcontratado para se eximir do inadimplemento do contrato principal. Outro aspecto crucial quando se realizam subcontratações é a necessidade de um bom gerenciamento. Isso porque os prazos e as atividades de cada subcontratado devem estar planejados de forma a garantir a continuidade dos trabalhos da obra como um todo. Do contrário, pode haver graves comprometimentos tanto do cronograma quanto da qualidade da obra, levando a indesejáveis disputas entre as partes envolvidas.

Por fim, é evidente que o dono da obra, para executar seu empreendimento, precisa de recursos financeiros. Tem-se, primeiramente, a possibilidade de empregar suas próprias reservas, custeando integralmente o projeto. No entanto, o mais usual é que o dono da obra não possua ou não queira despender apenas recursos próprios, motivo pelo qual recorre a uma fonte externa de financiamento[188]. O papel dos financiadores, por conseguinte, mostra-se crucial à viabilização de um empreendimento[189].

Para estruturar a participação do agente financiador, há diversos instrumentos jurídicos utilizados pelo mercado. A título de exemplo, a captação

[188] "Tratando-se de um projeto de maior porte, as sociedades patrocinadoras normalmente não têm interesse, ou mesmo condições, de implementar o novo empreendimento apenas com capital próprio. Essa falta de interesse se deve a diversos fatores, dentre eles, a escassez de recursos, a preferência pelo comprometimento de menor volume de recursos em vários empreendimentos do que o comprometimento de maior volume em apenas um, limitação e diversificação do risco, etc. Em um contexto em que apenas os projetos mais rentáveis são selecionados, o fator determinante para tal desinteresse, todavia, é a possibilidade de os patrocinadores aumentarem significativamente a taxa de retorno esperada (ou seja, o lucro auferido em comparação ao capital investido) mediante uma alavancagem financeira, vale dizer, o emprego de capital de terceiros captado por meio da contratação de empréstimos (mútuo mercantil)." ENEI, José Virgílio Lopes. **Financiamento de projetos**: aspectos jurídicos do financiamento com foco em empreendimentos. São Paulo: Faculdade de Direito, Universidade de São Paulo, 2005, Dissertação de Mestrado em Direito Comercial, p. 17.

[189] Veja-se a definição de "financiador" constante na NBR 5671: "Pessoa física ou jurídica que contrata com o proprietário a concessão de recursos destinados ao empreendimento ou parte deste". ASSOCIAÇÃO BRASILEIRA DE NORMAS TÉCNICAS. **NBR 5671**: Participação dos intervenientes em serviços e obras de engenharia e arquitetura. Rio de Janeiro, 1990, incorpora errata de mai. 1991, § 3.5.

pode ocorrer por meio de contratos de mútuo com uma ou mais instituições financeiras, emissão de valores mobiliários ou emissão de títulos de crédito. Particularmente no setor da construção de grandes obras, como as de infraestrutura, tem ganhado grande destaque uma modalidade de financiamento denominada na prática de "financiamento de projetos" ou "*project finance*". Dada sua forte influência sobre a estrutura organizacional que será adotada para a execução da obra, principalmente no aspecto jurídico da alocação de riscos, o *project finance* será analisado em maiores detalhes na seção 4.2.4 adiante.

Vistos os principais agentes que atuam no setor da construção e o papel que desempenham, cumpre analisar como essas funções podem ser organizadas. Trata-se do objeto da próxima seção.

4.2. Pluralidade de Modelos de Escopo na Indústria da Construção

Para compreender adequadamente o contexto de utilização de um contrato de EPC e as necessidades que visa a atender, é preciso examinar os diversos modelos utilizados na indústria da construção para organizar suas operações econômicas. Trata-se do estudo de como os agentes e as atividades descritas na seção anterior podem ser estruturados quando da execução de um empreendimento. Vale observar que essa análise, focada no que usualmente se denomina "escopo" do contratado, não se relaciona com o modo pelo qual a execução desse escopo será remunerada. Não obstante haja um vínculo habitual entre determinados escopos e determinadas modalidades de remuneração, nada impede que se pactue de maneira diversa, até mesmo cumulando diferentes modalidades de remuneração para parcelas de um único escopo[190]. Por esse motivo, destina-se a presente seção apenas ao estudo dos modelos de arranjo do escopo do construtor, remetendo-se à seção subsequente a análise das modalidades de remuneração.

[190] Mencione-se, por exemplo, a habitual associação entre um escopo *design-build* (DB) e a modalidade de remuneração preço global. É possível, porém, que esse mesmo escopo *design-build* seja remunerado, por exemplo, mediante preços fixos unitários. Também se poderia cogitar que a parcela referente à elaboração dos projetos tivesse um preço fixo global, enquanto que a parcela referente à construção fosse paga por reembolso de custos com acréscimo de uma taxa de remuneração.

Como ponto de partida, está a constatação de que há sempre três fatores imprescindíveis à decisão do dono da obra sobre o modelo de escopo a ser utilizado. São eles: preço, qualidade e prazo[191]. Importante observar que esses fatores se relacionam de maneira colidente, pois a maximização de um implica a limitação dos outros. Não sendo possível uma obra da melhor qualidade, executada com o menor preço e no menor prazo, o dono da obra precisará escolher a sua prioridade. Orçamentos reduzidos, por exemplo, implicam redução da qualidade e/ou aumento do prazo de execução. Já a elevada qualidade trará aumento do preço e, via de regra, também extensão do prazo. A redução de prazo, por sua vez, pode comprometer a qualidade e/ou causar aumento de preço. Para nortear a decisão mais adequada, é essencial que o dono da obra pondere esses fatores à luz de suas necessidades, de modo que, para cada caso particular, seja encontrada a melhor compatibilização possível.

As necessidades do dono da obra acima referidas incluem considerações sobre os mais diversos aspectos. MURDOCH e HUGHES, por exemplo, mencionam: (i) o grau de disponibilidade do dono da obra para se envolver no processo construtivo; (ii) a opção entre separar ou não a elaboração do projeto do gerenciamento da obra; (iii) a necessidade de o dono da obra se reservar o direito de alterar as especificações do projeto durante sua execução; (iv) a exigência de maior ou menor claridade dos remédios contratuais; (v) o nível de complexidade do projeto; (vi) a necessidade de maior ou menor velocidade entre o momento da concepção e o da conclusão da obra; e (v) o grau de certeza do preço a ser pago.[192]

Todos os fatores acima descritos refletem, em última instância, na alocação de riscos que será adotada para cada projeto em particular. É justamente essa alocação de riscos o ponto determinante na escolha do modelo de escopo mais adequado e, consequentemente, também do instrumento contratual que irá estruturá-lo juridicamente. Diante disso, resta claro

[191] "Each client will have different priorities but essentially there will be a combination of: performance in terms of quality, function and durability; time available for completion by the date agreed in the contract documents; cost as determined in the budged estimate and the contract sum." ASHWORTH, Allan. **Contractual procedures in the construction industry**, 6th ed. Harlow: Pearson, 2012, p. 246. No capítulo 9 do mesmo livro, o autor trata de cada um desses fatores. Cf. Ibid., pp. 123-140.

[192] MURDOCH, John; HUGHES, Will. **Construction contracts**: law and management, 3rd ed. London: Spon, 2000, p. 89.

que não é possível eleger ou mesmo elaborar um arranjo abstratamente ideal. A análise deve ser sempre conduzida de maneira casuística, buscando a opção mais adequada à luz dos interesses e riscos concretamente envolvidos.[193]

Tendo em conta o quanto exposto, a seguir serão analisados os modelos de escopo mais característicos da indústria da construção. Os instrumentos contratuais na legislação pátria que dão a veste jurídica para cada um desses modelos de escopo serão objeto de análise específica no capítulo 5. Vale observar, por fim, que não há homogeneidade na doutrina quanto à classificação desses modelos de escopo. Pelo contrário, verifica-se uma grande diversidade de perspectivas, com a indicação de elevado número de arranjos, os quais muitas vezes se sobrepõem e acabam também por se mesclar com a metodologia de remuneração. Diante disso, entendeu-se que, para a finalidade do presente trabalho, seria de maior utilidade analisar os seguintes modelos de escopo: (i) *general contracting* ou *design, bid and build* (DBB); (ii) *design and build* (DB); (iii) *construction management* (CM); e (iv) sob uma perspectiva mais ampla, que também incorpora o agente financiador, *project finance*.[194]

4.2.1. *General Contracting* ou *Design, Bid and Build* (DBB)

Conforme já mencionado na seção 4.1 acima, a Revolução Industrial acarretou significativas mudanças no setor da construção. Executar uma obra passou a envolver um nível de complexidade antes inexistente, seja em

[193] "The apportionment of risk leads to a consideration of contract structure and procurement strategy including the important issue of deciding which form of contract to use. (...) The aim of contract choice should always be to distribute risk clearly and unambiguously." MURDOCH, John; HUGHES, Will. **Construction contracts**: law and management, 3rd ed. London: Spon, 2000, pp. 83-84. Prosseguem os autores observando que: "It is important to understand where each form of procurement should be used. If this is understood, then the procurement method can be chosen in relation to project type. (...) This discussion demonstrates that it is basically unrealistic, if not impossible, to develop an ideal procurement system. Just as there is no one best way to organize a firm (...), so there is no one best way to organize a project. Many projects suffer from inadequate or inappropriate procurement decisions. The industry lacks a sensible and systematic policy for choosing appropriate procurement systems". Ibid., 2000, pp. 88-89.

[194] A mesma abordagem é feita por KLEE, Lukas. **International construction contract law**. Chichester: John Wiley & Sons, 2015, pp. 51-52.

termos de novos materiais e tecnologias, seja em termos de capacidade de gerenciamento dos agentes envolvidos. Além disso, a crescente necessidade de especialização fez com que as atividades de elaboração de projetos e de construção fossem separadas, deixando de ser executadas por um único agente. Como resposta às demandas dessa nova realidade, desenvolveu-se o modelo de contratação denominado *general contracting* ou *design, bid and build* (projetar, licitar e construir), conhecido pelo seu acrônimo "DBB".[195]

Considerado como o modelo tradicional de contratação na construção civil, a principal característica do DBB é a separação entre o projeto, de responsabilidade do dono da obra, e a construção, de responsabilidade do construtor, também chamado de *general contractor, main contractor* ou *prime contractor*. Em sua forma mais característica, compreende três etapas sucessivas: elaboração do projeto básico de concepção da obra, realização de processo de contratação do construtor e, por fim, execução das atividades de construção propriamente ditas. A seguir, descrevem-se essas etapas em maiores detalhes.[196]

[195] A evolução e o surgimento histórico do DBB são descritos em detalhes por John MURDOCH e Will HUGHES: "General contracting has been around since 1870, when Cubitts in London first began to offer the services of a general contractor (...). Before that time building work tended to be procured either as a series of direct contracts between client and trade contractors (...), or as a lump-sum design and build package. General contracting was a response to the increasing sophistication of construction technology during the Industrial Revolution. As techniques and materials proliferated, co-ordination problems on building sites become more complex. At the same time, the crafts and trades associated with construction were becoming more formalized. A series of issues combined to make the idea of general contracting a viable proposition; continuity of employment for operatives, economies of scale in the use of plant, the development of the transport infrastructure, and so on. The desire of architects to focus more on design and client-related issues and less on the day-to-day business of construction fueled demand for a contractor who would shoulder all of the responsibility for building the project". **Construction contracts**: law and management, 3rd ed. London: Spon, 2000, p. 25. No mesmo sentido, ASHWORTH, Allan. **Contractual procedures in the construction industry**, 6th ed. Harlow: Pearson, 2012, p. 151. MESQUITA, Marcelo Alencar Botelho de. **Contratos chave na mão (*Turnkey*) e EPC (*Engineering, Procurement and Construction*)**: conteúdo e qualificações. Florianópolis: Faculdade de Direito da Universidade Federal de Santa Catarina, 2017, Dissertação de Mestrado, pp 20-25.

[196] "The basic defining characteristic of general contracting is that the contractor agrees to produce what has been specified in the documents. Designers, on behalf of the employer, produce the documents and builders produce the building. (...) The result is that the contractor has no responsibility for design." MURDOCH, John; HUGHES, Will. **Construction contracts**: law and management, 3rd ed. London: Spon, 2000, p. 26. Igualmente, cf. KLEE,

Primeiramente, o dono da obra contrata o projetista para elaborar os projetos e demais especificações que definem o empreendimento idealizado. O objetivo é que essa documentação seja apresentada no subsequente processo de concorrência, servindo de base aos participantes na elaboração de suas propostas. Por isso, o ideal é que contemple um grau de detalhamento que permita às propostas serem tão precisas quanto possível. Em projetos de maior porte, é possível que o dono da obra também recorra ao auxílio do denominado *quantity surveyor*, profissional que normalmente não se emprega no Brasil[197] e cuja função é realizar o cálculo das quantidades de materiais e da estimativa de custo do empreendimento, de modo a aprimorar sua viabilidade construtiva e facilitar a análise dos orçamentos que serão apresentados.[198]

Com a documentação pronta, passa-se à segunda etapa, consistente no processo de contratação do construtor que irá executar a obra no papel de *general contractor*. Para tanto, via de regra se promove um processo de

Lukas. **International construction contract law**. Chichester: John Wiley & Sons, 2015, pp. 51 e 53-54. HINZE, Jimmie. **Construction contracts**, 2nd ed. New York: McGraw-Hill, 2001, p. 14. Para doutrina brasileira, cite-se também a explicação de Leonardo Toledo da SILVA: "Em outros modelos, sobretudo no modelo tradicional DBB (*Design, Bid, Build*), ainda usado para a implantação de empreendimentos, cabia ao dono da obra atuar como um verdadeiro gerenciador, contratando com empresas separadas a elaboração dos projetos de engenharia do empreendimento e a construção do empreendimento. Cabia a um ou mais construtores, pelo modelo de empreitada, executar as obras de construção do empreendimento, de acordo com os projetos fornecidos pelo dono da obra". Os contratos de EPC e os pleitos de reequilíbrio econômico-contratual. In: Id. (org.). **Direito e infraestrutura**. São Paulo: Saraiva, 2012, p. 25, destaque no original. Do mesmo autor, cf. Id. **Contrato de aliança**: projetos colaborativos em infraestrutura e construção. São Paulo: Almedina, 2017, pp. 35-36.

[197] Cf. CIOCCHI, Luiz. O que é quantity surveyor? **Téchne**, [S.l.], n. 72, mar. 2003. Disponível em: <http://techne.pini.com.br/engenharia-civil/72/artigo287257-1.aspx>. Acesso em 23 abr. 2017.

[198] "Traditionally a client who wished to have a building constructed would invariably commission an architect to prepare drawings of the proposed scheme, and if the scheme was sufficiently large, employ a quantity surveyor to prepare appropriate contract documentation on which the building contractor could prepare a price. These would all be based upon the client's brief, and the information used as a basis for competitive tendering. This was the common system in use at the turn of the century and still continues to be widely used today." ASHWORTH, Allan. **Contractual procedures in the construction industry**, 6th ed. Harlow: Pearson, 2012, p. 99. Igualmente, cf. PETERSON, Jason H. The Big-Dig disaster: was design-build the answer? **Suffolk University Law Review**. Boston, v. 40, n. 4, pp. 909-930, 2007, p. 912.

concorrência, em que o dono da obra especifica as condições de contratação e apresenta os requisitos que definem o empreendimento a ser orçado, fornecendo a documentação previamente preparada. Pretende-se, com isso, que os participantes preparem suas propostas com base nos mesmos pressupostos, facilitando a análise e a comparação pelo dono da obra. Encerrada a concorrência e escolhido o vencedor, procede-se à assinatura do contrato de construção entre o dono da obra e o construtor.[199]

Inicia-se, então, a terceira fase, consistente na execução da obra. No DBB, o construtor desempenha o papel de *general contractor*, que concentra em si a responsabilidade pelas atividades necessárias à execução da obra cujos projetos de concepção (projetos básicos) lhe foram entregues. Seu escopo, por conseguinte, compreende não apenas o fornecimento dos recursos necessários, mas também a coordenação das diversas atividades a serem realizadas e, sobretudo, a contratação e o gerenciamento dos eventuais subcontratados[200]. O *general contractor*, consequentemente, figura como a interface do dono da obra no que respeita à execução do empreendimento. Paralelamente, é possível que o dono da obra contrate o projetista para atuar como um consultor seu durante a execução da obra, cabendo-lhe verificar a boa evolução das atividades, bem como o cumprimento do projeto fornecido[201].

Merecem ser apontados, ainda, alguns aspectos importantes referentes ao âmbito de responsabilidade do dono da obra. Para ser responsável pela concepção da obra, não é necessário que o dono da obra elabore, ele próprio, todos os respectivos projetos. Isso reforça, de um lado, o quanto

[199] Tratando do contexto norteamericano, Jason H. PETERSON explica que: "Second, owners incorporate the completed design into a competitive bid that they distribute to a separate set of construction contractors. The public owner then impliedly warrants the design to the bidding contractors. Most state and federal legislation requires public owners to award this portion of the contract to the lower responsive bidder". The Big-Dig disaster: was design-build the answer? **Suffolk University Law Review**. Boston, v. 40, n. 4, pp. 909-930, 2007, pp. 912-913.

[200] Ressaltando os limites da responsabilidade do construtor enquanto *general contractor*, John MURDOCH e Will HUGHES afirmam que: "Builders are also fairly comfortable with GC because they only have an obligation to build what is documented; therefore they have little liability, other than for materials and workmanship". **Construction contracts**: law and management, 3rd ed. London: Spon, 2000, p. 88.

[201] PETERSON, Jason H. The Big-Dig disaster: was design-build the answer? **Suffolk University Law Review**. Boston, v. 40, n. 4, pp. 909-930, 2007, p. 913.

já exposto a propósito da dinâmica entre os agentes estabelecida no DBB: estabelece-se uma relação entre dono da obra e projetista e outra, distinta da primeira, entre dono da obra e construtor. Dessa forma, independentemente de quem seja contratado para elaborar o projeto, é o dono da obra o responsável, perante o construtor, pela obra concebida nos projetos e especificações fornecidos. A consequência direta disso é que, verificada uma desconformidade na obra concretamente realizada, será preciso apurar se houve um erro de projeto ou um erro de execução. Apenas no segundo caso será possível responsabilizar o construtor, que terá violado sua obrigação de executar a obra conforme a definição que lhe foi passada. Se a desconformidade, contudo, já constava na definição fornecida ao construtor, trata-se de uma discussão que deverá ser resolvida no âmbito da relação entre o dono da obra e o projetista, visto que o construtor executou corretamente o que lhe fora determinado[202].

De outro lado, vale observar que a responsabilidade do dono da obra por concebê-la não é afastada pela possibilidade de o empreiteiro realizar alguma atividade de elaboração de projetos. A primeira situação admitida no DBB é a elaboração de pequenas parcelas do projeto pelo construtor. Além da hipótese, que será abordada no parágrafo seguinte, de o contratado executar detalhamentos executivos da obra, há o caso em que o dono da obra deixa a cargo do construtor a própria elaboração de uma pequena parte do projeto do empreendimento. Sob uma perspectiva prática, isso comumente ocorre em razão do conhecimento, da experiência e até mesmo das técnicas de execução que serão adotadas pelo construtor[203]. O ponto nevrálgico que determina os limites de abrangência do DBB é a proporção do projeto desenvolvida pelo construtor, que não deve superar uma parcela limitada do projeto, sob pena de comprometer o predomínio da responsabilidade do dono da obra pela concepção do empreendimento. Ultrapassado esse limite, restará desfigurada a separação entre projeto e

[202] "A desvantagem do DBB era que, muitas vezes, havia um descompasso entre as fases de engenharia e construção, sendo que eventuais falhas da engenharia, contratada diretamente pelo dono da obra, não eram suportadas pelo construtor". SILVA, Leonardo Toledo da. Os contratos de EPC e os pleitos de reequilíbrio econômico-contratual. In: Id. (org.). **Direito e infraestrutura**. São Paulo: Saraiva, 2012, p. 25.

[203] MURDOCH, John; HUGHES, Will. **Construction contracts**: law and management, 3rd ed. London: Spon, 2000, p. 33.

construção característica do DBB, adentrando o campo da estrutura de organização denominada *Design and Build*[204], objeto da seção 4.2.2 abaixo.

A segunda situação consiste em atribuir ao construtor a elaboração de projetos executivos do empreendimento. Nesse caso, é fundamental compreender os estágios de evolução dos projetos de uma obra. Partindo dos primeiros desenhos e esquemas, voltados sobretudo à análise e aos estudos preliminares, a definição da obra, ou seja, a sua concepção, ocorre quando da elaboração dos denominados projetos básicos[205]. Em um momento

[204] Tratando das características essenciais do DBB e de seu limite face ao *Design and Build*, explicam John MURDOCH e Will HUGHES que: "This leads to the next distinctive feature, which is that the contractor undertakes to do the work described in the documents. It is rare to find a building contract that places upon the contractor the obligation to supply a particular building. This type of obligation (called entire contract) would carry with it a fitness for purpose warranty and an obligation to complete the whole of the building in its entirety. Such obligations are covered by design and build contracts." MURDOCH, John; HUGHES, Will. **Construction contracts**: law and management, 3rd ed. London: Spon, 2000, p. 33. Comparando os modelos contratuais da "Fédération Internationale des Ingénieurs-Conseils" (FIDIC) para DBB e DB, Rafael MARINANGELO e Lukáš KLEE afirmam que: "Na forma tradicional do projeto (CONS), a maior parte da responsabilidade pela documentação do projeto é do Dono da Obra (*Employer*) e deverá ser mais detalhada (incluindo pesquisas geológicas, estudos de viabilidade etc.) do que no uso do contrato *Design-Build* (ou seja, P&DB e EPC)". **Recomendações FIDIC para orientação de contratos e obras**: International Federation of Consulting Engineers. São Paulo: Pini, 2014, p. 26, destaques no original.

[205] A Lei nº 8.666/1993 (Lei de Licitações) traz a seguinte definição de "projetos básicos" no inciso IX e respectivas alíneas do artigo 6º: "Projeto Básico – conjunto de elementos necessários e suficientes, com nível de precisão adequado, para caracterizar a obra ou serviço, ou complexo de obras ou serviços objeto da licitação, elaborado com base nas indicações dos estudos técnicos preliminares, que assegurem a viabilidade técnica e o adequado tratamento do impacto ambiental do empreendimento, e que possibilite a avaliação do custo da obra e a definição dos métodos e do prazo de execução, devendo conter os seguintes elementos: a) desenvolvimento da solução escolhida de forma a fornecer visão global da obra e identificar todos os seus elementos constitutivos com clareza; b) soluções técnicas globais e localizadas, suficientemente detalhadas, de forma a minimizar a necessidade de reformulação ou de variantes durante as fases de elaboração do projeto executivo e de realização das obras e montagem; c) identificação dos tipos de serviços a executar e de materiais e equipamentos a incorporar à obra, bem como suas especificações que assegurem os melhores resultados para o empreendimento, sem frustrar o caráter competitivo para a sua execução; d) informações que possibilitem o estudo e a dedução de métodos construtivos, instalações provisórias e condições organizacionais para a obra, sem frustrar o caráter competitivo para a sua execução; e) subsídios para montagem do plano de licitação e gestão da obra, compreendendo a sua programação, a estratégia de suprimentos, as normas de fiscalização e outros dados necessários em cada caso; f) orçamento detalhado do custo

seguinte, é preciso que esses projetos básicos sejam detalhados para incluir as informações técnicas necessárias à sua execução[206]. Disso resulta que o projeto executivo é um detalhamento com vistas à execução da obra já definida no projeto básico. Por conseguinte, a eventual responsabilidade do construtor pela elaboração dos projetos executivos não o torna responsável pela concepção em si da obra, que ocorrerá por meio dos projetos básicos, de responsabilidade do dono da obra.

Como já mencionado anteriormente, o DBB é um modelo de escopo que guarda grande tradição na indústria da construção, sendo bastante utilizado até os dias atuais[207]. À luz desse contexto, diversas associações de classe já produziram modelos contratuais padronizados para facilitar a transposição, para o plano jurídico, da estrutura do DBB. Considerando que suas disposições podem auxiliar na compreensão das características do DBB, abaixo serão feitos alguns breves apontamentos sobre dois modelos de contrato padrão: o *JCT Standard Building Contract* e o *Red Book*.

O *JCT Standard Building Contract* é publicado pelo *Joint Contracts Tribunal* (JCT), entidade privada inglesa que foi fundada pelo *Royal Institute of British Architects* (RIBA) em 1931 e que, nesse mesmo ano, já publicou seu primeiro modelo de contrato padrão para o setor da construção – embora haja sido apenas a partir de 1977 que os modelos passaram a levar o nome do JCT. O *JCT Standard Building Contract* teve a sua primeira versão publicada em 1980, sendo posteriormente revisada em 1998, 2005, 2011 e 2016. Trata-se

global da obra, fundamentado em quantitativos de serviços e fornecimentos propriamente avaliados". Ressalvadas ligeiras modificações, trata-se substancialmente do mesmo texto do inciso IV e do parágrafo único do artigo 2º da Lei nº 12.462/2011, que instituiu o Regime Diferenciado de Contratações Públicas (Lei do RDC), e do inciso VIII do artigo 42 da Lei nº 13.303/2016 (Lei das Estatais).

[206] A mesma Lei nº 8.666/1993 (Lei de Licitações), no inciso X do artigo 6º, assim define projetos executivos: "Projeto Executivo – o conjunto dos elementos necessários e suficientes à execução completa da obra, de acordo com as normas pertinentes da Associação Brasileira de Normas Técnicas – ABNT". O inciso V da Lei nº 12.462/2011 (Lei do RDC) e o inciso XIX do artigo 42 da Lei nº 13.303/2016 (Lei das Estatais) repetem o mesmo texto, apenas substituindo a parte final para "(...), de acordo com as normas técnicas pertinentes".

[207] "General contracting involves the separation of construction from design. A main contractor is employed to build what the designers have specified. Since this form of procurement was developed it has become very common and is often referred to as traditional." MURDOCH, John; HUGHES, Will. **Construction contracts**: law and management, 3rd ed. London: Spon, 2000, p. 25.

de um contrato padrão para escopo DBB e que é utilizado com bastante frequência na Inglaterra[208].

A propósito do *JCT Standard Building Contract*, é interessante observar que sua estrutura deixa bastante clara a possibilidade de o construtor elaborar partes do projeto da obra sem que haja descaracterização do escopo DBB. Isso porque o JCT publicou um suplemento especial denominado *Contractor's Designed Portion Supplement to JCT 80*, cuja finalidade era justamente criar um clausulado que regulasse essa situação. As cláusulas da *Contractor's Designed Portion* (CDP) permanecem até hoje no *JCT Standard Building Contract*[209].

Questionou-se, então, qual seria a diferença entre uma contratação DBB suplementada pela CDP e uma contratação por *Design and Build*, cuja principal característica, conforme será explicado adiante, é justamente o desenvolvimento do projeto pelo construtor. A resposta pode ser encontrada no guia que o próprio JCT desenvolveu para orientar as partes na escolha do modelo contratual mais adequado para sua situação. Ao tratar do *JCT Standard Building Contract*, explica que seu uso é: "Apropriado para obras de grande porte projetadas e/ou detalhadas pelo ou por conta do Dono da Obra, para as quais há necessidade de disposições contratuais detalhadas e o Dono da Obra irá fornecer ao Contratado os projetos"[210]. Na sequência, também consta que: "Pode ser utilizado quando o Contratado for projetar pequena(s) parte(s) da obra (Porção Projetada pelo Contratado)"[211]. Adiante, ao tratar do contrato padrão desenvolvido para o modelo de escopo DB, o JCT registra a seguinte observação:

[208] Nesse sentido, confira-se a pesquisa "*Contracts in use*" realizada periodicamente pelo *Royal Institution of Chartered Surveyors* (RICS) entre os agentes do setor da construção inglês. A pesquisa publicada em 2007 é citada por ASHWORTH, Allan. **Contractual procedures in the construction industry**, 6th ed. Harlow: Pearson, 2012, pp. 97-92.

[209] Trata-se das cláusulas 2.19 (*Design liabilities and limitation*) e 2.20 (*Errors and failures – other consequences*), incluídas sob a rubrica "*CDP Design Work*". JOINT CONTRACTS TRIBUNAL. **Standard Building Contract with Quantities 2016 (SBC/Q 2016)**. London: Sweet & Maxwell, 2016.

[210] Tradução livre do original em inglês: "Appropriate for larger works designed and/or detailed by or on behalf of the Employer, where detailed contract provisions are necessary and the Employer is to provide the Contractor with drawings (...)". JOINT CONTRACTS TRIBUNAL. **Deciding on the appropriate JCT contract 2016**. London: Sweet & Maxwell, 2017, p. 9.

[211] Tradução livre do original em inglês: "Can be used where the Contractor is to design discrete part(s) of the works (Contractor's Designed Portion); (...)". Ibid., p. 9.

Embora todas as versões do *Standard Building Contract* (SBC) contenham a cláusula opcional da Porção Projetada pelo Contratado, referente a projetos elaborados pelo contratado para uma porção definida da obra, sua aplicação é limitada e não resulta em um contrato de *design and build*.[212]

Corroborando a distinção exposta, também são bastante claras as palavras de John MURDOCH e de Will HUGHES:

> A publicação, em 1981, do "Contrato padrão JCT com Projetos do Contratado" (CD 81) coincidiu com a publicação do "Suplemento ao JCT 80 para Porções Projetadas pelo Contratado" (CDPS), ambos os quais foram posteriormente revisados (CD 98 e CDPS 98 respectivamente). Disso resultam duas perspectivas. O CD 98 destina-se a situações em que a responsabilidade do contratado pelos projetos se estende para todo o escopo, ainda que parcelas significantes do projeto possam já ter sido elaboradas antes da conclusão do contrato, estando incluídas nos requisitos do dono da obra. O CDPS é um conjunto de modificações a serem feitas no JCT 98 quando a responsabilidade do contratado pelos projetos se referir apenas a uma porção dos trabalhos, sendo o restante projetado pelos consultores segundo o modo normal. Há, portanto, uma diferença significativa entre os dois.[213]

Outro contrato padrão que internacionalmente se reconhece como estrutura jurídica do DBB é o *Conditions of Contract for Construction*,

[212] Tradução livre do original em inglês: "Although all versions of the Standard Building Contract (SBC) contain an optional Contractor's Designed Portion in respect of design by the contractor for a defined portion of the work, this is of limited application and does not result in a design and build contract." JOINT CONTRACTS TRIBUNAL. **Deciding on the appropriate JCT contract 2016**. London: Sweet & Maxwell, 2017, p. 16.

[213] Tradução livre do original em inglês: "The publication in 1981 of the JCT Standard-form Contract with Contractor's Design (CD 81) coincided with the publication of the Contractor's Designed Portion Supplement to JCT 80 (CDPS), both of which have since been revised (CD 98 and CDPS 98 respectively). This provides two approaches. The CD 98 form is for use where the contractor's design responsibility extends over the whole of the works, even though significant parts of the design may have already been done before the contract is executed, being embodied within the employer's requirements. CDPS is a set of modifications to be made to JCT 98 when the contractor's design responsibility is for only a portion of the works, the remainder of which will have been designed by consultants in the usual way. There is, therefore, a significant difference between the two." **Construction contracts**: law and management, 3rd ed. London: Spon, 2000, pp. 41-42.

elaborado pela *Fédération Internationale des Ingénieurs-Conseils* (FIDIC)[214]. Também referido como *Red Book*, foi publicado originalmente em 1999 e sua segunda edição foi lançada no final de 2017. Conforme indicado no *Foreword* da primeira edição, a FIDIC recomenda o uso do *Red Book* para as seguintes situações:

> "Condições Contratuais para Trabalhos de Construção", recomendadas para trabalhos de construção ou de engenharia projetados pelo Dono da Obra ou pelo seu representante, o Gestor de Projeto [*Engineer*]. De acordo com a configuração habitual deste tipo de contrato, o Contratado executa os trabalhos de acordo com o projeto entregue pelo Dono da Obra. Contudo, podem igualmente estar incluídos alguns trabalhos de construção civil, mecânica e/ou elétrica projetados pelo Construtor.[215]

[214] Chamando o *Red Book* pela abreviação "CONS", Rafael MARINANGELO e Lukáš KLEE explicam que: "CONS é a forma tradicional de projeto de construção (*Design-Bid--Build*) com utilização de especificações e desenhos do Dono da Obra (*Employer*) com medições realizadas por unidade ou por item". **Recomendações FIDIC para orientação de contratos e obras**: International Federation of Consulting Engineers. São Paulo: Pini, 2014, p. 19. A respeito da FIDIC, os autores tecem as seguintes considerações: "A Federação Internacional dos Engenheiros Consultores, sediada em Lausanne, na Suíça, foi fundada em 1913 na França e, paulatinamente, foi se enriquecendo com membros do mundo todo. Trata-se de uma organização não governamental reconhecida pelas Nações Unidas, por importantes bancos mundiais, pela Comissão Europeia e outras instituições internacionais. A Federação foi fundada para dar apoio a interesses comuns de suas associações-membro e para divulgar informações no interesse de seus membros. Sua importância, porém, somente foi reconhecida após a Segunda Guerra Mundial, quando experimentou vertiginoso crescimento com a associação de mais de 70 países de todos os continentes. No ano de 1957, foram editados os primeiros padrões *Conditions of Contract for Works of Civil Engineering Construction*, que fundaram a tradição do assim chamado 'livro vermelho' FIDIC (esta versão é mundialmente conhecida como *Red Book*)." Ibid., p. 16, destaques no original. Mais informações podem ser consultadas no site da FIDIC: <http://fidic.org/>. Acesso em 19 nov. 2017.

[215] Tradução livre do original em inglês: "Conditions of Contract for Construction, which are recommended for building or engineering works designed by the Employer or by his representative, the Engineer. Under the usual arrangements for this type of contract, the Contractor constructs the works in accordance with a design provided by the Employer. However, the works may include some elements of Contractor-designed civil, mechanical, electrical and/or construction works." FÉDÉRATION INTERNATIONALE DES INGÉNIEURS-CONSEILS. **Conditions of contract for construction**: for building and engineering works designed by the employer, 1st ed. [S.l.], 1999, Foreword.

Com poucas alterações em relação à edição original, a segunda edição do *Red Book* repetiu as recomendações da FIDIC quanto à possibilidade de o construtor desenvolver pequenas porções do projeto sem que isso descaracterize o modelo de escopo DBB:

> Conforme a configuração habitual para esse tipo de contrato, o Contratado é responsável pela construção, de acordo com os projetos do Dono da Obra, de edificações e obras de engenharia. Estas Condições permitem a possibilidade de o Construtor ser encarregado de projetar uma pequena proporção ou um elemento menor dos Trabalhos Definitivos, mas não são destinadas para uso quando há necessidade de informações significativas de projeto pelo Contratado ou quando se exija que o Contratado projete uma grande proporção ou quaisquer elementos principais dos Trabalhos Definitivos. No último caso, recomenda-se que o Dono da Obra considere a utilização das Condições Contratuais para Instalações e Design-Build, Segunda Edição 2017 (ou, alternativamente e se adequado às circunstâncias do projeto, as Condições Contratuais para Projetos EPC/Turnkey, Segunda Edição 2017).[216]

A respeito do processo de contratação do construtor, as notas de orientação do *Guidance for the Preparation of Particular Conditions* da primeira edição do *Red Book* evidenciam todo o trabalho prévio de definição do empreendimento que o dono da obra deve ter junto ao projetista e, eventualmente, também junto ao *quantity surveyor*. Confira-se:

> Os documentos da concorrência devem ser preparados por engenheiros com qualificação adequada e que estejam familiarizados com os aspectos

[216] Tradução livre do original em inglês: "Under the usual arrangements for this type of contract, the Contractor is responsible for the construction, in accordance with the design of the Employer, of building and/or engineering works. These Conditions allow for the possibility that the Contractor may be required to design a small proportion or a minor element of the Permanent Works, but they are not intended for use where significant design input by the Contractor is required or the Contractor is required to design a large proportion or any major elements of the Permanent Works. In this latter case, it is recommended that the Employer consider using FIDIC's Conditions of Contract for Plant and Design-Build, Second Edition 2017 (or, alternatively and if suitable for the circumstances of the project, FIDIC's Conditions of Contract for EPC/Turnkey Projects, Second Edition 2017)." FÉDÉRATION INTERNATIONALE DES INGÉNIEURS-CONSEILS. **Conditions of contract for construction**: for building and engineering works designed by the employer, 2nd ed. Geneva, 2017, Guidance for the preparation of particular conditions, p. 8.

> técnicos dos trabalhos necessários, sendo recomendável uma revisão por advogados com qualificação adequada. Os documentos da concorrência emitidos aos concorrentes irão compreender as Condições Contratuais, a Especificação, os Desenhos e a Carta-Proposta e Anexos a serem preparados pelo Concorrente. Para esse tipo de contrato, no qual o Escopo é avaliado por medida, a Planilha de Quantitativos será normalmente o mais importante Anexo. Um Plano de Trabalho Diário também poderá ser necessário para cobrir pequenos trabalhos a serem avaliados a preço de custo. Além disso, cada um dos Competidores deve receber as informações referidas na Sub-Cláusula 4.10 e as Instruções aos Concorrentes para adverti-los de quaisquer pontos especiais que o Dono da Obra queira que seja levado em consideração na precificação da Planilha de Quantitativos, mas que não fazem parte do Contrato. Quando o Dono da Obra aceita a Carta-Proposta, o Contrato (que então entra em pleno vigor e eficácia) inclui esses Anexos preenchidos.[217]

Tanto o *JCT Standard Building Contract* quanto o *Red Book*, portanto, corroboram as características do DBB acima expostas: a responsabilidade pelos projetos básicos de concepção da obra é do contratante, admitindo-se, porém, que pequenas parcelas do projeto sejam elaboradas pelo construtor. Isso posto, passe-se ao exame do próximo modelo de escopo.

[217] Tradução livre do original em inglês: "The tender documents should be prepared by suitably-qualified engineers who are familiar with the technical aspects of the required works, and a review by suitably-qualified lawyers may be advisable. The tender documents issued to tenderers will consist of the Conditions of Contract, the Specification, the Drawings, and the Letter of Tender and Schedules for completion by the Tenderer. For this type of contract, where the Works are valued by measurement, the Bill of Quantities will usually be the most important Schedule. A Daywork Schedule may also be necessary to cover minor works to be evaluated at cost. ln addition, each of the Tenderers should receive the data referred to in Sub-Clause 4.10. and the Instructions to Tenderers to advise them of any special matters which the Employer wishes them to take into account when pricing the Bill of Quantities but which are not to form part of the Contract. When the Employer accepts the Letter of Tender, the Contract (which then comes into full force and effect) includes these completed Schedules." FÉDÉRATION INTERNATIONALE DES INGÉNIEURS-CONSEILS. **Conditions of contract for construction**: for building and engineering works designed by the employer, 1st ed. [S.l.], 1999, Guidance for the preparation of particular conditions, p. 3. Na segunda edição do *Red Book*, a FIDIC remete os Donos da Obra para o *FIDIC Procurement Procedures Guide 1st edition 2011* e reitera a necessidade de os documentos da concorrência serem preparados por profissionais qualificados. Id., **Conditions of contract for construction**: for building and engineering works designed by the employer, 2nd ed. Geneva, 2017, Guidance for the preparation of particular conditions, p. 10.

4.2.2. *Design and Build* (DB)

O *Design and Build* (projetar e construir), também conhecido por sua sigla "DB", é muitas vezes considerado um método de organização recente, surgido apenas no final do século XX. Sua origem, no entanto, é de data muito mais longínqua, remetendo aos primórdios das sociedades pré-industriais. Isso porque, até o advento da já referida Revolução Industrial, as obras apresentavam menor grau de complexidade e a elaboração de projetos ainda não havia emergido como uma atividade autônoma. Nesse contexto, o contratado pelo dono da obra cumulava as responsabilidades pela concepção do projeto e pela construção da obra. Com a eclosão da Revolução Industrial e o aumento da complexidade dos empreendimentos, o já explicado DBB passou a ser o método mais largamente praticado na indústria da construção, em detrimento do DB. Este apenas foi revivido no final do século XX, justamente como resposta aos problemas surgidos da separação entre projeto e construção característica do DBB.[218]

Conforme já antecipado acima, o DB caracteriza-se por concentrar, em um único agente, as responsabilidades pela definição da obra nos projetos básicos e pela sua construção, atendendo aos eventuais requisitos de desempenho e adequação determinados pelo dono da obra[219]. Consequência

[218] ASHWORTH, Allan. **Contractual procedures in the construction industry**, 6th ed. Harlow: Pearson, 2012, p. 153. MURDOCH, John; HUGHES, Will. **Construction contracts**: law and management, 3rd ed. London: Spon, 2000, p. 41. PETERSON, Jason H. The Big-Dig disaster: was design-build the answer? **Suffolk University Law Review**. Boston, v. 40, n. 4, pp. 909-930, 2007, p. 914. MESQUITA, Marcelo Alencar Botelho de. **Contratos chave na mão (*Turnkey*) e EPC (*Engineering, Procurement and Construction*)**: conteúdo e qualificações. Florianópolis: Dissertação de Mestrado defendida na Faculdade de Direito da Universidade Federal de Santa Catarina. Florianópolis, 2017, pp. 25-29. SILVA, Leonardo Toledo da. **Contrato de aliança**: projetos colaborativos em infraestrutura e construção. São Paulo: Almedina, 2017, pp. 36-37.

[219] KLEE, Lukas. **International construction contract law**. Chichester: John Wiley & Sons, 2015, p. 54. Tratando dos requisitos do dono da obra no contrato padrão *FIDIC 1999 Yellow Book* (*FIDIC Conditions of Contract for Plant And Design-Build Contract*), Nael G. BUNNI assim os descreve em comparação com o tradicional modelo do DBB: "The employer's requirements are sometimes described as a type of 'output specification', in that the employer decides what he wants to achieve in respect of the project, setting out precisely the purpose(s) for which the permanent works are intended upon completion, and the contractor then designs the permanent works, taking full responsibility for the adequacy of these works in achieving the employer's purpose(s). This contrasts markedly with 'the input specification' of the

imediata desse modelo é colocar fim à grande discussão que surgia, no DBB, a respeito da diferenciação entre erro de projeto e erro de execução. Sendo o contratado responsável pelas duas atividades, a imputação de responsabilidade por inadimplemento contratual dispensa a necessidade de aferir qual delas foi a causa da desconformidade porventura constatada. A essa característica fundamental do DB dá-se o nome de *single point responsibility*.[220]

Identificada a característica essencial do DB, há alguns pontos que merecem destaque. O primeiro deles refere-se à figura do contratado, que não necessariamente precisa corresponder a uma única pessoa[221]. É possível, e inclusive bastante comum, que o "agente único" de um DB seja formado por duas ou mais pessoas. É o que se passa, por exemplo, com a contratação de um consórcio de empresas, figura que não é dotada de personalidade jurídica própria no Brasil[222]. Desde que haja, perante o dono da obra, uma única

traditional form of contracting where the employer/engineer has designed the works, taking full responsibility for its adequacy, and the contractor's responsibility is limited to construction in accordance with such specification". Adiante, o autor enumera algumas recomendações para uma adequada elaboração dos requisitos do dono da obra. **The FIDIC Forms of Contract**: the fourth edition of the Red Book, 1992, the 1996 Supplement, the 1999 Red Book, the 1999 Yellow Book, the 1999 Silver Book, 3rd ed. Oxford: Blackwell, 2005, pp. 553-555.

220 A respeito do assunto, cite-se Allan ASHWORTH: "Design and build projects aim to overcome the problem of having separate design and construction processes by providing for them within a single organisation". **Contractual procedures in the construction industry**, 6th ed. Harlow: Pearson, 2012, pp. 110-111. Aventa-se, no entanto, a possibilidade de a diferenciação entre erro de projeto e erro de execução ser juridicamente relevante, por exemplo, para fins de apuração de danos, aplicação de remédios contratuais e resolução por inadimplemento. Especificamente sobre o *single point responsibility*, MURDOCH e HUGHES explicam que: "The apportionment of risks in design and build contracts is unique among procurement methods. This uniqueness is brought about by the single point responsibility and by the nature of the relationships between employer's requirements and contractor's proposals". **Construction contracts**: law and management, 3rd ed. London: Spon, 2000, p. 53.

221 Ao tratar da classificação dos negócios jurídicos em unilaterais, bilaterais e plurilaterais, Francisco Paulo De Crescenzo MARINO explica que: "Parte não se confunde com pessoa; é centro de imputação de interesses". Classificação dos contratos. In: PEREIRA JÚNIOR, Antonio; HÁBUR, Gilberto Haddad (coord.). **Direito dos contratos**. São Paulo: Quartier Latin, 2006, p. 33.

222 Veja-se a explicação de Allan ASHWORTH sobre a possibilidade de contratação com um consórcio: "Design and build is a procurement arrangement where one single entity or consortium is contractually responsible to the client for both the design and construction of a project. It is sometimes referred to as design and construct, usually to incorporate works of a civil engineering nature". **Contractual procedures in the construction industry**, 6th ed. Harlow: Pearson, 2012, p. 152. No Brasil, o consórcio é previsto no artigo 278 da Lei nº 6.404/1976, cujo *caput* assim dispõe: "As companhias e quaisquer outras sociedades, sob o

contraparte responsável pela concepção dos projetos básicos e pela construção, a pluralidade de pessoas não descaracteriza a figura do "agente único" do DB.

Outro aspecto que merece ser examinado em maior minúcia consiste na conclamada responsabilidade do contratado pelos projetos da obra. A responsabilidade em questão refere-se à concepção da obra constante nos projetos básicos, de modo que não se restringe a uma obrigação do contratado de pessoalmente elaborar os referidos projetos. Seus limites são mais amplos, dada a possibilidade de o contratado se responsabilizar pela obra concebida em um projeto básico do qual não é o autor, ou seja, assume para si a responsabilidade, perante o dono da obra, da definição que for adotada em um projeto básico elaborado por outrem[223].

Exemplo da situação mencionada no parágrafo anterior ocorre quando o dono da obra desde logo entrega ao contratado projetos que já tinha em mãos. Nesse caso, o contratado assumirá a responsabilidade pelo que constar nos referidos projetos, ainda que não sejam de sua autoria. Nos modelos de escopo DB, portanto, é fundamental que o contratado verifique os projetos e demais documentos que lhe forem entregues, pois, aceitando-os, responderá pelo que neles constar. Essa responsabilidade, porém, não exaure todas as responsabilidades que podem ser atribuídas a um contratado no modelo DB, dado que, no caso do epecista, por exemplo, este se responsabiliza não apenas por verificar os projetos e documentos que o dono da obra lhe entrega, mas também por corrigir, às próprias expensas, eventuais falhas que forem constatadas.

mesmo controle ou não, podem constituir consórcio para executar determinado empreendimento, observado o disposto neste Capítulo". No subsequente § 1º, é expressamente afirmada a ausência de atribuição de personalidade jurídica ao consórcio: "O consórcio não tem personalidade jurídica e as consorciadas somente se obrigam nas condições previstas no respectivo contrato, respondendo cada uma por suas obrigações, sem presunção de solidariedade". A esse respeito, Lie Uema do CARMO, por exemplo, admite a presença de uma *joint venture* como contratada: "Já no *design-build*, o proprietário contrata uma única pessoa para projetar e construir o projeto. Essa modalidade admite algumas variações, com o construtor ou engenheiro sendo o principal contratado e subcontratando o arquiteto, ou vice-versa, ou ainda com a formação de *joint ventures* entre esses especialistas". **Contratos de Construção de Grandes Obras**. São Paulo: Faculdade de Direito, Universidade de São Paulo, 2012, Tese de Doutorado em Direito Comercial, p. 99, destaques no original.

[223] Sobre o assunto, John MURDOCH e Will HUGHES pontuam que: "The extent of the contractor's design role is sometimes much less than the associated design responsibility". **Construction contracts**: law and management, 3rd ed. London: Spon, 2000, p. 45.

Por último, também cabem algumas observações no que se refere à maior alocação de riscos ao contratado no DB quando comparada ao DBB. Diante do que se expôs até o momento, é bastante claro que, no primeiro, o contratado assume riscos que, no segundo, atribuem-se ao dono da obra. Os riscos que se imputam ao contratado, todavia, vão além daqueles relacionados à concepção da obra no projeto[224].

O contratado se responsabiliza por toda a interface entre os projetos e a obra, no que se incluem, por exemplo, o fluxo de emissões de projetos, a compatibilização dos projetos de diversas disciplinas, bem como a coordenação e o gerenciamento de eventuais projetistas subcontratados tanto na relação que estabelecem entre si, quanto com as frentes de execução da obra. Disso se depreende que a alocação de riscos no DB não corresponde a uma mera transferência, ao contratado, da responsabilidade pelos projetos – os riscos imputados ao contratado são muito maiores e abrangem diversas outras atividades[225].

Contemplando as situações em que responsabilidade por projeto e construção estão reunidas em um único agente, o DB apresenta um leque bastante amplo de espécies. Em um extremo, há a execução de prédios padronizados, denominados *standard buildings* ou *system buildings*. Nesses casos, via de regra se replica um projeto que já foi previamente executado, pois os projetos são preconcebidos e requererem apenas alguns ajustes pelo contratado. Disso resulta que a execução de prédios padronizados consiste em uma modalidade de DB que concretamente envolve muito pouco

[224] Vale observar que, na prática, pactuam as partes algumas hipóteses de relativização da responsabilidade do construtor pela concepção da obra no projeto básico, eximindo-o do risco de se concretizarem determinados eventos que alterem premissas contratuais. A situação mais comum refere-se aos riscos geológicos, em que se costuma alocar ao dono da obra a responsabilidade pelas consequências resultantes da constatação concreta de condições de solo excepcionais em relação ao identificado anteriormente nos estudos preliminares. A razão prática dessa alocação de risco é a grande elevação de custo que resultaria da assunção de determinados riscos pelo contratado, visto que este naturalmente precisará precificar uma verba de contingência para tanto. Na seção 6.3.2 adiante, será analisada a alocação de riscos nas *Conditions of contract for EPC/ turnkey projects (Silver Book)*, elaboradas pela FIDIC. A principal característica desse contrato padrão é a intensa concentração de riscos no epecista. Mesmo assim, a cláusula 5.1 permite exceções em que o risco de determinados eventos permanece com o dono da obra.

[225] É o que bem descrevem John MURDOCH e Will HUGHES: "The contractor will be totally responsible for undertaking the design work outlined in the contractor's proposals, for fabricating the building, and for co-ordinating and integrating the entire process". **Construction contracts**: law and management, 3rd ed. London: Spon, 2000, p. 43.

trabalho de definição da obra e concepção de projetos, mitigando os riscos assumidos pelo contratado nesse aspecto[226]. No polo oposto, encontra-se justamente o contrato de EPC, objeto de estudo do presente trabalho. Normalmente utilizado em grandes obras de infraestrutura, contempla como escopo a modalidade mais completa de DB, visto que o escopo do contratado (epecista) compreende todas as etapas de execução do empreendimento, desde a responsabilidade pelos seus projetos básicos até a colocação em funcionamento dos equipamentos fornecidos[227]. As características do EPC serão analisadas em maiores detalhes no capítulo 6.2.

Cabe, então, perquirir sobre as vantagens e desvantagens associadas ao DB. Tratando dos pontos positivos, desde logo se destaca o já mencionado *single point responsibility*. Ao concentrar em uma única parte a responsabilidade por erros de projeto e por erros de execução, o DB propicia uma potencial redução dos conflitos entre dono da obra e construtor. Além disso, o dono da obra tem em seu favor a obrigação do construtor de executar um empreendimento que, ao final, cumpra com os requisitos de desempenho e adequação que ele, dono da obra, especificou, responsabilizando-se o construtor pela solução escolhida para tanto[228]. Por outro

[226] John MURDOCH e Will HUGHES explicam com clareza as peculiaridades da execução de obras padronizadas: "At the other end of the scale is the procurement of a standard building or system building. While this may appear to match the essential features of design and build, the actual design work in such an arrangement can be minimal, and may have been carried out at some time in the past by someone other than the contractor. In this case, the contractor is simply providing a pre-designed building to the client's specification". **Construction contracts**: law and management, 3rd ed. London: Spon, 2000, p. 42. No mesmo sentido, Allan ASHWORTH explica que o DB também compreende a situação em que o dono da obra contrata a execução de uma "obra de catálogo". Cf. **Contractual procedures in the construction industry**, 6th ed. Harlow: Pearson, 2012, p. 112.

[227] "Uma espécie de *design-build* é o contrato de *engineering, procurement and construction*, conhecido por sua sigla EPC, tido como o mais paradigmático representante dos contratos de construção de grandes obras." CARMO, Lie Uema do. **Contratos de Construção de Grandes Obras**. São Paulo: Faculdade de Direito, Universidade de São Paulo, 2012, Tese de Doutorado em Direito Comercial, p. 101, destaques no original. Cf. também MARINANGELO, Rafael; KLEE, Lukáš. **Recomendações FIDIC para orientação de contratos e obras**: International Federation of Consulting Engineers. São Paulo: Pini, 2014, p. 20. KLEE, Lukas. **International construction contract law**. Chichester: John Wiley & Sons, 2015, pp. 66-68.

[228] Allan ASHWORTH cracateriza essa obrigação do constructor como uma "garantia implícita de adequação": "A further advantage to the employer is the implied warranty of suitability, because the contractor has provided the design as part of the all-in service". **Contractual procedures in the construction industry**, 6th ed. Harlow: Pearson, 2012, p. 111.

lado, os maiores riscos assumidos pelo construtor são contrabalançados pela menor ingerência e pelo menor controle do dono da obra sobre os trabalhos[229].

Com relação ao empreendimento em si, a utilização do DB também pode trazer vantagens. Mencione-se, por exemplo, que a integração das equipes permite que a equipe de construção participe desde cedo dos trabalhos desenvolvidos pela equipe de projeto. Resultado disso é a possibilidade de se agregarem conhecimentos e experiências práticas que aumentam a "construtibilidade" do projeto (*constructability*) e aprimoram o planejamento das atividades de construção. Há, portanto, um potencial incremento de eficiência capaz de viabilizar reduções de custo e de prazo, sobretudo por otimização de processos e sobreposição de atividades, processo que se denomina *fast-track*[230].[231]

[229] O prefácio das *Conditions of contract for design-build and turnkey*, contrato padrão publicado em 1995 pela *Fédération Internationale des Ingénieurs-Conseils* (FIDIC) e também conhecido como *Orange Book*, é bastante claro sobre essa consequência do *single point responsibility*: "For the Employer, such single-point responsibility may be advantageous, but the benefits may be offset by having less control over the design process and more difficulty in imposing varied requirements". FÉDÉRATION INTERNATIONALE DES INGÉNIEURS-CONSEILS. **Conditions of contract for design-build and turnkey**, 1st ed. [S.l.], 1995, Foreword.

[230] Sobre o regime de *fast-track*, explicam John MURDOCH e Will HUGHES que: "Since the contractor is undertaking the design work, there are opportunities to overlap the design and construction processes and thus to make an early start on site. (...) In this sense design and build will give the benefits that any form of fast-track construction will give, but with the same penalties. The benefit of fast tracking is that the overall construction process can be speeded up by not delaying construction while the whole of the design is completed. However, too much overlapping will give rise to problems from the need to revise early design decisions, as the design is refined. If the project has already started on site by the time that these revisions are made, work may have to be undone before further progress can be made. In extreme cases, this can lead to fast tracking taking even longer to complete than a traditional method". **Construction contracts**: law and management, 3rd ed. London: Spon, 2000, pp. 49-50. As características do *fast-track* também são descritas por: KLEE, Lukas. **International construction contract law**. Chichester: John Wiley & Sons, 2015, p. 62. MESQUITA, Marcelo Alencar Botelho de. **Contratos chave na mão (*Turnkey*) e EPC (*Engineering, Procurement and Construction*)**: conteúdo e qualificações. Florianópolis: Faculdade de Direito da Universidade Federal de Santa Catarina, 2017, Dissertação de Mestrado, pp. 30-31.

[231] Vejam-se as vantagens do DB listadas por Jason H. PETERSON: "Common advantages of design-build include: creating a single point of contract, thus reducing litigation; encouraging design creativity; involving the contractor early in the process; and shortening project delivery through fast-track contracting". The Big-Dig disaster: was design-build the answer? **Suffolk University Law Review**. Boston, v. 40, n. 4, pp. 909-930, 2007, p. 916. John MURDOCH e

No que tange aos pontos negativos, as críticas mais comuns são no sentido de que o DB levaria ao comprometimento da qualidade da prestação[232]. Argumenta-se que o construtor atenderia aos requisitos do dono da obra buscando a solução de maior facilidade técnica e menor custo possível, preterindo aspectos de estética, inovação e qualidade. Essa crítica, todavia, não se sustenta. Como bem observam John MURDOCH e Will HUGHES, trata-se de uma crítica genérica, que se refere à pessoa do contratado e não à estrutura do DB em si. Pode, por isso, ser replicada a qualquer modelo de escopo, visto que sempre haverá contratados que não primam pela melhor qualidade de seu trabalho. Independentemente disso, é possível que o dono da obra assegure uma melhor qualidade do empreendimento por meio da especificação dos requisitos que o construtor deverá atender.[233]

Will HUGHES são também bastante claros nesse aspecto: "The contractual relationships in design and build offer some advantages over other methods of construction procurement. The most important advantage, as clearly shown in Figure 2, is that the contractor is responsible for everything. This 'single-point' responsibility is very attractive to clients, particularly those who may not be interested in trying to distinguish the difference between a design fault and a workmanship fault". **Construction contracts**: law and management, 3rd ed. London: Spon, 2000, p. 44. Igualmente, cf. ASHWORTH, Allan. **Contractual procedures in the construction industry**, 6th ed. Harlow: Pearson, 2012, pp. 111-112, 154-155. KLEE, Lukas. **International construction contract law**. Chichester: John Wiley & Sons, 2015, p. 55. CARMO, Lie Uema do. **Contratos de Construção de Grandes Obras**. São Paulo: Faculdade de Direito, Universidade de São Paulo, 2012, Tese de Doutorado em Direito Comercial, p. 99. MESQUITA, Marcelo Alencar Botelho de. **Contratos chave na mão (*Turnkey*) e EPC (*Engineering, Procurement and Construction*)**: conteúdo e qualificações. Florianópolis: Faculdade de Direito da Universidade Federal de Santa Catarina, 2017, Dissertação de Mestrado, pp. 30-32.

[232] ASHWORTH, Allan. **Contractual procedures in the construction industry**, 6th ed. Harlow: Pearson, 2012, p. 111.

[233] Sobre o assunto, vejam-se as palavras de MURDOCH e HUGHES: "One reported disadvantage of design and build is where there is a conflict between aesthetic quality and ease of fabrication; the requirements for fabrication will dominate. A further criticism has been that a design and build contractor will put in the minimum design effort required to win the contract. These two criticisms suggest strongly that quality, particularly architectural quality, will suffer under this procurement process. However, this is not a valid criticism of the process itself, but rather of some of the people who may be exercising it. As such, it is a criticism that can be levelled at any process. Further, like much of the criticism of design and build, it is based upon institutionalized ideas about roles and responsibilities and thus suffers from the same weakness as all stereotyping". **Construction contracts**: law and management, 3rd ed. London: Spon, 2000, p. 45. Cf. também Ibid., p. 54. Jason H. PETERSON também aponta as seguintes críticas: "These advantages are counterbalanced by costly procurement processes, increased need for upfront owner input, decreased owner control, and increased

À luz das informações ora expostas, é possível traçar, em linhas gerais, quais as situações que se mostram mais ou menos adequadas à adoção do DB. Para tanto, podem-se analisar os seguintes fatores: necessidade de certeza e segurança do dono da obra; familiaridade do dono da obra com atividades de construção; prioridades do dono da obra quanto a preço, qualidade e prazo; grau de complexidade do projeto; e necessidade de se alterarem requisitos da obra durante sua execução.[234]

Primeiramente, há que se considerar o grau de certeza de que o dono da obra necessita quanto às responsabilidades do contratado e à obtenção de um determinado desempenho. Nesse sentido, o *single point responsibility* aumenta a segurança do dono da obra tanto no que se refere à responsabilização de um único agente em caso de se verificar alguma desconformidade, quanto na obrigação do contratado de entregar um empreendimento que atenda aos requisitos de desempenho especificados pelo dono da obra[235]. Essa necessidade de certeza por parte do dono da obra é particularmente relevante nos casos em que há uma operação de *project finance*, conforme será analisado em maiores detalhes na seção 4.2.4 adiante.

A familiaridade do dono da obra com atividades de construção não influencia na adequação do DB. Isso porque o DB pode ser adequado tanto para o contratante sofisticado, que deseja realizar um grande empreendimento, quanto para aquele que não possui nenhum conhecimento na área. Com relação à última situação, o recurso ao DB acaba sendo até mesmo

construction risk. The lack of control, and increased construction risk, suggest that large and evolving construction projects are not appropriate for design-build. (...) Finally, the method may reduce the number of potential bidders, which leads to less competitive proposals for the owner". The Big-Dig disaster: was design-build the answer? **Suffolk University Law Review. Boston,** v. 40, n. 4, pp. 909-930, 2007, pp. 916-917.

[234] Cf. ASHWORTH, Allan. **Contractual procedures in the construction industry**, 6th ed. Harlow: Pearson, 2012, pp. 155-156. MURDOCH, John; HUGHES, Will. **Construction contracts**: law and management, 3rd ed. London: Spon, 2000, p. 46.

[235] A respeito do âmbito de extensão da responsabilidade do contratado perante o dono da obra, reitere-se que sua abrangência contempla o projeto como um todo, independentemente de quem o elaborou: "The types of project for which design and build contracts are suitable are those where the contractor's responsibility for design extends over the whole project, whether the design is partially completed by others or not. This is as distinct from the situation where the contractor's responsibility for design only covers a particular portion of the works, for which performance specifications or contractor's design portion should be considered". MURDOCH, John; HUGHES, Will. **Construction contracts**: law and management, 3rd ed. London: Spon, 2000, p. 49.

uma tendência natural, dada a necessidade de um contratado que seja capaz de conceber e executar a obra que atenda aos requisitos especificados pelo contratante[236]. O único ponto a se ressalvar é que, justamente em razão de o DB atribuir ao contratado a responsabilidade pelo projeto e pela execução do empreendimento, o grau de intervenção do dono da obra é reduzido em relação ao que se admite no DBB.

A respeito das prioridades do dono da obra quanto a preço, qualidade e prazo, há vários aspectos a serem considerados. Com relação ao preço, deve-se ter em conta que o DB aloca mais riscos ao contratado, os quais naturalmente serão quantificados e incluídos no preço. Por esse motivo, o DB não se mostra adequado à execução de projetos que envolvam altos riscos, como nos casos em que se requer a concepção de uma solução técnica inovadora e sem histórico de utilização, bem como nos casos em que a execução do projeto em si contempla riscos elevados, sobretudo de ordem geológica[237]. No que tange à qualidade, acima já se demonstrou que não procede a crítica daqueles que vinculam o DB a um suposto comprometimento da qualidade da obra. Caberá ao contratante, por outro lado, apresentar seus requisitos da forma mais detalhada e clara possível, evitando que o contratado conceba soluções que, embora atendendo aos requisitos fixados, resultem em um empreendimento inadequado à finalidade que realmente se almejava[238]. Por fim, o DB também se mostra adequado às situações em que o dono da obra prioriza o início rápido dos trabalhos de construção. Ao contrário do DBB, cuja estrutura prevê o sequenciamento

[236] "Unlike some forms of procurement, it is not necessary for the design and build client to be an 'expert' client. (...) Novice clients who know nothing of the construction industry, particularly clients requiring small works, will often stumble into design and build without realizing it! (...) Therefore, while design and build clients may be very sophisticated, it is equally likely that they may not be. Because of this, unlike some other forms of procurement, the choice about whether or not to use design and build does not depend upon the client's familiarity with construction." MURDOCH, John; HUGHES, Will. **Construction contracts**: law and management, 3rd ed. London: Spon, 2000, pp. 46-47.

[237] "Risk attracts a premium, so it is to be expected that a design and build contractor would add a premium to a tender to allow for this extra risk. (...) On a high risk project it may be inappropriate to pass too much risk over to the contractor so other forms of procurement should be considered." Ibid., p. 46.

[238] Cf. CARMO, Lie Uema do. **Contratos de Construção de Grandes Obras**. São Paulo: Faculdade de Direito, Universidade de São Paulo, 2012, Tese de Doutorado em Direito Comercial, p. 100. MURDOCH, John; HUGHES, Will. **Construction contracts**: law and management, 3rd ed. London: Spon, 2000, p. 48.

de etapas, o DB permite a sua execução de forma sobreposta, permitindo ao contratado já iniciar os trabalhos em campo mesmo na pendência da conclusão dos projetos (*fast-track*)[239]. Conforme exposto acima, isso decorre do fato de o DB promover a integração entre as equipes de projeto e construção, aumentando o potencial de otimização de processos.

O quarto fator a se considerar é o grau de complexidade do projeto. De um lado, é indiferente, para a adoção do DB, a escala da obra, visto que este se adequa tanto a projetos menores, quanto a obras de grande porte[240]. Por outro lado, já se adiantou no parágrafo anterior que não é recomendável a adoção do DB para projetos de alto risco[241]. Primeiro, porque a excessiva concentração de riscos no contratado, se por ele aceita, fatalmente refletirá no preço e, em última instância, poderá até mesmo comprometer a viabilidade econômica do empreendimento[242]. Segundo, porque é comum que o dono da obra, nesses projetos, queira exercer alguma influência ou até mesmo determinar a escolha de alguns subcontratados. A estrutura do DB, contudo, não é adequada a essa situação, principalmente porque

[239] CARMO, Lie Uema do. **Contratos de Construção de Grandes Obras**. São Paulo: Faculdade de Direito, Universidade de São Paulo, 2012, Tese de Doutorado em Direito Comercial, p. 99. MURDOCH, John; HUGHES, Will. **Construction contracts**: law and management, 3rd ed. London: Spon, 2000, p. 49.

[240] Ibid., p. 55.

[241] CARMO, Lie Uema do. **Contratos de Construção de Grandes Obras**. São Paulo: Faculdade de Direito, Universidade de São Paulo, 2012, Tese de Doutorado em Direito Comercial, p. 100.

[242] ZENID, Luis Fernando Biazin. Breves comentários a respeito do contrato de aliança e a sua aplicação em construções de grande porte no Brasil. **Revista de Direito Empresarial**, [S.l.], v. 2, mar./abr. 2014, pp. 69-96, seção 1. Questionando se a adoção do DB para o projeto bilionário de rodovias e túneis em Massachusetts (Big Dig) teria evitado os graves problemas de aumento de custo e de prazo que surgiram na contratação por DBB, Jason H. PETERSON conclui negativamente, destacando a complexidade do projeto e a necessidade de alterações de requisitos como um dos fatores determinantes para a inadequação do DB: "The intricacies of the Big Dig would have precluded design-build's effectiviness. The dynamic environmental approvals and community input required midstream, flexible design changes. The reduced competition would have resulted in a few large firms inflating their quotes to cover the risk of a substantial design change. (...) If officials had fast-tracked the Fort Point Channel crossing, either the contractor, or worse, the Commonwealth would have paid to correct the wasted construction. Alternatively, if officials waited for a completed design and utilized design-build, the Commonwealth would have paid a premium for shifting risks without realizing the cost savings associated with fast-tracking". The Big-Dig disaster: was design-build the answer? **Suffolk University Law Review**. Boston, v. 40, n. 4, pp. 909-930, 2007, pp. 925-926.

ficará o contratado responsável pelo trabalho de um subcontratado que não foi por ele escolhido[243]. Mais apropriados seriam os modelos do DBB ou da construção por administração.

Por derradeiro, também se deve ponderar sobre a necessidade do dono da obra de alterar seus requisitos no curso da execução dos trabalhos. Recorde-se que, no DB, são os requisitos do dono da obra que respaldam a concepção do empreendimento pelo contratado, a qual, por sua vez, é a base do preço e de todo o cronograma de execução, incluindo o planejamento de eventual sobreposição de etapas. A estrutura do DB, por isso, privilegia a manutenção dos requisitos do dono da obra, sob pena de a prestação do contratado poder ser severamente afetada, com impactos no preço e no prazo. Como consequência, o DB não se mostra adequado aos casos em que o dono da obra pretende se reservar o direito de modificar seus requisitos supervenientemente[244].

[243] Sobre essa prática, confira-se a explicação de John MURDOCH e Will HUGHES: "Design and build is one of the few procurement processes that is not conductive to the employer's selection of specialist sub-contractors. In general contracting the process of nomination has emerged so that the employer may reserve the right to select particular specialists that the contractor must employ. In construction management the employer appoints all of the trade and specialist contractors directly. This cannot be done easily under a design and build contract. (...) This means that if technical complexity is to be confronted by the use of specified (nominated) specialists, design and build is unsuitable". **Construction contracts**: law and management, 3rd ed. London: Spon, 2000, p. 48.

[244] Os autores são bastante enfáticos nesse ponto, como se pode ver na seguinte passagem de John MURDOCH e Will HUGHES: "Variations to client requirements are a constant source of problems. They are one of the most frequent causes of claims and often lead to litigious disputes. A client who wishes to reserve the right to alter requirements during the fabrication process should not use design and build. (...) The limited scope for variations and changes is thus a weakness of the design and build process". **Construction contracts**: law and management, 3rd ed. London: Spon, 2000, pp. 48-49. Afirmação de igual sentido é feita por Allan ASHWORTH: "An apparent disadvantage to the employer is the financial disincentive relating to possible changes to the design by the employer during the construction". **Contractual procedures in the construction industry**, 6th ed. Harlow: Pearson, 2012, p. 111.

4.2.3. *Construction Management* (CM)

Outro modelo de escopo que vem ganhando terreno nos últimos tempos, também como alternativa ao tradicional DBB e ao próprio DB, é a construção por administração, também denominada *construction management* (CM). Trata-se de um método concebido nos Estados Unidos, durante as décadas de 60 e 70, com o objetivo de viabilizar empreendimentos que envolviam alto risco, elevado grau de sofisticação e menores prazos de execução[245]. Para tanto, viu-se a necessidade de modificar a estrutura de alocação de riscos, de forma a diminuir a concentração de riscos no construtor e, em contrapartida, aumentar a participação do dono da obra.

No CM, desenvolveu-se uma estrutura em que o dono da obra, de um lado, contrata os fornecedores e prestadores de serviços que irão executá-la e, de outro, contrata o construtor para administrá-los. O escopo do construtor, portanto, não é desempenhar atividades diretas de execução da obra, mas executá-la por meio da administração dos fornecedores e prestadores de serviço diretamente pagos e contratados pelo dono da obra. Entre as atividades que pode desempenhar, exemplificam-se as seguintes: auxílio nas contratações diretas pelo dono da obra, negociando propostas, apresentando os orçamentos para aprovação e preparando minutas contratuais; coordenação e gestão dos contratados diretos do dono da obra, incluindo fiscalização do cumprimento dos respectivos contratos, aprovação de medições, planejamento e compatibilização de atividades, e aplicação de sanções em nome do dono da obra; revisão de projetos e prestação de serviços de engenharia de valor (*value engineering*), propondo soluções técnicas alternativas ao dono da obra que reduzam custos, melhorem construtibilidade ou aprimorem a qualidade da obra.[246]

[245] KLEE, Lukas. **International construction contract law**. Chichester: John Wiley & Sons, 2015, p. 58. MURDOCH, John; HUGHES, Will. **Construction contracts**: law and management, 3rd ed. London: Spon, 2000, p. 71.

[246] "The term management contract is used to describe a method of organising the building team and operating the building process. The main contractor provides the management expertise required on a construction project in return for a fee to cover the overheads and profit. The intention is to place the main contractor in a professional capacity to be able to provide management skills and practical building ability for a fee. The contractor does not therefore, in theory, participate in the profitability of the construction work. The construction work itself is not undertaken by the contractor, nor does the contractor employ any of the labour or plant directly, except with the possibility of setting up the site and those items

Desde logo se pode notar que o modelo do CM elimina a figura do subcontratado. No DBB e no DB, os eventuais prestadores de serviço e fornecedores que participam da execução da obra são contratados pelo construtor, sem vínculo jurídico direto com o dono da obra – razão pela qual são justamente denominados "subcontratados". No CM, deixa de existir essa intermediação do construtor, pois os prestadores de serviço e fornecedores passam a ser contratados diretos do dono da obra. Essa separação entre as atividades de execução direta da obra e de sua administração traz algumas consequências importantes, que se destacam na caracterização do CM em face dos demais modelos de escopo.

No DBB e no DB, a execução direta da obra é escopo do construtor, de modo que os respectivos custos são incluídos na remuneração acordada e o construtor responde pelas falhas que seus subcontratados venham a cometer. No CM, por outro lado, a execução direta da obra não é escopo do construtor. Sua contraprestação, portanto, remunera apenas a atividade de administração da obra, motivo pelo qual é denominada "taxa de administração"[247]. Quanto aos riscos, responde o construtor-administrador pelas falhas no desempenho de sua atividade, qual seja, a administração da obra. Os riscos de eventuais falhas cometidas pelos fornecedores e prestadores de serviço, por não integrarem o escopo do construtor, são atribuídos ao dono da obra[248].

normally associated with the preliminary works. (...) Each trade section required for the project is normally tendered for separately by subcontractors, either on the basis of measurement or a lump sum. This should result in the least expensive cost for each of the trades and thus for the construction as a whole." ASHWORTH, Allan. **Contractual procedures in the construction industry**, 6th ed. Harlow: Pearson, 2012, p. 114. No mesmo sentido, cf. MURDOCH, John; HUGHES, Will. **Construction contracts**: law and management, 3rd ed. London: Spon, 2000, pp. 75-76. KLEE, Lukas. **International construction contract law**. Chichester: John Wiley & Sons, 2015, p. 58. Na doutrina brasileira, cf. MEIRELLES, Hely Lopes. Direito de construir, 11ª ed. atual. por Adilson Abreu Dallari, Daniela Libório Di Sarno, Luiz Guilherme da Costa Wagner Jr. e Mariana Novis. São Paulo: Malheiros, 2013, pp. 261-262. CARMO, Lie Uema do. **Contratos de Construção de Grandes Obras**. São Paulo: Faculdade de Direito, Universidade de São Paulo, 2012, Tese de Doutorado em Direito Comercial, pp. 74-75.

[247] As formas que essa remuneração pode assumir serão tratadas na seção 4.3.

[248] "The construction manager is not responsible for subcontractor performance, but is responsible for negligent acts of management, for example, lack of skill and adequacy of management leading to maladministration, bad coordination and poor planning." KLEE, Lukas. **International construction contract law**. Chichester: John Wiley & Sons, 2015, p. 59.

Em razão da estrutura acima, o CM apresenta como grande vantagem a potencial redução do custo total de execução de um empreendimento. Isso porque o controle sobre os custos fica inteiramente nas mãos do dono da obra, que precisará aprovar cada um dos orçamentos, celebrar o respectivo contrato com cada um dos fornecedores e prestadores de serviço, e pagá-los. Sem essa participação ativa do dono da obra, nada pode fazer o construtor-administrador.[249]

Outro fator que contribui para a potencial redução dos custos é a eliminação da verba de contingência embutida no cálculo dos preços orçados sob as modalidades DBB e DB. Nessas modalidades, o risco de erros é alocado no construtor, que precisará incluir em seu orçamento uma verba de contingência para cobrir eventuais custos adicionais causados por erros de sua responsabilidade. Concretizando-se ou não os riscos projetados, o dono da obra pagará pela contingência embutida na contraprestação do construtor. No CM, por outro lado, esses riscos são assumidos pelo dono da obra e deixam de integrar a contraprestação do construtor-administrador. Como resultado, tem-se que o dono da obra pagará apenas pelos custos de falhas que efetivamente se concretizarem. Vale frisar que falhas acontecem em praticamente todas as obras, fazendo parte de seu custo. Dado que, no CM, o contratante se responsabiliza por pagar os custos da obra, nestes naturalmente estarão incluídos também eventuais custos de refazimento. Embora pagar pela correção do erro possa causar certo desconforto ao dono da obra em um primeiro momento, a eliminação da contingência embutida pode lhe ser economicamente vantajosa.

Outro reflexo da estrutura do modelo CM é a sua melhor adequação às situações em que não há informações suficientes para se calcular o preço da obra ou quando o dono da obra precisa de flexibilidade para alterar projetos e requisitos. No DBB e no DB, a alteração determinada pelo dono da

[249] "A further purpose of CM is to limit the main contractor's surcharges which burden the employer in general contracting. Payments to contractors are direct and without any intermediary. (...) The CM concept assumes and expects the employer (often being a developer) to take an active role, have extensive experience and to cooperate closely with the construction manager. Ideally, the construction manager and the employer should know each other and have worked together on a long-term basis. For this reason, CM is often unsuitable for public contracts." KLEE, Lukas. **International construction contract law**. Chichester: John Wiley & Sons, 2015, p. 59. A importância do papel ativo do dono da obra e o potencial de redução de custos também são ressaltados por MURDOCH, John; HUGHES, Will. **Construction contracts**: law and management, 3rd ed. London: Spon, 2000, pp. 73 e 80.

obra consistirá em uma alteração do escopo do construtor, atribuindo-lhe o direito de pleitear os impactos de custo e de prazo causados – os quais podem ser bastante significativos a depender do planejamento que fundamentou o escopo do construtor. Já no CM, os impactos causados por uma alteração tendem a ser menores, pois o escopo do construtor administrador é a administração da obra e os contratados que efetivamente executam os trabalhos estão sob controle do dono da obra.[250]

O modelo acima descrito é também conhecido como CM puro e, todavia, apresenta algumas desvantagens. A primeira delas é a falta de certeza sobre o custo total do empreendimento. Cabendo ao construtor realizar apenas a administração dos contratados, não há nenhuma vinculação sua com um limite de preço da obra. O controle de despesas fica sob inteira responsabilidade do dono da obra, que assume os riscos do custo total do empreendimento, tanto para se beneficiar de eventuais economias, quanto para arcar com eventuais excedentes. A outra desvantagem consiste na atenuação da responsabilidade do construtor administrador. Este se responsabiliza apenas pelo correto desempenho da atividade de administração, e não pela execução da obra conforme o prazo, o custo e a qualidade exigidos pelo dono da obra.[251]

[250] Sobre as situações em que o CM puro (sem fixação de teto ou meta de custos) se mostra adequado, Fernando MARCONDES explica que: "O contrato de construção por administração sem a fixação de um preço máximo é, portanto, modalidade válida e desejável quando a obra que será seu objeto não possui, no momento da contratação, informações suficientes para permitir o cálculo de um montante global. Não poderá o contratado comprometer-se com um valor. Seu compromisso se limitará a administrar a construção conforme os projetos que lhe forem apresentados, oferecendo seu *know-how* na gestão da obra, na contratação dos materiais e da mão de obra necessária, na coordenação das diversas frentes, controle da qualidade, observância dos prazos e do cumprimento das normas técnicas, de segurança, de qualidade, etc., por si e por todos os demais contratados para a execução. Quanto ao custo, será aquele que o dono da obra desejar/permitir, acrescido da remuneração de seu contratado". Contratos de construção por administração com preço máximo garantido: a lógica econômica e a apuração dos resultados. In: Id. (org.). **Temas de direito da construção.** São Paulo: Pini, 2015, p. 16, destaque no original. A adequação do CM às situações em que há necessidade de fazer variações do projeto também é apontada por MURDOCH, John; HUGHES, Will. **Construction contracts**: law and management, 3rd ed. London: Spon, 2000, p. 74.

[251] MARCONDES, Fernando. Contratos de construção por administração com preço máximo garantido: a lógica econômica e a apuração dos resultados. In: Id. (org.). **Temas de direito da construção.** São Paulo: Pini, 2015, p. 17.

Para equacionar esses pontos negativos que comprometiam a aplicabilidade do CM puro, foram desenvolvidas variações de CM visando a conferir maior segurança jurídica ao dono da obra. Surgiu então o CM *at-risk*, mais conhecido no Brasil como construção por administração com preço máximo garantido. Da mesma forma que no CM puro, o construtor administrador realiza a administração dos fornecedores e prestadores de serviço contratados diretamente pelo dono da obra, sendo remunerado pela taxa de administração. A diferença está na responsabilidade que o construtor-administrador assume perante o dono da obra. Assim é que o construtor-administrador se responsabiliza pela conclusão da obra dentro de um prazo fixado, pelo atendimento aos requisitos de qualidade e por um limite máximo de gastos a ser arcado pelo dono da obra para sua execução – o preço máximo garantido ("PMG").[252]

É importante esclarecer que, com exceção dessa responsabilidade que o construtor-administrador assume, a estrutura do CM é mantida. Todo o custo de execução da obra continuará a ser de responsabilidade do dono da obra, que deve pagá-lo aos diversos fornecedores e prestadores de serviço diretamente por ele contratados. Da mesma forma, também deve o dono da obra pagar os custos para correção de eventuais erros na execução da obra, visto que não há verba de contingência incluída na remuneração paga ao construtor-administrador[253]. O que ocorre no CM *at-risk* é que

[252] O CM *at-risk* é assim definido por Lukas KLEE, com foco no PMG: "CM-at-risk is a delivery method derived from CM, where the construction manager is responsible for delivering the project within the limits of the *guaranteed maximum price* (GMP)." **International construction contract law**. Chichester: John Wiley & Sons, 2015, p. 59, destaque no original. No Brasil, cf. CARMO, Lie Uema do. **Contratos de Construção de Grandes Obras**. São Paulo: Faculdade de Direito, Universidade de São Paulo, 2012, Tese de Doutorado em Direito Comercial, p. 75. MARCONDES, Fernando. Contratos de construção por administração com preço máximo garantido: a lógica econômica e a apuração dos resultados. In: Id. (org.). **Temas de direito da construção**. São Paulo: Pini, 2015, pp. 14-16.

[253] "Como já dito, na modalidade de empreitada, os custos de correção de erros estão embutidos em cada preço unitário, de modo que o contratante pagará isso sem perceber, independentemente da ocorrência de tais erros, ao passo que, na Administração com PMG, os recursos necessários para a correção de erros só serão desembolsados pelo dono da obra se tais erros efetivamente ocorrerem, e sempre até o limite do PMG. Trata-se, pois, de verdadeira economia, pois, enquanto na empreitada há uma verba destinada para a correção de erros que será paga com ou sem a existência destes, na Administração com PMG, não há verba prevista para isso, ficando a cargo do construtor/administrador o trabalho de recuperar os recursos gastos com erros, por meio de sua gestão dos demais itens da obra. E, caso não obtenha êxito em

o construtor-administrador precisará empregar todas as suas habilidades para empreender uma gestão eficiente da obra, de modo a recuperar eventuais atrasos e a compensar os eventuais gastos excedentes com economias em outros custos, sempre sem comprometer a qualidade da obra. Caso não consiga isso, o dono da obra tem a garantia de que, na hipótese de atraso, o construtor-administrador indenizará os danos causados e, na hipótese de o custo final ser superior ao PMG ("estouro" do PMG), o construtor-administrador assumirá a diferença. Essa característica distintiva da construção por administração com PMG é explicada com clareza por Fernando MARCONDES:

> Observe-se, no entanto, que nesse *open book* não se encontra nenhuma provisão para refazer ou substituir itens defeituosos (que o empreiteiro inclui em sua proposta, sem a necessidade de demonstrar ao seu contratante). Isto significa que, iniciando por esse item, em comparação com a empreitada, o preço final do contrato de Administração com PMG já é potencialmente menor. Mas não há mágica, esse custo há de encontrar uma forma de ser absorvido. E essa absorção é feita simplesmente pela gestão do construtor/administrador. De fato, o gestor experiente, habituado a administrar contratos de Administração com PMG, aposta em sua própria *expertise* para conseguir, ao longo da execução da obra, gerir os subcontratados da melhor forma possível, exigindo o cumprimento de suas obrigações e obtendo deles a reposição de materiais defeituosos e a recuperação de serviços mal executados. E, sempre que não consegue evitar algum gasto superior ao programado em determinado item, o construtor fará o esforço necessário para recuperar o valor em outros itens, reequilibrando os custos previstos e mantendo-se dentro do PMG. O mais importante, no entanto, é a compreensão de que, uma vez estabelecido o PMG, caberá ao contratante, e somente a ele, custear todas as despesas da obra até que o PMG seja atingido.[254]

Além do CM *at-risk*, também vale explicar mais uma modalidade de CM que se desenvolveu na prática, o *design-manage* ou *engineering, procurement and construction management*. Mais conhecido por seu acrônimo EPCM, caracteriza-se por agregar ao escopo do CM a elaboração dos projetos.

sua tarefa, assumirá o custo que exceder ao PMG." MARCONDES, Fernando. Contratos de construção por administração com preço máximo garantido: a lógica econômica e a apuração dos resultados. In: Id. (org.). **Temas de direito da construção**. São Paulo: Pini, 2015, p. 21.

[254] Ibid., pp. 20-21, destaques no original.

O construtor-administrador, portanto, elabora os projetos da obra e também administra a sua execução.[255]

Sobre o EPCM, cumpre ainda notar que, apesar da semelhança com a sigla, trata-se de modelo completamente distinto do utilizado no contrato de EPC. Este contempla a espécie mais completa de escopo no modelo DB, sendo obrigação do construtor realizar todas as atividades necessárias à entrega do empreendimento em condições de pronta operação. Estão incluídos nesse escopo: elaboração dos projetos da obra (destacadamente do projeto básico); construção; fornecimento de materiais e mão de obra; fornecimento, montagem e comissionamento de equipamentos; e, a depender do caso, também treinamento de pessoal. Conforme será explicado em detalhes no capítulo 6, a estrutura do contrato de EPC prevê uma alocação de riscos fortemente concentrada no construtor. Já o EPCM inclui-se na categoria do modelo CM, de maneira que o escopo do construtor compreende a elaboração dos projetos e a administração da obra executada pelos fornecedores e prestadores de serviço contratados diretamente pelo dono da obra. Exceto por adicionar a obrigação de elaborar os projetos, o EPCM mantém a estrutura de alocação de riscos do CM. Não há como assimilar, portanto, o EPCM ao modelo de escopo do EPC. Trata-se de modelos de escopo fundamentalmente diversos.[256]

[255] KLEE, Lukas. **International construction contract law**. Chichester: John Wiley & Sons, 2015, p. 77. CARMO, Lie Uema do. **Contratos de Construção de Grandes Obras**. São Paulo: Faculdade de Direito, Universidade de São Paulo, 2012, Tese de Doutorado em Direito Comercial, p. 76.

[256] Lukas KLEE assim expõe a diferença entre o EPCM e o EPC: "Despite being similar in name, the EPCM contract is different in concept from its EPC counterpart. The difference is that EPCM contract delegates a substantial portion of the activities – and thus the related risks – to the employer. The contractor then enjoys a more 'comfortable' position and reliable profit rate. The EPCM contractor will provide the design and contractually agreed engineering. In matters of procurement (purchases) and construction/erection, however, the contractor will only provide their know-how in the form of management and coordination. They do not perform these activities themselves and let others be responsible for them, in contrast to EPC. Typically, the contractors and construction/installation companies enter into contracts directly with the employer". **International construction contract law**. Chichester: John Wiley & Sons, 2015, p. 86.

4.2.4. *Project Finance*

Passando para uma análise sob perspectiva mais ampla, é importante considerar a operação econômica maior na qual se coloca o projeto de um empreendimento. Assim é que, além da operação relativa à execução propriamente dita do empreendimento, há diversas outras operações que, conexas à primeira, são imprescindíveis à sua realização. Mais do que isso, muitas vezes exercem um papel determinante no modelo de operação que será adotado para a execução do empreendimento. É o que se passa no caso da relação estabelecida entre o dono da obra e o financiador, objeto da presente seção.[257]

Considerando que a execução de um empreendimento requer o dispêndio de recursos, o mais comum é que o dono da obra prefira recorrer ao auxílio de terceiros a empregar recursos próprios. Surge, então, a relação entre o dono da obra e os denominados agentes financiadores, que irão fornecer recursos para a execução da obra. As formas pelas quais esses recursos podem ser captados são as mais diversas.

O dono da obra pode optar, por exemplo, por uma modalidade convencional de financiamento. Nesse caso, celebrará um contrato de mútuo diretamente com a instituição financeira e, uma vez recebidos os recursos, irá providenciar internamente o seu direcionamento para custeio da obra. A relação é estabelecida, portanto, entre o dono da obra e a instituição

[257] Hely Lopes MEIRELLES já reconhecia essa pluralidade de operações que orbitam ao redor da execução de um empreendimento, afirmando que: "Além destes [contratos de construção e contratos de prestação de serviços profissionais], outros ajustes subsidiários gravitam em torno da construção particular e pública, ora para fornecer recursos financeiros (contrato de financiamento), ora para recrutar mão de obra (contrato de trabalho para obra certa), ora para propiciar a edificação e facilitar a aquisição (contrato de incorporação de condomínio)". **Direito de construir**, 11ª ed. atual. por Adilson Abreu Dallari, Daniela Libório Di Sarno, Luiz Guilherme da Costa Wagner Jr. e Mariana Novis. São Paulo: Malheiros, 2013, pp. 234-235. Leonardo Toledo da SILVA é bastante claro sobre a influência determinante do financiador externo: "As razões pelas quais são adotadas as estruturas citadas são diversas e incluem capacidade inicial de investimento, tempo para execução total do empreendimento, fatores organizacionais internos, entre outros. Usualmente, em nossa visão, o fator financeiro é determinante na definição da estrutura organizacional de implantação de um projeto. Há a tendência de se priorizar a estruturação que melhor atenda aos anseios dos financiadores do projeto, sejam financiadores externos ou os próprios acionistas da empresa ou do grupo controlador da empresa que atuará na condição de dono do projeto". **Contrato de aliança**: projetos colaborativos em infraestrutura e construção. São Paulo: Almedina, 2017, p. 39.

financeira. Trata-se de um empréstimo que é concedido sem estar atrelado a uma destinação específica e que conta com a garantia pessoal do dono da obra, cujo patrimônio poderá ser atingido pelo credor em caso de inadimplemento. Por esse motivo, o critério decisivo para concessão dessa modalidade de empréstimo pelas instituições financeiras é o risco de crédito do dono da obra.[258]

Outra possibilidade para o dono da obra é o denominado "financiamento de projetos" ou "*project finance*". Diferentemente do que se passa no financiamento convencional, os recursos são fornecidos com uma destinação específica, consistente no custeio de um empreendimento determinado, cuja receita gerada será a principal fonte de pagamento do empréstimo e cujos bens serão a garantia do agente financiador externo[259]. Os recursos, por sua vez, não são dados à pessoa do dono da obra, mas a uma sociedade criada especificamente para a exploração do empreendimento financiado, via de regra uma sociedade de propósito específico (SPE), cujos sócios têm responsabilidade limitada e são designados "patrocinadores" ou "*sponsors*".[260]

[258] ENEI, José Virgílio Lopes. **Financiamento de projetos**: aspectos jurídicos do financiamento com foco em empreendimentos. São Paulo: Faculdade de Direito, Universidade de São Paulo, 2005, Dissertação de Mestrado em Direito Comercial, p. 18.

[259] Acerca da melhor terminologia a ser usada, José Virgílio Lopes ENEI observa que: "Para evitar confusões, buscaremos nos referir aos entes provedores de crédito no financiamento de projetos preferencialmente pela expressão 'financiadores externos', ou, alternativamente, 'mutuantes', 'agentes financeiros' ou 'bancos', em vez de simplesmente 'financiadores', termo esse que nem sempre permitiria distinguir a figura do referido mutuante ou credor e a figura do patrocinador ou outro acionista que, em um sentido mais amplo, também provê financiamento à sociedade do projeto na forma de capital. Ressalve-se, contudo, que o financiador externo não necessariamente será um banco, podendo ser, observadas as restrições quanto ao exercício de atividade financeira caso esta possa ser caracterizada, um fundo de pensão, uma outra instituição financeira ou a ela equiparada, ou ainda sociedades não financeiras e indivíduos que adquiram em ofertas públicas ou privadas valores mobiliários representativos de dívida". Ibid., p. 27.

[260] Lukas KLEE explica a operação de *project finance* com bastante clareza: "Sometimes what is called project finance is used as long-term financing of infrastructure and industrial projects. Project finance is based upon the projected cash flows of the project rather than the balance sheets of its sponsors. Usually, a project financing structure involves a number of equity investors known as sponsors as well as a syndicate of banks or other lending institutions that provide loans to the operation. These are most commonly non-recourse loans, which are secured by the project assets and paid entirely from the project cash flow, rather than from the general assets or creditworthiness of the project sponsors. Financing is typically secured

A primeira vantagem da estrutura acima é que os patrocinadores do projeto logram uma segregação patrimonial, isolando o seu patrimônio próprio do patrimônio da SPE vinculada à execução do empreendimento. Isso ocorre em razão de a responsabilidade dos patrocinadores estar limitada ao capital investido na SPE e à eventual garantia complementar que venham a dar aos financiadores externos. No último caso, ressalve-se que essa garantia será necessariamente restrita a uma parcela do patrimônio dos patrocinadores, pois a presença de responsabilidade pessoal ilimitada descaracteriza a operação de financiamento de projeto[261].

Além disso, a estrutura do *project finance* também permite aos patrocinadores reduzir sua exposição aos riscos associados ao projeto e evitar a elevação de seu risco de crédito no mercado. A razão para tanto está justamente no fato de o financiamento ser concedido à pessoa jurídica da SPE, em cujo balanço a dívida será contabilizada. Com isso, os patrocinadores evitam que a existência de um alto endividamento deteriore sua posição no mercado de crédito e encareça, ou até mesmo inviabilize, futuros empréstimos necessários a outras atividades da empresa. Não fosse por essa estrutura jurídica criada pela operação de *project finance*, a execução de muitos projetos seria proibitiva, sobretudo no caso de empresas sujeitas a limites legais ou estatutários de endividamento[262].

Para o financiador externo, por sua vez, há uma substancial mudança de perspectiva. Enquanto no financiamento tradicional é o risco de crédito do tomador que se analisa, pouco importando a destinação que será dada aos

by all the project assets, including revenue-producing contracts. Project lenders are given a lien on all of these assets and are able to assume control of a project if the project company has difficulties complying with the loan terms". **International construction contract law**. Chichester: John Wiley & Sons, 2015, p. 107.

[261] É possível que, cumulativamente à garantia dos bens do empreendimento, haja a possibilidade de recurso limitado dos financiadores externos aos bens dos sócios integrantes da sociedade de propósito específico (patrocinadores). Trata-se da espécie de financiamento de projetos intitulada *limited-recourse*, em oposição à *non-recourse*, na qual há apenas a garantia do empreendimento. É importante frisar que a garantia não poderá recair sobre a integralidade do patrimônio dos patrocinadores, hipótese em que haverá financiamento convencional e não *project finance*. Sobre o tema, cf. ENEI, José Virgílio Lopes. **Financiamento de projetos**: aspectos jurídicos do financiamento com foco em empreendimentos. São Paulo: Faculdade de Direito, Universidade de São Paulo, 2005, Dissertação de Mestrado em Direito Comercial, pp. 23 e 40.

[262] Ibid., p. 60.

recursos, no financiamento de projetos os recursos são concedidos com a finalidade específica de serem aplicados em um determinado empreendimento. Mais do que isso, será a capacidade de geração de receita desse empreendimento a principal fonte para quitação da dívida. Essa estrutura, por um lado, concentra o risco assumido pelo financiador externo. Por outro, propicia a segurança de que os recursos serão destinados exclusivamente a um empreendimento cujo projeto foi avaliado e considerado com boas perspectivas de sucesso. O *project finance*, como resultado, evita que um bom empreendimento tenha sua viabilidade comprometida pela contaminação com o patrimônio de um dono da obra de capacidade financeira questionável[263].

Em razão da concentração de riscos acima referida, o financiamento de projetos apresenta algumas características que lhe são particulares. A primeira delas é a já referida mudança dos critérios de concessão dos recursos em relação aos que se adotam nos empréstimos tradicionais. A análise do financiador externo desloca-se da pessoa do tomador para o projeto do empreendimento e suas perspectivas de sucesso. Isso se justifica porque se encontram vinculadas ao empreendimento tanto a receita para quitação do empréstimo quanto as garantias em caso de inadimplemento. A SPE, por outro lado, é criada especificamente para a exploração do empreendimento que se pretende executar, de modo que sequer apresenta um histórico que permita aferir seu risco de crédito enquanto pessoa jurídica.

A segunda característica do financiamento de projetos refere-se à postura do financiador externo, que se torna mais ativa. Se o sucesso do empreendimento é fundamental para que que se obtenha o retorno previsto e necessário à quitação do empréstimo, o financiador tem total interesse em acompanhar e fiscalizar o andamento do projeto, garantindo que se cumpra o planejado. Em alguns casos, prevê-se inclusive a possibilidade

[263] "Com ele [financiamento de projetos], o investidor não só não responde além do capital investido, como também não permite que os resultados, receitas e ativos do projeto financiado sejam contaminados ou contaminem os resultados, receitas e ativos associados aos demais negócios e empreendimentos explorados. O risco da atividade é isolado ao extremo." ENEI, José Virgílio Lopes. **Financiamento de projetos**: aspectos jurídicos do financiamento com foco em empreendimentos. São Paulo: Faculdade de Direito, Universidade de São Paulo, 2005, Dissertação de Mestrado em Direito Comercial, p. 158.

de o financiador externo assumir provisoriamente a gestão dos trabalhos quando forem constatados desvios em relação ao planejamento.[264]

Chega-se, então, ao ponto de maior interesse ao presente trabalho: a atratividade de um projeto para fins de *project finance* está atrelada à mitigação, na maior medida possível, dos riscos que possam comprometer a capacidade de geração de receita do empreendimento. Disso resulta que os financiadores externos formulam exigências que interferem nas demais operações necessárias à concretização do empreendimento, sobretudo na estrutura de alocação de riscos[265]. O fundamento subjacente a essa posição é o processo denominado alocação eficiente dos riscos, segundo o qual um determinado risco deve ser alocado à parte que estiver em melhores condições de o absorver[266]. No caso dos empreendimentos objeto de *project*

[264] ENEI, José Virgílio Lopes. **Financiamento de projetos**: aspectos jurídicos do financiamento com foco em empreendimentos. São Paulo: Faculdade de Direito, Universidade de São Paulo, 2005, Dissertação de Mestrado em Direito Comercial, pp. 63-65. KLEE, Lukas. **International construction contract law**. Chichester: John Wiley & Sons, 2015, p. 107.

[265] Nas orientações para a elaboração das Condições Particulares do *Conditions of contract for design-build and turnkey (Orange Book)*, a FIDIC trata expressamente da necessidade de alteração das previsões contratuais para atender às exigências dos agentes financiadores: "For major contracts in some markets, there may be a need to resort to securing finance from entities such as aid agencies, development banks or export credit agencies. If financing is to be procured from such institutions, the Conditions of Contract may need to incorporate any special requirements which the relevant institution may have. The exact wording will depend on the relevant institution, so reference will need to be made to them to ascertain their requirements, and to seek approval of the draft tender documents. (...) If the financing institution's requirements are not met, it may be difficult (or even impossible) to secure suitable financing for the project, and/or the institution may decline to provide finance for part or all of the Contract". FÉDÉRATION INTERNATIONALE DES INGÉNIEURS-CONSEILS. **Conditions of contract for design-build and turnkey**, 1st ed. [S.l.], 1995, Guidance for the preparation of conditions of particular application, p. 20.

[266] A importância da alocação eficiente de riscos no *project finance* é assim explicada por José Virgílio Lopes ENEI: "Um dos traços distintivos desse tipo negocial e da rede de contratos que o constitui é a alocação eficiente de riscos entre os diversos participantes e interessados no empreendimento, alocação essa que contribui decisivamente para a consecução dos objetivos próprios do financiamento de projetos. (...) E é justamente essa uma das características fundamentais do financiamento de projetos: alocar os riscos do empreendimento para as partes que melhor possam absorvê-los, em prol da maximização do benefício conjunto das partes". **Financiamento de projetos**: aspectos jurídicos do financiamento com foco em empreendimentos. São Paulo: Faculdade de Direito, Universidade de São Paulo, 2005, Dissertação de Mestrado em Direito Comercial, p. 187.

finance, isso via de regra significa alocar os riscos nos terceiros com quem a SPE irá se relacionar.

Entre os principais riscos de um empreendimento estão justamente os associados à sua construção. Há, por exemplo, os riscos de atraso na entrega, de superação do preço estimado, de má qualidade dos materiais e equipamentos, e de não atingimento da performance operacional planejada[267]. Para mitigar esses riscos por meio de sua transferência aos terceiros contratados pela SPE, normalmente se recorre à celebração de contratos com preços prefixados, prazos bem determinados e penalidades contratuais elevadas em caso de descumprimento, tudo com vistas a garantir que não haja impactos no fluxo financeiro necessário ao tempestivo pagamento do empréstimo. Foi justamente para atender a essas necessidades que se concebeu o contrato de EPC[268], objeto de estudo do presente trabalho.

4.3. Modalidades de Remuneração

Na seção anterior, estudaram-se os vários modelos de formação do escopo do construtor. Há, porém, mais um elemento que é fundamental considerar quando se organiza a operação econômica relativa à execução de

[267] Para uma descrição desses riscos cf. KLEE, Lukas. **International construction contract law**. Chichester: John Wiley & Sons, 2015, p. 17. ENEI, José Virgílio Lopes. **Financiamento de projetos**: aspectos jurídicos do financiamento com foco em empreendimentos. São Paulo: Faculdade de Direito, Universidade de São Paulo, 2005, Dissertação de Mestrado em Direito Comercial, pp. 187 e 190.

[268] Cf. MARINANGELO, Rafael; KLEE, Lukáš. **Recomendações FIDIC para orientação de contratos e obras**: International Federation of Consulting Engineers. São Paulo: Pini, 2014, p. 31. MESQUITA, Marcelo Alencar Botelho de. **Contratos chave na mão (*Turnkey*) e EPC (*Engineering, Procurement and Construction*)**: conteúdo e qualificações. Florianópolis: Dissertação de Mestrado defendida na Faculdade de Direito da Universidade Federal de Santa Catarina. Florianópolis, 2017, pp. 42-45. SILVA, Leonardo Toledo da. **Contrato de aliança**: projetos colaborativos em infraestrutura e construção. São Paulo: Almedina, 2017, p. 40. ZENID, Luis Fernando Biazin. Breves comentários a respeito do contrato de aliança e a sua aplicação em construções de grande porte no Brasil. **Revista de Direito Empresarial**, [S.l.], v. 2, mar./abr. 2014, pp. 69-96, seção 1. Ressalva feita à associação que José Virgílio Lopes ENEI estabelece entre o contrato de EPC e a "empreitada global", tema que será objeto de análise nas seções 5.3 e 7.3.5, cf. **Financiamento de projetos**: aspectos jurídicos do financiamento com foco em empreendimentos. São Paulo: Faculdade de Direito, Universidade de São Paulo, 2005, Dissertação de Mestrado em Direito Comercial, p. 187.

um empreendimento. Trata-se da remuneração que o construtor receberá como contraprestação pelo cumprimento de seu escopo. Existem, na indústria da construção, diversas modalidades de remuneração, as quais podem ser agrupadas em dois grandes grupos: preço fixo e reembolso de custos. Cada uma produz um impacto distinto na estrutura de alocação de riscos, motivo pelo qual a escolha da modalidade adequada é assunto de extrema importância para os agentes envolvidos[269].

Vale observar que a prática tornou corriqueira a associação de determinados modelos de escopo a determinadas modalidades de remuneração. Não há, contudo, nenhuma exigência nesse sentido. É livre a associação entre os modelos de escopo e as modalidades de remuneração, admitindo-se inclusive que estas sejam combinadas com a finalidade de remunerar partes determinadas de um único escopo[270].

4.3.1. Preço Fixo

Modalidade bastante comum de remuneração é o denominado preço fixo, que pode ser acordado como um preço fixo por unidade ou como um preço fixo global. A grande característica do preço fixo está no modo e no momento de sua formação. Determinado já no momento de assinatura do contrato, seu cálculo é feito pelo construtor quando da elaboração da proposta e inclui, além do custo direto estimado para execução do item

[269] No presente trabalho, optou-se por adotar a classificação de John MURDOCH e Will HUGHES: "One of the most fundamental issues in apportioning risk is the way that prices are calculated. It is convenient to analyse payments into two categories, either 'fixed price' or 'cost reimbursment'. All types of work fall into one of these types". **Construction contracts**: law and management, 3rd ed. London: Spon, 2000, p. 87. A despeito de as modalidades de remuneração serem relativamente homogêneas na doutrina, vale ressaltar que há certa variação na forma pela qual são agrupadas e classificadas. Lukas KLEE, por exemplo, apresenta uma classificação tripartida: *re-measurement* ou *unit price, lump sum* e *cost reimbursement*. **International construction contract law**. Chichester: John Wiley & Sons, 2015, p. 109. Na classificação ora adotada, as duas primeiras modalidades apontadas por Lukas KLEE figuram como subespécies da categoria "preço fixo".

[270] "The above mentioned basic types of pricing methods can be used in various combinations and with different components to limit (maximum price) or motivate (target price). Larger projects may adopt a combination of the above-mentioned methods including different payment arrangements." KLEE, Lukas. **International construction contract law**. Chichester: John Wiley & Sons, 2015, p. 109. O mesmo é afirmado por MURDOCH, John; HUGHES, Will. **Construction contracts**: law and management, 3rd ed. London: Spon, 2000, pp. 87-88.

orçado, uma série de outros valores, como contingência para cobrir riscos, tributos, custos indiretos, custos fixos de operação (*overhead*) e lucro do construtor[271]. A esse conjunto de valores que se agregam ao custo direto, dá-se o nome de "*budget difference income*" ou, em língua portuguesa, "benefícios e despesas indiretas" (BDI). A composição do preço é feita dessa maneira porque o valor orçado será o total pago pelo dono da obra, independentemente de quanto o construtor efetivamente gastar[272].

4.3.1.1. Preço Fixo Unitário

A primeira modalidade de preço fixo consiste no preço fixo unitário. Por esse método, o construtor atribui um preço por unidade para cada um dos itens que integram a planilha de quantitativos da obra. Esse preço unitário, como explicado acima, não será o simples custo direto do item, pois haverá o acréscimo de todos os demais valores integrantes do BDI. Isso significa que o preço do metro cúbico do concreto, por exemplo, não será simplesmente o custo do concreto, mas o custo do concreto contratado pelo construtor, entregue na obra e nela aplicado.

[271] A respeito dos valores que compõem o preço orçado, vejam-se as definições dadas por Lukas KLEE: "A budget is prepared for every individual item which covers the necessary materials complete with shipment, labour costs and a time schedule. (...) Regardless of whether internally estimated or received from subcontractors, these costs are identified as direct costs. Site and headquarters overheads constitute other components of the price. (...) The last component of the price consists of the risk surcharge and profit. Overhead items, risk surcharges and profit are usually not subject to any separate item in the bill of quantities and the contractor must add them to the other items that are already defined". **International construction contract law**. Chichester: John Wiley & Sons, 2015, pp. 107-108.

[272] "The estimated price is paid by the client, regardless of what the contractor spends. (...) The important point in terms of the distribution of risk is that, under fixed price arrangements, the contractor undertakes to submit an estimate for the work and agrees to be bound by that estimate. Thus, any saving over the original estimate will be to the contractor's benefit, and any over-spending will be to the contractor's loss." MURDOCH, John; HUGHES, Will. **Construction contracts**: law and management, 3rd ed. London: Spon, 2000, pp. 87-88. Importante observar que o preço fixo não se confunde com o preço invariável. Isso porque o valor absoluto do preço fixo poderá ser reajustado para fins de atualização monetária. Além disso, não se deve esquecer da possibilidade de revisão do preço fixo quando houver modificações de escopo, como a inclusão de um item que não estava previsto na planilha de preços unitários ou no escopo que delimitou um preço global. Sobre a distinção entre *fixed price* e *firm price*, cf. Ibid., p. 88.

Considerando que a planilha de quantitativos, via de regra, contém a listagem dos itens identificados como necessários à execução da obra, bem como uma estimativa da quantidade de cada um, é possível calcular, já no momento da assinatura do contrato, uma previsão do preço total da obra. Ao longo da execução da obra, porém, realiza-se a medição dos trabalhos efetivamente executados e as quantidades apuradas são multiplicadas pelo seu respectivo preço unitário. Disso decorre que a remuneração do construtor, consistente no preço final da obra, será determinada apenas no momento em que esta for concluída.[273]

Justamente em razão dessa dinâmica, a modalidade de remuneração por preço fixo unitário também é chamada de *re-measurement method*, ou seja, método de remedição. Isso porque, quando se elabora a planilha de quantitativos no momento do orçamento, há uma primeira medição estimada das quantidadesque se preveem executar. Posteriormente, realiza-se uma nova medição ("remedição"), na qual se apuram as quantidades concretamente executadas.

O preço fixo unitário é uma modalidade de remuneração que se mostra vantajosa sobretudo quando não há um projeto básico de concepção da obra acabado. É o que ocorre, por exemplo, quando a urgência no início dos trabalhos não permite que haja tempo hábil para a prévia elaboração de projetos básicos precisos. Adotando-se a modalidade de preços fixos unitários, concilia-se a necessidade de mudanças no projeto da obra com a previsibilidade de um preço fixo unitário determinado *ex ante*. O dono da obra, portanto, assume o risco de variações das quantidades a serem executadas e, por conseguinte, o risco do preço final da obra. O construtor, por sua vez, assume o risco de variações nos custos de cada preço unitário.[274]

[273] Veja-se a explicação de Lukas KLEE: "Using the re-measurement method (the measured or unit price contract), the works actually done are measured on the individual rates and prices offered by the contractor in their bid in the bill of quantities (prepared by the employer). The bill of quantities contains particular items and gives a brief description of the work and quantity. Every individual item and the respective rate or price must be properly contemplated and its content clearly understood to avoid disputes". **International construction contract law**. Chichester: John Wiley & Sons, 2015, pp. 109-110. Em igual sentido, cf. ASHWORTH, Allan. **Contractual procedures in the construction industry**, 6th ed. Harlow: Pearson, 2012, p. 100. GODWIN, William. **International construction contracts**: a handbook with commentary on the FIDIC design-build forms. Chichester: Wiley-Blackwell, 2013, pp. 27-28.

[274] Wlliam GODWIN, ao ponderar as vantagens e desvantagens dos preços fixos unitários, bem aponta que a sua utilização permite eliminar uma grande contingência que o construtor

À luz disso, tem-se que a modalidade do preço fixo unitário é comumente utilizada para remunerar escopos no modelo DBB. Isso porque é o dono da obra o responsável pelo projeto básico de concepção e, portanto, por determinar as quantidades do que será efetivamente executado. Essa responsabilidade está correlacionada justamente com o risco que o dono da obra assume quanto à variação das quantidades de cada item do orçamento. Na legislação brasileira, encontra-se essa modalidade de remuneração na empreitada por preços unitários, também conhecida como empreitada por medida[275].

4.3.1.2. Preço Fixo Global

Modalidade de preço fixo bastante comum na prática é o preço fixo global, também conhecido por sua denominação na língua inglesa, *lump sum*. Nessa modalidade, procede-se à determinação antecipada de um preço único, que engloba a totalidade do escopo contratado. Esse preço global

precisaria precificar caso se responsabilizasse pelas variações decorrentes das imprecisões do projeto. Confira-se: "The main advantage of this for the employer is that it enables work to begin at an earlier stage than the detailed construction stage, and allows for considerable room for variations in the quantities actually required (as against those estimated in the bill of quantities). In such a project, the unit prices for the quantities are typically fixed and stated in the contractor's tender. The main disadvantage of such a remeasurement type of contract from the employer's point of view is that there is less certainty of eventual project cost. On the other hand, the contractor will have less need to inflate his price by building into it excessive contingencies. In this type of contract, the employer trades off an earlier start to the work with perhaps a lower initial price against the risk of greater actual cost when the project is completed". **International construction contracts**: a handbook with commentary on the FIDIC design-build forms. Chichester: Wiley-Blackwell, 2013, p. 28.

[275] A empreitada por preços unitários é definida na alínea "b" do inciso VIII do artigo 6º da Lei nº 8.666/1993, no inciso III do artigo 2º da Lei nº 12.462/2011 e no inciso I do artigo 42 da Lei nº 13.303/2016. Referindo-se à empreitada por preços unitários no Código Civil, Caio Mário da Silva PEREIRA assim a enuncia: "Aquela outra na qual a fixação atende ao fracionamento da obra, levando em consideração as partes em que esta se divide, ou a medida (*marché sur dévis*). A fórmula de sua determinação é vária, como seja o pagamento a tanto por unidade, ou por parte concluída". **Instituições de Direito Civil**, v. III – Contratos, 16ª ed., rev. e atual. Rio de Janeiro: Forense, 2012, p. 280, destaque no original. Cf. também MEIRELLES, Hely Lopes. **Direito de construir**, 11ª ed. atual. por Adilson Abreu Dallari, Daniela Libório Di Sarno, Luiz Guilherme da Costa Wagner Jr. e Mariana Novis. São Paulo: Malheiros, 2013, p. 245. PAIVA, Alfredo de Almeida. **Aspectos do Contrato de Empreitada**, 2ª ed., rev. Rio de Janeiro: Forense, 1997, p. 21.

é fixado logo no momento da contratação e consiste na remuneração que o construtor irá receber, independentemente do quanto for gasto de fato na execução do escopo.

Disso resulta que, na modalidade de remuneração por preço fixo global, o momento de elaboração da proposta é de suma importância. O construtor deverá dar máxima atenção ao escopo orçado, para garantir que todos os itens necessários sejam avaliados e corretamente precificados. Isso se aplica tanto aos casos em que o construtor orça uma planilha de quantitativos de um projeto de responsabilidade do dono da obra, quanto àqueles em que o construtor apresenta uma proposta para a execução de uma obra cujo projeto e, por conseguinte, também a respectiva planilha de quantitativos são de sua responsabilidade. Tamanha minudência se justifica porque, uma vez fixado o preço global, os eventuais erros de orçamento que venham a ser constatados serão de responsabilidade do construtor, a quem caberá arcar com o eventual prejuízo.

Como grande vantagem do preço fixo global, está a certeza do dono da obra quanto ao valor total que irá despender. Essa segurança, porém, representa a transferência de um risco ao construtor, que irá calcular a respectiva contingência e computá-la no cálculo do preço. Por isso, empreendimentos que envolvam riscos elevados ou de difícil quantificação não são indicados para essa modalidade de remuneração. Outro fator a se considerar na escolha de um preço fixo global é o grau de definição do escopo contratado. Dado que alterações de escopo atribuem ao construtor o direito de revisão do preço, a modalidade do preço fixo global é inadequada às situações em que não há um escopo bem definido no momento da contratação. Nesses casos, a ocorrência de um grande volume de modificações de escopo comprometerá a certeza do preço fixo global. Mais do que isso: os impactos de uma modificação superveniente podem repercutir para além da parcela de escopo alterada, afetando uma série de premissas que garantiam o valor do preço inicialmente contratado. Conclui-se, portanto que, se o construtor deve ter máxima atenção no cálculo do preço global, a mesma atenção deve ter o dono da obra ao definir os limites do escopo que pretende contratar.[276]

[276] A respeito das vantagens e desvantagens da modalidade de remuneração por preço fixo global, confira-se: "The lump sum should be sufficient to cover the anticipated costs, overhead, profit and risk surcharge. The main advantage for the employer is cost certainty and simpler

Em razão de suas características e de suas vantagens, o preço fixo global é bastante associado aos modelos DBB e DB. No primeiro, o construtor apresenta um preço global para a execução da obra concebida pelo contratante, sendo este o responsável pelos impactos de eventuais modificações nos projetos que se façam necessárias. É o que ocorre, por exemplo, no contrato de empreitada por preço global[277]. No DB, por sua vez, concentram-se mais riscos no construtor, que apresentará um preço global para uma obra que será por ele concebida e executada à luz dos requisitos fixados pelo dono da obra. Nesses casos, a escolha de um preço global costuma estar alinhada com o interesse na concentração de responsabilidades no construtor (*single point responsibility*), o que via de regra ocorre em razão da exigência de medidas de mitigação de riscos por parte de financiadores externos do empreendimento. É exatamente o que se passa no contrato de

contract administration. This advantage is lost where the surcharge is too high and where the risks of a particular project are hard to quantify." KLEE, Lukas. **International construction contract law**. Chichester: John Wiley & Sons, 2015, p. 112. A necessidade de um escopo bem definido para dar base ao preço fixo global é destacada por William GODWIN: "Fixed-price lump sum contracts tend to be used where the employer or owner wishes to have maximum certainty of cost at the outset and where the contractor is prepared to agree a fixed price because the works have been defined, either by himself or others, with sufficient certainty at tender stage and he has been able to investigate (and allow in his pricing for) relevant risk factors". **International construction contracts**: a handbook with commentary on the FIDIC design-build forms. Chichester: Wiley-Blackwell, 2013, p. 27.

277 A empreitada por preço global encontra-se definida na alínea "a" do inciso VIII do artigo 6º da Lei nº 8.666/1993, no inciso II do artigo 2º da Lei nº 12.462/2011 e no inciso II do artigo 42 da Lei nº 13.303/2016. Tratando da empreitada a preço global no Código Civil, Caio Mário da Silva PEREIRA assim a descreve: "Aquela em que a retribuição é estipulada para a obra inteira, sem se levar em consideração o fracionamento da atividade ou do resultado mesmo. É o que os autores franceses chamam de *marché à forfait*. Não é incompatível com o parcelamento das prestações, nem deixa de ser *global* ou *forfatário* o preço, pelo fato de ficar ajustado seu pagamento escalonadamente, desde que determinado em função da obra como conjunto". **Instituições de Direito Civil**, v. III – Contratos, 16ª ed., rev. e atual. Rio de Janeiro: Forense, 2012, p. 280, destaques no original. No mesmo sentido, cf. MEIRELLES, Hely Lopes. **Direito de construir**, 11ª ed. atual. por Adilson Abreu Dallari, Daniela Libório Di Sarno, Luiz Guilherme da Costa Wagner Jr. e Mariana Novis. São Paulo: Malheiros, 2013, p. 245. Ressalva feita à terminologia adotada, em que se utiliza "preço fixo" para se referir ao que ora se denomina "preço global", cf. PAIVA, Alfredo de Almeida. **Aspectos do Contrato de Empreitada**, 2ª ed., rev. Rio de Janeiro: Forense, 1997, p. 19.

EPC, em que o dono da obra necessita do máximo de segurança quanto ao custo, ao prazo de entrega e à qualidade do empreendimento[278].

4.3.2. Reembolso de Custos

Ao lado da remuneração por preço fixo, existe a modalidade do reembolso de custos, em inglês conhecida por *cost plus fee* ou *cost reimbursement arrangement*. Como a própria denominação indica, o construtor recebe do dono da obra o reembolso dos custos diretos e indiretos em que incorrer para realizar seu escopo, acrescido de uma taxa que irá cobrir seus custos fixos de operação (*overhead*) e seu lucro. Essa taxa é a remuneração propriamente dita do construtor e, via de regra, consiste em um porcentual dos custos incorridos.[279]

Da dinâmica da remuneração por reembolso de custos resultam algumas consequências importantes. A primeira delas é que o dono da obra tem amplo acesso ao custo real de cada um dos itens necessários à execução da obra, bem como ao valor que o construtor está recebendo como lucro pela realização de seu escopo. Trata-se do que em inglês se denomina *open book*, ou seja, a contabilidade da obra é um livro aberto[280]. O dono da

[278] A respeito da associação entre o preço fixo global e os contratos de EPC, cf. GODWIN, William. **International construction contracts**: a handbook with commentary on the FIDIC design-build forms. Chichester: Wiley-Blackwell, 2013, p. 27.

[279] Confira-se a descrição de Allan ASHWORTH: "Cost reimbursement arrangements allow the contractor to recoup the actual costs of the materials which have been purchased, the actual time spent on the work by the operatives, and the actual time used by mechanical plant. An agreed additional amount, often expressed as a percentage, is added to cover contractor's overheads and profit". **Contractual procedures in the construction industry**, 6th ed. Harlow: Pearson, 2012, p. 100. Em igual sentido, cf. GODWIN, William. **International construction contracts**: a handbook with commentary on the FIDIC design-build forms. Chichester: Wiley-Blackwell, 2013, p. 28. KLEE, Lukas. **International construction contract law**. Chichester: John Wiley & Sons, 2015, p. 113. MURDOCH, John; HUGHES, Will. **Construction contracts**: law and management, 3rd ed. London: Spon, 2000, p. 87.

[280] Veja-se a definição de *open book*: "This phrase is in common use in connection with partnering contracts. It is used within PPC [Association of Consultant Architects Standard Form of Project Partnering Contract], and defined at appendix 1 as involving the declaration of all price components. These include profit, head office overheads, site overheads, the cost of materials, goods, equipment, work and services. It is said to include the revealing of all relevant account books, all relevant correspondence, invoices, receipts agreements, orders,

obra, portanto, possui um amplo controle financeiro e acompanha cada um dos gastos.

Além de se configurar como um *open book*, a remuneração por reembolso de custos faz com que o dono da obra pague apenas pelo valor do que for efetivamente utilizado, mais a remuneração devida ao construtor. Aí reside uma das principais vantagens dessa modalidade, pois viabiliza potenciais economias, inclusive por meio da eliminação das verbas de contingência embutidas pelo construtor ao calcular um preço fixo. Além disso, também terá plena consciência do que for despendido para corrigir eventuais falhas, as quais, em maior ou menor medida, sempre acontecem em qualquer obra. Se a responsabilidade por arcar com esses custos de refazimento será ou não sua, isso dependerá do modelo de escopo adotado. Suponha-se, por exemplo, que a planilha de quantitativos haja previsto uma determinada espécie de revestimento, o qual foi comprado pelo construtor, mas chegou à obra com defeito. Em um escopo DBB, o dono da obra irá reembolsar os custos da primeira compra, mas os custos da compra de novos revestimentos para substituir os defeituosos serão arcados pelo construtor. Se, por outro lado, o escopo seguir o modelo CM *at-risk*, os custos dos novos revestimentos serão suportados pelo dono da obra até que o custo efetivo da obra como um todo atinja o limite do preço máximo garantido (PMG).

Deve-se observar, porém, que a modalidade de reembolso de custos em sua forma pura apresenta dois grandes pontos negativos. O primeiro é a imprevisibilidade do custo final da obra, que apenas poderá ser calculado no momento de sua conclusão. É o dono da obra que assume, por conseguinte, o risco de possíveis variações do custo final. A segunda desvantagem é a ausência de incentivos ao construtor para economizar e tornar a execução da obra economicamente eficiente. O que acaba por ser incentivado é o oposto, pois a remuneração do construtor é diretamente proporcional ao aumento do custo da obra. Isso coloca o dono da obra em uma situação de grande insegurança, na qual o risco de variação do custo final da obra é agravado pela vantagem econômica que o construtor obtém com a sua majoração.[281]

and any other relevant documents to be open for inspection. 'Open book' is referred to in clause 10, which deals with the procedure to establish specialist relationships in relation to all aspects of the project". CHAPPELL, David et al. **Building law encyclopedia**. Chichester: Wiley-Blackwell, 2009, p. 389.

[281] ASHWORTH, Allan. **Contractual procedures in the construction industry**, 6th ed. Harlow: Pearson, 2012, p. 102. GODWIN, William. **International construction contracts**: a

Para equalizar esse ponto negativo inerente à remuneração por reembolso de custos em sua forma pura, foram criados alguns mecanismos de incentivo à eficiência do construtor. O principal deles consiste no estabelecimento de um teto ou meta de custos, ao qual se associa um regime de "bônus e ônus"[282]. Assim é que, uma vez concluída a obra, compara-se o custo efetivo total com o parâmetro de custos fixado inicialmente, aplicando-se ao resultado as consequências que as partes acordaram: no caso de economia, há o bônus e, no caso de superação, o ônus. A proporção que caberá a cada parte no caso de bônus ou de ônus dependerá do que for pactuado em cada caso concreto.

Duas modalidades bastante adotadas desse mecanismo de incentivo do construtor são o *target cost* e o preço máximo garantido (PMG), também conhecido como *guaranteed maximum price*. No primeiro, as partes fixam um custo-alvo (*target cost*) e pactuam o compartilhamento dos riscos e benefícios associados à variação do custo efetivo total da obra. Quando este é inferior àquele, as partes dividem entre si o valor economizado. Constatando-se o contrário, ou seja, que o custo efetivo total foi superior ao custo-alvo, as partes compartilham a responsabilidade pelo pagamento do valor excedente[283]. O PMG, por sua vez, é bastante parecido com o *target cost*. A diferença está no grau de risco transferido ao construtor na hipótese de superação da meta de custos. Enquanto no *target cost* a responsabilidade pelo custo excedente é compartilhada entre as partes, no PMG é o construtor que a assume, inclusive deixando de receber sua taxa de

handbook with commentary on the FIDIC design-build forms. Chichester: Wiley-Blackwell, 2013, p. 28. MURDOCH, John; HUGHES, Will. **Construction contracts**: law and management, 3rd ed. London: Spon, 2000, p. 88.

[282] É comum que os contratos adotem a terminologia de "bônus e penalidades". No entanto, deve-se ter em mente que a responsabilidade do construtor por arcar com custos excedentes não se trata de "penalidade", sendo preferível a denominação "ônus".

[283] A dinâmica do *target cost* é explicada em detalhes por Lukas KLEE: "As part of the contract negotiations, the parties agree a target price based on their knowledge of the project conditions and their assessment of potential risks. The works then begin and during the works two things happen in parallel: the contractor is generally paid their actual costs (less disallowed costs if they are defined) plus a fee on a regular basis (usually every four weeks); the initial target price is adjusted during the works in accordance with claims and variations (compensation events) and their estimated cost. On completion, these two elements are compared. If there is a saving or a cost increase against the target, the parties share such savings or cost increases in the agreed proportions set out when the contract was agreed". **International construction contract law**. Chichester: John Wiley & Sons, 2015, pp. 113-114.

remuneração sobre esse sobrecusto. O valor do PMG, portanto, consiste em um verdadeiro limite de gastos para o dono da obra.

Vale destacar que nada impede a combinação dessas modalidades de reembolso de custos para remunerar um mesmo escopo. Pode-se conceber, por exemplo, a criação de três faixas distintas: a fixação de um custo-alvo, abaixo do qual as partes dividirão o valor economizado; a fixação de um limite máximo de custo, acima do qual o pagamento será de responsabilidade exclusiva do construtor; e uma faixa intermediária entre o custo-alvo e o limite máximo de custos, dentro da qual as partes compartilharão a responsabilidade pelo pagamento dos custos excedentes. Reitere-se que a proporção na qual as economias e os custos excedentes serão partilhados dependerá sempre do ajuste entre as partes, não havendo uma fórmula predeterminada para tanto.

Explicada a dinâmica da remuneração por reembolso de custos e de suas variantes, trate-se das hipóteses para as quais sua utilização se mostra adequada. Mencione-se desde já ser desejável que o dono da obra possua experiência e capacidade para realizar a administração contratual. De maneira diversa do que se passa nas modalidades de remuneração a preço fixo, o dono da obra precisa assumir uma postura mais ativa no acompanhamento dos trabalhos e no controle dos custos. O sucesso da execução do empreendimento, portanto, depende de uma cooperação mais intensa do dono da obra.

Fora essa exigência que recai sobre o dono da obra, tem-se que a modalidade de reembolso de custos mostra-se uma boa alternativa tanto nos casos em que a execução da obra possui riscos delimitados e quantificáveis, quanto naqueles que envolvem altos riscos ou riscos de difícil mensuração. Especificamente na última situação, transferir esses riscos ao construtor por meio de um preço fixo resultaria no acréscimo de contingências elevadas, que encareceriam sobremaneira o preço, inclusive com boas chances de comprometer a viabilidade econômica do empreendimento. Cabe, no entanto, uma ressalva com relação às variantes do *target cost* e do PMG. Por transferirem parte dos riscos ao construtor, recomenda-se que sua adoção ocorra em obras que apresentem maior grau de previsibilidade. Isso porque o construtor estará vinculado ao cumprimento de um teto ou meta de custos, de modo que precisará dispor de elementos mínimos que lhe permitam calcular esse valor com certa margem de segurança. Do contrário, será necessário cobrir esses riscos elevando o parâmetro de custos e a taxa de remuneração. Esse efeito, em última instância, acaba por eliminar as vantagens trazidas pela modalidade do reembolso de custos[284].

Tendo em vista o quanto exposto sobre a remuneração por reembolso de custos, é frequente a sua associação com os modelos de escopo CM, tanto em sua modalidade pura, quanto no CM *at-risk*. Como explicado na seção 4.2.3, o escopo CM já pressupõe que os custos da execução da obra sejam todos arcados diretamente pelo dono da obra, que inclusive será o contratante direto dos fornecedores e prestadores de serviço. Adotando--se a remuneração por reembolso de custos, o construtor-administrador é reembolsado dos custos em que incorrer para executar a administração contratual (custos indiretos) e, como remuneração, recebe a taxa de administração normalmente calculada como um percentual incidente sobre o total dos custos despendidos pelo dono da obra (tanto os custos diretos pagos aos fornecedores e prestadores de serviço, quanto os custos indiretos reembolsados ao construtor-administrador). No caso do CM *at-risk*, o construtor-administrador também garante um limite máximo para as despesas a serem arcadas pelo dono da obra, o que se adequa perfeitamente ao formato do PMG.[285]

[284] É nesse sentido a observação de Lukas KLEE ao tratar da escolha pelo PMG: "Employers sometimes want to cap the total contract price using the guaranteed maximum price to allocate all risks of potential price increases to the contractor. (...) Such a set-up is not appropriate for projects where numerous hazards with major risks are pending and it is not possible to price such risks transparently". **International construction contract law**. Chichester: John Wiley & Sons, 2015, p. 113.

[285] A doutrina brasileira, ao tratar da empreitada, também indica a possibilidade de empreitada por preço de custo e por preço máximo. Caio Mário da Silva PEREIRA, por exemplo, assim descreve a primeira: "Empreitada por preço de custo é aquela em que o empreiteiro fica obrigado a realizar o trabalho, sob sua responsabilidade, com fornecimento de materiais e pagamento de mão de obra, mediante reembolso do despendido, acrescido do lucro assegurado. Esta modalidade é compatível com o *marché sur dévis*, no qual o pagamento faz-se na razão das medidas". **Instituições de Direito Civil**, v. III – Contratos, 16ª ed., rev. e atual. Rio de Janeiro: Forense, 2012, p. 281, destaque no original. Hely Lopes MEIRELLES, por sua vez, assim trata da empreitada por preço máximo: "Na empreitada por preço máximo os contratantes estabelecem, previamente, o limite máximo do preço total da obra, mas se sujeitam à verificação do preço efetivo em que ficar a construção, para ser pago nesta base, até o limite inicialmente convencionado". **Direito de construir**, 11ª ed. atual. por Adilson Abreu Dallari, Daniela Libório Di Sarno, Luiz Guilherme da Costa Wagner Jr. e Mariana Novis. São Paulo: Malheiros, 2013, p. 245.

5. Os Contratos de Construção e a Legislação Brasileira

Uma vez compreendidos os principais modelos de operação econômica praticados na indústria da construção, cumpre estudar os contratos que os estruturam juridicamente[286]. No presente capítulo, optou-se por analisar as espécies de contrato de construção previstas na legislação brasileira, descrevendo as particularidades de cada uma delas e, ao final, associando-as aos modelos de escopo indicados na seção 4.2. Considerando que cada espécie de contrato atende a necessidades específicas e que o EPC é o contrato que tem por objeto uma prestação do epecista correspondente à modalidade mais completa do modelo DB, o exame que ora se realiza sobre os modelos de contratos de construção previstos na legislação brasileira mostra-se fundamental para o subsequente processo de qualificação do contrato de EPC, objeto do capítulo 7.

Antes, porém, há um pressuposto cuja análise se impõe: o significado da expressão "contratos de construção". A esse respeito, encontra-se uma grande variação da doutrina, motivo pelo qual cumpre precisar o sentido que será adotado no presente trabalho. A primeira observação a se fazer é que a expressão "contratos de construção" denomina um gênero. Não se

[286] A respeito da importância da escolha da espécie contratual para a estruturação da operação econômica, confira-se o seguinte excerto: "A myriad of contract forms and types are available to owners for accomplishing their construction needs. All call for defined services to be provided under contract to the owner. The scope and nature of such services can be made to include almost anything the owner wishes. The selection of the proper contract form appropriate to the situation is an important decision for the owner and is deserving of careful consideration and consultation. In this regard, public owners must work within the constraints placed on them by applicable law. The construction contract can be written to include construction, design-construct, construction management, or design-manage services". CLOUGH, Richard H.; SEARS, Glenn A.; SEARS, S. Keoki. **Construction contracting**: a practical guide to company management, 7th ed. Hoboken: John Wiley & Sons, 2005, p. 12.

refere, portanto, a uma modalidade específica de contrato, mas a diversas espécies contratuais que se reúnem sob uma mesma categoria. É justamente essa circunstância que justifica a posição de Guido ALPA quanto ao uso do plural para se referir aos contratos de construção:

> Apenas exigências de simplificação podem induzir a considerar, por convenção, que se possa falar de "contrato de engineering"; por outro lado, uma avaliação mais realista da experiência sugere manter as características de pluralidade dessas operações econômicas, preferindo a definição de "contratos de engineering".[287]

Uma vez estabelecido que os contratos de construção são um gênero, questione-se então quais os contratos que nele se incluem e qual o critério que os agrega. Como bem apontam, por exemplo, Guido ALPA[288], Rossella Cavallo BORGIA[289],

[287] Tradução livre do original em italiano: "Solo esigenze di semplificazione possono indurre a ritenere, per convenzione, che si possa parlare di *contratto di engineering*; mentre una più realistica valutazione dell'esperienza suggerisce mantenere caratteri di pluralità a queste operazioni economiche, definendole piuttosto come *contratti di engineering*". ALPA, Guido. Engineering: Problemi de Qualificazione e di Distribuzione del Rischio Contrattuale. In: VERRUCOLI, Piero. **Nuovi Tipi Contrattuali e Tecniche di Redazione nella Pratica Commerciale**: Profili Comparatistici. Milano: Giuffrè, 1978, p. 334.

[288] "Si potrebbe allora proporre, in via generale, una definizione che intravvede nell''engineering' un contratto con il quale una parte (normalmente un'impresa) si obbliga, nei confronti dell'altra, ad elaborare un progetto, di natura industriale, architettonica, urbanistica, ed eventualmente a realizzarlo, ovvero a dare realizzazione a progetti da altre imprese elaborati, provvedendo anche, se ciò sia convenzionalmente pattuito, a svolgere prestazioni accessorie di assistenza tecnica ricevendo a titolo di corrispettivo una somma in danaro, integrata (o sostituita) eventualmente da 'royalties', interessenze o partecipazioni agli utili dell'attività imprenditoriale avviata in seguito alla realizzazione del progetto." I Contratti di Engineering. In: RESCIGNO, Pietro (org.). **Trattato di Diritto Privato**. Torino: UTET, 1984, v. 11, t. III, cap. IV, p. 72. Do mesmo autor, cf. Id., Engineering: Problemi de Qualificazione e di Distribuzione del Rischio Contrattuale. In: VERRUCOLI, Piero. **Nuovi Tipi Contrattuali e Tecniche di Redazione nella Pratica Commerciale**: Profili Comparatistici. Milano: Giuffrè, 1978, pp. 334-335.

[289] "Sono stati così contrapposti, come è ben noto, contratti caratterizzati da un'attività di consulenza preliminare (studi di fattibilità e progetti di massima) o di progettazione (redazione del progetto preliminare, capitolati tecnici, modelli di vario genere) denominati *consulting engineering*, a contratti *commercial engineering*, nei quali le prestazioni dedotte sono lo svolgimento di attività organizzative e gestionali, l'esecuzione dei lavori (durante la quale la società è tenuta ad una multiforme attività) o la realizzazione di impianti chiavi in mano." **Il Contrato di Engineering**. Padua: Cedam, 1992, p. 28, destaques no original. Sobre a distinção entre

Francesca PETULLÀ[290], Clóvis Veríssimo do Couto e SILVA[291], Luiz Olavo BAPTISTA[292], Fernando MARCONDES[293] e Lie Uema do CARMO[294], os

consulting engineering e *commercial engineering* na doutrina italiana, cf. SICCHIERO, Gianluca. **L'engineering, la joint venture, i contratti di informatica, i contratti atipici di garanzia**. Torino: UTET, 1991, pp. 26-32.

[290] "Il contratto di *engineering* è un contratto che si è delineato nella prassi commerciale come una figura multiforme, non riconducibile ad un'unica categoria contrattuale per la varietà dei suoi contenuti, oscillanti da attività di tipo professionale ad attività di tipo imprenditoriale, che vanno dalla mera consulenza all'attività di esecuzione di complessi industriali o di interventi infrastrutturali di grandi rilievo. Infatti, con il termine *engineering*, la prassi designa rapporti contrattuali riconducibili a una vasta gamma di tipologie, tanto che la diffusione di questa figura, secondo un'articolata serie di singoli modelli, sta portando a conclusioni analoghe a quelle che già si sono profilate in passato per altre tecniche contrattuali ormai tipizzate." L'engineering. In: FRANCHINI, Claudio (org.). **Trattato dei contratti**. Torino: UTET, 2006, v. 8, I conttratti con la pubblica amministrazione, 2ª ed., t. II, capitolo ventunesimo, pp. 1099-1100, destaques no original.

[291] Ressalve-se que o autor, embora descreva a pluralidade de atividades que integram o "contrato de *engineering*", descreve-o como sendo a cumulação de diversos outros modelos contratuais: "O contrato de *engineering* é um negócio jurídico complexo, porquanto, de regra, são feitos diversos contratos, parciais, seja com finalidade preparatória, seja executiva, que constituem, no seu todo, o aludido negócio jurídico. O seu conteúdo pode abrigar, assim, contratos de empreitada parciais, de planejamento da obra, de realização de certas partes ou equipamentos, contratos de serviços, contratos de transporte, contratos de supervisão, sendo a sua totalidade o 'contrato de *engineering*'. Configura-se, como um contrato atípico, que se desprendeu do modelo de empreitada, e que, conforme a complexidade da obra, poderia ter como partes diversos figurantes, e não apenas um empreiteiro e o dono da obra, como sucedia, em regra, no modelo de empreitada previsto no Código Civil. Por esse motivo, não é possível descrever o desenvolvimento desse contrato em todas as suas formas; de um modo geral, ele supõe a existência de um projeto, realizado por empresas competentes para isso, projeto esse que depois é executado pelos empreiteiros". Cf.. Contrato de Engineering. **Revista de Informação Legislativa**, Brasília, v. 29, n. 115, pp. 509-526, jul./set. de 1992, p. 516, destaques no original. Disponível em: <http://www2.senado.leg.br/bdsf/bitstream/handle/id/176014/000470494.pdf?sequence=1>. Acesso em 21 jul. 2017.

[292] "Os 'contratos de construção' integram uma família. Eles podem envolver fornecimento de serviços, ou serviços e materiais. Na sua maioria, esses contratos têm longa duração e apresentam-se relacionados com outros contratos, por vezes envolvendo partes diferentes, relacionadas pela participação numa mesma obra ou por um financiamento comum. Parte deles são contratos nominados, os demais são modelos jurídicos oriundos dos meios profissionais." Contratos da engenharia e construção. In: Id. (org.). **Construção civil e direito**. São Paulo: Lex, 2011, cap. I, p. 13.

[293] Destacando a diversidade de contratos compreendidos no gênero dos contratos de construção, Fernando MARCONDES explica que: "No ordenamento jurídico brasileiro, as duas únicas modalidades de contrato de construção que encontram previsão específica são a

contratos de construção são aqueles que se referem a atividades nas áreas de Engenharia e Arquitetura, realizadas com vistas à execução, mediata ou imediata, de uma obra. A gama dessas atividades é consideravelmente ampla e compreende desde os serviços de elaboração de projetos, estudos e análises preliminares, até os trabalhos de construção propriamente ditos, abrangendo ainda as atividades de consultoria técnica, acompanhamento e fiscalização. Disso resulta que o gênero dos contratos de construção reúne contratos bastante diversos entre si. Não há um requisito de qualificação para esses contratos, que podem ser legalmente típicos, socialmente típicos ou completamente atípicos.

Por derradeiro, é preciso tecer uma consideração de cunho terminológico. Alguns autores costumam apresentar os contratos de construção como sinônimos da expressão *engineering contracts*[295]. A doutrina em língua

Empreitada (arts. 610 e seguintes do Código Civil) e a Construção por Administração ou Preço de Custo (art. 58 e seguintes da Lei nº 4.591/1963 [sic], a Lei de Incorporações). Não obstante, por necessidade técnica e comercial, paulatinamente, as partes contratantes foram adotando modelos que se mostraram eficientes em outros países. Como consequência, existe hoje um sem-número de modelos, nem sempre bem estruturados (visto que são frutos da fácil e perniciosa prática do 'copia e cola'), que regulam as relações comerciais, técnicas e legais das partes envolvidas no mercado da Construção". Contratos de construção por administração com preço máximo garantido: a lógica econômica e a apuração dos resultados. In: Id. (org.). **Temas de direito da construção.** São Paulo: Pini, 2015, p. 11.

[294] "Sob o gênero 'contratos de construção' ou 'contratos de *engineering*' podem ser enquadrados diversos tipos de contrato que tenham por objeto a prestação, mediata ou imediata, de uma obra. Incluem-se nesse gênero (ou categoria) contratos típicos, como os de prestação de serviços de engenharia e arquitetura e o de empreitada, ou ainda aqueles atípicos, como os de '*engineering, procurement and construction*', '*project alliancing*' e '*project partnering*', dentre outros." **Contratos de Construção de Grandes Obras.** São Paulo: Faculdade de Direito, Universidade de São Paulo, 2012, Tese de Doutorado em Direito Comercial, p. 16, destaques no original.

[295] A título de exemplo, citem-se: ALPA, Guido. I Contratti di Engineering. In: RESCIGNO, Pietro (org.). **Trattato di Diritto Privato.** Torino: UTET, 1984, v. 11, t. III, cap. IV. Id., Engineering: Problemi di Qualificazione e di Distribuzione del Rischio Contrattuale. In: VERRUCOLI, Piero. **Nuovi Tipi Contrattuali e Tecniche di Redazione nella Pratica Commerciale:** Profili Comparatistici. Milano: Giuffrè, 1978, pp. 333-352. BORGIA, Rossella Cavallo. **Il Contrato di Engineering.** Padua: Cedam, 1992. CARMO, Lie Uema do **Contratos de Construção de Grandes Obras.** São Paulo: Faculdade de Direito, Universidade de São Paulo, 2012, Tese de Doutorado em Direito Comercial, p. 16. SILVA, Clóvis Veríssimo do Couto e. Contrato de Engineering. **Revista de Informação Legislativa**, Brasília, v. 29, n. 115, pp. 509-526, jul./set. de 1992, p. 516. Disponível em: <http://www2.senado.leg.br/bdsf/bitstream/handle/id/176014/000470494.pdf?sequence=1>. Acesso em 21 jul. 2017. Exceção é feita à obra de Orlando GOMES, na qual a divergência de sentidos sobre o termo "*engineering*"

inglesa, todavia, trata do que ora se denomina contratos de construção como *construction contracts*, sendo a palavra *engineering* empregada em outros sentidos.

Assim é que, em uma primeira acepção, *engineering* refere-se às atividades de engenharia de projetos[296]. É o que ocorre, por exemplo, na denominação do contrato de *engineering, procurement and construction* (EPC), objeto do presente trabalho. O mesmo se ilustra com a separação das fases de *engineering* e *construction* em algumas famílias de modelos contratuais[297].

é apontada. Na sequência, porém, enuncia-se uma descrição de "contrato de *engineering*" que acaba por associá-lo ao contrato de EPC, o que não parece adequado à luz do sentido do termo "*engineering*". Confira-se a passagem referida: "*Engineering.* A significação literal da palavra não corresponde à jurídica. Não se trata, com efeito, de simples projeto industrial como objeto de um contrato específico. É algo mais, abrangente de sua execução, montagem de unidades industriais e até assistência técnica nos primeiros tempos do funcionamento. O *engineering* é um contrato a fim de obter-se uma indústria construída e instalada. Desdobra-se em duas fases bem características: a de estudos e a de execução". **Contratos**, 26ª ed., rev., atual. e ampl. Rio de Janeiro: Forense, 2007, p. 579, destaque no original.

296 Confira-se a definição de *engineering*: "engenharia; engenharia de projetos". TAYLOR, James L. **Dicionário metalúrgico**: inglês-português, português-inglês, 2º ed. São Paulo: Associação Brasileira de Metalurgia e Materiais, 2000. Esse sentido de "*engineering*" também é empregado, por exemplo, por Nael G. BUNNI na seguinte passagem: "Design, preparation of documents and supervision. Engineering and detailed design, preparation of contract documents and supervision services during project implementation are all services provided by the consulting engineer. Engineering and detailed design services should normally be followed by supervision services during the implementation period. The same consulting engineer should normally provide both services as it is a mistake to employ different professionals for these two interrelated services". **The FIDIC Forms of Contract**: the fourth edition of the Red Book, 1992, the 1996 Supplement, the 1999 Red Book, the 1999 Yellow Book, the 1999 Silver Book, 3rd ed. Oxford: Blackwell, 2005, p. 80. No Brasil, entendimento que se aproxima desse sentido é o que consta na obra de Caio Mário da Silva PEREIRA: "O contrato de Engineering, embora tenha a sua própria tipologia, não difere muito do de Know-how. Tem por objeto a 'assistência técnica especializada em engenharia'". O objeto indicado pelo autor, porém, é mais amplo do que a elaboração de projetos. **Instituições de Direito Civil**, v. III – Contratos, 16ª ed., rev. e atual. Rio de Janeiro: Forense, 2012, § 283-L, p. 584.

297 "The EJCDC [Engineers Joint Contract Documents Committee] documents are published as five families: E-series: Engineering (includes Owner-Engineer Agreements and Engineer-Consultant agreements); C-series: Construction (Owner-Contractor); D-series: Design/Build; R-series: Environmental Remediation; P-series: Procurement (for Engineer-designed or specified equipment)." KELLEY, Gail S. **Construction law**: an introduction for engineers, architects, and contractors. Hoboken: John Wiley & Sons, 2013, p. 62.

Cite-se, por fim, o *Housing Grants, Construction and Regeneration Act*[298], promulgado no Reino Unido em 1996, que também utiliza *engineering* como uma das atividades incluídas na definição que formula para *construction contracts*:

> § 104. Construction contracts.
>
> (1) In this Part a "construction contract" means an agreement with a person for any of the following
>
> (a) the carrying out of construction operations;
>
> (b) arranging for the carrying out of construction operations by others, whether under sub-contract to him or otherwise;
>
> (c) providing his own labour, or the labour of others, for the carrying out of construction operations.
>
> (2) References in this Part to a construction contract include an agreement
>
> (a) to do architectural, design, or surveying work, or
>
> (b) to provide advice on building, engineering, interior or exterior decoration or on the laying-out of landscape, in relation to construction operations.[299]

Além do sentido acima, *engineering* também é utilizado para se referir à área da Engenharia, em contraposição à da Arquitetura. É o que se faz quando se distinguem as *architecture design firms* das *engineering design firms*[300], ou quando se contrapõem os *achitectural services* aos *engineering*

[298] A definição de "*construction contracts*" no "Housing Grants, Construction and Regeneration Act 1996" também é referida por CHAPPELL, David et al. **Building contract dictionary**, 3rd ed. Oxford: Blackwell Science, 2001, p. 90.

[299] Tradução livre para o português: "§ 104. Contratos de construção. (1) Nesta Parte um "contrato de construção" significa um contrato com um sujeito para qualquer dos seguintes: (a) execução de operações de construção; (b) planejamento para a execução de operações de construção por terceiros, sejam subcontratados ou não; (c) prestação de trabalho próprio, ou de trabalho de terceiros, para execução de operações de construção. (2) Referências feitas nesta Parte a contrato de construção incluem um contrato: (a) para trabalhos de arquitetura, projeto ou medição; ou (b) para prestação de assessoria em construção, elaboração de projetos, decoração exterior ou interior ou paisagismo, em relação a operações de construção".

[300] É esse o sentido do termo "*engineering*" na seguinte passagem: "Most owners relegate by contract the design of their projects to professional architecture or engineering design firms, and award contracts for the construction of their facility to construction contractors". CLOUGH, Richard H.; SEARS, Glenn A.; SEARS, S. Keoki; SEGNER, Robert O.; ROUNDS,

services. A título de exemplo, veja-se o seguinte dispositivo do denominado *Brooks Act*, que regula a seleção de arquitetos e engenheiros para obras públicas federais dos Estados Unidos:

> § 1102. Definitions. In this chapter, the following definitions apply: (...)
>
> (2) Architectural and engineering services. The term "architectural and engineering services" means:
>
> (A) professional services of an architectural or engineering nature, as defined by state law, if applicable, that are required to be performed or approved by a person licensed, registered, or certified to provide the services described in this paragraph;
>
> (B) professional services of an architectural or engineering nature performed by contract that are associated with research, planning, development, design, construction, alteration, or repair of real property; and
>
> (C) other professional services of an architectural or engineering nature, or incidental services, which members of the architectural and engineering professions (and individuals in their employ) may logically or justifiably perform, including studies, investigations, surveying and mapping, tests, evaluations, consultations, comprehensive planning, program management, conceptual designs, plans and specifications, value engineering, construction phase services, soils engineering, drawing reviews, preparation of operating and maintenance manuals, and other related services.[301]

Jerald L. **Construction contracting**: a practical guide to company management, 8th ed. Hoboken: John Wiley & Sons, 2015, p. 11.

[301] Tradução livre para o português: "§ 1102. Definições. Neste capítulo, as seguintes definições se aplicam: (...) (2) Serviços de arquitetura e engenharia. O termo "serviços de arquitetura e engenharia" significa: (A) serviços profissionais de natureza ligada à arquitetura ou à engenharia, conforme definido na lei estadual, quando aplicável, que são solicitados para serem prestados por ou aprovados por uma pessoa licenciada, registrada, ou certificada para prestar os serviços descritos neste parágrafo; (B) serviços profissionais de natureza ligada à arquitetura ou à engenharia executados sob contratos que sejam associados a pesquisa, planejamento, desenvolvimento, elaboração de projetos, construção, alteração, ou reforma de imóveis; e (C) outros serviços profissionais de natureza ligada à arquitetura ou à engenharia, ou serviços incidentais, que os integrantes das profissões de arquitetura e engenharia (e indivíduos em seu emprego) possam logica ou justificadamente executar, incluindo estudos, investigações, medições e mapeamentos, testes, avaliações, consultas, planejamento compreensivo; programa de gerenciamento; projetos conceituais, plantas e especificações, engenharia de valor, serviços da fase de construção, engenharia de solo, revisão de projetos,

Há, ainda, uma terceira acepção para *engineering*, vinculada às diferentes modalidades de obras de construção. Diferenciam-se então as obras de cunho predominante estético daquelas em que prevalecem aspectos técnicos, como as obras de engenharia pesada. É o que se passa quando se contrapõem os *building contracts* aos *civil engineering contracts*, ambos considerados dentro da categoria *construction contracts*[302].

À luz dessas considerações, é preferível utilizar "contratos de construção" como a expressão, em português, correspondente à categoria dos "*construction contracts*". Eventuais citações doutrinárias que se refiram a *engineering contracts*, portanto, devem ser compreendidas com a ressalva acima. Passe-se, então, à análise das modalidades de contrato de construção previstas na legislação brasileira.

elaboração de manuais de operação e manutenção, e outros serviços relacionados". O "Brooks Act" consiste nos §§ 1101 a 1104 do "United States Code", que integram o título 40, referente a "Public buildings, property, and works". A esse respeito, cf. KELLEY, Gail S. **Construction law**: an introduction for engineers, architects, and contractors. Hoboken: John Wiley & Sons, 2013, pp. 82-83.

[302] Marcelo Alencar Botelho de MESQUITA discorre sobre o significado de *engineering contracts*, contrapondo-os aos *building contracts*: "Apesar de ser costume traduzir o termo anglo-saxão *engineering* meramente por engenharia ou até por elaboração de projetos, *engineering contract* não significa contrato de projetos, mas, sim, o contrato que envolve obra de engenharia pesada, industrial ou de infraestrutura, opondo-se aos *building contracts*, locução utilizada para designar os contratos de obras imobiliárias". **Contratos chave na mão (*Turnkey*) e EPC (*Engineering, Procurement and Construction*)**: conteúdo e qualificações. Florianópolis: Dissertação de Mestrado defendida na Faculdade de Direito da Universidade Federal de Santa Catarina. Florianópolis, 2017, pp. 18-19, destaques no original. Veja-se, por exemplo, a seguinte passagem de John MURDOCH e Will HUGHES, que destacam a maior complexidade dos *civil engineering contracts*: "By their nature, civil engineering contracts, unlike building contracts, cannot be specific about everything. For example, ground conditions are not clear until the ground is actually excavated". MURDOCH, John; HUGHES, Will. **Construction contracts**: law and management, 3rd ed. London: Spon, 2000, p. 29. Igualmente, cf. BUNNI, Nael G. **The FIDIC Forms of Contract**: the fourth edition of the Red Book, 1992, the 1996 Supplement, the 1999 Red Book, the 1999 Yellow Book, the 1999 Silver Book, 3rd ed. Oxford: Blackwell, 2005, p. 87. CLOUGH, Richard H.; SEARS, Glenn A.; SEARS, S. Keoki; SEGNER, Robert O.; ROUNDS, Jerald L. **Construction contracting**: a practical guide to company management, 8th ed. Hoboken: John Wiley & Sons, 2015, pp. 13-14.

5.1. Empreitada no Código Civil de 2002

É de longa data que o contrato de empreitada encontra sua regulação nas normas do direito brasileiro. Já no Código Comercial de 1850, a empreitada era disciplinada por artigos que se inseriam sob a rubrica "Da locação mercantil", misturando-se às demais normas integrantes desse título[303]. Maior sistematização foi dada no Código Civil de 1916, que previu uma seção específica para a empreitada, embora esta ainda figurasse como uma das espécies integrantes do capítulo geral "Da locação"[304]. O Código Civil de 2002 manteve, em grande parte, as normas jurídicas previstas em seu antecessor. Diferentemente deste, o Código Civil de 2002 previu a empreitada como tipo contratual autônomo, disciplinado nos artigos 610 a 626. Ocorre, no entanto, que nenhum dos três diplomas previu uma definição para o contrato de empreitada[305]. Cumpre então verificar a doutrina sobre o assunto.

Pode-se identificar, primeiro, um grupo de autores que considera o contrato de empreitada como aquele por meio do qual se contrata a execução de uma obra, entendida esta como a obtenção de um resultado[306].

[303] Cf. artigos 226 a 246 do Código Comercia de 1850, os quais atualmente estão revogados.

[304] Cf. artigos 1.237 a 1.247 do Código Civil de 1916.

[305] Veja-se, por exemplo, o comentário de Cláudia Lima Marques e Bruno Miragem na nota de atualização à obra de PONTES DE MIRANDA: "O art. 610 do CC/2002 não define empreitada, reproduzindo o art. 1.237 do CC/1916 ao afirmar que o 'empreiteiro de uma obra pode contribuir para ela só com seu trabalho ou com ele e os materiais'". PONTES DE MIRANDA, Francisco Cavalcanti. **Tratado de direito privado**, t. XLIV, Direito das obrigações. Atual. por Claudia Lima Marques e Bruno Miragem. São Paulo: Revista dos Tribunais, 2013, § 4.884.B – Doutrina, p. 510. No mesmo sentido: PAIVA, Alfredo de Almeida. **Aspectos do Contrato de Empreitada**, 2ª ed., rev. Rio de Janeiro: Forense, 1997, p. 6.

[306] PONTES DE MIRANDA, Francisco Cavalcanti. **Tratado de direito privado**, t. XLIV, Direito das obrigações. Atual. por Claudia Lima Marques e Bruno Miragem. São Paulo: Revista dos Tribunais, 2013, pp. 503 e 512. GOMES, Orlando. **Contratos**, 26ª ed., rev., atual. e ampl. Rio de Janeiro: Forense, 2007, p. 362. PEREIRA, Caio Mário da Silva. **Instituições de Direito Civil**, v. III – Contratos, 16ª ed., rev. e atual. Rio de Janeiro: Forense, 2012, § 242, p. 280. MESQUITA, Marcelo Alencar Botelho de. **Contratos chave na mão (*Turnkey*) e EPC (*Engineering, Procurement and Construction*)**: conteúdo e qualificações. Florianópolis: Faculdade de Direito da Universidade Federal de Santa Catarina, 2017, Dissertação de Mestrado, pp. 60-70. Com relação ao direito alemão, o mesmo é afirmado por Karl LARENZ: "El ámbito de aplicación de los preceptos sobre el contrato de obra es muy amplio, debido a que la ley no limita a la producción o transformación de una obra ya existente individualizada, ya sea corporal o incorporal, pero de algún modo materializada (...), sino que se extiende a

A empreitada, nesse sentido, equivale à prestação onerosa de qualquer obrigação de resultado, como bem se nota dos exemplos trazidos por PONTES DE MIRANDA:

> É amplíssimo o âmbito dos suportes fácticos sôbre os quais incidem as regras jurídicas sôbre empreitada.
>
> O objeto que se quer criado, destruído, ou modificado pode ser corpóreo ou incorpóreo. Quem conclui contrato de empreitada para que outrem lhe tire o retrato, ou lhe pinte ou desenhe o retrato, contratou empreitada de bem corpóreo e de bem incorpóreo, ou somente bem corpóreo. (...) Quem incumbe alguém de escrever livro, a que se dê o nome do empreitante, há contrato de empreitada que torna invocável o art. 667 do Código Civil [de 1916].
>
> O chofer de automóvel, que transporta mediante taxa, é empreiteiro, porque não loca serviço, mas faz obra. O grupo que promete representar a peça de teatro, ou dar o concêrto, ou fazer exibição ginástica, é empreiteiro, e não locador de serviços. (...)
>
> O contrato concluído com o médico, mais freqüentemente com o cirurgião, pode ser empreitada. O que é preciso é que se haja prometido a produção do resultado, e não a prestação dos serviços. O cirurgião que faz o preço *x* pela operação é empreiteiro, e não locador de serviços. O médico que promete curar a asma por *x*, empreiteiro é. Mas há, também, a empreitada do médico ou do cirurgião sem alusão ao bom êxito do resultado. O que se empreitou foi a operação-obra, ou o tratamento-obra.[307]

Da forma como enunciada na passagem acima, percebe-se que a empreitada consiste em conceito amplíssimo, cujo suporte fático contempla uma infinidade de situações, muito além das obras de construção civil. Por esse motivo, será utilizada a denominação "empreitada *lato sensu*" para se referir à empreitada no sentido amplo que lhe atribui PONTES DE MIRANDA. Há, porém, um sentido mais restrito, em que o contrato de empreitada é referido como contrato de construção por empreitada. O resultado a se obter não corresponde a qualquer resultado, mas a uma

todo 'resultado' por fugaz que sea, así también, p. ej., el transporte de personas o cosas de un lugar a otro (contrato de transporte), la representación de un espectáculo o de una pieza de música (contrato de espectáculo) y muchos otros". **Derecho de obligaciones**, t. II, trad. por Jaime Santos Briz. Madrid: Revista de Derecho Privado, 1959, pp. 306-307.

[307] **Tratado de direito privado**, t. XLIV, Direito das obrigações. Atual. por Claudia Lima Marques e Bruno Miragem. São Paulo: Revista dos Tribunais, 2013, pp. 512 e 517.

obra de engenharia. A "empreitada *stricto sensu*", por conseguinte, inclui-se como uma das modalidades possíveis de contrato de construção.

Tendo isso em mente, examine-se o tipo legal do contrato de empreitada no Código Civil de 2002 (artigos 610 a 626), com o intuito de identificar qual o sentido empregado. De um lado, há artigos que, pela amplitude semântica do conceito de "obra", admitem a interpretação *lato sensu* da empreitada. É o caso, por exemplo, dos artigos 610 a 617. Por outro lado, há dispositivos que se referem especificamente à empreitada de construção, como os artigos 618, 622, 623 e 625, inciso II do Código Civil de 2002[308].

Verificado que a construção por empreitada encontra regulação específica no Código Civil de 2002, questione-se então qual dos modelos de escopo analisados na seção 4.2 encontra a sua estrutura jurídica no tipo contratual da empreitada. O modelo do CM é desde logo descartado, pois o escopo do empreiteiro não consiste em administrar os fornecedores e prestadores de serviços contratados diretamente pelo dono da obra. O escopo do empreiteiro é a própria execução da obra, seja por si próprio, seja por meio de terceiros[309]. No último caso, os eventuais fornecedores e prestadores de serviço irão participar da execução da obra como subcontratados do empreiteiro, sem relação jurídica direta com o dono da obra. Perante este, figura apenas o empreiteiro. A empreitada, portanto, é inaplicável ao modelo de escopo do CM.

A respeito do DBB, constata-se que a separação entre as atividades de elaboração do projeto e de execução da obra encontra respaldo no § 2º do artigo 610 e nos artigos 621 e 622 do Código Civil de 2002, *in verbis*:

> Art. 610, §2º. O contrato para elaboração de um projeto não implica a obrigação de executá-lo, ou de fiscalizar-lhe a execução.
>
> Art. 621. Sem anuência de seu autor, não pode o proprietário da obra introduzir modificações no projeto por ele aprovado, ainda que a execução seja confiada a terceiros, a não ser que, por motivos supervenientes ou razões de ordem técnica, fique comprovada a inconveniência ou a excessiva onerosidade de execução do projeto em sua forma originária.

[308] No Código Civil de 1916, indiquem-se os artigos 1.245 e 1.246.

[309] O artigo 610 do Código Civil de 2002, por exemplo, faz clara referência às atividades de execução da obra pelo empreiteiro: "O empreiteiro de uma obra pode contribuir para ela só com seu trabalho ou com ele e os materiais".

> Art. 622. Se a execução da obra for confiada a terceiros, a responsabilidade do autor do projeto respectivo, desde que não assuma a direção ou fiscalização daquela, ficará limitada aos danos resultantes de defeitos previstos no art. 618 e seu parágrafo único.

As disposições acima viabilizam a separação das fases de elaboração de projeto básico e de construção, bem como a diferenciação entre os papéis do projetista e do empreiteiro construtor. O § 2º do artigo 610 é bastante claro nesse ponto, permitindo que o autor do projeto não seja a mesma pessoa que irá executá-lo. Os artigos 621 e 622 também indicam a possibilidade de haver a tríade de agentes característica do DBB: o "autor do projeto" (projetista), o "terceiro" que executará o projeto (empreiteiro) e o "proprietário da obra" (dono da obra). Tanto se permite essa distinção de agentes que, salvo nas hipóteses expressamente mencionadas, é vedado ao dono da obra modificar o projeto elaborado pelo projetista sem o consentimento deste, ainda que a execução do projeto seja contratada com um terceiro. A empreitada, por conseguinte, mostra-se adequada para estruturar juridicamente o modelo de escopo DBB.

Por fim, cumpre verificar se também o DB pode ser juridicamente estruturado pela empreitada. Nesse caso, a questão central é saber se a empreitada admite tanto a separação das responsabilidades pelo projeto básico da obra e pela sua execução (DBB), quanto a sua cumulação no empreiteiro (DB).

Na busca de uma resposta, é preciso analisar o conjunto da regulação oferecida pelo Código Civil de 2002 para o tipo contratual da empreitada, verificando se as soluções previstas se adequam ou não ao modelo de escopo DB. Como resultado, constata-se que a cumulação de responsabilidades característica do DB ultrapassa os limites do tipo contratual da empreitada no Código Civil de 2002, o qual não dispõe de uma regulação que lhe seja adequada. Há duas principais razões para tanto.

Indique-se, primeiro, que as soluções jurídicas oferecidas pelas normas do tipo contratual da empreitada visam a resolver questões majoritariamente relativas à fase de construção da obra, não disciplinando a fase de concepção dos projetos básicos da obra pelo construtor.

Os artigos 611 e 612 do Código Civil de 2002, por exemplo, regulam a alocação dos riscos até a entrega da obra e adotam como critério distintivo o fornecimento ou não dos materiais que o empreiteiro utilizará na sua execução. Não se adequam, por isso, à fase concepção da obra, cujos riscos não parecem ser influenciados pelo critério distintivo adotado. Igualmente inadequada ao DB é a norma do artigo 613, que trata da perda da remuneração do empreiteiro de lavor em caso de perecimento da coisa antes da entrega e desde que não haja nem mora do dono da obra, nem culpa do empreiteiro. Se aplicada a um escopo DB, essa solução desconsideraria todo o trabalho de elaboração de projetos já desenvolvido pelo construtor, que perderia sua remuneração. Os artigos 615 e 616, por sua vez, enunciam normas a respeito da entrega da obra e, por isso, não se aplicam à fase de sua concepção. Os artigos 619 e 621 tampouco se mostram adequados à disciplina de um escopo DB, em que o *single point responsibility* acarreta para o construtor a obrigação de conceber e executar uma obra que atenda aos requisitos de adequação e desempenho especificados pelo dono da obra. Eventuais modificações de projetos necessárias para que cumpra corretamente sua prestação, assim como o grau de dificuldade de execução do projeto elaborado são riscos assumidos pelo construtor.

Em segundo lugar, há as normas que tratam de apartar a figura do projetista da figura do construtor que executa a obra. É o que se passa com o § 2º do artigo 610 e com os artigos 621 e 622 do Código Civil de 2002, analisadas anteriormente. Sobre esse ponto, é de grande valia a interpretação histórica do Código, consistente na análise dos debates e estudos que precederam sua publicação. Retorne-se, então, ao ano de 1972. Elaborado por uma comissão de juristas coordenada pelo Professor Miguel REALE, foi nesse ano que a primeira versão do Anteprojeto do Código Civil foi entregue ao Ministro da Justiça Alfredo Buzaid. Logo na sequência, em 08/06/1972, o Professor proferiu uma palestra no Instituto dos Advogados do Distrito Federal, na qual tratou das linhas que nortearam a elaboração do Anteprojeto. A respeito do contrato de empreitada, assim se manifestou:

> Vivemos num mundo em que a construção civil representa um dos fatores mais sensíveis da comunidade, a tal ponto que quando surge uma crise econômica é ela que recebe o impacto mais forte e duradouro. É que para ela convergem infinitas formas de atividades produtivas, envolvendo e exigindo a contribuição de múltiplas categorias sociais, desde o servente de obras ao empreiteiro, do fornecedor de areia ao mais sofisticado decorador. Era, pois, necessário disciplinar com mais cuidado essa esfera da produtividade humana, protegendo e preservando, sempre em obediência ao já referido princípio de

complementariedade, os interesses e direitos do dono da obra, do projetista e do empreiteiro. Surgem, aliás, no Anteprojeto, bem distintas da do empresário construtor, a figura do projetista ou do calculista, cujo feixe de direitos e responsabilidades tem contornos próprios.[310]

A mesma observação foi posteriormente reforçada no Anteprojeto enviado ao Congresso Nacional em 1975, o qual foi convertido no Projeto de Lei nº 634/1975 e, após extensos debates, finalmente promulgado como Lei nº 10.406/2002. Anexo ao Anteprojeto, encaminhou-se também a respectiva Exposição de Motivos elaborada pelo Professor Miguel REALE, em cujos pontos fundamentais listados constam as seguintes considerações sobre o tipo contratual da empreitada:

> No capítulo relativo à empreitada, estabelecer disposições mais adequadas às exigências tecnológicas hodiernas, de modo a atender às finalidades sociais do contrato e às relações de equilíbrio que devem existir entre o dono da obra, o projetista e o construtor, tais como revelado pela experiência dos últimos anos. Por outro lado, os contratos de construção põem problemas novos, como os concernentes aos direitos e deveres do projetista, distintos dos do construtor, superando-se, desse modo, sentida lacuna do Código atual [Código Civil de 1916].[311]

Conforme se depreende das explicações do Professor REALE acima transcritas, a principal intenção dos juristas idealizadores do Código Civil de 2002 foi regular a empreitada em seu sentido estrito, como empreitada de construção. Além disso, também aponta que foi considerada uma clara diferenciação entre a figura do empreiteiro e a figura do projetista. O primeiro, inclusive, é referido como "empresário construtor", ou apenas "construtor", em contraposição ao "projetista" ou "calculista". Disso se deduz que a atividade de elaboração dos projetos, sendo desempenhada pelo projetista, não integra o âmbito de atuação do empreiteiro, visto que este é figura distinta daquele. A interpretação histórica das normas do

310 REALE, Miguel. Anteprojeto do Código Civil. **Revista de informação legislativa**, Brasília, v. 9, n. 35, jul./set. 1972, pp. 12-13. Disponível em: <http://www2.senado.leg.br/bdsf/handle/id/180616>. Acesso em 13 ago. 2017.

311 BRASIL. Congresso. Câmara dos Deputados. Projeto de Lei nº 634, de 1975. Mensagem do Poder Executivo nº 160, de 1975. Exposição de Motivos. **Diário do Congresso Nacional, Brasília,** 13 jun. 1975, Seção I, Suplemento B ao n. 61, p. 118.

Código Civil de 2002, portanto, corrobora a posição de que o tipo contratual da empreitada é adstrito ao modelo de escopo do DBB, situando-se fora de seus limites a cumulação de responsabilidades característica do DB.

À luz do quanto exposto, conclui-se que o tipo contratual da empreitada fornece a estrutura jurídica do modelo de escopo DBB, na medida em que cabe ao empreiteiro executar, por meio do fornecimento de mão de obra e, eventualmente, também dos materiais, a obra definida pelo seu contratante. Na empreitada, portanto, é do dono da obra a responsabilidade pelos projetos básicos, os quais podem ser por ele próprio elaborados ou contratados junto a um terceiro (projetista). Os modelos de escopo CM e DB, consequentemente, estão fora dos limites do tipo contratual da empreitada.

Concluído o exame do Código Civil de 2002, não se pode olvidar que a figura da empreitada também é prevista em outros diplomas legais do ordenamento jurídico brasileiro. Ainda que estes eventualmente tenham sua aplicação restrita a determinado setor, como as contratações da Administração Pública, o seu exame é fundamental verificar se há ou não respaldo para a conclusão externada acima.

5.2. Empreitada na Lei nº 4.591/1964

Promulgada ainda na vigência do Código Civil de 1916 e no contexto do crescimento urbano marcado pelo grande surto imobiliário de edificações coletivas, a Lei nº 4.591/1964 teve seu projeto elaborado pelo jurista Caio Mário da Silva PEREIRA e destinava-se a regular "o condomínio em edificações e as incorporações imobiliárias"[312]. Conhecida originalmente

[312] Confiram-se as palavras de Caio Mário da Silva PEREIRA a respeito do histórico da Lei nº 4.591/1964 e das razões que o motivaram a redigir o respectivo projeto de lei: "Com o agravamento do problema habitacional, a superposição de unidades residenciais, profissionais e comerciais e a proliferação crescente de edifícios em regime condominial nas capitais e no interior, todos estavam conscientes da necessidade de um provimento urgente, de vez que a disciplina legal da matéria se limitava ao Dec. nº 5.481, de 25 de junho de 1928, com as alterações superficiais que lhe trouxeram o Dec.-lei nº 5.234/43 e a Lei nº 285/48. Contrastava com o alto padrão técnico da indústria de construção civil a estagnação legislativa. O arquiteto superara o legislador. Multiplicavam-se os conflitos, que um sistema legal desaparelhado não lograva desatar. (...) De todos os estudos, debates, contribuições e sugestões, extraí e aperfeiçoei valioso material, com que pude elaborar anteprojeto, oferecido pelo Ministro da

como Lei do Condomínio e Incorporações, encontra-se com parte de suas disposições tacitamente revogadas em função da disciplina do condomínio edilício no Código Civil de 2002. Sua aplicação atual, portanto, é restrita à regulação das incorporações imobiliárias, assim definidas no parágrafo único do artigo 28 do já referido diploma: "Para efeito desta Lei, considera-se incorporação imobiliária a atividade exercida com o intuito de promover e realizar a construção, para alienação total ou parcial, de edificações ou conjunto de edificações compostas de unidades autônomas".

Visto que a atividade de incorporação envolve a construção de edificações, previu a Lei nº 4.591/1964 uma regulamentação própria para tanto. Nesse sentido, dispôs que os imóveis objeto de incorporação imobiliária podem ser construídos sob dois regimes distintos: a construção por empreitada e a construção por administração. A primeira é o objeto da presente seção, enquanto que a segunda será examinada adiante, na seção 5.5.

A construção por empreitada é prevista no artigo 48 e também nos artigos 55 a 57 da Lei nº 4.591/1964. Com relação às partes, prevê o artigo 48 que o contrato pode ser celebrado entre o empreiteiro e o incorporador, ou diretamente entre o empreiteiro e os adquirentes das unidades autônomas[313]. Os artigos 55 a 57, por sua vez, destinam-se a regular precipuamente a remuneração devida ao empreiteiro, a qual poderá ser "a preço fixo" ou "a

Justiça ao Senhor Presidente da República, o qual, adotado pelo Governo e encaminhado ao Congresso Nacional, onde constituiu o Projeto nº 19, de 1964 (CN), veio a converter-se na Lei nº 4.591, de 16 de dezembro de 1964". **Condomínio e incorporações**, 10ª ed., atual. Rio de Janeiro: Forense, 1997, Prefácio da 2ª edição, pp. 9-11. O mesmo é exposto pelo autor em suas **Instituições de Direito Civil**, v. III – Contratos, 16ª ed., rev. e atual. Rio de Janeiro: Forense, 2012, p. 562.

[313] A definição de "incorporador" encontra-se no artigo 29 da Lei nº 4.591/1964: "Considera-se incorporador a pessoa física ou jurídica, comerciante ou não, que embora não efetuando a construção, compromisse ou efetive a venda de frações ideais de terreno objetivando a vinculação de tais frações a unidades autônomas, (VETADO) em edificações a serem construídas ou em construção sob regime condominial, ou que meramente aceite propostas para efetivação de tais transações, coordenando e levando a têrmo a incorporação e responsabilizando-se, conforme o caso, pela entrega, a certo prazo, preço e determinadas condições, das obras concluídas". No artigo 30, estipula-se a seguinte extensão do conceito de "incorporador": "Estende-se a condição de incorporador aos proprietários e titulares de direitos aquisitivos que contratem a construção de edifícios que se destinem a constituição em condomínio, sempre que iniciarem as alienações antes da conclusão das obras".

preço reajustável por índices préviamente determinados"[314]. A diferença é que, no primeiro, pactua-se a manutenção do preço em seu valor histórico, enquanto, no segundo, estipula-se o seu reajuste periódico conforme um índice determinado pelas partes.

Quanto ao escopo do empreiteiro, analise-se em maiores detalhes o já mencionado artigo 48, que segue abaixo transcrito:

> Art. 48. A construção de imóveis, objeto de incorporação nos moldes previstos nesta Lei poderá ser contratada sob o regime de empreitada ou de administração conforme adiante definidos e poderá estar incluída no contrato com o incorporador (VETADO), ou ser contratada diretamente entre os adquirentes e o construtor.
>
> § 1º. O Projeto e o memorial descritivo das edificações farão parte integrante e complementar do contrato;
>
> § 2º. Do contrato deverá constar o prazo da entrega das obras e as condições e formas de sua eventual prorrogação.

Conforme se depreende do *caput* do artigo 48, o contrato de empreitada tem por objeto a "construção" dos imóveis. Não há dúvidas, por conseguinte, de que o escopo do empreiteiro compreende a obrigação de realizar as atividades necessárias à construção da obra. É de se questionar, por outro lado, se seu escopo se limita à construção da edificação ou se também compreende a responsabilidade pela elaboração dos projetos básicos da obra. A esse respeito, o § 1º do artigo 48 indica que a celebração do contrato de empreitada pressupõe que a obra a ser construída já esteja com seus projetos previamente concluídos. Assim é que se juntam ao contrato de empreitada "o projeto e o memorial descritivo" da edificação[315].

[314] Confira-se o inteiro teor do *caput* do artigo 55 e de seus dois primeiros parágrafos: "Art. 55. Nas incorporações em que a construção seja feita pelo regime de empreitada, esta poderá ser a preço fixo, ou a preço reajustável por índices préviamente determinados. §1º. Na empreitada a preço fixo, o preço da construção será irreajustável, independentemente das variações que sofrer o custo efetivo das obras e qualquer que sejam suas causas. §2º. Na empreitada a preço reajustável, o preço fixado no contrato será reajustado na forma e nas épocas nêle expressamente previstas, em função da variação dos índices adotados, também previstos obrigatóriamente no contrato".

[315] Recorde-se que, conforme definição da NBR 13532, os projetos compreendem documentos com informações técnicas em qualquer meio de representação, incluindo desenhos e textos. O "memorial descritivo" referido no § 1º do artigo 48 da Lei nº 4.591/1964 integra, portanto, o que se define como projeto. Cf. ASSOCIAÇÃO BRASILEIRA DE NORMAS

Considerando a análise do disposto no artigo 48 da Lei nº 4.591/1964, a consequência lógica é que a atividade de elaboração dos projetos básicos da obra não integra o escopo do empreiteiro, na medida em que a obra já está definida no momento de sua contratação. Ao empreiteiro cabe, apenas, construí-la. O mesmo se pode concluir quando se examina a minuta de "contrato de construção de edifício por empreitada" proposta por Caio Mário da Silva PEREIRA. A obrigação do empreiteiro foi enunciada da seguinte maneira:

> 1.º Os construtores se obrigam a construir no terreno constituído pelo lote (individualizar o terreno pelo número do lote, quarteirão, distrito, zona, município, comarca, circunscrição imobiliária, especificando as benfeitorias e acessões, e caracterizando minuciosamente) um edifício dividido em unidades autônomas nos termos da Lei nº 4.591, de 16 de dezembro de 1964, de acordo com o memorial descritivo, especificações e projeto devidamente aprovado e arquivados no Cartório de Registro de Imóvel.[316]

A cláusula acima é bastante clara ao estipular que o escopo do empreiteiro consiste somente em "construir" a obra já concebida nos documentos técnicos que são anexados ao contrato. Nesse sentido, o autor é categórico ao afirmar que: "Mas, em qualquer hipótese, o projeto e o memorial descritivo das edificações farão parte integrante do contrato, completando-o"[317]. Não há dúvidas, portanto, de que a atividade de elaboração dos projetos básicos da obra situa-se fora dos limites do escopo do empreiteiro. A este cabem, apenas, as atividades necessárias para executar a obra em conformidade com os projetos que lhe forem entregues.

À luz do exposto, pode-se concluir que o tipo contratual da empreitada previsto na Lei nº 4.591/1964 não admite, nos seus limites, a cumulação, no empreiteiro, da responsabilidade pelos projetos básicos da obra e da responsabilidade pela sua execução. Cabendo ao empreiteiro apenas a segunda das responsabilidades, assimila-se perfeitamente ao modelo de escopo do DBB. Mostra-se, por outro lado, inadequado para regular as

TÉCNICAS. **NBR 13532**: Elaboração de projetos de edificações – Arquitetura. Rio de Janeiro, 1995, § 4.4.1.2.

[316] **Condomínio e incorporações**, 10ª ed., atual. Rio de Janeiro: Forense, 1997, p. 523.

[317] PEREIRA, Caio Mário da Silva. **Condomínio e incorporações**, 10ª ed., atual. Rio de Janeiro: Forense, 1997, p. 307.

operações econômicas organizadas segundo o modelo de escopo do DB, que pressupõem justamente a cumulação de ambas as responsabilidades no construtor. No mais, é a mesma conclusão que se obteve a propósito da análise do tipo contratual da empreitada no Código Civil de 2002.

5.3. Empreitada na Legislação Aplicável à Administração Pública

A respeito das contratações pela Administração Pública, merecem destaque a Lei de Licitações (Lei nº 8.666/1993), o Regulamento do Procedimento Licitatório Simplificado da PETROBRÁS (Decreto nº 2.745/1998), a Lei do Regime Diferenciado de Contratações Públicas – RDC (Lei nº 12.462/2011) e a Lei das Estatais (Lei nº 13.303/2016). As normas estabelecidas por esses diplomas regulam tanto o procedimento a ser seguido para se efetivarem as contratações públicas, quanto as modalidades contratuais que podem ser utilizadas para tanto.

Disciplina-se, em particular, a contratação de obras públicas, de modo que inicialmente cumpre verificar qual o sentido que a legislação acima atribui para a palavra "obra". Nesse aspecto, percebe-se que o termo não é utilizado no sentido amplo de qualquer resultado, mas no sentido estrito, vinculado a obras de Engenharia e Arquitetura. Veja-se que a Lei nº 8.666/1993, por exemplo, define "obra" como: "toda construção, reforma, fabricação, recuperação ou ampliação, realizada por execução direta ou indireta"[318]. A mesma acepção é refletida no Regulamento do Procedimento Licitatório Simplificado da PETROBRÁS, na Lei do RDC e na recente Lei das Estatais, que não apenas se referem de forma expressa a "obras de engenharia", como trazem outras normas que regulam aspectos técnicos específicos da contratação de obras de Engenharia e Arquitetura.

Considerando que a Lei do RDC e a Lei das Estatais tomaram por base os regimes de contratação previstos originariamente na Lei de Licitações, a análise do contrato de empreitada será focada nas normas previstas pela última, que são substancialmente coincidentes com as previstas nas duas primeiras[319]. Conforme será explicado a seguir, o tipo contratual da emprei-

[318] Cf. inciso I do artigo 6º da Lei nº 8.666/1993.

[319] O Decreto nº 2.745/1998 não repete os regimes de contratação previstos na Lei nº 8.666/1993. Em seu item 7.1.1, determina que: "Os contratos da PETROBRÁS reger-se-ão

tada é claramente associado ao DBB, sendo este o modelo de contratação tradicional da Administração Pública. Vale desde logo salientar que o DBB permaneceu por um longo tempo como o único modelo autorizado aos entes da Administração Pública direta e indireta, sendo vedada a cumulação de responsabilidades característica do DB.[320]

Isso posto, analise-se o artigo 7º da Lei nº 8.666/1993:

> Art. 7º. As licitações para a execução de obras e para a prestação de serviços obedecerão ao disposto neste artigo e, em particular, à seguinte seqüência:
> I – projeto básico;
> II – projeto executivo;
> III – execução das obras e serviços.
> §1º. A execução de cada etapa será obrigatoriamente precedida da conclusão e aprovação, pela autoridade competente, dos trabalhos relativos às etapas anteriores, à exceção do projeto executivo, o qual poderá ser desenvolvido concomitantemente com a execução das obras e serviços, desde que também autorizado pela Administração.
> § 2º. As obras e os serviços somente poderão ser licitados quando:
> I – houver projeto básico aprovado pela autoridade competente e disponível para exame dos interessados em participar do processo licitatório;

pelas normas de direito privado e pelo princípio da autonomia da vontade, ressalvados os casos especiais, obedecerão a minutas padronizadas, elaboradas com a orientação do órgão jurídico e aprovadas pela Diretoria".

[320] "Na contratação de obras públicas, a modalidade prevalente de contratação no Brasil e em diversos outros países é a chamada *design-bid-build*. Nela, é feito um processo competitivo e uma pessoa é contratada para projetar a obra. Concluídos os projetos, é realizado outro processo competitivo e outra pessoa, distinta do projetista, é contratada para executar a obra". CARMO, Lie Uema do. **Contratos de Construção de Grandes Obras**. São Paulo: Faculdade de Direito, Universidade de São Paulo, 2012, Tese de Doutorado em Direito Comercial, p. 98, destaque no original. A respeito da vedação ao DB na Lei nº 8.666/1993, confira-se a explicação de CARMO: "Reitere-se que, para a contratação de obras públicas, no Brasil, há empecilhos à realização do *design-build*, em razão do disposto no artigo 9º da Lei nº 8.666, de 1993, que exige o projeto básico como pré-requisito para a licitação e expressamente veda a possibilidade de uma mesma sociedade realizar o projeto básico e executar a obra". Ibid., p. 100, destaque no original. Exceção a essa regra da Lei nº 8.666/1993 era a PETROBRAS, cujo regime jurídico constante no Decreto nº 2.745/1998 criou a figura da contratação integrada para autorizar a contratação de obras segundo o método do DB. Essa autorização foi posteriormente ampliada para outros entes da Administração Pública por meio da Lei do RDC (Lei nº 12.462/2011) e da Lei das Estatais (Lei nº 13.303/2016). A contratação integrada será objeto de estudo na seção 5.4 adiante.

II – existir orçamento detalhado em planilhas que expressem a composição de todos os seus custos unitários;

III – houver previsão de recursos orçamentários que assegurem o pagamento das obrigações decorrentes de obras ou serviços a serem executadas no exercício financeiro em curso, de acordo com o respectivo cronograma;

IV – o produto dela esperado estiver contemplado nas metas estabelecidas no Plano Plurianual de que trata o art. 165 da Constituição Federal, quando for o caso.

(...)

§ 4º. É vedada, ainda, a inclusão, no objeto da licitação, de fornecimento de materiais e serviços sem previsão de quantidades ou cujos quantitativos não correspondam às previsões reais do projeto básico ou executivo.

Os dispositivos acima descrevem o método de construção pelo DBB. Há, primeiro, a determinação para que as etapas de elaboração de projeto, contratação do construtor e execução da obra sejam realizadas de forma sucessiva, sem sobreposição[321]. Além disso, exige-se que o processo de contratação do construtor apenas ocorra com a obra já definida pelo projeto básico previamente preparado pelo contratante[322]. Com isso, os licitantes irão elaborar seus orçamentos a partir dos mesmos pressupostos, o que facilita a comparação entre as propostas submetidas. Também é importante observar que os preceitos acima corroboram o quanto exposto anteriormente a respeito da responsabilidade do contratante pela definição da obra: sendo a obra definida no projeto básico fornecido pela Administração

[321] As etapas de elaboração dos projetos e do ato convocatório da licitação pela Administração Pública compõem a denominada "etapa interna" do procedimento licitatório. Divulgado o aviso da licitação, inicia-se a "etapa externa". Cf. JUSTEN FILHO, Marçal. **Comentários à lei de licitações e contratos administrativos**, 17ª ed., rev., atual. e ampl. São Paulo: Revista dos Tribunais, 2016, artigo 7º, item 2.4.6, pp. 222-223.

[322] A necessidade de haver projetos básicos preparados pela Administração Pública é requisito imprescindível segundo a Lei nº 8.666/1993: "Nenhuma licitação para obras e serviços no regime da Lei 8.666/1993 pode ser instaurada sem a existência ao menos do projeto básico (ou equivalente, quando o objeto não envolver atividade de engenharia). A exigência da elaboração do projeto básico é imposta como condição para instauração da licitação precisamente porque é necessário conhecer os detalhes e as características do objeto a ser contratado para definir as condições da disputa". JUSTEN FILHO, Marçal. **Comentários à lei de licitações e contratos administrativos**, 17ª ed., rev., atual. e ampl. São Paulo: Revista dos Tribunais, 2016, artigo 7º, item 5, p. 225. Realizar licitação na ausência de projeto básico acarreta, nos termos do mesmo diploma, a nulidade do procedimento licitatório. Cf. Ibid., artigo 7º, item 5.4.1, p. 227.

Pública, a possibilidade de o construtor eventualmente elaborar os projetos executivos não descaracteriza o DBB[323].

A separação entre as atividades de elaboração de projeto e execução da obra é ainda reforçada no "caput" e no § 1º do artigo 9º da Lei nº 8.666/1993. Refletindo a dinâmica do DBB, veda-se ao projetista a possibilidade de também construir a obra por ele projetada. Permite-se, apenas, sua participação como consultor do dono da obra. Confira-se:

> Art. 9º. Não poderá participar, direta ou indiretamente, da licitação ou da execução de obra ou serviço e do fornecimento de bens a eles necessários:
>
> I – o autor do projeto, básico ou executivo, pessoa física ou jurídica;
>
> II – empresa, isoladamente ou em consórcio, responsável pela elaboração do projeto básico ou executivo ou da qual o autor do projeto seja dirigente, gerente, acionista ou detentor de mais de 5% (cinco por cento) do capital com direito a voto ou controlador, responsável técnico ou subcontratado;
>
> III – servidor ou dirigente de órgão ou entidade contratante ou responsável pela licitação.
>
> §1º. É permitida a participação do autor do projeto ou da empresa a que se refere o inciso II deste artigo, na licitação de obra ou serviço, ou na execução, como consultor ou técnico, nas funções de fiscalização, supervisão ou gerenciamento, exclusivamente a serviço da Administração interessada.

Visto que o modelo de escopo adotado pela Lei nº 8.666/1993 é o DBB, cumpre perquirir qual regime de contratação é previsto para estruturar juridicamente essa operação. Esse assunto é disciplinado no artigo 10, que assim dispõe:

> Art. 10. As obras e serviços poderão ser executados nas seguintes formas:
>
> I – execução direta;
>
> II – execução indireta, nos seguintes regimes:
>
> a) empreitada por preço global;
>
> b) empreitada por preço unitário;

[323] O § 2º do artigo 9º da Lei nº 8.666/1993 permite atribuir ao contratado a execução do projeto executivo: "O disposto neste artigo não impede a licitação ou contratação de obra ou serviço que inclua a elaboração de projeto executivo como encargo do contratado ou pelo preço previamente fixado pela Administração". A respeito da excepcionalidade dessa situação, cf. JUSTEN FILHO, Marçal. **Comentários à lei de licitações e contratos administrativos**, 17ª ed., rev., atual. e ampl. São Paulo: Revista dos Tribunais, 2016, artigo 9º, item 11, p. 277.

c) (Vetado)
d) tarefa;
e) empreitada integral.

Observadas as definições constantes do artigo 6º da Lei nº 8.666/1993, verifica-se que todas as modalidades de execução por terceiros contratados pela Administração Pública correspondem ao tipo contratual da empreitada[324]. Assim é que o contratado assume uma obrigação de resultado referente à execução da obra determinada pela Administração Pública, fornecendo para tanto apenas mão de obra ou também os materiais. Isso se aplica, inclusive, às contratações por tarefa e por empreitada integral[325].

[324] "Art. 6º. Para os fins desta Lei, considera-se: (...) VIII – Execução indireta – a que o órgão ou entidade contrata com terceiros sob qualquer dos seguintes regimes: a) empreitada por preço global – quando se contrata a execução da obra ou do serviço por preço certo e total; b) empreitada por preço unitário – quando se contrata a execução da obra ou do serviço por preço certo de unidades determinadas; c) (Vetado); d) tarefa – quando se ajusta mão-de-obra para pequenos trabalhos por preço certo, com ou sem fornecimento de materiais; e) empreitada integral – quando se contrata um empreendimento em sua integralidade, compreendendo todas as etapas das obras, serviços e instalações necessárias, sob inteira responsabilidade da contratada até a sua entrega ao contratante em condições de entrada em operação, atendidos os requisitos técnicos e legais para sua utilização em condições de segurança estrutural e operacional e com as características adequadas às finalidades para que foi contratada." Em comentário ao artigo 6º da Lei nº 8.666/1993, Marçal JUSTEN FILHO afirma que: "A execução indireta se faz sob a modalidade básica da empreitada". **Comentários à lei de licitações e contratos administrativos**, 17ª ed., rev., atual. e ampl. São Paulo: Revista dos Tribunais, 2016, artigo 6º, item 9, p. 193. Floriano de Azevedo MARQUES NETO também afirma que: "Esta espécie de contratação é bastante importante no conjunto de contratos firmados pela Administração, a tal ponto que a LL elegeu o regime de empreitada como o regime aplicável a todos os ajustes administrativos, nos termos do artigo 6º, VIII, da LL". Contratos de Construção do Poder Público. In: BAPTISTA, Luiz Olavo (org.). **Construção civil e direito**. São Paulo: Lex, 2011, cap. II, p. 53. Por fim, mencione-se DI PIETRO, Maria Sylvia Zanella. **Direito administrativo**, 27ª ed. São Paulo: Atlas, 2014, p. 344.

[325] A respeito da modalidade de execução por tarefa, Floriano de Azevedo MARQUES NETO afirma que: "A tarefa é a construção em regime muito assemelhado à empreitada de labor do CC e vem definida no artigo 6º, VIII, 'd' da LL [Lei nº 8.666/1993]. Tem pouco emprego pela Administração Pública, pois (a) este ajuste se aproxima da terceirização de mão de obra, censurada tanto no âmbito administrativo como trabalhista; e (b) seria altamente ineficiente porquanto como também as aquisições de materiais e insumos pela Administração dependem de realização de licitação e de contrato administrativo, o regime de tarefa levaria a Administração a gerenciar uma constelação de contratos, tornando a tarefa um regime de execução mais complexo do que as modalidades de empreitada". Contratos de Construção do Poder Público. In: BAPTISTA, Luiz Olavo (org.). **Construção civil e direito**. São Paulo:

A despeito disso, argumentam alguns autores que o contrato de empreitada integral comportaria a espécie mais completa de escopo no modelo DB, sendo equivalente ao contrato de EPC[326]. Essa conclusão, no entanto, é equivocada, pois a empreitada integral é apenas mais uma das subespécies de empreitada previstas na Lei nº 8.666/1993, não sendo possível implementar, no empreiteiro, a cumulação de responsabilidades característica do escopo DB. Senão, explique-se.

Lex, 2011, cap. II, pp. 54-55. A respeito do texto de MARQUES NETO, cabe apenas ressalvar que a definição de "tarefa" no mencionado dispositivo inclui a possibilidade de os materiais serem fornecidos pelo contratado ("mão-de-obra para pequenos trabalhos por preço certo, com ou sem fornecimento de materiais"). Parece mais adequado, portanto, considerar a tarefa como modalidade de empreitada de lavor ou mista destinada a "pequenos trabalhos". Marçal JUSTEN FILHO também considera o regime de tarefa como modalidade de empreitada: "Rigorosamente, a tarefa é uma modalidade de empreitada, caracterizada pela dimensão reduzida do objeto e pela utilização de basicamente mão de obra individual do particular". **Comentários à lei de licitações e contratos administrativos**, 17ª ed., rev., atual. e ampl. São Paulo: Revista dos Tribunais, 2016, artigo 6º, item 13, p. 208.

[326] Veja-se, por exemplo, Floriano de Azevedo MARQUES NETO: "O último dos regimes de execução de obras públicas previstos na LL é a empreitada integral (artigo 6º, VIII, 'c'). Aqui estamos diante do emprego, para os contratos administrativos, do contrato de EPC (*Engineering, Procurement and Construction Contracts*) ou mais especificamente dos contratos tipo *turnkey*". Contratos de Construção do Poder Público. In: BAPTISTA, Luiz Olavo (org.). **Construção civil e direito**. São Paulo: Lex, 2011, cap. II, p. 56, destaques no original. O próprio autor, todavia, confirma nas páginas seguintes a obrigatoriedade do projeto básico já aprovado para que a Administração Pública possa contratar o construtor, afirmando que a empreitada integral transfere ao construtor apenas o "detalhamento do projeto". Diante disso, percebe-se que o autor adota uma concepção equivocada de contrato de EPC, pois desconsidera uma característica imprescindível: a responsabilidade do construtor pelos projetos básicos da obra. A seguinte passagem é bastante eloquente: "Nas construções contratadas pelo poder público, não existe a possibilidade de se cometer a execução do projeto básico para o construtor, embora se admita que este seja responsável pelo projeto executivo (conforme artigo 9º, § 2º, da LL). (...) Ademais, o projeto básico definido na LL é aquele constante das normas técnicas da ABNT, que predicam um projeto bastante completo e detalhado, deixando uma margem de liberdade ao construtor bem estreita". Ibid., p. 60. O mesmo raciocínio é realizado por Daniel Siqueira BORDA, que, após associar o EPC ao regime de contratação integrada, afirma que, neste, "(...) a elaboração de projetos para a realização do objeto contratual" é responsabilidade do contratante. Cf. Regimes de execução indireta de obras e serviços para empresas. In: JUSTEN FILHO, Marçal (org.). **Estatuto jurídico das empresas estatais**: Lei 13.303/2016 – "Lei das Estatais". São Paulo: Revista dos Tribunais, 2016, pp. 372-373. Cf. também ENEI, José Virgílio Lopes. **Financiamento de projetos**: aspectos jurídicos do financiamento com foco em empreendimentos. São Paulo: Faculdade de Direito, Universidade de São Paulo, 2005, Dissertação de Mestrado em Direito Comercial, p. 323.

O regime de empreitada integral é descrito na alínea "e" do inciso VIII do artigo 6º da Lei nº 8.666/1993, *in verbis*:

> Art. 6º. Para os fins desta Lei, considera-se: (...)
> VIII – Execução indireta – a que o órgão ou entidade contrata com terceiros sob qualquer dos seguintes regimes: (...)
> e) empreitada integral – quando se contrata um empreendimento em sua integralidade, compreendendo todas as etapas das obras, serviços e instalações necessárias, sob inteira responsabilidade da contratada até a sua entrega ao contratante em condições de entrada em operação, atendidos os requisitos técnicos e legais para sua utilização em condições de segurança estrutural e operacional e com as características adequadas às finalidades para que foi contratada;

Da mesma forma que os demais regimes de execução de obras da Lei nº 8.666/1993, também a empreitada integral se sujeita à norma que veda a possibilidade de se atribuir ao construtor a responsabilidade pela elaboração dos projetos básicos de concepção da obra. Disso decorre que a expressão "empreendimento em sua integralidade" deve ser entendida como a execução de um empreendimento em todas as suas partes, incluindo a integração entre elas. Contrapõe-se à possibilidade de contratar a execução fracionada do empreendimento, cujas diversas partes precisarão ser posteriormente integradas. O dever de entrega "em condições de entrada em operação", por sua vez, significa que o escopo contratado compreende um maior grau de completude da obra, que deve ser entregue em estado de pronta operação. Se o contratado deverá realizar atividades que vão além da mera construção civil e abrangem, por exemplo, fornecimento, montagem e comissionamento de equipamentos, isso em nada altera a separação entre a responsabilidade pela concepção da obra e a responsabilidade pela sua execução[327]. A vedação imposta pela Lei nº 8.666/1993

[327] Comparando a empreitada integral com a empreitada por preço global, Marçal JUSTEN FILHO explica que: "O objeto visado pela contratação [por empreitada integral] é a construção da infraestrutura e a implementação de serviços e outras atividades indispensáveis ao desempenho de uma atividade operacional dinâmica. (...) Nada impediria, no entanto, que a construção de uma hidrelétrica fosse objeto de empreitada por preço global. Nesse caso, caberia ao particular executar toda a infraestrutura, incumbindo à Administração as providências complementares necessárias ao funcionamento do empreendimento". Na sequência, o autor muito corretamente associa essa extensão do escopo assumido pelo particular para além da

à principal característica do DB impede, portanto, qualquer pretensão de associá-lo à empreitada e, particularmente, à empreitada integral[328].

À luz do quanto exposto, pode-se concluir que o tipo contratual da empreitada previsto na legislação aplicável às contratações de obras pela Administração Pública também é vinculado ao modelo de escopo do DBB, corroborando as conclusões sustentadas no exame do Código Civil de 2002 e da Lei nº 4.591/1964. Nesse sentido, as normas aplicáveis ao Poder Público inclusive vedam expressamente a utilização da empreitada para fins de estruturar operações DB. A realização de operações segundo este último modelo de escopo apenas foi permitida posteriormente, com a criação de uma nova figura, a "contratação integrada" – objeto da próxima seção.

5.4. Contratação Integrada na Legislação Aplicável à Administração Pública

Visto que, sob a égide da Lei nº 8.666/1993, não era permitida a adoção do modelo DB para execução de obras, o Regulamento do Procedimento Licitatório Simplificado da PETROBRÁS (Decreto nº 2.745/1998) viabilizou-a mediante a criação de um novo regime de contratação. Nos itens

mera construção da infraestrutura à denominada cláusula *turnkey*: "Em suma, a empreitada integral impõe ao particular não apenas a execução de obras e serviços, mas assegurar a operação do empreendimento de acordo com os parâmetros previamente estabelecidos. Não é casual que a empreitada integral também seja conhecida por *turn key* – no sentido de que o empreendimento deve ser entregue à Administração de modo que seu funcionamento dependa apenas de 'girar a chave'". **Comentários à lei de licitações e contratos administrativos**, 17ª ed., rev., atual. e ampl. São Paulo: Revista dos Tribunais, 2016, artigo 6º, item 11, pp. 203-204, destaque no original. Marçal JUSTEN FILHO é bastante claro ao atribuir à Administração Pública contratante a responsabilidade pelas consequências resultantes de erro no projeto básico. Cf. Ibid., artigo 6º, item 11.6, p. 205.

[328] Hely Lopes MEIRELLES, referindo-se às modalidades de contrato de empreitada previstas na Lei nº 8.666/1993 é bastante claro ao apartar a responsabilidade do dono da obra pela sua prévia concepção e a responsabilidade do empreiteiro pela sua execução: "O contrato de empreitada, qualquer que seja a sua modalidade, caracteriza-se pela prévia especificação do que vai ser executado, pela prefixação do preço do empreendimento, pela autonomia do empreiteiro na condução da obra e pela sua completa responsabilidade técnica e econômica por toda a execução do objeto do ajuste". **Direito de construir**, 11ª ed. atual. por Adilson Abreu Dallari, Daniela Libório Di Sarno, Luiz Guilherme da Costa Wagner Jr. e Mariana Novis. São Paulo: Malheiros, 2013, pp. 268-269.

1.6[329] e 1.6.1[330], o Regulamento repete os dizeres da Lei nº 8.666/1993, pois exige o projeto básico pronto como requisito para licitar a execução de uma obra e veda a possibilidade de participação do autor do projeto na execução da obra. Criou-se, porém, uma única hipótese de exceção a essas regras: o regime de contratação integrada. Nesse regime, admite-se expressamente que o contratado também seja responsável pela elaboração do projeto básico. Confira-se o item 1.9 do Regulamento:

> 1.9. Sempre que economicamente recomendável, a PETROBRÁS poderá utilizar-se da contratação integrada, compreendendo realização de projeto básico e/ou detalhamento, realização de obras e serviços, montagem, execução de testes, pré-operação e todas as demais operações necessárias e suficientes para a entrega final do objeto, com a solidez e segurança especificadas.[331]

Há, portanto, uma clara diferença em relação ao regime de execução por empreitada analisado na seção anterior. Naquele, a responsabilidade pelos projetos básicos da obra é atribuída exclusivamente à Administração Pública, sem qualquer exceção. Já na contratação integrada prevista no Procedimento Licitatório Simplificado da PETROBRÁS, permite-se que o contratado cumule a responsabilidade por projetar e executar a obra[332].

[329] "1.6. Ressalvada a hipótese de contratação global (*turn-key*), não poderá concorrer à licitação para execução de obra ou serviço de engenharia pessoa física ou empresa que haja participado da elaboração do projeto básico ou executivo."

[330] "1.6.1. É permitida a participação do autor do projeto ou da empresa a que se refere o item anterior, na licitação de obra ou serviço ou na sua execução, como consultor técnico, exclusivamente a serviço da PETROBRÁS."

[331] O item 1.6 do Regulamento anexo ao Decreto nº 2.745/1998 também expressamente excepciona a hipótese de contratação integrada, embora a ela se refira como "contratação global (*turn-key*)". Conforme será melhor explicado na n.r. 363, não se mostra exata a corriqueira associação entre "contratação *turnkey*" e o modelo do DB, sobretudo o EPC. Aquela apenas significa que os trabalhos de execução da obra pelo construtor se estendem para além da construção da infraestrutura, nada dizendo sobre a atribuição ao construtor da reponsabilidade pelo projeto básico da obra.

[332] Embora se referindo à posterior Lei nº 12.462/2011, que também previu o regime de contratação integrada, Marçal JUSTEN FILHO explica com clareza a diferenciação desse regime em relação à empreitada integral: "Ressalte-se que a empreitada integral não se confunde com a contratação integrada, prevista no art. 9º da Lei do RDC [Lei nº 12.462/2011]. A empreitada integral pressupõe a existência de projetos básicos e, em princípio, executivo, com o particular assumindo a obrigação de executar as concepções predeterminadas e impostas pela Administração. Já a contratação integrada compreende a atribuição ao particular da elaboração

Disso resulta que, embora de forma restrita à PETROBRÁS, a possibilidade de se adotar o modelo do DB na esfera pública apenas foi viabilizada com a criação do regime de contratação integrada.

A elaboração de uma norma específica para regular as contratações da PETROBRÁS tem sua razão de ser na promulgação da Lei nº 9.478/1997, que extinguiu o monopólio da estatal no petróleo brasileiro. Como isso, permitiu-se o surgimento de um ambiente de livre mercado, no qual a PETROBRÁS precisaria concorrer com outras empresas petrolíferas. Para tanto, foi editado o Decreto nº 2.745/1998, que buscava modernizar as normas reguladoras dos procedimentos de contratação da estatal, de modo a deixá-lo mais ágil e com melhores condições competitivas[333]. Considerando ainda a complexidade das obras no setor petrolífero e a necessidade de grande experiência para elaboração dos seus projetos, restam explicados os motivos da instituição do regime de contratação integrada para as contratações da PETROBRÁS.

Já nos anos 2000, o Brasil foi escolhido para sediar diversos eventos esportivos mundiais, quais sejam: a Copa das Confederações FIFA 2013, a Copa do Mundo FIFA 2014 e os Jogos Olímpicos e Paraolímpicos de 2016. Para tanto, havia necessidade de realização de obras de grande vulto, de modo que o regime de contratação integrada foi também previsto na Lei nº 12.462/2011, que criou o RDC. Mais detalhado do que o Regulamento do Procedimento Licitatório da PETROBRÁS, assim dispôs a Lei do RDC:

> Art. 9º. Nas licitações de obras e serviços de engenharia, no âmbito do RDC, poderá ser utilizada a contratação integrada, desde que técnica e economicamente justificada e cujo objeto envolva, pelo menos, uma das seguintes condições:
>
> I – inovação tecnológica ou técnica;
>
> II – possibilidade de execução com diferentes metodologias; ou

inclusive do projeto básico. Nesse caso, a Administração delineará uma ideia geral do objeto a ser executado, fixando metas e estabelecendo limites. A autonomia do particular é muito mais ampla no tocante à contratação integrada do que se passa na empreitada integral". **Comentários à lei de licitações e contratos administrativos**, 17ª ed., rev., atual. e ampl. São Paulo: Revista dos Tribunais, 2016, artigo 6º, item 11.7, p. 206.

333 PETRÓLEO BRASILEIRO S.A. – PETROBRÁS. Entenda nossas contratações por licitação simplificada. **Blog Fatos e Dados**, [S.l.], 30 mai. 2014. Disponível em: <http://www.petrobras.com.br/fatos-e-dados/entenda-nossas-contratacoes-por-licitacao-simplificada.htm>. Acesso em 13 jul. 2017.

III – possibilidade de execução com tecnologias de domínio restrito no mercado.

§ 1º. A contratação integrada compreende a elaboração e o desenvolvimento dos projetos básico e executivo, a execução de obras e serviços de engenharia, a montagem, a realização de testes, a pré-operação e todas as demais operações necessárias e suficientes para a entrega final do objeto.

§ 2º. No caso de contratação integrada:

I – o instrumento convocatório deverá conter anteprojeto de engenharia que contemple os documentos técnicos destinados a possibilitar a caracterização da obra ou serviço, incluindo:

a) a demonstração e a justificativa do programa de necessidades, a visão global dos investimentos e as definições quanto ao nível de serviço desejado;

b) as condições de solidez, segurança, durabilidade e prazo de entrega, observado o disposto no caput e no § 1º do art. 6º desta Lei;

c) a estética do projeto arquitetônico; e

d) os parâmetros de adequação ao interesse público, à economia na utilização, à facilidade na execução, aos impactos ambientais e à acessibilidade;

II – o valor estimado da contratação será calculado com base nos valores praticados pelo mercado, nos valores pagos pela administração pública em serviços e obras similares ou na avaliação do custo global da obra, aferida mediante orçamento sintético ou metodologia expedita ou paramétrica.

III – (Revogado)

§ 3º. Caso seja permitida no anteprojeto de engenharia a apresentação de projetos com metodologias diferenciadas de execução, o instrumento convocatório estabelecerá critérios objetivos para avaliação e julgamento das propostas.

§ 4º. Nas hipóteses em que for adotada a contratação integrada, é vedada a celebração de termos aditivos aos contratos firmados, exceto nos seguintes casos:

I – para recomposição do equilíbrio econômico-financeiro decorrente de caso fortuito ou força maior; e

II – por necessidade de alteração do projeto ou das especificações para melhor adequação técnica aos objetivos da contratação, a pedido da administração pública, desde que não decorrentes de erros ou omissões por parte do contratado, observados os limites previstos no § 1º do art. 65 da Lei no 8.666, de 21 de junho de 1993.

Referido diploma foi originalmente promulgado com o intuito de ter vigência temporária. Houve, porém, sucessivas alterações legais supervenientes que já lhe retiraram essa característica[334]. Vale destacar, ainda assim, que a Lei do RDC causou diversos debates à época de sua criação, sobretudo quanto à constitucionalidade do regime de contratação integrada. Considerando que a discussão sobre esse assunto abrange justamente a contraposição entre o regime da empreitada integral, indiscutivelmente aceito, e o novo regime da contratação integrada, vale a pena submetê-lo a um exame mais acurado.

Já na Câmara dos Deputados, quando se discutia o Projeto de Lei de Conversão da Medida Provisória nº 527/2011, emergiram críticas ao novo regime de contratação integrada. Alegavam os defensores dessa posição que o regime de contratação integrada propiciaria uma "caixa preta", um "cheque em branco", permitindo a execução de obras sem projeto básico e sem possibilidade de controle pela Administração Pública[335].

[334] "Embora não haja norma expressa, a Lei nº 12.462/11 destina-se a ter vigência temporária, já que estabelece regime de contratação aplicável para as licitações e contratos necessários à realização dos Jogos Olímpicos e Paraolímpicos de 2016, da Copa das Confederações da Fifa 2013, da Copa do Mundo Fifa 2014 e das obras de infraestrutura e de contratação de serviços para os aeroportos das capitais dos Estados da Federação distantes até 350km das cidades sedes dos referidos campeonatos mundiais. No entanto, o alcance da lei já vem sofrendo ampliações: (...). Com essas alterações, pode-se dizer que o RDC deixou de ter vigência temporária." DI PIETRO, Maria Sylvia Zanella. **Direito administrativo**, 27ª ed. São Paulo: Atlas, 2014, pp. 454-455.

[335] A título de exemplo, vejam-se as seguintes notícias publicadas à época da discussão do projeto de lei de conversão na Câmara dos Deputados: SIQUEIRA, Carol. Regras para licitações da Copa criam embate entre governo e oposição. **Agência Câmara Notícias**, Brasília, 14 jun. 2011. Disponível em: <http://www2.camara.leg.br/camaranoticias/noticias/POLITICA/198676-REGRAS-PARA-LICITACOES-DA-COPA-CRIAM-EMBATE-ENTRE-GOVERNO-E-OPOSICAO.html>. Acesso em 22 jun. 2017. LARCHER, Marcello; OLIVEIRA, José Carlos. Oposição diz temer mais corrupção; governo garante lisura das novas regras. **Agência Câmara Notícias**, Brasília, 16 jun. 2011. Disponível em: <http://www2.camara.leg.br/camaranoticias/noticias/ADMINISTRACAO-PUBLICA/198799-OPOSICAO-DIZ-TEMER-MAIS-CORRUPCAO-GOVERNO-GARANTE-LISURA-DAS-NOVAS-REGRAS.html>. Acesso em 22 jun. 2017. SIQUEIRA, Carol; MACÊDO, Idhelene. Líder do governo defende regras de licitações para Copa e Olimpíadas. **Agência Câmara Notícias**, Brasília, 16 jun. 2011. Disponível em: <http://www2.camara.leg.br/camaranoticias/noticias/POLITICA/198862-LIDER-DO-GOVERNO-DEFENDE-REGRAS-DE-LICITACOES-PARA-COPA-E-OLIMPIADAS.html>. Acesso em 22 jun. 2017. SIQUEIRA, Carol. Para oposição, regras incentivam fraudes; governo aponta restrição à corrupção. **Agência Câmara Notícias**, Brasília, 29 jun. 2011. Disponível em: <http://www2.camara.leg.br/camaranoticias/noticias/ADMINISTRACAO-PUBLICA/199283-PARA-OPOSICAO,-REGRAS-INCENTIVAM-FRAUDES-GOVERNO-APONTA-RESTRICAO-A-CORRUPCAO.html>. Acesso em 22 jun. 2017.

Em resposta, o Relator do projeto na Câmara bem destacou que a contratação integrada não é verdadeira inovação no sistema jurídico brasileiro, já sendo utilizada pela PETROBRÁS desde 1998 sem que houvesse contestações[336]. Também explicou, no relatório apresentado em plenário, que o regime de contratação integrada não se realiza na ausência de definição do objeto a ser contratado pela Administração Pública, nem dispensa a elaboração do projeto básico para a execução da obra. Confira-se uma breve passagem do referido relatório:

> Em termos sucintos, as seguintes premissas justificam plenamente o acolhimento do projeto de lei de conversão anexado ao presente parecer: (...)
>
> b) o instituto da contratação integrada, criticado por muitos, talvez mais por desconhecimento de causa, não prescinde de projeto básico, nem permite a realização de obras públicas sem que haja uma clara definição dos resultados visados pela Administração Pública, na medida em que os editais publicados para disciplinar licitações fundamentadas nesse tipo de ajuste indicarão, de forma exaustiva, os propósitos a serem cumpridos;
>
> c) ainda sobre a contratação integrada, é necessário registrar que a assimilação desse mecanismo servirá para que se circunscrevam a casos de real necessidade a introdução de termos aditivos em contratos administrativos; (...)
>
> A respeito das ponderações dos Srs. Procuradores, cabe ratificar que não há, como se sustenta no documento por eles produzido, uma licitação feita às escuras na contratação integrada. Apesar de não se contar previamente com projeto básico, o PLV em anexo prevê, para situações dessa natureza, que o instrumento convocatório municiará os licitantes de informações mais do que suficientes para que elaborem suas propostas em condições de vê-las confrontadas com as apresentadas por seus concorrentes.
>
> Com os elementos aí incluídos, o projeto básico apresentado pelo licitante vencedor cumprirá com rigor as determinações da Administração Pública e será plenamente viável o exercício dos controles interno e externo.[337]

[336] "E digo mais: num diálogo com a Oposição, nós nos inspiramos inclusive no regime já estabelecido pela PETROBRÁS em 1993 [sic], quando o então Presidente Fernando Henrique Cardoso estabeleceu por decreto aquilo que é o centro, que é a âncora do regime diferenciado, a contratação integrada. Baixada por decreto em 1993 [sic], nós nos inspiramos nessa formulação, e o estamos fazendo neste momento, aqui, ao Congresso Nacional." BRASIL. Congresso. Câmara dos Deputados. Parecer Proferido em Plenário 1 MPV52711. Parecer do Relator Deputado José Guimarães, pela Comissão Mista, à Medida Provisória nº 527, de 2011, e às Emendas a ela apresentadas (Projeto de Lei de Conversão). Brasília, 15 jun. 2011, p. 2.

[337] BRASIL. Congresso. Câmara dos Deputados. Parecer Proferido em Plenário 1 MPV52711. Parecer do Relator Deputado José Guimarães, pela Comissão Mista, à Medida Provisória

A despeito dos grandes embates travados, a Câmara dos Deputados aprovou o projeto de lei de conversão, prosseguindo este para votação no Senado. Também nessa Casa houve intensas discussões entre defensores e críticos do RDC, sendo o regime de contratação integrada novamente um dos pontos centrais da controvérsia. Os argumentos contrários eram no mesmo sentido dos que foram trazidos a debate na Câmara dos Deputados[338]. O Relator-Revisor do projeto no Senado respondeu às críticas na seguinte passagem do parecer que proferiu em plenário:

> Quanto à contratação integrada, consideramo-la igualmente uma inovação positiva do PLV. Ela já é utilizada nas licitações da Petrobrás, reguladas pelo Decreto nº 2.745, de 24 de agosto de 1998. Ao incumbir o licitante vencedor da elaboração e do desenvolvimento dos projetos básico e executivo, da execução de obras e serviços de engenharia, da montagem, da realização de testes, da pré-operação e de todas as demais operações necessárias e suficientes para a entrega final do objeto, a contratação integrada torna mais céleres os certames, dispensando a Administração de ter de contratar uma empresa apenas para elaborar os projetos básico e executivo. Ademais, ao admitir a apresentação de projetos com metodologias de execução diferentes pelos licitantes, a contratação integrada permite a absorção de *know how* privado pela Administração Pública.[339]

nº 527, de 2011, e às Emendas a ela apresentadas (Projeto de Lei de Conversão). Brasília, 15 jun. 2011, pp. 15, 18-19.

[338] Confiram-se as notícias da época relatando os debates travados entre os Senadores: REDAÇÃO DA AGÊNCIA SENADO. Ana Amélia propõe debate do RDC com autor da Lei de Licitações. **Agência Senado**, Brasília, 5 jul. 2011. Disponível em: <http://www12.senado.leg.br/noticias/materias/2011/07/05/ana-amelia-propoe-debate-do-rdc-com-autor-da-lei-de-licitacoes>. Acesso em 22 jun. 2017. Id. RDC: Contratação integrada e remuneração variável provocam polêmicas. **Agência Senado**, Brasília, 5 jul. 2011. Disponível em: <http://www12.senado.leg.br/noticias/materias/2011/07/06/rdc-contratacao-integrada-e-remuneracao-variavel-provocam-polemicas>. Acesso em 22 jun. 2017. Id. Lúcia Vânia critica subjetividade do RDC. **Agência Senado**, Brasília, 6 jul. 2011. Disponível em: <http://www12.senado.leg.br/noticias/materias/2011/07/06/lucia-vania-critica-subjetividade-do-rdc>. Acesso em 22 jun. 2017.

[339] BRASIL. Congresso. Senado Federal. Parecer nº 662, de 2011-PLEN. Parecer do Relator-Revisor Senador Inácio Arruda sobre o Projeto de Lei de Conversão nº 17, de 2011, proveniente da Medida Provisória nº 527, de 18 de março de 2011. Brasília, 5 jul. 2011, p. 23, destaque no original.

O projeto de lei de conversão também findou aprovado pelo Senado, dando origem à Lei nº 12.462/2011. Tão logo promulgada, foram ajuizadas duas ações diretas de inconstitucionalidade (ADI) que, entre os artigos impugnados, incluíam novamente o regime de contratação integrada[340]. Ambas foram distribuídas para relatoria do Ministro Luiz Fux e, até a data de finalização deste trabalho, estavam pendentes de julgamento. A despeito disso, a discussão travada entre os requerentes, as autoridades intimadas a prestar informações e a associação admitida como "amicus curiae" é de extrema valia para a compreensão do regime de contratação integrada, dos fundamentos que inspiraram a sua inclusão no diploma impugnado e das diferenças com os demais regimes de empreitada da Lei nº 8.666/1993.

A primeira das ações é a ADI nº 4.645, ajuizada em 28/08/2011 pelo Partido da Social Democracia Brasileira (PSDB), pelo Democratas (DEM) e pelo Partido Popular Socialista (PPS). Com relação à contratação integrada, alegou-se a inconstitucionalidade do artigo 9º da Lei nº 12.462/2011, que, segundo os autores, estabeleceria uma licitação subjetiva e com objeto de contratação indefinido[341].

Foram, então, intimadas as autoridades envolvidas na ação para que oferecessem suas considerações sobre a alegada inconstitucionalidade. O Ministério Público concordou com os autores, apresentando como fundamento de sua posição o relatório integrante da Ação Direta de Inconstitucionalidade nº 4.655, que será objeto de exame na sequência. A Câmara dos Deputados, o Senado Federal e a Presidência da República manifestaram-se pela constitucionalidade da Lei nº 12.462/2011. Com relação à

[340] Confira-se a notícia publicada à época: REDAÇÃO DA AGÊNCIA SENADO. Oposição entra com ações no STF contra duas MPs. **Agência Senado**, Brasília, 26 ago. 2011. Disponível em: <http://www12.senado.leg.br/noticias/materias/2011/08/26/oposicao-entra-com-acoes-no-stf-contra-duas-mps>. Acesso em 22 jun. 2017.

[341] "Uma simples confrontação do art. 9º, § 2º, inciso I, da Lei 12.462/11 com as exigências para elaboração do projeto contidas no art. 6º, inciso IX, da Lei 8.666/93 é suficiente para se perceber a insuficiência do anteprojeto, como definido pela própria lei ora em discussão, para a devida individualização do objeto da licitação, o que determinará a subjetivação dos julgamentos dos certames. (...) Por esta razão, não se poderá garantir que uma proposta será equivalente a outra no que se refere ao bem ou serviço a ser entregue. A fiscalização prévia e concomitante à execução será impossível de ser realizada. Não se sabe qual foi o objeto efetivamente contratado a partir do processo licitatório." BRASIL. Supremo Tribunal Federal. Ação Direta de Inconstitucionalidade nº 4.645. Relator Ministro Luiz Fux. Brasília, ajuizada em 28 ago. 2011. Petição inicial, pp. 38-39.

contratação integrada, vale transcrever o Parecer da Subchefia para Assuntos Jurídicos da Casa Civil da Presidência da República, que corrobora a posição sustentada no presente trabalho, associando a contratação integrada ao método organizacional do DB:

> Vale notar que o modelo de contratação integrada não é novo: é adotado, por exemplo, nas diretivas de contratação da União Européia. Veja-se, a propósito, a Diretiva 2004/18, do Parlamento Europeu: (...)
>
> No mesmo sentido é o regime de contratação dos Estados Unidos, que permite o *design-build selection procedure* (processo de seleção para projetar e construir): (...)
>
> É desse modo também que o setor privado contrata no Brasil, bem como é assim que a Petrobrás licita, graças ao Decreto 2.745, de 24 de agosto de 1998. *In verbis:* (...)
>
> Outrossim, ao concentrar as duas atividades na mesma empresa, como propõe a Lei nº 12.462, de 2011, os riscos de eventuais falhas no projeto ficam por conta da única empresa contratada, que não poderá alegar erros no projeto para aumentar o valor da obra. Por isso a contratação integrada proíbe expressamente os aditivos por falhas nos projetos, solucionando o problema hoje existente.[342]

Admitida no processo na qualidade de *amicus curiae*, a Associação Brasileira de Direito e Economia (ABD&E) também se posicionou pela constitucionalidade da Lei nº 12.462/2011. No memorial apresentado ao Ministro Relator, a ABD&E reforçou o fato de a contratação integrada já ser utilizada pela PETROBRÁS há mais de uma década e empreendeu uma comparação entre esse regime e as empreitadas global e integral, ressaltando as diferenças na alocação da responsabilidade pela elaboração dos projetos básicos, bem como da responsabilidade em caso de ocorrência de erros de projeto[343]. Por fim, tratou do regime de contratação integrada sob

[342] BRASIL. Supremo Tribunal Federal. Ação Direta de Inconstitucionalidade nº 4.645. Relator Ministro Luiz Fux. Brasília, ajuizada em 28 ago. 2011. Parecer da Subchefia para Assuntos Jurídicos da Casa Civil da Presidência da República nº 2903, de 13 set. 2011, pp. 10-11, destaque no original.

[343] Sobre a utilização do regime de contratação integrada, a ABD&E assim se manifestou: "Ao impugnar a ausência de projeto básico na licitação de obras e serviços, os autores fazem tábula rasa de ser esta prática empregada há mais de quinze anos sem que disso tenha sido originado algum prejuízo ou violação a princípios constitucionais. (...) A duas, porque a forma

a óptica da teoria dos contratos incompletos, concluindo pelas vantagens auferidas pela Administração Pública com a sua utilização:

> Reconhecendo a realidade acima, sob a visão da teoria dos contratos incompletos, o modelo de contratação integrada mostra-se mais eficiente e econômico que o modelo determinado pela Lei nº 8.666. Em outras palavras: a transferência dos riscos e custos de elaboração do projeto ao particular traz vantagem à Administração Pública, que não arcará com os custos de sua elaboração *ex ante*, tampouco, após a celebração do contrato, arcará com os riscos e a eventual necessidade de reformulação desse. Claro está que a teoria dos contratos incompletos, per si, não explica toda a lógica econômica da contratação integrada. Para isso, é necessário considerar a responsabilidade advinda do desenvolvimento do projeto – transferido ao contratado – e a restrição aos termos aditivos, que passam a ser delineados de acordo com a teoria do agente-principal.[344]

Como já referido acima, a ADI nº 4.645 não chegou a ser analisada pelo Ministro Relator até a data de finalização deste livro.

de licitação de obras e serviços de engenharia denominada contratação integrada também se encontra no Regulamento do Procedimento Licitatório Simplificado da Petrobrás, positivada pelo Decreto Federal nº 2.745/98, que em seu item 1.9, assim dispõe: (...)". BRASIL. Supremo Tribunal Federal. Ação Direta de Inconstitucionalidade nº 4.645. Relator Ministro Luiz Fux. Brasília, ajuizada em 28 ago. 2011. Memorial apresentado pela Associação Brasileira de Direito e Economia (ABD&E) em 7 nov. 2012, p. 15. Quanto à comparação com a empreitada integral e as respectivas diferenças, confira-se a manifestação da ABD&E: "De modo sintético, verifica-se que a principal distinção entre a contratação integrada e o regime de execução da empreitada por preço global e a empreitada integral cinge-se quanto à obrigatoriedade de a Administração Pública, no momento da licitação, ter elaborado previamente projeto básico, dando publicidade a este no momento da licitação. É dizer, na contratação integrada, o particular deve desenvolver o projeto e executar as obras e serviços de engenharia, a montagem, a realização de testes, a pré-operação e todas as demais operações necessárias e suficientes para a entrega final do objeto. Ou seja, incumbe ao particular o dever de entregar a obra em plenas condições de serviço, pronta para cumprir a sua finalidade". Ibid., p. 11. Adiante, a ABD&E tratou da responsabilidade por erros de projeto: "A *ratio* da contratação integrada é permitir que os riscos do desenvolvimento do projeto sejam transferidos da Administração Pública para o contratado, que, em caso de erro ou omissão, assumirá o ônus decorrente do evento." Ibid., p. 18, destaque no original.

[344] BRASIL. Supremo Tribunal Federal. Ação Direta de Inconstitucionalidade nº 4.645. Relator Ministro Luiz Fux. Brasília, ajuizada em 28 ago. 2011. Memorial apresentado pela Associação Brasileira de Direito e Economia (ABD&E) em 7 nov. 2012, pp. 21-22, destaque no original.

A segunda Ação Direta de Inconstitucionalidade contra a Lei nº 12.462/2012 é a ADI nº 4.655, ajuizada em 09/09/2011 pelo Procurador Geral da República. Da mesma forma que na ADI nº 4.645, também impugnou o artigo 9º da Lei do RDC, que dispõe sobre a contratação integrada. Alegou-se novamente que esse regime permitiria a celebração de contratos com objeto indefinido, tornando subjetiva a avaliação das propostas[345].

Intimados a prestar informações, a Câmara dos Deputados, o Senado Federal e a Presidência da República reiteraram a defesa da constitucionalidade da Lei nº 12.462/2011. No Ofício encaminhado pelo Senado Federal, os argumentos aduzidos retomam a utilização do regime de contratação integrada pela PETROBRÁS, cuja constitucionalidade estaria sendo confirmada pelo Supremo Tribunal Federal, e os benefícios da transferência ao contratado de riscos antes atribuídos à Administração Pública[346].

[345] "Na contratação integrada, leva-se ao extremo a ideia de flexibilização da identificação do objeto da licitação. O regime é inconstitucional, eis que não estabelece objeto definido e apto a ser licitado, ou seja, inexistem parâmetros para as diversas propostas licitantes que possam ser objetivamente comparáveis." BRASIL. Supremo Tribunal Federal. Ação Direta de Inconstitucionalidade nº 4.655. Relator Ministro Luiz Fux. Brasília, ajuizada em 9 set. 2011. Representação do Grupo de Trabalho ad hoc Copa do Mundo FIFA 2014 da 5ª Câmara de Coordenação e Revisão do Ministério Público Federal anexa à petição inicial, p. 32.

[346] A respeito do regime de contratação integrada utilizado pela PETROBRÁS, assim se posicionou o Senado Federal: "Saliente-se, por fim, que a contratação integrada prevista na Lei nº 12.462/2011 espelhou-se no regulamento de procedimento licitatório simplificado da Petrobrás, instituído por meio do Decreto nº 2.745/1998. Há, portanto, disposição muito semelhante em vigor em nosso ordenamento jurídico, e a despeito de decisões do Tribunal de Contas da União reconhecendo a sua inconstitucionalidade, a exemplo da Decisão nº 663/2002, o Supremo Tribunal Federal, em diversas decisões monocráticas em mandado de segurança, tem suspendido os acórdãos da Corte de Contas (MS nº 25.888, DJ de 29.3.2006; MS nº 27.337, DJ de 28.5.2008; MS nº 28.745, DJ de 13.5.2010) e, pela via reflexa, reafirmado a constitucionalidade desse regime de execução contratual." BRASIL. Supremo Tribunal Federal. Ação Direta de Inconstitucionalidade nº 4.655. Relator Ministro Luiz Fux. Brasília, ajuizada em 9 set. 2011. Ofício nº 01314/2011-PRESID/ADVOSF, de 23 set. 2011, p. 28. Com relação aos benefícios à Administração Pública, aduziu o seguinte: "A esse respeito, saliente-se que não há impossibilidade de aferição do grau de adequação das propostas às necessidades do Poder Público, porque o anteprojeto constitui padrão exigido de técnica e de qualidade, prevenindo subjetivismos no julgamento, bem como a outorga de poder excessivo ao contratado. E muito embora a contratação integrada compreenda a elaboração dos projetos básico e executivo, em contrapartida, restringe consideravelmente as possibilidades de aditamento contratual (art. 9º, § 4º da Lei nº 12.462/2011), transferindo ao contratado a quase totalidade do risco do empreendimento, inclusive em face das deficiências na elaboração dos projetos básico e executivo (situações corriqueiras em licitações dessa natureza), o que evita

A Advocacia Geral da União, por sua vez, manifestou-se na ADI nº 4.655 por meio de petição contendo alguns capítulos coincidentes com os de sua manifestação na ADI nº 4.645 anteriormente examinada. Entre as passagens de mesmo teor, encontra-se justamente a que trata da contratação integrada, na qual o órgão justifica a previsão desse regime como uma forma de viabilizar o método organizacional do DB para as contratações da Administração Pública, já que, pelas modalidades de empreitada previstas na Lei nº 8.666/1993, apenas o DBB era admitido. Confira-se a passagem em questão:

> A inovação desse dispositivo refere-se à possibilidade de a contratação prescindir da elaboração do projeto básico. Trata-se de inovação inspirada no direito norte americano, que reconhece dois tipos de contratações para obras e serviços públicos. Em tal regime, convivem, lado a lado, o *design-bid-build*, semelhante à nossa contratação para obras públicas, prevista na Lei nº 8.666/93, e o *design-build*, que se assemelha ao novo diploma legal e é regulamentado, naquele país, pelo FAR (*Federal Acquisition Acquisition Regulation Act*).[347]

A posição acima corrobora o quanto se sustenta no presente trabalho a respeito de ser a contratação integrada a modalidade contratual que representa o DB no direito brasileiro. Nesse sentido, a atribuição ao construtor da responsabilidade pelos projetos básicos da obra, característica distintiva do DB, extrapola os limites do tipo contratual da empreitada – pelo menos da forma como está prevista na legislação aplicável à Administração Pública.

Por derradeiro, trate-se da Lei nº 13.303/2016, também conhecida como Lei das Estatais. O objetivo de referido diploma é assim enunciado em sua ementa: "Dispõe sobre o estatuto jurídico da empresa pública, da sociedade de economia mista e de suas subsidiárias, abrangendo toda e qualquer empresa pública e sociedade de economia mista da União, dos Estados,

o encarecimento dos custos à Administração e contribui para a seleção da proposta mais vantajosa." Ibid., pp. 26-27.

[347] BRASIL. Supremo Tribunal Federal. Ação Direta de Inconstitucionalidade nº 4.655. Relator Ministro Luiz Fux. Brasília, ajuizada em 9 set. 2011. Manifestação da Advocacia Geral da União, de 3 out. 2011, p. 28. A mesma passagem também está na ADI nº 4.645: BRASIL. Supremo Tribunal Federal. Ação Direta de Inconstitucionalidade nº 4.645. Relator Ministro Luiz Fux. Brasília, ajuizada em 28 ago. 2011. Manifestação da AGU, de 3 out. 2011, p. 38, destaques no original.

do Distrito Federal e dos Municípios". Para o assunto ora em discussão, interessam as novas normas sobre licitação, que, tratando-se de empresas estatais, sobrepõem-se às da Lei nº 8.666/1993.

Combinando previsões da Lei nº 8.666/1993, do Regime Licitatório Simplificado da PETROBRÁS e da Lei do RDC (Lei nº 12.642/2011), a Lei das Estatais (Lei nº 13.303/2016) previu o regime de contratação integrada em seus artigos 42[348] e 43[349]. Neles, a Lei regulou com detalhes as hipóteses em que a utilização da contratação integrada é permitida, bem como as especificidades do instrumento convocatório e dos orçamentos a serem apresentados pelos concorrentes. Ao contrário do que se passou com a Lei nº 12.462/2011, a previsão do regime de contratação integrada na Lei nº 13.303/2016 não gerou maiores celeumas. Pelo contrário, parece haver consolidado a sua aceitação, tanto que a transferência ao contratado dos riscos relacionados à elaboração dos projetos chegou inclusive a ser destacada como uma vantagem em favor da Administração Pública[350].

[348] "Art. 42. Na licitação e na contratação de obras e serviços por empresas públicas e sociedades de economia mista, serão observadas as seguintes definições: (...) VI – contratação integrada: contratação que envolve a elaboração e o desenvolvimento dos projetos básico e executivo, a execução de obras e serviços de engenharia, a montagem, a realização de testes, a pré-operação e as demais operações necessárias e suficientes para a entrega final do objeto, de acordo com o estabelecido nos §§ 1º, 2º e 3º deste artigo."

[349] "Art. 43. Os contratos destinados à execução de obras e serviços de engenharia admitirão os seguintes regimes: (...) VI – contratação integrada, quando a obra ou o serviço de engenharia for de natureza predominantemente intelectual e de inovação tecnológica do objeto licitado ou puder ser executado com diferentes metodologias ou tecnologias de domínio restrito no mercado.
"§ 1º. Serão obrigatoriamente precedidas pela elaboração de projeto básico, disponível para exame de qualquer interessado, as licitações para a contratação de obras e serviços, com exceção daquelas em que for adotado o regime previsto no inciso VI do caput deste artigo."

[350] No âmbito das discussões do Projeto de Lei nº 555/2015 pelo Senado Federal, cf. BRASIL. Congresso. Senado Federal. Parecer nº 1188, de 2015-PLEN. Parecer do Relator Senador Tasso Jereissati sobre o Projeto de Lei do Senado nº 555, de 2015, proveniente da Comissão Mista instituída pelo Ato Conjunto dos Presidentes do Senado Federal e da Câmara dos Deputados (ATN) nº 3, de 2015. Brasília, 16 dez. 2015, pp. 5-9. A inspiração internacional que norteou a previsão do regime de contratação integrada e a transferência dos riscos ao contratado também foram objeto da justificativa ao Projeto de Lei nº 397/2015, que, na Câmara dos Deputados, foi apenso ao projeto de lei aprovado pelo Senado Federal e encaminhado para revisão. Cf. BRASIL. Congresso. Câmara dos Deputados. Avulso do Projeto de Lei nº 4.918, de 2016. Justificação do Deputado Marco Maia ao Projeto de Lei nº 397, de 2015, apenso ao Projeto de Lei nº 4.918, de 2016. Brasília, 2016, p. 122. Na doutrina, confira-se o artigo de Daniel Siqueira BORDA em livro coordenado por Marçal JUSTEN FILHO sobre a Lei nº 13.303/2016:

Diante do exposto, conclui-se que a contratação integrada é a modalidade contratual que foi especificamente criada para dar veste jurídica às contratações da Administração Pública sob o modelo de escopo do DB. Adiante, na seção 7.3.6, a contratação integrada será analisada no contexto do procedimento de qualificação do contrato de EPC, sobretudo para verificar se a sua previsão na legislação aplicável à Administração Pública é suficiente para configurá-la como um tipo contratual legal.

5.5. Construção por Administração na Lei nº 4.591/1964

Na seção 5.2 acima, expôs-se o contexto da Lei nº 4.591/1964, a Lei do Condomínio e Incorporações, analisando-se o tipo contratual da empreitada como um dos regimes que foram previstos para a construção de imóveis objeto de incorporação imobiliária. O outro regime previsto para tanto é a construção por administração, que será examinada na presente seção.

Primeiramente, há uma diferença que desde logo exsurge quando se comparam os dois regimes de construção previstos na Lei nº 4.591/1964. Enquanto o contrato de construção por empreitada pode ser celebrado entre o empreiteiro e o incorporador, ou entre o empreiteiro e os adquirentes das unidades autônomas, o contrato de construção por administração foi limitado à segunda hipótese. Nesse sentido, assim dispõe o artigo 58 da Lei nº 4.591/1964:

"Há uma hipótese em que o projeto básico será de responsabilidade também do contratado. Trata-se de um regime que foi adotado incialmente pela Petrobrás e que, em seguida, passou a constar no rol de regimes permitidos para execução das obras e serviços prevista na Lei 12.462/2011. Nessa hipótese, o regime de contratação integrada prevê que o contratado deverá elaborar tanto o projeto básico como o executivo do objeto pretendido pela administração. (...) A elaboração dos projetos técnicos marcará diversas responsabilidades ao seu autor pelo (in)sucesso da empreitada. Se os projetos básicos e executivo são elaborados pelas estatais (ou por pessoas contratadas especificamente para esse fim), qualquer defeito na execução que seja ocasionado por falhas constatadas nestes documentos não poderá ser atribuído ao contratado. (...) Se todos os projetos técnicos tiverem que ser elaborados pelo futuro contratado, não há dúvidas de que o contratado arcará com a maior parcela de responsabilidades pela execução do contrato". Regimes de execução indireta de obras e serviços para empresas. In: JUSTEN FILHO, Marçal (org.). **Estatuto jurídico das empresas estatais**: Lei 13.303/2016 – "Lei das Estatais". São Paulo: Revista dos Tribunais, 2016, pp. 374, 386-387.

> Art. 58. Nas incorporações em que a construção fôr contratada pelo regime de administração, também chamado "a preço de custo", será de responsabilidade dos proprietários ou adquirentes o pagamento do custo integral de obra, observadas as seguintes disposições:
>
> I – tôdas as faturas, duplicatas, recibos e quaisquer documentos referentes às transações ou aquisições para construção, serão emitidos em nome do condomínio dos contratantes da construção;
>
> II – tôdas as contribuições dos condôminos para qualquer fim relacionado com a construção serão depositadas em contas abertas em nome do condomínio dos contratantes em estabelecimentos bancários, as quais, serão movimentadas pela forma que fôr fixada no contrato.

Na construção de edificações em condomínio sob o regime da administração, portanto, a posição de dono da obra será ocupada pelo conjunto dos adquirentes das unidades autônomas a serem construídas, aos quais caberá arcar diretamente com cada um dos custos que se fizerem necessários para a execução da obra. O construtor contratado pelos adquirentes, por sua vez, irá administrar a execução da obra, recebendo uma remuneração para tanto.

À luz dessas características, percebe-se que o contrato de construção por administração previsto na Lei nº 4.591/1964 estrutura juridicamente um modelo de escopo CM. Cumpre observar, porém, que o âmbito de aplicação desse contrato é bastante restrito, limitado a um tipo específico de obra, as edificações em condomínio, e a um contratante específico, a coletividade dos adquirentes das unidades autônomas. Justamente em razão dessa exigência sobre a figura do contratante, o contrato de construção por administração da Lei nº 4.591/1964 ainda acaba por se configurar como relação de consumo, regida pela Lei nº 8.078/1990, o Código de Defesa do Consumidor.

O escopo CM, porém, tem limites muito mais amplos do que o modelo contratual da Lei nº 4.591/1964: pode ser contratado para qualquer tipo de empreendimento, inclusive empreendimentos industriais e de infraestrutura, e não há qualquer limitação quanto à figura do contratante. Tem-se, em verdade, que o modelo de escopo CM foi concebido para ser uma relação civil paritária entre o dono da obra e o construtor. Embora também possa ter uma aplicação na esfera consumerista, como é o caso de muitas relações que se formam no âmbito da Lei nº 4.591/1964, não é essa a finalidade primordial do modelo CM. Este apresenta, além disso, diversas variações de sua modalidade pura, as quais são comuns na prática. É o caso do CM *at-risk* e do EPCM, que não se adequam ao modelo contratual previsto na Lei nº 4.591/1964.[351]

Diante disso, conclui-se que o contrato de construção por administração previsto na Lei nº 4.591/1964 reveste uma modalidade específica de operação sob o modelo CM. Esse contrato, porém, não é adequado para estruturar juridicamente todas as possíveis operações que possam ser organizadas segundo o escopo CM. Embora fuja aos limites do presente trabalho, considera-se que, exceto pela situação regulada na Lei nº 4.591/1964, o contrato de construção por administração é legalmente atípico no direito brasileiro[352].

[351] Tratando da construção por administração com preço máximo garantido, Fernando MARCONDES afirma com clareza sua incompatibilidade com o contrato de administração previsto na Lei nº 4.591/1964: "Importante notar que a contratação por administração aqui tratada difere da prevista na Lei nº 4.591/1963 [sic]. Ainda que existam muitas semelhanças, há também diferenças marcantes, a começar pelas partes envolvidas: no contrato tipificado, o incorporador figura como contratado, enquanto o polo ativo é composto pela coletividade formada pelos adquirentes de unidades, que são, inclusive, titulares de direitos inerentes à relação de consumidor/fornecedor. O Contrato de Administração do qual trataremos é uma relação civil, que pode ser utilizada não apenas para se erigir edificações comerciais ou residenciais, mas também para qualquer outra modalidade de empreendimento, seja ele industrial ou de infraestrutura – muito embora seja praticado, no Brasil, muito mais em empreendimentos imobiliários". Contratos de construção por administração com preço máximo garantido: a lógica econômica e a apuração dos resultados. In: Id. (org.). **Temas de direito da construção.** São Paulo: Pini, 2015, p. 12.

[352] Veja-se, por exemplo, o posicionamento de Hely Lopes MEIRELLES: "A despeito de sua importância no campo da construção civil, este contrato não mereceu até hoje regulamentação legal, só sendo considerado na legislação fiscal, para fins de incidência tributária, e na Lei de Condomínio e Incorporações, para as construções nesse regime (Lei 4.591/1964, arts. 58 a 62). À míngua de legislação própria, aplicam-se-lhe os princípios gerais dos contratos civis e os preceitos peculiares da construção, a que já nos referimos nas considerações preliminares deste capítulo". **Direito de construir**, 11ª ed. atual. por Adilson Abreu Dallari, Daniela Libório Di Sarno, Luiz Guilherme da Costa Wagner Jr. e Mariana Novis. São Paulo: Malheiros, 2013, p. 264.

6. O Contrato de EPC

6.1. Origem do Contrato de EPC

O contrato de *engineering, procurement and construction* (EPC) é um contrato de origem anglo-saxã e que teve seu desenvolvimento muito impulsionado na década de 80, associado à indústria da construção do petróleo. À época, buscava-se viabilizar a execução de grandes empreendimentos, sobretudo na área de infraestrutura. Para tanto, era preciso compatibilizar a necessidade do dono da obra de obter recursos para financiar seu projeto com a exigência de segurança por parte dos agentes financiadores.[353]

Desenvolveu-se, então, o modelo do *project finance*, já abordado na precedente seção 4.2.4. A principal característica dessa operação é o oferecimento do próprio empreendimento financiado como garantia do empréstimo concedido. Com isso, o dono da obra consegue obter os recursos de que necessita para executar o empreendimento e, simultaneamente, delimitar o risco a que está exposto, salvaguardando parte de seu patrimônio. Por outro lado, é natural que o agente financiador externo exija um elevado grau de certeza quanto ao cumprimento do preço, do prazo de entrega e do desempenho projetados para o empreendimento, cuja receita gerada será a principal fonte de pagamento do empréstimo e cujos bens serão a garantia em caso de inadimplemento. O instrumento jurídico que se encontrou para atender a essa necessidade de certeza foi justamente o

[353] O histórico do contrato de EPC é narrado em detalhes por Marcelo Alencar Botelho de MESQUITA. Cf. **Contratos chave na mão (*Turnkey*) e EPC (*Engineering, Procurement and Construction*)**: conteúdo e qualificações. Florianópolis: Faculdade de Direito da Universidade Federal de Santa Catarina, 2017, Dissertação de Mestrado, pp. 42-45. Sobre o assunto, veja-se também CARMO, Lie Uema do. **Contratos de Construção de Grandes** Obras. São Paulo: Faculdade de Direito, Universidade de São Paulo, 2012, Tese de Doutorado em Direito Comercial, p. 101.

contrato de EPC, que concentra em uma única parte, o epecista, a grande parcela dos riscos envolvidos na consecução do empreendimento.

Em paralelo a esse desenvolvimento, passaram as associações de classe e, posteriormente, também as associações internacionais a criar contratos padrão que refletissem as diversas práticas adotadas no setor da construção[354]. Conforme será explicado em detalhes adiante, na seção 6.3, os denominados *standard contracts* são desenvolvidos com o objetivo de facilitar as contratações e aumentar a segurança jurídica. Em razão disso, a sua utilização nas relações jurídicas estabelecidas pelo dono da obra costuma ser exigida pelos agentes financiadores como requisito para a concessão dos recursos. A existência de um *standard contract*, portanto, pode ser considerada um reflexo da popularidade de determinado modelo de contratação e, ao mesmo tempo, também um fator de incentivo ao uso desse modelo. É precisamente o que se passa com o contrato de EPC.

No Brasil, por sua vez, o contrato de EPC encontrou espaço para crescimento em meados da década de 90. Findo o "milagre brasileiro" da década de 70, época em que o Estado, sobretudo por meio de estatais, executava diretamente os grandes empreendimentos de infraestrutura, iniciou-se um período de desestatização e aumento da participação da iniciativa privada. Fundamental nesse processo foi a promulgação de diversas leis dispondo sobre os regimes de concessão e permissão na prestação de serviços públicos, fato que viabilizou a assunção de grandes empreendimentos de infraestrutura pelo setor privado.[355]

[354] SILVA, Clóvis Veríssimo do Couto e. Contrato de Engineering. **Revista de Informação Legislativa**, Brasília, v. 29, n. 115, pp. 509-526, jul./set. de 1992, p. 515. Disponível em: <http://www2.senado.leg.br/bdsf/bitstream/handle/id/176014/000470494.pdf?sequence=1>. Acesso em 21 jul. 2017. CARMO, Lie Uema do. **Contratos de Construção de Grandes Obras**. São Paulo: Faculdade de Direito, Universidade de São Paulo, 2012, Tese de Doutorado em Direito Comercial, pp. 27-29. GIL, Fabio Coutinho de Alcântara. **A Onerosidade Excessiva em Contratos de Engineering**. São Paulo: Faculdade de Direito, Universidade de São Paulo, 2007, Tese de Doutorado em Direito Comercial, p. 8. ALPA, Guido. Engineering: Problemi de Qualificazione e di Distribuzione del Rischio Contrattuale. In: VERRUCOLI, Piero. **Nuovi Tipi Contrattuali e Tecniche di Redazione nella Pratica Commerciale**: Profili Comparatistici. Milano: Giuffrè, 1978, p. 332.

[355] A título de exemplo, podem-se mencionar as Leis nº 8.987/1995 e 9.074/1995, que dispuseram sobre o regime de concessão e permissão de prestação de serviços públicos em geral, a Lei nº 9.427/1996, que instituiu a Agência Nacional de Energia Elétrica e disciplinou o regime de concessão dos serviços públicos de energia elétrica, e a Lei nº 9.478/1997, que, versando sobre a política energética nacional, regulou o regime de concessão na área de petróleo e gás. Sobre

Nesse novo contexto, os empreendimentos eram contratados sob a égide do direito privado e sua execução comumente dependia do financiamento concedido por órgãos internacionais, como o Banco Mundial e o Banco Interamericano de Desenvolvimento. Criou-se, então, o campo fértil necessário ao desenvolvimento das operações de *project finance* e, consequentemente, à implementação dos contratos de EPC no Brasil, cujas características se passa a analisar.[356]

6.2. Características do Contrato de EPC

Conforme anunciado na seção 4.2.2, o contrato de EPC contempla como escopo a espécie mais completa do modelo DB. Sua primeira característica, portanto, é a cumulação, no construtor, da responsabilidade pelos projetos básicos de concepção da obra e pelos trabalhos para sua execução. O modelo de escopo DB, porém, é um gênero amplo, que contempla operações bastante diversas entre si, ainda que todas com a característica do *single point responsibility*. Deve-se, por isso, perquirir quais são essas outras características que tornam o escopo do contrato de EPC distinto das demais espécies de modelos DB.

Na mesma seção 4.2.2 já referida, mencionou-se que o leque de espécies do DB compreende, em uma ponta, as contratações de obra padronizada (*standard building* ou *system building*) e, na outra, o contrato de EPC. Nas primeiras, executam-se "obras de catálogo", cujo projeto já é preconcebido e requer apenas ajustes, minimizando os trabalhos e os riscos do construtor. No segundo, por outro lado, atribui-se ao construtor, denominado epecista, a obrigação de executar um empreendimento em todas as suas etapas, entregando-o ao dono da obra em estado de pronta operação.

o histórico do contrato de EPC no Brasil, cf. GÓMEZ, Luiz Alberto; COELHO, Christianne C. S. Reinisch; DUCLÓS FILHO, Elo Ortiz; XAVIER, Sayonara Mariluza Tapparo. **Contratos EPC Turnkey**. Florianópolis: Visual Books, 2006, pp. 1-3. ZENID, Luis Fernando Biazin. Breves comentários a respeito do contrato de aliança e a sua aplicação em construções de grande porte no Brasil. **Revista de Direito Empresarial**, [S.l.], v. 2, mar./abr. 2014, pp. 69-96, seção 1.

[356] GÓMEZ, Luiz Alberto; COELHO, Christianne C. S. Reinisch; DUCLÓS FILHO, Elo Ortiz; XAVIER, Sayonara Mariluza Tapparo. **Contratos EPC Turnkey**. Florianópolis: Visual Books, 2006, p. 3. ZENID, Luis Fernando Biazin. Breves comentários a respeito do contrato de aliança e a sua aplicação em construções de grande porte no Brasil. **Revista de Direito Empresarial**, [S.l.], v. 2, mar./abr. 2014, pp. 69-96, seção 3.2.

O epecista precisa, ainda, garantir a certeza do prazo de entrega, do preço final e do desempenho obtido, assumindo diversos riscos que costumam ser alocados no dono da obra. São, portanto, as características relacionadas à extensão do escopo e à estrutura de alocação de riscos que tornam o EPC uma modalidade de contratação individualizada. É o que se passa a analisar.[357]

O escopo do epecista é bastante extenso e compreende a realização de todas as etapas de implantação de um empreendimento até a sua entrega em condições de operação e com o desempenho esperado. Essa amplitude é sintetizada pela própria denominação *engineering, procurement and construction* (elaboração dos projetos, fornecimento e construção)[358]. A seguir, serão indicadas as principais atividades e responsabilidades do epecista com relação a cada um desses três núcleos. Cumpre observar que se trata

[357] A respeito da amplitude do modelo de escopo DB, John MURDOCH e Will HUGHES explicam que: "Design and build is one type of 'package deals' in construction. This phrase can often be found referring to a range of different types of procurement, from turnkey to system building". **Construction contracts**: law and management, 3rd ed. London: Spon, 2000, p. 42. No mesmo sentido é a afirmação de Lie Uema do CARMO: "Uma espécie de *design-build* é o contrato de *engineering, procurement and construction*, conhecido por sua sigla EPC, tido como o mais paradigmático representante dos contratos de construção de grandes obras". **Contratos de Construção de Grandes Obras**. São Paulo: Faculdade de Direito, Universidade de São Paulo, 2012, Tese de Doutorado em Direito Comercial, p. 101, destaques no original.

[358] "'EPC' stands for 'Engineer-Procure-Construct', and indicates the range of services the EPC contractor is meant to perform. The contractor in such a project is responsible for the engineering design work to meet certain performance requirements, for the full range of procurement for the project, and for the construction work." GODWIN, William. **International construction contracts**: a handbook with commentary on the FIDIC design-build forms. Chichester: Wiley-Blackwell, 2013, p. 18. Na doutrina pátria, confira-se: "Para as obras de Infraestrutura, além da modalidade de Empreitada, vêm sendo utilizados modelos como o EPC (*Engineering, Procurement and Construction*) *Turnkey*, que reúne a engenharia, a construção, a compra e a montagem de equipamentos, comissionamento e *'start up'* do empreendimento, tudo em um único contrato – normalmente tendo como contratado um grupo de empresas nas diversas *expertises* necessárias, ligadas entre si sob a forma de Consórcio ou em regime de subcontratação". MARCONDES, Fernando. Contratos de construção por administração com preço máximo garantido: a lógica econômica e a apuração dos resultados. In: Id. (org.). **Temas de direito da construção**. São Paulo: Pini, 2015, pp. 11-12, destaques no original.

de um rol exemplificativo, visto que os casos concretos poderão apresentar variações conforme as particularidades do ajuste entre as partes[359].

Sob a rubrica do *engineering*, responsabiliza-se o epecista pelos projetos do empreendimento. Isso inclui tanto os projetos básicos por meio dos quais há a concepção da obra e a definição das soluções técnicas adotadas, quanto os projetos executivos e, ao final, os projetos *as built*. Importante precisar que, em se tratando da execução de um empreendimento completo, os projetos não se limitam às obras de construção civil, havendo também os projetos relacionados aos equipamentos e às demais instalações (citem-se, por exemplo, os sistemas de exaustão, combate a incêndio, ar condicionado, monitoramento e automação).

Ainda sobre a responsabilidade que o epecista assume quanto aos projetos, há dois pontos a se destacar. O primeiro deles é que essa responsabilidade não é apenas pelos métodos e processos construtivos adotados nos projetos, que devem estar de acordo com os requisitos especificados no contrato. Além disso, o epecista também garante que os projetos elaborados irão resultar em determinada performance do empreendimento

[359] Em sua Tese, Lie Uema do CARMO apresenta o seguinte rol exemplificativo das obrigações do epecista: "Dentre as obrigações do epcista figuram aquelas genéricas de projetar, adquirir, fornecer, executar e construir, comissionar, testar e finalizar os trabalhos dentro do cronograma acordado. De modo mais detalhado, pode competir ao epcista: (a) realizar rodas as atividades da fase pré-construtiva, como estudos geológicos, geomecânicos, hidrológicos, topográficos, etc.; (b) elaborar os projetos básico e executivo, bem como todas as plantas, os projetos e as especificações necessárias, e submetê-los à aprovação do proprietário, além de obter todas as licenças, autorizações e permissões pertinentes; (c) identificar todos os insumos, materiais e equipamentos necessários à consecução do empreendimento; (d) responsabilizar-se pelas atividades de construção no local da obra; (e) supervisionar os trabalhos, o pessoal, os subcontratados e a utilização dos equipamentos e materiais de obra; (f) empregar e pagar os salários e encargos de seus empregados e contratar e remunerar seus prestadores de serviços; (g) providenciar acomodação, transporte, alimentação e assistência saúde de seus empregados e contratados; (h) cumprir com a legislação trabalhista e previdenciária, dentre outras, com relação a horas de trabalho, saúde e segurança e, de um modo geral, realizar o projeto observando e fazendo com que seus subcontratados observem a legislação aplicável; (i) disponibilizar ao proprietário os documentos que comprovem o adimplemento das normas trabalhistas, previdenciárias e de saúde e segurança, entre outras; (j) criar e disponibilizar um sistema de garantia de qualidade dos trabalhos; (k) responsabilizar-se pela guarda e segurança do local da obra, dos materiais e dos equipamentos; (l) responsabilizar-se pela limpeza e organização do local da obra; (m) garantir o fornecimento de peças de reposição". **Contratos de Construção de Grandes Obras**. São Paulo: Faculdade de Direito, Universidade de São Paulo, 2012, Tese de Doutorado em Direito Comercial, pp. 103-104.

quando estiver em uso. O epecista assume, portanto, uma ulterior responsabilidade pelo desempenho do empreendimento, que deverá produzir os resultados fixados nos requisitos do dono da obra[360].

O segundo ponto já foi indicado ao longo da análise do modelo de escopo DB na seção 4.2.2, mas vale ser retomado em função da importância que ganha no contrato de EPC. Trata-se da distinção entre a responsabilidade pelos projetos e o dever de os elaborar. O epecista, como explicado, assume responsabilidade não só pelos projetos preparados por si ou por seus subcontratados ao longo da execução do contrato, mas também por projetos elaborados previamente pelo dono da obra (ou outros terceiros por este contratados) e que hajam sido aceitos pelo epecista. A última situação não é incomum na prática, pois muitas vezes é necessária a elaboração de alguns projetos básicos para fins do estudo de viabilidade da obra, de modo que esse material acaba por integrar a documentação apresentada aos participantes do processo de concorrência para fins de elaboração das propostas. Nesse momento, cabe aos participantes examinar com extremo cuidado a documentação fornecida, pois, uma vez aceita, implicará a assunção de responsabilidade pela solução técnica projetada e pelo desempenho previsto – em algumas hipóteses, transfere-se ao epecista até mesmo o risco de erro nos pressupostos informados pelo dono da obra.[361]

[360] Essa responsabilidade pelo desempenho é uma característica marcante do contrato de EPC, como destaca Jonathan HOSIE: "A feature of the turnkey approach to contracting, including revenue-generating facilities, is the requirement for the contractor to prove the reliability and performance of the plant and equipment. (...) Performance of the asset is particularly key in those turnkey projects which are funded through project financing, where the lenders' security depends largely on the ability of the completed facility to operate and generate revenue, whether power, chemicals, processed metals or road toll revenue". **Turnkey Contracting under the FIDIC Silver Book**: What do Owners Want? What do They Get? [S.l.]: Society of Construction Law, 2007, pp. 2-3. O agravamento de riscos a cargo do epecista em razão da responsabilidade pela performance do empreendimento também é destacada por MARCONDES, Fernando. Contratos de construção por administração com preço máximo garantido: a lógica econômica e a apuração dos resultados. In: Id. (org.). **Temas de direito da construção**. São Paulo: Pini, 2015, p. 12.

[361] É o caso, por exemplo, das cláusulas 4.10 e 5.1 da primeira e da segunda edição das *Conditions of contract for EPC/turnkey projects* (*Silver Book*) preparadas pela FIDIC, as quais serão analisadas em detalhes na seção 6.3.2 adiante.

Com o termo *procurement*, faz-se referência às obrigações do epecista relacionadas ao fornecimento de materiais e equipamentos[362]. Cabe ao epecista, primeiramente, providenciar tanto os materiais que utilizará na construção das obras civis, quanto os equipamentos de operação do empreendimento. Sobretudo no que diz respeito aos últimos, a obrigação do epecista não se resume a fabricar ou contratar a fabricação dos equipamentos. Considerando que seu escopo é a entrega do empreendimento em condições de pronta operação, também deve o epecista realizar a montagem e a instalação dos equipamentos, a colocação em funcionamento e a execução dos testes de comissionamento. Observe-se que essa obrigação de entrega em condições de pronta operação é referida pelo termo *turnkey*, ou seja, cabe ao construtor fornecer tudo o quanto necessário para que, uma vez concluído o empreendimento, baste ao dono da obra entrar e "virar a chave". Além disso, como já mencionado, o epecista também se responsabiliza pelo desempenho dos equipamentos, que devem atingir os parâmetros especificados pelo dono da obra ainda que sua fabricação seja subcontratada com um terceiro.[363]

[362] Leonardo Toledo da SILVA assim descreve as atividades de *procurement*: "Sob a perspectiva de um agente único de fornecimento, o *single point responsibility* remete-nos à própria atividade de suprimento (*procurement*). (...) Pela atividade de *procurement*, o epecista fica responsável pela realização de todas as compras de insumos perante todos os fornecedores necessários à implantação do empreendimento, assumindo a responsabilidade como se ele próprio estivesse fornecendo tais insumos. Assim, o epecista é utilizado quase que como um 'guarda-chuva' de responsabilidade". Os contratos de EPC e os pleitos de reequilíbrio econômico-contratual. In: Id. (org.). **Direito e infraestrutura**. São Paulo: Saraiva, 2012, p. 24, destaques no original.

[363] Sobre o sentido do termo *turnkey*, vale citar a seguinte explicação: "The true turnkey contract includes everything that is required and necessary. This normally means everything from inception up to occupation of the finished building. The method receives its title from the turning-the-key concept whereby the employer, when the project is completed, can immediately start using the project since it will have been fully equipped by the turnkey contractor, including furnishings. Some turnkey contracts also require the contractor to find a suitable site for development. An all-embracing agreement is therefore formed with the one single administrative company for the entire project procurement process. It is therefore an extension of the traditional design and build arrangements, and in some cases it may even include a long-term repair and maintenance agreement. On industrial projects the appointed contractor is also likely to be responsible for the design and installation of the equipment required for the employer's manufacturing process. This type of procurement method can therefore be appropriate for use on highly specialised types of industrial and commercial construction projects." ASHWORTH, Allan. **Contractual procedures in the construction industry**, 6th ed. Harlow: Pearson, 2012, pp. 113-114. Deve-se observar que é comum a doutrina utilizar os

As obrigações do epecista com relação aos equipamentos e materiais podem se estender ainda mais, abarcando a operação dos equipamentos por determinado período, o treinamento do pessoal do dono da obra e a prestação de serviços de manutenção e assistência técnica. Vale mencionar que essas obrigações que se prolongam para além do comissionamento são muitas vezes adotadas com o objetivo de garantir que o epecista se esforce para executar um empreendimento de alta qualidade e eficiência. Caso o contrário, incorrerá em custos elevados de operação e manutenção do empreendimento[364]. Destaque-se também que, em paralelo a essa obrigação de assistência técnica que pode ser contratada com o epecista, há ainda a garantia de fábrica dos equipamentos. Sendo o fabricante um terceiro subcontratado, o epecista costuma transferir ao dono da obra a garantia por aquele assegurada.

termos EPC e "*turnkey*" como sinônimos, o que não se mostra de todo adequado. Primeiro, porque "*turnkey*" é bastante referido como um termo de significado pouco claro, motivo pelo qual é preferível evitar a sua utilização. É a crítica que tecem, por exemplo, os seguintes autores: CHAPPELL, David et al. **Building law encyclopedia**. Chichester: Wiley-Blackwell, 2009, p. 533 e KLEE, Lukas. **International construction contract law**. Chichester: John Wiley & Sons, 2015, p. 70. Considerando isso, tem-se que um dos significados atribuídos à *turnkey* é o da obrigação de entrega da obra em condições de pronta operação – o que, em verdade, é o sentido literal da expressão. Dessa forma, constata-se que todo contrato de EPC possui a característica de ser um modelo *turnkey*, mas nem todo modelo *turnkey* será um EPC, como no caso da empreitada integral. Veja-se, como exemplo, a desrição de Nael G. BUNNI sobre o termo *turnkey*: "Design-build contracts include any combination of building work together with civil, mechanical and electrical engineering works. On the other hand, turnkey contracts include the provision of a fully-equipped facility, ready for operation at the turn of a key". **The FIDIC Forms of Contract**: the fourth edition of the Red Book, 1992, the 1996 Supplement, the 1999 Red Book, the 1999 Yellow Book, the 1999 Silver Book, 3rd ed. Oxford: Blackwell, 2005, p. 473. É com esse sentido que Rosella Cavallo BORGIA também se refere à "cláusula *turnkey*": "Particolarmente complessa è la prestazione dell'*engineer* quando si impegna a realizzare l'opera con la clausola 'chiavi in mano' (*turn-key*) o, ancora, con la clausola 'chiavi sulla porta', impegnandosi in tal caso all'ulteriore avviamento dell'impianto ed alla consegna alla mano d'opera locale". **Il contratto di Engineering**. Padova: Cedam, 1992, p. 33, destaques no original. Especificamente a respeito do EPC, William GODWIN explica que: "EPC contracts are 'turnkey' contracts in that the contractor provides a complete package, so that the employer or project promoter has a structure 'at the turn of a key'". **International construction contracts**: a handbook with commentary on the FIDIC design-build forms. Chichester: Wiley-Blackwell, 2013, p. 18.

[364] Cf. KLEE, Lukas. **International construction contract law**. Chichester: John Wiley & Sons, 2015, p. 67.

O terceiro grupo de obrigações do epecista é sintetizado pelo termo "*construction*" e se refere à construção do empreendimento. Nesse sentido, cabe ao epecista providenciar a mão de obra, os instrumentos e os equipamentos que irão executar os trabalhos necessários à construção do empreendimento, inclusive preparando e aplicando os materiais fornecidos. Executadas em grande parte no canteiro de obras (*site*), essas atividades estão sujeitas a diversos riscos, merecendo destaque os riscos relacionados a intempéries e os riscos geológicos, cuja concretização pode trazer impactos graves ao planejamento da obra. Trata-se de ponto que requer grande atenção do epecista, visto que, no modelo do EPC, grande parte desses riscos associados à construção lhe é transferida. É o que se passa a explicar.

Ao lado da extensão do escopo acima descrita, o contrato de EPC também se particulariza pela estrutura de alocação de riscos. Recorde-se que o modelo do EPC foi concebido com o objetivo primordial de colocar o dono da obra em uma posição de certeza quanto ao preço, ao prazo de entrega e à qualidade do empreendimento, exigências via de regra formuladas pelos agentes financiadores do projeto. Disso decorre que o EPC se caracteriza por uma estrutura de alocação de riscos fortemente concentrada no epecista, o que se expressa em diversos aspectos da relação entre as partes[365].

[365] A existência de uma estrutura de alocação de riscos que é característica do contrato de EPC é bem enfatizada por Lukas KLEE: "At present, the engineer procure construct (EPC) delivery method is used as a brand name for certain types of design-build (DB) projects and contractors. The abbreviation is used mainly to label a specific risk allocation. In EPC projects, the contractor is responsible for engineering including design (the engineer duty), organizing procurement of works, plants, materials and services (the procurement duties) and executes the construction works (the construct duty)". **International construction contract law**. Chichester: John Wiley & Sons, 2015, p. 66. A concentração de riscos no epecista também é indicada por Fernando MARCONDES como característica distintiva do EPC: "A maior alocação de riscos no Contratado é da natureza da modalidade *EPC Turnkey*, o que, ao menos em teoria, permite ao Contratado considerar em sua proposta um contingenciamento de verba extra para fazer frente aos elevados riscos que assumirá". Contratos de construção por administração com preço máximo garantido: a lógica econômica e a apuração dos resultados. In: Id. (org.). **Temas de direito da construção**. São Paulo: Pini, 2015, p. 12, destaque no original. Lie Uema do CARMO também destaca alguns mecanismos adotados pelo epecista como forma de mitigar os riscos que assume: "Pode-se afirmar que grande parte da responsabilidade e do risco é atribuída ao epcista. Mas a complexidade das obras e os altíssimos valores envolvidos fomentaram a criação concomitante de proteção para o epcista, a fim de mitigar os riscos assumidos, por meio da transferência do risco a terceiros, via contratação de seguros ou por

Primeiramente, examine-se o risco relacionado ao custo final da obra. Dada a necessidade de certeza do dono da obra quanto ao montante total que irá despender para executar o empreendimento, adota-se no EPC a modalidade de remuneração por preço fixo global (*lump sum*). Pactua-se, assim, que o preço a ser pago pelo dono da obra como remuneração do epecista compreende tudo o quanto seja necessário para a execução do escopo especificado no contrato. Com isso, o epecista assume o risco de arcar com diversos custos adicionais em relação ao orçamento inicialmente elaborado. A título de exemplo, podem-se mencionar os custos adicionais causados por variação do preço dos itens orçados, omissões ou erros no orçamento inicial, alterações cambiais, necessidade de correção de falhas e, a depender do que se pactue, também necessidade de remediação ou mitigação dos efeitos de eventos de caso fortuito e força maior.

Deve-se ressalvar, porém, que o preço fixo global não é absolutamente imutável, sendo admitidas algumas hipóteses de modificação de seu valor. A primeira delas consiste na incidência de reajuste. Considerando que os contratos de construção e, particularmente o contrato de EPC, apresentam um período de execução que se protrai no tempo, costumam as partes pactuar que o valor do preço fixo global será periodicamente reajustado conforme determinado índice. Nessa situação, há apenas uma alteração do valor nominal do preço fixo global, para fins de acréscimo de correção monetária. Não há, portanto, verdadeira modificação do preço fixo global, mas somente recomposição do valor da moeda. A segunda hipótese são as causas de aumento pactuadas pelas partes no contrato, via de regra compreendendo modificações de escopo e eventos de caso fortuito ou força maior cujo risco haja sido atribuído ao dono da obra. Nos contratos de EPC, essas causas de aumento costumam ser bastante restritas, limitando ao máximo as possibilidades de modificação do preço fixo global[366].

meio de cláusulas limitativas e exonerativas de responsabilidade e de cláusulas de garantia." **Contratos de Construção de Grandes Obras**. São Paulo: Faculdade de Direito, Universidade de São Paulo, 2012, Tese de Doutorado em Direito Comercial, pp. 104-105. Igualmente, cf. ENEI, José Virgílio Lopes. **Financiamento de projetos**: aspectos jurídicos do financiamento com foco em empreendimentos. São Paulo: Faculdade de Direito, Universidade de São Paulo, 2005, Dissertação de Mestrado em Direito Comercial, pp. 192-193. SILVA, Leonardo Toledo da. Os contratos de EPC e os pleitos de reequilíbrio econômico-contratual. In: Id. (org.). **Direito e infraestrutura**. São Paulo: Saraiva, 2012, pp. 24-25.

[366] Sobre a limitação ao direito do epecista de pleitear adicionais, assim escreve Lukas KLEE: "The contractor is obliged to scrutinize the employer's tender documents, including

Outro risco que é em grande medida transferido ao epecista é o do cumprimento do prazo de conclusão do empreendimento. Visto que os empreendimentos executados sob o modelo de EPC costumam ser objeto de operações econômicas que pressupõem o início de seu funcionamento em determinada data, a certeza do cumprimento do prazo de entrega adquire suma importância. Essa certeza se torna ainda mais necessária quando eventual atraso implicar prejuízos ao dono da obra, sobretudo em razão da não geração de receitas ou da incidência de penalidades em outras relações jurídicas do dono da obra. Bastante ilustrativo é o seguinte exemplo: imagine-se uma planta de geração de energia elétrica, cuja construção é financiada com os recursos obtidos por meio de uma operação de *project finance*, devendo ser esse empréstimo quitado com a receita gerada pela venda da energia produzida, conforme contrato de compra e venda previamente pactuado entre o dono da obra e determinado comprador. Nesse caso, eventual atraso no início da operação da planta causará não apenas o descumprimento do contrato de compra e venda de energia elétrica, mas também o descumprimento do contrato de financiamento. Os prejuízos para o dono da obra, naturalmente, poderão assumir proporções gravíssimas.

Nesse cenário, o contrato de EPC contempla diversos mecanismos destinados a transferir ao epecista os riscos relacionados ao cumprimento do prazo de entrega. De modo semelhante à limitação das causas de modificação do preço fixo global, a primeira medida destinada a garantir a certeza da data de entrega é a restrição das situações que conferem ao epecista o direito de pleitear extensão de prazo. Além disso, também é comum prever que o pagamento do preço fixo global estará vinculado ao cumprimento de um cronograma de datas-marco. Dessa forma, o pagamento das parcelas do preço fixo global fica condicionado ao cumprimento de prazos intermediários de conclusão de parcelas do empreendimento, cujo

specifications, geological surveys and design documents (if any). Barring exceptions, responsibility for related errors lie with the contractor. The contractor, for example, is usually obliged to verify the physical environment on site and bears the responsibility for complications caused by geological and hydrological conditions. The contractor only has limited options to claim for additional payments". **International construction contract law**. Chichester: John Wiley & Sons, 2015, p. 67.

descumprimento acarreta a incidência de penalidades moratórias[367]. Há, por fim, a fixação de penalidade moratória para o caso de descumprimento do prazo final de entrega. Nos contratos de EPC, o valor atribuído a essa penalidade por descumprimento do prazo final costuma ser bastante elevado, de modo a prefixar os vultosos prejuízos que eventual atraso pode causar ao dono da obra.

Os riscos relacionados à qualidade e à performance do empreendimento, por sua vez, também são transferidos ao epecista. Isso ocorre justamente pelo modo de formação do escopo, que consiste em uma obrigação resultado[368]. Em inglês, costuma-se dizer que o epecista assume uma *fitness for purpose obligation*[369]. Assim é que o epecista se obriga a obter determinado resultado, sendo este a entrega de um empreendimento em conformidade com os requisitos de qualidade e de desempenho especificados pelo dono da obra. Se, para tanto, o epecista precisar de materiais em quantidade maior ou de qualidade distinta da inicialmente orçada trata-se

[367] O cronograma de datas-marco e as penalidades intermediárias a ele atreladas costumam ser estabelecidos com o objetivo de incentivar o cumprimento tempestivo do prazo final de entrega, inclusive por meio da recuperação de eventuais atrasos que hajam ocorrido no curso da execução dos trabalhos. Por esse motivo, é comum que se inclua uma cláusula prevendo que as penalidades intermediárias cobradas do epecista serão a ele restituídas se for cumprido o prazo final de entrega da obra.

[368] Em artigo sobre a classificação das obrigações em obrigações de meios, de resultado e de garantia, Fábio Konder COMPARATO explica que: "Já na obrigação de resultado, a problemática se simplifica, pois só se considera adimplida a prestação com a efetiva produção do resultado. A ausência dêste constitui por si só o devedor em mora, cabendo-lhe o ônus da prova de caso fortuito ou fôrça maior para se exonerar de responsabilidade. Mas em tal hipótese, não terá direito à contra-prestação". Obrigações de meios, de resultado e de garantia. **Doutrinas essenciais de responsabilidade civil**, [S.l.], v. 5, out. 2011, pp. 333-348, § 12.

[369] O conceito de *fitness for purpose* é contraposto ao de *reasonable skill and care*. David CHAPPEL formula a seguinte definição para o primeiro: "An obligation to produce something fit for a known purpose is absolute in that it is independent of negligence. In these circumstances the obligation must be achieved. Either the object built or installed is fit for the purpose or it is not. Such an obligation is onerous, and thus the phrase is usually qualified by the word 'reasonable'. The phrase can be looked at from two perspectives. The first relates to goods and materials. (...) The second relates to the finished Works. A similar term of reasonable fitness for purpose will be implied at common law where a contractor undertakes to carry out and complete both the design and the construction of a completed structure, in the absence of an express term to the contrary. The law seems to look to the finished product, not the separate processes involved in achieving that product. (...) This obligation is in contrast to a person simply producing a design (i.e. a service), where the liability is the lower one of reasonable skill and care". **Building law encyclopedia**. Chichester: Wiley-Blackwell, 2009, pp. 210-211.

de sua responsabilidade. Igualmente, também responderá o epecista se o empreendimento, a despeito de executado conforme o projeto elaborado, não apresentar o desempenho pactuado.[370]

Analisadas as características distintivas do EPC, trate-se de seus pontos positivos e negativos[371]. A principal vantagem que desde logo se ressalta é a maior certeza que o dono da obra possui com relação às diversas variáveis envolvidas na execução do empreendimento. É nesse sentido que se prevê o *single point responsibility*, bem como o preço fixo global e o prazo de entrega com poucas possibilidades de variação. Além disso, a concentração de todas as etapas da obra no epecista também permite a obtenção de maior eficiência no planejamento das atividades, seja em razão de propiciar um envolvimento profundo que permite a otimização de processos e soluções, seja por possibilitar que se sobreponha a execução de diversas atividades. Disso resulta que os contratos de EPC podem viabilizar prazos de entrega potencialmente menores. Outra vantagem é o aproveitamento de todo o *know-how* do epecista nas diversas etapas de implantação do empreendimento, o que também contribui para um potencial incremento de eficiência e qualidade.

Com relação às desvantagens do contrato de EPC, há três pontos principais. O primeiro refere-se ao valor do preço, que é tendencialmente mais elevado do que o cobrado em outros modelos de contratação. Trata-se de consequência natural em face da maior quantidade de riscos que se transferem ao epecista, os quais são previamente quantificados e incorporados no preço fixo global[372]. O segundo ponto negativo que se costuma apontar

[370] Observada a ressalva feita na nota de rodapé nº 363, Ricardo Luis LORENZETTI, ao tratar do *contrato llave em mano* (tradução, em espanhol, do inglês *turnkey*), deixa claro qual o resultado a que o epecista se obriga: "Puede advertirse que hay un resultado determinado susceptible de entrega que puede ser calificado como obra; pero esta obra es compleja: no consiste en una construcción, sino en una fábrica, un hospital, un aeropuerto, es decir involucra tanto el edificio como los demás factores que hacen al funcionamiento". **Tratado de los contratos**, t. II. Buenos Aires: Rubinzal-Culzoni, 2000, p. 678.

[371] Para uma enumeração das vantagens e desvantagens do contrato de EPC, cf. KLEE, Lukas. **International construction contract law**. Chichester: John Wiley & Sons, 2015, pp. 68-69. Embora se referindo ao EPC por "*turnkey*", veja-se também CHAPPELL, David et al. **Building law encyclopedia**. Chichester: Wiley-Blackwell, 2009, p. 533.

[372] Leonardo Toledo da SILVA observa que o valor mais elevado do preço nos contratos de EPC pode ser vantajoso quando analisado sob a perspectiva mais ampla da operação econômica para realização do empreendimento: "A falta de certeza jurídica quanto a preço e prazo de

é o menor controle que o dono da obra tem sobre a execução dos trabalhos. Justamente em razão da acentuada concentração de riscos no epecista, é ele que comanda a definição e organização dos trabalhos necessários à entrega do resultado contratado. A interferência do dono, nesse contexto, figura como potencial fonte de impactos no planejamento e na análise de riscos do epecista. Vale pontuar que essa restrição ao controle do dono da obra não afeta seu direito de fiscalizar e acompanhar as atividades do epecista[373]. Por fim, mencione-se que o EPC apresenta menor flexibilidade para acomodar alterações de escopo. Isso porque, diante do planejamento que o epecista realiza para assumir os riscos que lhe são transferidos, podem ser bastante significativos os impactos de prazo e de custo causados por modificações de escopo supervenientes.

À luz das vantagens e desvantagens indicadas acima, pode-se ponderar a respeito das situações para as quais a utilização do contrato de EPC se

implantação acabaria tendo que ser compensada ou por um maior custo do financiamento (taxas de juro), ou pelo oferecimento de outras garantias ao financiador. Nesse contexto, o contrato de EPC torna-se, de certo modo, verdadeira garantia aos organismos financiadores, os quais não raramente participam de forma ativa na definição e na negociação das condições do contrato". Os contratos de EPC e os pleitos de reequilíbrio econômico-contratual. In: Id. (org.). **Direito e infraestrutura**. São Paulo: Saraiva, 2012, p. 22. Vejam-se também as observações de ZENID a propósito do contrato de EPC: "Deixando um pouco de lado o aspecto puramente contratual e observando pelo lado econômico/financeiro, a existência de riscos ou circunstâncias que são difíceis ou não podem ser quantificados no momento pré-contratual, tal como os citados acima, faz com que as construtoras que participam de concorrências para a construção de projetos de grande porte estabeleçam diversas contingências, popularmente chamadas de 'gordura', dentro de seus preços para minimizar tais riscos. Deste modo, eventuais erros na hora de fixar o preço para executar uma determinada obra podem implicar a não contratação da empresa (no caso do preço apresentado ficar muito alto) ou a assunção de riscos que não serão remunerados durante a execução da obra (no caso do preço ficar muito baixo), o que certamente resultará na formulação de reivindicações (os pleitos ou claims) durante a execução da obra". Breves comentários a respeito do contrato de aliança e a sua aplicação em construções de grande porte no Brasil. **Revista de Direito Empresarial**, [S.l.], v. 2, mar./abr. 2014, pp. 69-96, seção 1.

[373] No contrato padrão de EPC elaborado pela FIDIC, consta expressamente esse alerta ao dono da obra: "For the Employer, such single-point responsibility may be advantageous, but the benefits may be offset by having less control over the design process and more difficulty in imposing varied requirements". FÉDÉRATION INTERNATIONALE DES INGÉNIEURS-CONSEILS. **Conditions of contract for design-build and turnkey**, 1st ed. [S.l.], 1995, Foreword. Igualmente, cf. KLEE, Lukas. **International construction contract law**. Chichester: John Wiley & Sons, 2015, p. 70.

mostra adequada[374]. Desde o princípio se afirmou que é um contrato destinado aos casos em que o dono da obra necessita de segurança quanto ao preço, ao prazo e à qualidade do empreendimento que pretende realizar, estando ele disposto a pagar um preço mais elevado para usufruir da concentração de riscos no epecista. Além disso, o modelo do EPC pressupõe que o empreendimento a ser executado envolva não apenas obras civis, mas também uma parcela de trabalhos relacionados ao fornecimento de equipamentos eletromecânicos.

Sob um ponto de vista mais pragmático, há ainda três importantes fatores a se considerar para a adequação do contrato de EPC. O primeiro é o grau de definição dos requisitos do dono da obra. Considerando a pouca flexibilidade do contrato de EPC para absorver variações de escopo, a sua utilização não é adequada para os casos em que o dono da obra precise definir algum requisito posteriormente ou alterá-los no curso dos trabalhos. Por outro lado, recobre-se que a existência de requisitos bem definidos é fundamental para a análise de riscos que o epecista considerará em sua proposta.

O segundo fator refere-se justamente aos riscos que se pretende transferir ao epecista. Isso porque a transferência de riscos não identificáveis[375] ou de riscos não quantificáveis implicará a necessidade de o epecista contingenciar valores bastante elevados, com o consequente aumento do preço fixo global. Da mesma forma, o EPC tampouco é adequado para empreendimentos cuja execução envolva grau de risco elevado, principalmente em

[374] O contrato padrão de EPC elaborado pela FIDIC (*Silver Book*), que será analisado na seção 6.3, contém uma nota introdutória indicando as situações nas quais não se considera adequada a sua utilização. Confira-se: "These Conditions of Contract for EPC/Turnkey Projects are not suitable for use in the following circumstances: • If there is insufficient time or information for tenderers to scrutinise and check the Employer's Requirements or for them to carry out their designs, risk assessment studies and estimating (taking particular account of Sub-Clauses 4.12 and 5.1). • If construction will involve substantial work underground or work in other areas which tenderers cannot inspect; • If the Employer intends to supervise closely or control the Contractor's work, or to review most of the construction drawings. • If the amount of each interim payment is to be determined by an official or other intermediary". FÉDÉRATION INTERNATIONALE DES INGÉNIEURS-CONSEILS. **Conditions of contract for EPC/ turnkey projects**, 1st ed. [S.l.], 1999, Introductory note to the first edition.

[375] A título de exemplo, é o que se passa com a estipulação de cláusulas que alocam no epecista a responsabilidade por "todo e qualquer risco" não expressamente assumido pelo dono da obra.

função de aspectos geológicos ou de inovações tecnológicas sem histórico de uso. Tem-se, novamente, que esses riscos serão precificados e absorvidos pelo preço fixo global, que poderá ser levado a patamares excessivos.[376]

Por fim, a escolha do contrato de EPC também deve passar pela ponderação do tempo disponível para a elaboração da proposta pelo epecista. Dado que o epecista assumirá grande parcela dos riscos relacionados à execução do empreendimento, inclusive se responsabilizando pelas informações e projetos previamente preparados pelo dono da obra, é fundamental que disponha de tempo para realizar os estudos, cálculos e análises necessários à formulação de sua proposta. Não havendo tempo hábil para tanto, o epecista naturalmente irá computar no preço fixo global um valor de contingência para cobrir eventuais erros ou omissões em seu orçamento.[377]

Examinadas as características distintivas do contrato de EPC, seus pontos positivos e negativos, e os principais fatores que influenciam sua adequação, é preciso verificar como isso se concretiza na prática negocial. É o que se faz na próxima seção.

[376] A esse respeito, confira-se o alerta da FIDIC na nota introdutória de seu contrato padrão de EPC: "To obtain increased certainty of the final price, the Contractor is often asked to cover such risks as the occurrence of poor or unexpected ground conditions, and that what is set out in the requirements prepared by the Employer actually will result in the desired objective. If the Contractor is to carry such risks, the Employer obviously must give him the time and opportunity to obtain and consider all relevant information before the Contractor is asked to sign on a fixed contract price. The Employer must also realize that asking responsible contractors to price such risks will increase the construction cost and result in some projects not being commercially viable". FÉDÉRATION INTERNATIONALE DES INGÉNIEURS-CONSEILS. **Conditions of contract for EPC/turnkey projects**, 1st ed. [S.l.], 1999, Introductory note to the first edition.

[377] A necessidade de tempo para elaboração da proposta pelo epecista é bem destacada por Lukas KLEE: "Naturally, this approach can efficiently be used only in specific construction projects – particularly where there is enough time to scrutinize the employer's requirements, verify site conditions and where there are only limited risks foreseen. The contractor must assess the risks and include a risk surcharge in their bid price and the employer must expect this". **International construction contract law**. Chichester: John Wiley & Sons, 2015, p. 67.

6.3. Contrato de EPC: a Prática Negocial e os *Standard Contracts*

6.3.1. Os *Standard Contracts* na Indústria da Construção

Da mesma forma que em outros setores econômicos, as operações realizadas no âmbito da indústria da construção apresentam padrões que se repetem ao longo do tempo, ainda que com ajustes para melhor se adequar a cada caso específico. Na área de grandes empreendimentos, na qual se situam os contratos de EPC, essas operações se mostram bastante complexas e envolvem valores elevados. Há, por isso, uma exigência de segurança jurídica muito grande, seja quanto às normas que irão regular cada relação, seja quanto à boa aplicação dos procedimentos acordados. Todas essas circunstâncias, naturalmente, repercutem sobre as características dos instrumentos jurídicos que se utilizam.

A prática revela que os contratos firmados entre donos de obra e construtores para execução de grandes empreendimentos apresentam algumas características comuns. Trata-se, via de regra, de contratos bastante extensos, que regulam em detalhes os vários aspectos da relação entre as partes, assim como os procedimentos destinados a solucionar as diversas situações que porventura surjam ao longo de sua execução. Busca-se, com isso, criar contratos que apresentem o maior grau de completude possível[378].

A criação de contratos que se pretendem autossuficientes é comumente vista como uma fonte de segurança jurídica, que atua no sentido de mitigar os riscos associados à aplicação da legislação nacional. Isso é particularmente relevante nos casos de atuação internacional, em que a legislação aplicável pode ser desconhecida para uma ou ambas as partes contratantes. Há que se considerar, além disso, a forte influência dos

[378] Apenas para ilustrar, pode-se mencionar que, via de regra, a extensão desses contratos costuma variar entre 50 e 100 páginas, sem contar os diversos anexos que se juntam. É o que em inglês se refere por *self-contained* ou *self-regulatory agreements*. Cf. BORGIA, Rossella Cavallo. **Il contratto di Engineering**. Padova: Cedam, 1992, p. 107, n.r. 4. LAPERTOSA, Flavio. **L'engineering**. Milano: Giuffrè, 1993, p. 120. SANTONOCITO-PLUTA, Alessandra. Introduzione al contratto di *engineering* nel diritto italiano e nel diritto tedesco. In: CAPRARA, Andrea; TESCARO, Mauro. **Studi sul c.d. contratto di *engineering***. Napoli: Edizione Scientifiche Italiane, 2016, p. 110. VALDES, Juan Eduardo Figueroa. Os contratos de construção FIDIC perante o direito chileno. In: MARCONDES, Fernando (org.). **Direito da construção**: estudos sobre as várias áreas do direito aplicadas ao mercado da construção. São Paulo: Pini, 2014, p. 206.

agentes financiadores, para os quais a previsibilidade dos resultados e a mitigação dos potenciais riscos são pontos cruciais na decisão de conceder ou não os recursos solicitados.[379]

A questão que se coloca, todavia, é que a elaboração de contratos com essas características é custosa e demorada. Não é factível esperar que, para cada operação realizada, as partes negociem a concepção de um novo contrato[380]. As próprias partes envolvidas em transações recorrentes começaram, então, a elaborar seus próprios padrões de minuta para cada modalidade de operação. Essa solução, porém, resolvia apenas parcialmente os problemas. Primeiro, porque essas minutas eram unilaterais e muitas vezes se apresentavam indevidamente desequilibradas em favor de uma das partes. Além disso, apenas a parte criadora da minuta estava com ela familiarizada, persistindo a insegurança da contraparte e dos eventuais agentes financiadores com o teor das normas e dos procedimentos previstos.

Diante do contexto acima descrito, associações de classe e entidades internacionais passaram a publicar contratos padrão para os mais diversos modelos de operação realizados pela indústria da construção[381]. Denominados *standard contracts*, costumam ser apresentados como expressão das melhores práticas no setor, prevendo uma distribuição de riscos adequada

[379] Vale destacar que os riscos relacionados à legislação nacional não se referem apenas ao conteúdo de suas normas, mas também à sua aplicação pelo poder judiciário local. Por essa razão, é habitual que os contratos de construção de grandes obras prevejam cláusula compromissória, atribuindo a um ou mais árbitros a competência para resolução de eventuais conflitos.

[380] É o que bem expressa Allan ASHWORTH, ao explicar as razões para o desenvolvimento dos *standard contracts*: "The widespread use of standard forms within the construction industry is also partly accounted for by the practical impossibility of writing a set of new conditions for every project, even if this were in any way desirable". **Contractual procedures in the construction industry**, 6th ed. Harlow: Pearson, 2012, p. 65.

[381] A título exemplificativo, podem-se mencionar as seguintes associações e entidades: *Fédération Internationale des Ingénieurs-Conseils* (FIDIC), *Institution of Civil Engineers* (ICE), *Joint Contracts Tribunal* (JCT), *American Institute of Architects* (AIA), *Royal Institution of Chartered Surveyors* (RICS). Sobre o assunto, Francesca PETULLÀ chega memso a afirmar que os *standard contracts* e guias para elaboração de contratos publicados por organizações internacionais e pelas associações nacionais e internacionais de classe são a verdadeira fonte dos contratos de *engineering*. Cf. L'engineering. In: FRANCHINI, Claudio (org.). **Trattato dei contratti**. Torino: UTET, 2006, v. 8, I conttratti con la pubblica amministrazione, 2ª ed., t. II, capitolo ventunesimo, p. 1104. O mesmo é referido por SANTONOCITO-PLUTA, Alessandra. Introduzione al contratto di *engineering* nel diritto italiano e nel diritto tedesco. In: CAPRARA, Andrea; TESCARO, Mauro. **Studi sul c.d. contratto di *engineering***. Napoli: Edizione Scientifiche Italiane, 2016, pp. 109-110.

para cada modelo de operação, assim como normas e procedimentos já experimentados concretamente. A sua elaboração é feita, via de regra, por comissões cuja composição se pretende paritária, de modo a refletir os interesses dos vários agentes atuantes na indústria da construção.[382]

Assim sendo, a doutrina aponta diversas vantagens propiciadas pelos *standard contracts*[383]. Primeiramente, tem-se que os *standard contracts* facilitam o processo de negociação entre as partes. A adoção de um modelo contratual já pronto e que conta com a chancela de uma associação ou entidade reconhecida não apenas reduz os custos e o tempo envolvidos, mas também evita inúmeros desgastes que seriam gerados caso houvesse necessidade de se elaborar cada uma das cláusulas do contrato. Associado a isso há a segurança propiciada pelo uso de padrões já testados na prática. Essa segurança é potencializada sobretudo quando as partes utilizam um *standard contract* de forma reiterada, adquirindo familiaridade com seus termos e procedimentos, inclusive no que tange à clareza da alocação de riscos. Como resultado, há o surgimento de uma interpretação conhecida das disposições dos *standard contracts*, o que é fundamental para a previsibilidade e a segurança buscadas. Tem-se, em última instância, que os *standard contracts* atuam como fator de redução dos custos de transação[384].

[382] Referindo-se aos *standard contracts* elaborados pela FIDIC, vejam-se as palavras de Rafael MARINANGELO e Lukáš KLEE: "A complexidade e os altíssimos valores envolvidos em contratos de construção civil recomendam um maior grau de detalhamento, proporcionando uma maior clareza quanto às obrigações reciprocamente assumidas pelas partes e, com isso, viabilizando (ao menos em tese) soluções mais rápidas de eventuais litígios. É exatamente nesse contexto que os padrões FIDIC atuam. A proposição de documentos-padrão extensos e já experimentados, com regulamentos detalhados e específicos das obrigações envolvidas, distribuição de riscos e procedimentos de solução de conflitos tem por finalidade, justamente, evitar lacunas, proporcionando maior segurança e previsibilidade na concretização de grandes unidades de investimento". **Recomendações FIDIC para orientação de contratos e obras**: International Federation of Consulting Engineers. São Paulo: Pini, 2014, p. 18.

[383] Sobre o assunto, cf. ASHWORTH, Allan. **Contractual procedures in the construction industry**, 6th ed. Harlow: Pearson, 2012, pp. 67-68. MURDOCH, John; HUGHES, Will. **Construction contracts**: law and management, 3rd ed. London: Spon, 2000, p. 98. OSINSKI, Corina. **Delivering Infrastructure: International Best Practice – FIDIC Contracts**: A Contrtactor's View. [S.l.]: Society of Construction Law, 2002, pp. 1-3.

[384] José Virgílio Lopes ENEI trata das vantagens da utilização de *standard contracts* no âmbito das operações de *project finance*: "Essa alocação eficiente de riscos [do financiamento de projetos] é alcançada por meio de uma rede de contratos coligados cujas disposições são, na sua maior parte, baseadas em padrões amplamente testados em operações similares. Essa padronização e seus precedentes, assim como os usos e costumes praticados nesse segmento

A despeito das vantagens acima indicadas, os *standard contracts* também são objeto de crítica em alguns aspectos. Questionam-se, em especial, a representatividade das comissões que os elaboram e a equidade da alocação de riscos promovida. Alega-se também que a forma pela qual os *standard contracts* são apresentados pode induzir as partes a utilizá-los de maneira automática e não criteriosa, desconsiderando as particularidades de cada caso concreto. No mesmo sentido é a crítica que se faz à simples importação, por países em desenvolvimento, de *standard contracts* adotados nos países desenvolvidos.[385]

Ponderadas as vantagens e desvantagens dos *standard contracts*, nota-se que foram muito bem aceitos pela prática, com visíveis influências sobre as contratações realizadas. Mencione-se, a título de exemplo, que diversas entidades financiadoras internacionais passaram a exigir a utilização de determinado *standard contract* como requisito para a concessão de empréstimos. Igualmente, há governos que vêm adotando *standard contracts* como modelos para celebração de contratos públicos. Paralelamente a essa aplicação direta, também é comum encontrar contratos que utilizam estrutura semelhante à de algum *standard contract* ou que incorporam cláusulas dele extraídas.

6.3.2. *Conditions of Contract for EPC/turnkey Projects (Silver Book)*

Feita uma breve introdução sobre os *standard contracts* em geral, foque-se então no contrato de EPC. Nesse ponto, serão analisadas as *Conditions of Contract for EPC/Turnkey Projects* elaboradas pela *Fédération Internationale*

empresarial, contribuem para facilitar a interpretação das referidas disposições contratuais, assegurando uma maior clareza quanto à distribuição dos riscos entre as partes. Com efeito, há uma série de fontes supletivas que contribuem para suprimir eventuais omissões dos partícipes de uma operação de financiamento de projetos, antes mesmo que se tenha que recorrer ao direito positivo. Toda essa padronização, precedentes e fontes supletivas contribuem para reduzir os chamados custos de transação. A padronização e detalhamento dos contratos diminuem a importância supletiva do direito positivo contratual e suas normas dispositivas". **Financiamento de projetos**: aspectos jurídicos do financiamento com foco em empreendimentos. São Paulo: Faculdade de Direito, Universidade de São Paulo, 2005, Dissertação de Mestrado em Direito Comercial, p. 188.

[385] Cf. MURDOCH, John; HUGHES, Will. **Construction contracts**: law and management, 3rd ed. London: Spon, 2000, pp. 95-98. KLEE, Lukas. **International construction contract law**. Chichester: John Wiley & Sons, 2015, p. 5.

des Ingénieurs-Conseils (FIDIC), que constituem o contrato padrão mais paradigmático e de maior repercussão no tema. Pretende-se, com isso, colher elementos que evidenciem as características do contrato de EPC na prática negocial[386].

A FIDIC é uma associação com sede na Suíça, fundada em 22 de julho de 1913 e que possui grande renome na indústria da construção, sobretudo no que tange à publicação de contratos padrão[387]. Sua atuação nessa esfera data de mais de sessenta anos, visto que em agosto de 1957 foi publicado seu primeiro contrato padrão, as *Conditions of Contract for Works of Civil Engineering Construction*. Conhecido como *Red Book*, destinava-se a estruturar operações de construção civil no modelo DBB e teve ampla aceitação na prática, contando com quatro edições publicadas ao longo

[386] Procede-se na mesma linha descrita por Rossella de Cavallo BORGIA: "Di valenza opposta a tale preliminare valutazione di tipo negativo, resulta però subito la constatazione di taluni decisivi strumenti utili al fine di percepire a pieno la realtà delle pratiche contrattuali nel settore *engineering*. Si tratta dei modelli elaborati nell'ambito di particolari organismi: la FIDIC inglese, l'ORGALIME belga, l'ACEC, l'*Economic Commission of Europe* dell'ONU. Orbene, l'esame dei testi prodotti ed assiduamente aggiornati da tali organismi conforta nel ritenere possibile l'individuazione di schemi e modelli, anche se per settori di attività, i quali attraverso il vaglio dei casi di gran lunga prevalenti, l'analisi delle fattispecie operative più diffuse e la ricerca dei caratteri di normalità nell'attività dell'*engineer*, riescono ad evidenziare i connotati caratterizzanti del relativo contratto". **Il contratto di Engineering**. Padova: Cedam, 1992, pp. 34-35, destaques no original.

[387] A respeito da grande difusão dos modelos de contrato padrão publicados pela FIDIC, veja-se a estatística indicada por Rafael MARINANGELO e Lukáš KLEE: "As condições contratuais da *Féderation Internationale des Ingénieurs-Conseils* (abreviação FIDIC) instituíram o padrão mais difundido de condições contratuais comerciais para serviços de construção, no mundo atual. (...) A relevância das condições contratuais FIDIC pode ser atestada pelo último censo apresentado na conferência '*FIDIC International Contract Users Conference 2010*', cujos resultados mostraram que mais de 50% de toda a construção civil mundial submete-se ao regime FIDIC, percentual em crescente ascensão diante da disseminação de seu uso em países de língua portuguesa e da América Latina". **Recomendações FIDIC para orientação de contratos e obras**: International Federation of Consulting Engineers. São Paulo: Pini, 2014, p. 12, destaques no original. Também considerando os modelos de contrato padrão elaborados pela FIDIC como expressão da prática internacional no setor de construção, cf. SANTONOCITO-PLUTA, Alessandra. Introduzione al contratto di *engineering* nel diritto italiano e nel diritto tedesco. In: CAPRARA, Andrea; TESCARO, Mauro. **Studi sul c.d. contratto di *engineering***. Napoli: Edizione Scientifiche Italiane, 2016, pp. 109-110. VALDES, Juan Eduardo Figueroa. Os contratos de construção FIDIC perante o direito chileno. In: MARCONDES, Fernando (org.). **Direito da construção**: estudos sobre as várias áreas do direito aplicadas ao mercado da construção. São Paulo: Pini, 2014, pp. 205-206.

de quase quarenta anos. Foi somente em 1999 que a FIDIC substituiu a quarta edição do *Red Book* por um novo modelo contratual, as *Conditions of Contract for Construction: for Building and Engineering Works Designed by the Employer*, que findaram por herdar a alcunha de *Red Book*. Para ilustrar seu grau de repercussão, pode-se mencionar que o uso do *Red Book* por entidades internacionais de financiamento foi tamanho, que inclusive motivou a FIDIC a publicar, em 2005, uma versão com alguns ajustes específicos para essa espécie de operação, a *Multilateral Development Bank Harmonised Edition*, conhecida como *Pink Book*. Diante do sucesso do *Red Book*, a FIDIC passou a publicar diversos outros modelos de contratos padrão, atendendo às demandas do setor para as novas operações praticadas. É precisamente o que se passou com o contrato padrão de EPC.

As *Conditions of Contract for EPC/Turnkey Projects*, popularmente conhecidas como *Silver Book*, tiveram a sua primeira versão publicada pela FIDIC em 1999, em conjunto com outros três modelos de contratos padrão: as já mencionadas *Conditions of contract for construction* (*Red Book*), as *Conditions of Contract for Plant and Design-Build* (*Yellow Book*) e o *Short Form of Contract* (*Green Book*). A esse conjunto, ao qual ainda foram adicionados novos modelos publicados posteriormente, costuma-se referir por *FIDIC Rainbow*[388]. Em meados de dezembro de 2017, a FIDIC publicou a segunda edição do *Red Book*, do *Yellow Book* e do *Silver Book*, cujas as alterações, conforme os comentários já divulgados, não afetaram a estrutura essencial da alocação de riscos de cada um dos modelos[389]. Assim sendo, as cláusulas do *Silver Book* citadas ao longo do presente trabalho serão as de sua segunda edição, indicando-se em nota de rodapé, para fins comparativos, as da primeira edição.

[388] O conjunto de contratos padrão publicados em 1999 representou uma grande mudança na lógica de elaboração utilizada pela FIDIC, já que os modelos deixaram de adotar como critério distintivo a natureza do projeto a ser executado (ex.: projetos de obras civis, projetos de obras eletromecânicas, etc.) e passaram a se distinguir pela estrutura de alocação de riscos. Sobre esse assunto, cf. BUNNI, Nael G. **The FIDIC Forms of Contract**: the fourth edition of the Red Book, 1992, the 1996 Supplement, the 1999 Red Book, the 1999 Yellow Book, the 1999 Silver Book, 3rd ed. Oxford: Blackwell, 2005, pp. 488 e 490.

[389] BAKER, Ellis; LAVERS, Anthony P.; MAJOR, Rebecca. A new FIDIC Rainbow: Red, Yellow and Silver. **White & Case**, [S.l.], 5 dez. 2017. Disponível em: <https://www.whitecase.com/publications/alert/new-fidic-rainbow-red-yellow-and-silver>. Acesso em 10 dez. 2017. CMS CAMERON MCKENNA NABARRO OLSWANG. **CMS guide to the FIDIC 2017 suite**. London, 2017.

O *Silver Book*, como consta no seu próprio título, é o modelo de contrato padrão que a FIDIC desenvolveu para as contratações por EPC. A respeito do contexto que levou à criação desse modelo, a própria entidade explica que as razões para sua elaboração estão intrinsecamente vinculadas ao crescimento das operações de *project finance*. Isso porque os agentes envolvidos nessas operações passaram a demandar um modelo de contrato padrão que, concentrando grande parte dos riscos no contratado, oferecesse ao dono da obra e ao agente financiador a certeza do prazo de conclusão e do preço final a ser pago. Confira-se o texto preparado pela FIDIC na introdução à primeira edição do *Silver Book*:

> Durante os últimos anos, notou-se que o mercado da construção vem requerendo um modelo de contrato no qual a certeza do preço final e, frequentemente, também da data de conclusão sejam de extrema importância. Os contratantes nesses projetos *turnkey* estão dispostos a pagar mais – às vezes consideravelmente mais – por seus projetos se houver maior grau de certeza de que o preço final acordado não será excedido. Entre esses projetos, encontram-se muitos projetos financiados por fundos privados, nos quais os agentes financiadores requerem que os custos do projeto para o dono da obra tenham maior certeza do que o previsto na alocação de riscos dos modelos tradicionais de contratos elaborados pela FIDIC. Muitas vezes, a construção do empreendimento (o contrato de EPC – *Engineer, Procure, Construct*) é apenas parte de uma complicada operação comercial, de modo que o insucesso da construção, tanto financeiro como de outro aspecto, pode comprometer a totalidade da operação.[390]

[390] Tradução livre do original em inglês: "During recent years it has been noticed that much of the construction market requires a form of contract where certainty of final price, and often of completion date, are of extreme importance. Employers on such turnkey projects are willing to pay more – sometimes considerably more – for their project if they can be more certain that the agreed final price will not be exceeded. Among such projects can be found many projects financed by private funds, where the lenders require greater certainty about a project's costs to the Employer than is allowed for under the allocation of risks provided for by FIDIC's traditional forms of contracts. Often the construction project (the EPC – Engineer, Procure, Construct – Contract) is only one part of a complicated commercial venture, and financial or other failure of this construction project will jeopardize the whole venture". FÉDÉRATION INTERNATIONALE DES INGÉNIEURS-CONSEILS. **Conditions of contract for EPC/ turnkey projects**, 1st ed. [S.l.], 1999, Introductory note to first edition. No mesmo sentido, cf. BUNNI, Nael G. **The FIDIC Forms of Contract**: the fourth edition of the Red Book, 1992, the 1996 Supplement, the 1999 Red Book, the 1999 Yellow Book, the 1999 Silver Book,

Diante disso, o *Silver Book* é apresentado como um modelo de contrato cuja alocação de riscos é expressa e propositadamente desequilibrada, concentrando no epecista a maior parte dos riscos. Mencione-se também que o *Silver Book* é colocado como um modelo de contrato destinado a empreendimentos de grande porte, cuja totalidade da execução se deseja atribuir a uma única parte, pagando-lhe um preço fixo global. Com efeito, não poderia ser diferente, já que esses dois pontos são características essenciais do contrato de EPC, conforme explicado na seção 6.2 acima. Nesse sentido, vale transcrever novamente as palavras da FIDIC sobre o *Silver Book* em sua primeira edição:

> Condições Contratuais para Projetos EPC/*Turnkey*", as quais podem ser utilizadas para o fornecimento, em regime *turnkey*, de plantas industriais ou de geração de energia, fábricas ou instalações similares, projetos de infraestrutura ou outros tipos de empreendimentos, nos quais (i) há necessidade de alto grau de certeza quanto ao preço final e ao prazo de conclusão; e (ii) o contratado assume total responsabilidade pela elaboração dos projetos e pela execução do empreendimento, com pouco envolvimento do dono da obra. Nos modelos habituais para empreendimentos *turnkey*, o contratado é totalmente encarregado da elaboração de projetos, dos fornecimentos e da construção [*Engineering, Procurement and Construction*] (EPC): entregam-se instalações totalmente equipadas, prontas para operação (no "virar da chave" [*at the turn of the key*]).[391]

3rd ed. Oxford: Blackwell, 2005, pp. 581-582. KLEE, Lukas. **International construction contract law**. Chichester: John Wiley & Sons, 2015, p. 66. VALDES, Juan Eduardo Figueroa. Os contratos de construção FIDIC perante o direito chileno. In: MARCONDES, Fernando (org.). **Direito da construção**: estudos sobre as várias áreas do direito aplicadas ao mercado da construção. São Paulo: Pini, 2014, pp. 208-209.

[391] Tradução livre do original em inglês: "Conditions of Contract for EPC/Turnkey Projects, which may be suitable for the provision on a turnkey basis of a process or power plant, of a factory or similar facility, or of an infrastructure project or other type of development, where (i) a higher degree of certainty of final price and time is required, and (ii) the Contractor takes total responsigbility for the design and execution of the project, with little involvement of the Employer. Under the usual arrangements for turnkey projects, the Contractor carries out all the Engineering, Procurement and Construction (EPC): providing a fully-equipped facility, ready for operation (at the 'turn of the key')". FÉDÉRATION INTERNATIONALE DES INGÉNIEURS-CONSEILS. **Conditions of contract for EPC/turnkey projects**, 1st ed. [S.l.], 1999, Foreword.

Na segunda edição do *Silver Book*, a FIDIC manteve a recomendação originalmente constante no *Guidance for the Preparation of Particular Conditions*:

Os termos destas Condições Contratuais para Projetos EPC/Turnkey foram preparados pela *Fédération Internationale des Ingénieurs-Conseils* (FIDIC) e são recomendados quando uma entidade assume total responsabilidade por um projeto de engenharia, incluindo elaboração dos projetos, produção, entrega e montagem das Instalações, e pela elaboração dos projetos e execução dos trabalhos de construção e de engenharia, e quando os concorrentes são convidados em âmbito internacional.[392]

No que tange à estrutura adotada para o *Silver Book*, a FIDIC seguiu a mesma solução utilizada nos demais modelos de contrato padrão que publicou. Dividiu o contrato, portanto, em duas grandes partes: as Condições Gerais e as Condições Particulares. Pretende-se, com isso, que as adaptações do contrato padrão às peculiaridades de cada caso concreto sejam realizadas mediante modificações apenas nas Condições Particulares. Mantém-se, com isso, inalterado o texto das Condições Gerais preparadas pela FIDIC, evitando a criação de inconsistências. Por essa razão, a seguir serão expostas as cláusulas das Condições Gerais do *Silver Book* que expressam as principais características do contrato de EPC.

Enfoque-se, primeiramente, a extensão do escopo do epecista. A esse respeito, é bastante ilustrativa a cláusula 4.1 do *Silver Book*, que trata das "Obrigações Gerais do Contratado". Nessa disposição, prevê-se a obrigação do epecista de realizar todas as etapas de execução do empreendimento, incluindo a elaboração de projetos e a determinação das soluções técnicas; o fornecimento de mão de obra, materiais e equipamentos; e a construção (*engineering, procurement and construction*). Para tanto, a cláusula ressalta que o epecista deverá realizar todas as atividades que se mostrarem necessárias, ainda que não expressamente previstas no contrato e em seus anexos. Além disso, é expressamente enunciada a obrigação do epecista de entregar um

[392] Tradução livre do original em inglês: "The terms of the Conditions of Contract for EPC/Turnkey Projects have been prepared by the Fédération Internationale des Ingénieurs-Conseils (FIDIC) and are recommended where one entity takes total responsibility for an engineering project, including design, manufacture, delivery and installation of Plant, and for the design and execution of building or engineering works, and where tenders are invited on an international basis." FÉDÉRATION INTERNATIONALE DES INGÉNIEURS-CONSEILS. **Conditions of contract for EPC/turnkey projects**, 2nd ed. Geneva, 2017, Guidance for the preparation of particular conditions, p. 8.

resultado que atenda aos requisitos do dono da obra (*fitness for purpose responsibility*), entre os quais constam os requisitos de desempenho a serem obtidos. Confira-se, então, a íntegra da cláusula 4.1:

> 4.1. Obrigações Gerais do Contratado
> O Contratado deve executar o Escopo em conformidade com o Contrato. Uma vez concluído, o Escopo (ou Seção ou elemento importante das Instalações, se houver) deve atender à(s) finalidade(s) para a(s) qual(is) se destina conforme definida e descrita nos Requisitos do Dono da Obra ou, quando nenhuma finalidade for assim definida ou descrita, à(s) finalidade(s) ordinária(s).
> O Contratado deve fornecer as Instalações (e peças sobressalente, se houver) e os Documentos do Contratado especificados nos Requisitos do Dono da Obra, bem como todo o Pessoal do Contratado, os Bens, consumíveis e outros bens e serviços, tanto de natureza temporária quanto definitiva, que sejam necessários ao cumprimento das obrigações do Contratado sob o Contrato.
> O Escopo deve incluir qualquer atividade que seja necessária à satisfação dos Requisitos do Dono da Obra e Anexos, ou que decorram do Contrato, e todas as atividades que (embora não mencionadas no Contrato) sejam necessárias à estabilidade ou à conclusão, ou à segurança e correta operação, do Escopo.
> O Contratado é responsável pela adequação, estabilidade e segurança de todas as suas operações e atividades, todos os métodos construtivos e todo o Escopo.
> O Contratado deve, sempre que requerido pelo Dono da Obra, apresentar informações detalhadas sobre os procedimentos e métodos que o Contratado pretende adotar para a execução do Escopo. Não se podem fazer alterações significativas nesses procedimentos e métodos sem que essas alterações sejam submetidas ao Dono da Obra.[393]

[393] Tradução livre do original em inglês: "4.1. Contractor's General Obligations. The Contractor shall execute the Works in accordance with the Contract. When completed, the Works (or Section or major item of Plant, if any) shall be fit for the purpose(s) for which they are intended, as defined and described in the Employer's Requirements or, where no purpose(s) are so defined and described, fit for the ordinary purpose(s). The Contractor shall provide the Plant (and spare parts, if any) and Contractor's Documents specified in the Employer's Requirements, and all Contractor's Personnel, Goods, consumables and other things and services, whether of a temporary or permanent nature, required to fulfill the Contractor's obligations under the Contract. The Works shall include any work which is necessary to satisfy the Employer's Requirements and Schedules, or is implied by the Contract, and all

Especificamente quanto às obrigações do epecista de comissionar os equipamentos, o *Silver Book* prevê, na cláusula 9, o dever de realizar os testes na conclusão do empreendimento (*tests on completion*). Além desse, é ainda possível que se pactue mais um momento de testes, os testes pós conclusão previstos na cláusula 12 (*tests after completion*). No entanto, são os primeiros que requerem maior atenção, já que a prova da confiabilidade e da performance do empreendimento para fins de recebimento pelo dono da obra depende do sucesso no resultado desses testes[394]. Conforme descrito na cláusula 9.1, os testes para recebimento do escopo contemplam a seguinte sequência, que pode ser alterada pelas partes nas Condições Particulares:

works which (although not mentioned in the Contract) are necessary for stability or for the completion, or safe and proper operation, of the Works. The Contractor shall be responsible for the adequacy, stability and safety of all the Contractor's operations and activities, of all methods of construction and of all the Works. The Contractor shall, whenever required by the Employer, submit details of the arrangements and methods which the Contractor proposes to adopt for the execution of the Works. No significant alteration to these arrangements and methods shall be made without this alteration having been submitted to the Employer." Na primeira edição do *Silver Book*, constava a seguinte redação, que apresenta ligeiras diferenças: "4.1. Contractor's General Obligations. The Contractor shall design, execute and complete the Works in accordance with the Contract, and shall remedy any defects in the Works. When completed, the Works shall be fit for the purposes for which the Works are intended as defined in the Contract. The Contractor shall provide the Plant and Contractor's Documents specified in the Contract, and all Contractor's Personnel, Goods, consumables and other things and services, whether of a temporary or permanent nature, required in and for this design, execution, completion and remedying of defects. The Works shall include any work which is necessary to satisfy the Employer's Requirements, or is implied by the Contract, and all works which (although not mentioned in the Contract) are necessary for stability or for the completion, or safe and proper operation, of the Works. The Contractor shall be responsible for the adequacy, stability and safety of all Site operations, of all methods of construction and of all the Works.The Contractor shall, whenever required by the Employer, submit details of the arrangements and methods which the Contractor proposes to adopt for the execution of the Works. No significant alteration to these arrangements and methods shall be made without this having previously been notified to the Employer."

[394] A própria FIDIC, na primeira edição do *Silver Book*, destaca a importância dos testes na conclusão: "A feature of this type of contract is that the Contractor has to prove the reliability and performance of his plant and equipment. Therefore special attention is given to the 'Tests on Completion', which often take place over a considerable time period, and Taking Over shall take place only after successful completion of these tests". FÉDÉRATION INTERNATIONALE DES INGÉNIEURS-CONSEILS. **Conditions of contract for EPC/ turnkey projects**, 1st ed. [S.l.], 1999, Introductory note to first edition.

Testes para Recebimento do Escopo

9.1. Obrigações do Contratado

O Contratado deve realizar os Testes para Recebimento do Escopo nos termos desta Cláusula e da Sub-Cláusula 7.4 [*Testes pelo Contratado*], após haver submetido os documentos conforme a Sub-Cláusula 5.6 [*Documentos As-Built*] e a Sub-Cláusula 5.7 [*Manuais de Operação e Manutenção*]. (...)

Exceto se disposto diferentemente nos Requisitos do Dono da Obra, os Testes para Recebimento do Escopo devem ser realizados na seguinte sequência:

(a) testes de pré-comissionamento (dentro ou fora do Local da Obra), que devem incluir as inspeções ("a seco" ou "a frio") e os testes funcionais necessários à demonstração de que cada item do Escopo ou Seção pode ser submetido com segurança à próxima etapa prevista na alínea (b) adiante;

(b) testes de comissionamento, que devem incluir os testes operacionais especificados nos Requisitos do Dono da Obra para demonstrar que o Escopo ou uma Seção pode ser operada com segurança e conforme o que foi especificado nos Requisitos do Dono da Obra, sob todas as condições de operações disponíveis; e

(c) operação assistida (na extensão possível sob as condições de operação disponíveis), que deve demonstrar que o Escopo ou uma Seção apresenta desempenho confiável e em conformidade com o Contrato. (...)[395]

[395] Tradução livre do original em inglês: "Tests on Completion. 9.1. Contractor's Obligations. The Contractor shall carry out the Tests on Completion in accordance with this Clause and Sub-Clause 7.4 [Testing by the Contractor], after submitting the documents under Sub-Clause 5.6 [As-Built Records] and Sub-Clause 5.7 [Operation and Maintenance Manuals]. (...) Unless otherwise stated in the Employer's Requirements, the Tests on Completion shall be carried out in the following sequence: (a) pre-commissioning tests (on or off the Site, as appropriate), which shall include the appropriate inspections and ('dry' or 'cold') functional tests to demonstrate that each item of the Works or Section can safely under-take the next stage under sub-paragraph (b) below; (b) commissioning tests, which shall include the operational tests specified in the Employer's Requirements to demonstrate that the Works or Section can be operated safely and as specified in the Employer's Requirements, under all available operating conditions; and (c) trial operation (to the extent possible under available operating conditions), which shall demonstrate that the Works or Section perform reliably and in accordance with the Contract. (...)". A redação constante na primeira edição do *Silver Book* apresenta pequenas diferenças na redação: "Tests on Completion. 9.1. Contractor's Obligations. The Contractor shall carry out the Tests on Completion in accordance with this Clause and Sub-Clause 7.4 [*Testing*], after providing the documents in accordance with Sub-Clause 5.6 [*As-Built Documents*] and Sub-Clause 5.7 [*Operation and Maintenance Manuals*]. (...) Unless otherwise stated in the Particular Conditions, the Tests on Completion shall be carried out in the following sequence: (a) pre-commissioning tests, which shall include the appropriate

Por derradeiro, vale mencionar que o *Silver Book* também prevê a possibilidade de as partes acordarem que o epecista irá treinar o pessoal do dono da obra para fins de operação e manutenção do empreendimento. É esse o teor da cláusula 5.5, que dispõe sobre a obrigação do epecista de realizar os treinamentos de pessoal exigidos nos requisitos do dono da obra, podendo-se prever que esses treinamentos devem ocorrer antes ou depois da entrega do empreendimento[396].

Demonstrada a extensão do escopo atribuído ao epecista no *Silver Book*, trate-se da estrutura de alocação de riscos. Anteriormente já se mencionou que a própria FIDIC apresenta o *Silver Book* como um modelo de contrato no qual os riscos são fortemente concentrados no epecista. Isso se expressa em várias de suas cláusulas, sendo algumas delas bastante eloquentes – motivo pelo qual serão destacadas a seguir.

Primeiramente, mencione-se a transferência, ao epecista, de grande parte dos riscos vinculados ao custo final da execução do empreendimento. Nesse sentido, a cláusula 14.1 do *Silver Book* prevê que a remuneração a ser paga pela execução do escopo será o "Preço do Contrato", determinado na

inspections and ('dry' or 'cold') functional tests to demonstrate that each item of Plant can safely under-take the next stage, (b); (b) commissioning tests, which shall include the specified operational tests to demonstrate that the Works or Section can be operated safely and as specified, under all available operating conditions; and (c) trial operation, which shall demonstrate that the Works or Section perform reliably and in accordance with the Contract. (...)".

[396] "5.5. Training. If no training of employees of the Employer (and/or other identified personnel) by the Contractor is specified in the Employer's Requirements, this Sub-Clause shall not apply. The Contractor shall carry out training of employees of the Employer (and/or other personnel identified in the Employer's Requirements) in the operation and maintenance of the Works, and any other aspect of the Works, to the extent specified in the Employer's Requirements. If the Employer's Requirements specify training which is to be carried out before taking-over, the Works shall not be considered to be completed for the purposes of taking-over under Sub-Clause 10.1 [*Taking Over of the Works and Sections*] until this training has been completed in accordance with the Employer's Requirements. The timing of the training shall be as stated in the Employer's Requirements (if not stated, as acceptable to the Employer). The Contractor shall provide qualified and experienced training staff, training facilities and all training materials as necessary and/or as stated in the Employer's Requirements." Na primeira edição do *Silver Book*, a cláusula apresentava redação mais enxuta: "5.5. Training. The Contractor shall carry out the training of Employer's Personnel in the operation and maintenance of the Works to the extent specified in the Employer's Requirements. If the Contract specifies training which is to be carried out before taking-over, the Works shall not be considered to be completed for the purposes of taking-over under Sub-Clause 10.1 [*Taking Over of the Works and Sections*] until this training has been completed."

modalidade preço fixo global (*lump sum*)[397]. Na cláusula 1.1.10, por sua vez, enuncia-se a seguinte definição para "Preço do Contrato":

> 1.1.10. "Preço do Contrato" significa o valor acordado previsto no Acordo Contratual para a execução do Escopo, incluindo revisões (se existentes) nos termos do Contrato.[398]

A escolha de uma remuneração na modalidade preço fixo global implica, por conseguinte, a transferência ao epecista dos riscos relacionados aos custos da execução do escopo. Desse modo, é o epecista que assume o risco de arcar com valores adicionais decorrentes de equívocos e omissões em sua proposta inicial, bem como de eventuais refazimentos que se mostrem necessários para a entrega do empreendimento em conformidade com o acordado. São nesse sentido a cláusula 4.11[399], que trata da suficiência do

[397] "14.1. The Contract Price. Unless otherwise stated in the Particular Conditions: (a) payment for the Works shall be made on the basis of the lump sum Contract Price stated in the Contract Agreement, subject to adjustments, additions (including Cost or Cost Plus Profit to which the Contractor is entitled under these Conditions) and/or deductions in accordance with the Contract; (b) the Contractor shall pay all taxes, duties and fees required to be paid by the Contractor under the Contract, and the Contract Price shall not be adjusted for any of these costs, except as stated in Sub-Clause 13.7 [*Adjustments for Changes in Laws*]; and (c) if any quantities are set out in a Schedule, they shall not be taken as the actual and correct quantities of the Works which the Contractor is required to execute, and they shall be used only for the purposes stated in the Schedule and for no other purpose(s)." Em comparação com a segunda edição do *Silver Book*, a cláusula constante na primeira edição apresenta algumas alterações de redação nas alíneas "a" e "b", e não há a alínea "c": "14.1. The Contract Price. Unless otherwise stated in the Particular Conditions: (a) payment for the Works shall be made on the basis of the lump sum Contract Price, subject to adjustments in accordance with the Contract; and (b) the Contractor shall pay all taxes, duties and fees required to be paid by him under the Contract, and the Contract Price shall not be adjusted for any of these costs, except as stated in Sub-Clause 13.7 [*Adjustments for Changes in Legislation*]."

[398] Tradução livre do original em inglês: "1.1.10. 'Contract Price' means the agreed amount stated in the Contract Agreement for the execution of the Works, and includes adjustments (if any) in accordance with the Contract." Dado que a segunda edição do *Silver Book* alterou a ordem em que aparecem as definições, colocando-as em ordem alfabética, a cláusula correspondente na primeira edição é a 1.1.4.1, que apresenta algumas diferenças de redação: "1.1.4.1 'Contract Price' means the agreed amount stated in the Contract Agreement for the design, execution and completion of the Works and the remedying of any defects, and includes adjustments (if any) in accordance with the Contract."

[399] "4.11. Sufficiency of the Contract Price. The Contractor shall be deemed to have satisfied himself/herself as to the correctness and sufficiency of the Contract Price stated in the

"Preço do Contrato", e a cláusula 11.2[400], sobre os custos para correção de defeitos.

Os riscos assumidos pelo epecista para garantir a certeza do preço final são ainda mais intensificados pela previsão de hipóteses restritas de variação do preço fixo global, que lhe limitam as possibilidades de pleitear pagamentos adicionais. Indicam-se a seguir as principais hipóteses em que

Contract Agreement. Unless otherwise stated in the Contract, the Contract Price stated in the Contract Agreement shall be deemed to cover all the Contractor's obligations under the Contract and all things necessary for the proper execution of in accordance with the Contract." Na primeira edição do *Silver Book*, a cláusula continha redação ligeiramente distinta: "4.11. Sufficiency of the Contract Price. The Contractor shall be deemed to have satisfied himself as to the correctness and sufficiency of the Contract Price. Unless otherwise stated in the Contract, the Contract Price covers all the Contractor's obligations under the Contract (including those under Provisional Sums, if any) and all things necessary for the proper design, execution and completion of the Works and the remedying of any defects."

[400] "11.2. Costs of Remedying Defects. All work referred to in sub-paragraph (b) of Sub-Clause 11.1 [*Completion of Outstanding Work and Remedying Defects*] shall be executed at the risk and cost of the Contractor, if and to the extent that the work is attributable to: (a) the design of the Works, other than a part of the design for which the Employer is responsible (if any); (b) Plant, Materials or workmanship not being in accordance with the Contract; (c) improper operation or maintenance which was attributable to matters for which the Contractor is responsible (under Sub-Clause 5.5 [*Training*], Sub-Clause 5.6 [*As-Built Records*] and/or Sub-Clause 5.7 [*Operation and Maintenance Manuals*] or otherwise); or (d) failure by the Contractor to comply with any other obligation under the Contract. If the Contractor considers that the work is attributable to any other cause, the Contractor shall promptly give a Notice to the Employer and the Employer's Representative shall proceed under Sub-Clause 3.5 [*Agreement or Determination*] to agree or determine the cause (and, for the purpose of Sub-Clause 3.5.3 [*Time limits*], the date of this Notice shall be the date of commencement of the time limit for agreement under Sub-Clause 3.5.3. if it is agreed or determined that the work is attributable to a cause other than those listed above, Sub-Clause 13.3.1 [*Variation by Instruction*] shall apply as if such work had been instructed by the Employer." A cláusula prevista na primeira edição do *Silver Book* é bastante distinta no que se refere ao procedimento aplicável quando os custos decorrerem de causas diversas das previstas nas alíneas "a" a "d": "11.2. Costs of Remedying Defects. All work referred to in sub-paragraph (b) of Sub-Clause 11.1 [*Completion of Outstanding Work and Remedying Defects*] shall be executed at the risk and cost of the Contractor, if and to the extent that the work is attributable to: (a) the design of the Works, (b) Plant, Materials or workmanship not being in accordance with the Contract, (c) improper operation or maintenance which was attributable to matters for which the Contractor is responsible (under Sub-Clauses 5.5 to 5.7 or otherwise), or (d) failure by the Contractor to comply with any other obligation. If and to the extent that such work is attributable to any other cause, the Employer shall give notice to the Contractor accordingly, and Sub-Clause 13.3 [*Variation Procedure*] shall apply."

lhe é garantido esse direito. Inicialmente, há os acréscimos decorrentes de modificações de escopo por parte do dono da obra (*Variations*)[401]. A esse respeito, veja-se a cláusula 13.1 do *Silver Book*:

> 13.1. Direito a Introduzir Modificações de Ecopo
> Modificações de Escopo podem ser introduzidas pelo Dono da Obra nos termos da Sub-Cláusula 13.3 [*Procedimento de Modificações de Escopo*] a qualquer momento até a emissão do Certificado de Recebimento do Escopo. Salvo o quanto previsto na Sub-Cláusula 11.4 [*Falha na Correção de Defeitos*], uma Modificação de Escopo não compreende a omissão de qualquer atividade que deva ser realizada pelo Dono da Obra ou por terceiros, exceto se acordado diferentemente entre as Partes. (...)[402]

Há também outras três hipóteses que merecem destaque, sendo que, em todas elas, o direito ao pagamento de valores adicionais está condicionado à notificação do dono da obra e à demonstração, pelo epecista, dos impactos de custo efetivamente causados. A primeira delas é a revisão do "Preço do Contrato" em função de alterações de legislação posteriores à data-base contratual. Prevista na cláusula 13.6[403], é importante notar que essa revisão pode ser para mais ou para menos, a depender dos efeitos causados.

[401] Veja-se a definição de "*Variation*" constante na cláusula 1.1.78 do *Silver Book*: "'Variation' means any change to the Works, which is instructed as a variation under Clause 13 [*Variations and Adjustments*]." Na primeira edição do *Silver Book*, a definição constava na cláusula 1.1.6.8 e apresentava algumas diferenças: "'Variation' means any change to the Employer's Requirements or the Works, which is instructed or approved as a variation under Clause 13 [*Variations and Adjustments*]".

[402] Tradução livre do original em inglês: "13.1. Right to Vary. Variations may be initiated by the Employer under Sub-Clause 13.3 [*Variation Procedure*] at any time before the issue of the Taking-Over Certificate for the Works. Other than as stated under Sub-Clause 11.4 [*Failure to Remedy Defects*], a Variation shall not comprise the omission of any work which is to be carried out by the Employer or by others unless otherwise agreed by the Parties. (...)" A cláusula constante na primeira edição do *Silver Book* apresenta algumas mudanças de redação: "13.1. Right to Vary. Variations may be initiated by the Employer at any time prior to issuing the Taking-Over Certificate for the Works, either by an instruction or by a request for the Contractor to submit a proposal. A Variation shall not comprise the omission of any work which is to be carried out by others. (...)."

[403] "13.6. Adjustments for Changes in Laws. Subject to the following provisions of this Sub-Clause, the Contract Price shall be adjusted to take account of any increase or decrease in Cost resulting from a change in: (a) the Laws of the Country (including the introduction of new Laws and the repeal or modification of existing Laws); (b) the judicial or official

A segunda e a terceira estão previstas nas cláusulas 17.2 e 18.4 do *Silver Book* e consistem no pagamento de custos adicionais causados pela ocorrência, respectivamente, de eventos cujos riscos não foram assumidos pelo epecista[404] e de

governmental interpretation or implementation of the Laws referred to in sub-paragraph (a) above; (c) any permit, permission, license or approval obtained by the Employer or the Contractor under sub-paragraph (a) or (b), respectively, of Sub-Clause 1.12 [*Compliance with Laws*], made and/or officially published after the Base Date, which affect the Contractor in the performance of obligations under the Contract. If the Contractor suffers delay and/or incurs an increase in Cost as a result of any change in Laws, the Contractor shall be entitled subject to Clause 20.2 [*Claims For Payment and/or EOT*] to EOT and/or payment of such Cost. If there is a decrease in Cost as a result of any change in Laws, the Employer shall be entitled subject to Sub-Clause 20.2 [*Claims For Payment and/or EOT*] to a reduction in the Contract Price. If any adjustment to the execution of the Works becomes necessary as a result of any change in Laws: (i) the Contractor shall promptly give a Notice to the Employer, or (ii) the Employer shall promptly give a Notice to the Contractor (with detailed supporting particulars). Thereafter, the Employer shall either instruct a Variation under Sub-Clause 13.3.1 [*Variation by Instruction*] or request a proposal under Sub-Clause 13.3.2 [*Variation by Request for Proposal*]." Esclareça-se que "EOT" é a abreviação de *Extension of Time*. Na primeira edição do *Silver Book*, a cláusula correspondente era a 13.7, que se intitulava *Adjustments for Changes in Legislation* e previa uma regulação menos detalhada: "13.7. Adjustments for Changes in Legislation. The Contract Price shall be adjusted to take account of any increase or decrease in Cost resulting from a change in the Laws of the Country (including the introduction of new Laws and the repeal or modification of existing Laws) or in the judicial or official governmental interpretation of such Laws, made after the Base Date, which affect the Contractor in the performance of obligations under the Contract. If the Contractor suffers (or will suffer) delay and/or incurs (or will incur) additional Cost as a result of these changes in the Laws or in such interpretations, made after the Base Date, the Contractor shall give notice to the Employer and shall be entitled subject to Sub-Clause 20.1 [*Contractor's Claims*] to: (a) an extension of time for any such delay, if completion is or will be delayed, under Sub-Clause 8.4 [*Extension of Time for Completion*], and (b) payment of any such Cost, which shall be added to the Contract Price. After receiving this notice, the Employer shall proceed in accordance with Sub-Clause 3.5 [Determinations] to agree or determine these matters."

[404] "17.2. Liability for Care of the Works. The Contractor shall be liable for any loss or damage caused by the Contractor to the Works, Goods or Contractor's Documents after the issue of a Taking-Over Certificate. The Contractor shall also be liable for any loss or damage, which occurs after the issue of a Taking-Over Certificate and which arose from an event which occurred before the issue of this Taking-Over Certificate, for which the Contractor was liable. The Contractor shall have no liability whatsoever, whether by way of indemnity or otherwise, for loss or damage to the Works, Goods or Contractor's Documents caused by any of the following events (except to the extent that such Works, Goods or Contractor's Documents have been rejected by the Employer under Sub-Clause 7.5 [*Defects and Rejection*] before the occurrence of any of the following events): (a) interference, whether temporary or permanent, with any right of way, light, air water or other easement (other than that resulting

eventos excepcionais[405]. Questione-se, então, quais são as situações abarcadas

from Contractor's method of construction) which is the unavoidable result of the execution of the Works, except as may be specified in the Contract; (b) use or occupation by the Employer of any part of the Permanent Works, except as may be specified in the Contract; (c) fault, error, defect or omission in any element of the design of the Works by the Employer, other than design carried out by the Contractor in accordance with the Contractor's obligations under the Contract; (d) any operation of the forces of nature (other than those allocated to the Contractor in the Contract Data) which is Unforeseeable or against which an experienced contractor could not reasonably have been expected to have taken adequate preventative precautions; (e) any of the events or circumstances listed under sub-paragraphs (a) to (f) of Sub-Clause 18.1 [*Exceptional Events*]; and/or (f) any act or default of Employer's Personnel or Employer's other contractors. Subject to Sub-Clause 18.4 [*Consequences of an Exceptional Event*], if any of the events described in sub-paragraphs (a) to (f) above occurs and results in damage to the Works, Goods or Contractor's Documents the Contractor shall promptly give a Notice to the Employer. Thereafter, the Contractor shall rectify any such loss and/or damage that may arise to the extent instructed by the Employer. Such instruction shall be deemed to have been given under Sub-Clause 13.3.1 [*Variation by Instruction*]. If the loss or damage to the Works or Goods or Contractor's Documents results from a combination of: (i) any of the events described in sub-paragraphs (a) to (f) above, and (ii) a clause for which the Contractor is liable, and the Contractor suffers a delay and/or incurs Cost from rectifying the loss and/or damage, the Contractor shall subject to Sub-Clause 20.2 [*Claims for Payment and/or EOT*] be entitled to a proportion of EOT and/or Cost Plus Profit to the extent that any of the above events have contributed to such delays and/or Cost." A primeira edição do *Silver Book* previa uma estrutura diversa, em que havia uma cláusula genérica sobre a responsabilidade do epecista pela guarda dos trabalhos (cláusula 17.2, denominada *Contractor's Care of the Works*), uma específica para os riscos atribuídos ao dono da obra (cláusula 17.3, denominada *Employer's Risks*) e outra, para as consequências da concretização desses riscos (cláusula 17.4, denominada *Consequences of Employer's Risks*). Na segunda edição do *Silver Book*, a cláusula 17.2 ora transcrita absorveu o conteúdo que estava previsto nessas três cláusulas da primeira edição.

[405] "18.4. Consequences of an Exceptional Event. If the Contractor is the affected Party and suffers delay and/or incurs Cost by reason of the Exceptional Event of which he/she gave a Notice under Sub-Clause 18.2 [*Notice of an Exceptional Event*], the Contractor shall be entitled subject to Sub-Clause 20.2 [*Claims For Payment and/or EOT*] to: (a) EOT; and/or (b) if the Exceptional Event is of the kind described in sub-paragraphs (a) to (e) of Sub-Clause 18.1 [*Exceptional Events*] and, in the case of subparagraphs (b) to (e) of that Sub-Clause, occurs in the Country, payment of any such Cost." Na primeira edição do *Silver Book*, adotava-se o conceito de *Force Majeure* que, na segunda edição, foi alterado para *Exceptional Event*. Além disso, também houve mudança na numeração e na redação da cláusula constante na primeira edição, a qual segue transcrita: "19.4. Consequences of Force Majeure. If the Contractor is prevented from performing any of his obligations under the Contract by Force Majeure of which notice has been given under Sub-Clause 19.2 [*Notice of Force Majeure*], and suffers delay and/or incurs Cost by reason of such Force Majeure, the Contractor shall be entitled subject to Sub-Clause 20.1 [*Contractor's Claims*] to: (a) an extension of time for any such delay, if completion is or will be delayed, under Sub-Clause 8.4 [*Extension of Time for Completion*], and

por esses dois conceitos. Os riscos não assumidos pelo epecista estão listados nas alíneas "a" a "f" da própria cláusula 17.2 do *Silver Book*:

> (a) interferência, temporária ou permanente, com qualquer direito relativo à passagem, iluminação, espaço aéreo, águas, ou outro direito de servidão ou superfície (salvo se resultante dos métodos de construção do Contratado) que seja o resultado inevitável da execução do Escopo de acordo com o Contrato;
> (b) uso ou ocupação pelo Dono da Obra de qualquer parte dos Trabalhos Definitivos, ressalvado o que for especificado no Contrato;
> (c) falha, erro, defeito ou omissão em qualquer elemento dos projetos do Escopo por parte do Dono da Obra, salvo os projetos elaborados pelo Contratado conforme as obrigações do Contratado no Contrato;
> (d) qualquer ação das forças da natureza (salvo as alocadas ao Contratado nos Dados do Contrato) que sejam Imprevisíveis ou contra as quais não se poderia razoavelmente esperar que um contratado experiente tomasse as medidas preventivas adequadas;
> (e) quaisquer dos eventos ou circunstâncias listadas nas alíneas (a) a (f) da Sub-Cláusula 18.1 [*Eventos Excepcionais*]; e/ou
> (f) qualquer ato ou omissão do Pessoal do Dono da Obra ou dos demais contratados do Dono da Obra.[406]

Os eventos de caso fortuito ou força maior, por sua vez, são definidos como "Eventos Excepcionais" na cláusula 18.1 do *Silver Book*, que fixa os elementos necessários à sua caracterização. O dispositivo também traz uma lista exemplificativa de situações que podem se configurar como "Eventos

(b) if the event or circumstance is of the kind described in sub-paragraphs (i) to (iv) of Sub-Clause 19.1 [*Definition of Force Majeure*] and, in the case of subparagraphs (ii) to (iv), occurs in the Country, payment of any such Cost. (...)".

[406] Tradução livre do original em inglês, já transcrito na n.r. 404. Na primeira edição do *Silver Book*, constavam os seguintes riscos como "Riscos do Dono da Obra": "17.3. Employer's Risks. The risks referred to in Sub-Clause 17.4 [*Consequences of Employer's Risks*] below are: (a) war, hostilities (whether war be declared or not), invasion, act of foreign enemies, (b) rebellion, terrorism, revolution, insurrection, military or usurped power, or civil war, within the Country, (c) riot, commotion or disorder within the Country by persons other than the Contractor's Personnel and other employees of the Contractor and Subcontractors, (d) munitions of war, explosive materials, ionising radiation or contamination by radio-activity, within the Country, except as may be attributable to the Contractor's use of such munitions, explosives, radiation or radio-activity, and (e) pressure waves caused by aircraft or other aerial devices travelling at sonic or supersonic speeds."

Excepcionais", o que estará sempre condicionado à presença dos requisitos previamente enunciados. Confira-se:

> 18.1. Eventos Excepcionais
> "Evento Excepcional" significa um evento ou circunstância que:
> (i) esteja além do controle da Parte;
> (ii) a Parte não podia razoavelmente haver previsto antes de haver celebrado o Contrato;
> (iii) uma vez ocorrido, a referida Parte não podia razoavelmente evitar ou superar; e
> (iv) não seja substancialmente imputável à outra Parte.

Um Evento Excepcional pode compreender, mas sem se limitar, quaisquer dos seguintes eventos ou circunstâncias desde que as condições (i) a (iv) acima estejam preenchidas:

> (a) guerra, hostilidades (haja ou não sido declarada guerra), invasão, ataque de inimigos estrangeiros;
> (b) rebelião, terrorismo, revolução, insurreição, golpe militar, usurpação do poder ou guerra civil;
> (c) motins, distúrbios ou desordem realizados por quaisquer pessoas com exceção do Pessoal do Contratado e de outros funcionários do Contratado e Subcontratados;
> (d) greve ou lockout que não envolva apenas o Pessoal do Contratado e outros funcionários do Contratado e Subcontratados;
> (e) detecção de munições de guerra, materiais explosivos, radiação ionizante ou contaminação por radioatividade no País, exceto se passível de atribuição ao uso, pelo Contratado, de referidas munições, materiais explosivos, radiação ou radioatividade; ou
> (f) catástrofes naturais, como terremoto, tsunami, atividade vulcânica, furacão ou tufão[407]

[407] Tradução livre do original em inglês: "18.1. Exceptional Events. 'Exceptional Event' means an event or circumstance which: (i) is beyond a Party's control; (ii) the Party could not reasonably have provided against before entering into the Contract; (iii) having arisen, such Party could not reasonably have avoided or overcome; and (iv) is not substantially attributable to the other Party. An Exceptional Event may comprise but is not limited to any of the following events or circumstances provided that conditions (i) to (iv) above are satisfied: (a) war, hostilities (whether war be declared or not), invasion, act of foreign enemies; (b) rebellion, terrorism, revolution, insurrection, military or usurped power, or civil war; (c) riot, commotion or disorder

Vistas as disposições acima, nota-se que é significativamente limitado o âmbito de abrangência do direito do epecista ao pagamento de valores adicionais resultantes de riscos que não foram por ele assumidos e de eventos de caso fortuito ou força maior. Além de os fatos admitidos serem eventos bastante excepcionais, não basta apenas a prova de sua ocorrência, já que há ainda necessidade de se comprovar o preenchimento de outros requisitos, sobretudo nos casos de força maior.

O mesmo se passa com relação aos riscos associados à garantia de certeza do prazo de conclusão da obra. Nos termos da cláusula 8.2 do *Silver Book*, é obrigação do epecista concluir a totalidade de seu escopo dentro do prazo fixado (*Time for Completion*), dentro do qual deve haver a aprovação nos testes de comissionamento e o cumprimento dos demais requisitos necessários ao recebimento da obra[408]. Com relação ao direito do epecista à extensão

by persons other than the Contractor's Personnel and other employees of the Contractor and Subcontractors; (d) strike or lockout not solely involving the Contractor's Personnel and other employees of the Contractor and Subcontractors; (e) encountering munitions of war, explosive materials, ionising radiation or contamination by radio-activity, except as may be attributable to the Contractor's use of such munitions, explosives, radiation or radio-activity; or (f) natural catastrophes such as earthquake, tsunami, volcanic activity, hurricane or typhoon." Exceto pela mudança de numeração e pala alteração no termo utilizado, que deixou de ser "Force Majeure" e passou a ser "Exceptional Events", a cláusula 19.1 da primeira edição do *Silver Book* manteve-se praticamente igual: "19.1. Definition of Force Majeure. In this Clause, 'Force Majeure' means an exceptional event or circumstance: (a) which is beyond a Party's control, (b) which such Party could not reasonably have provided against before entering into the Contract, (c) which, having arisen, such Party could not reasonably have avoided or overcome, and (d) which is not substantially attributable to the other Party. Force Majeure may include, but is not limited to, exceptional events or circumstances of the kind listed below, so long as conditions (a) to (d) above are satisfied: (i) war, hostilities (whether war be declared or not), invasion, act of foreign enemies, (ii) rebellion, terrorism, revolution, insurrection, military or usurped power, or civil war, (iii) riot, commotion, disorder, strike or lockout by persons other than the Contractor's Personnel and other employees of the Contractor and Subcontractors, (iv) munitions of war, explosive materials, ionising radiation or contamination by radio-activity, except as may be attributable to the Contractor's use of such munitions, explosives, radiation or radio-activity, and (v) natural catastrophes such as earthquake, hurricane, typhoon or volcanic activity."

[408] "8.2. Time for Completion. The Contractor shall complete the whole of the Works, and each Section (if any), within the Time for Completion for the Works or Section (as the case may be), including completion of all work which is stated in the Contract as being required for the Works or Section to be considered to be completed for the purposes of taking over under Sub-Clause 10.1 [*Taking Over the Works and Sections*]." A cláusula constante na primeira versão do *Silver Book* apresentava ligeiras diferenças: "8.2. Time for Completion. The Contractor shall complete the whole of the Works, and each Section (if any), within the Time for

do prazo de conclusão do empreendimento, estabelecem-se limitações semelhantes às que se aplicam ao direito de revisão do preço. As hipóteses admitidas são praticamente as mesmas e encontram-se enunciadas na cláusula 8.5:

> 8.5. Extensão do Prazo para Conclusão
>
> O Contratado terá direito, sujeito ao quanto disposto na Sub-Cláusula 20.2 [*Pleitos para Pagamento ou Extensão do Prazo (EDP)*], a uma Extensão do Prazo se e na medida em que a conclusão para fins da Sub-Cláusula 10.1 [*Recebimento do Escopo e das Seções*] estiver ou vá estar atrasada por alguma das seguintes causas:
>
> (a) uma Modificação de Escopo (exceto se não for exigido o cumprimento da Sub-Cláusula 20.2 [*Pleitos para Pagamento ou Extensão do Prazo (EDP)*];
>
> (b) uma causa de atraso que, nos termos de uma Sub-Cláusula das presentes Condições, atribua direito à EDP;
>
> (c) qualquer atraso, impedimento ou obstáculo causado pelo ou imputável ao Dono da Obra, ao Pessoal do Dono da Obra, ou aos outros contratados do Dono da Obra no Local da Obra (ou qualquer falta na disponibilidade dos Materiais Fornecidos pelo Dono da Obra, se existentes, causada por epidemias ou ações governamentais).[409]

Completion for the Works or Section (as the case may be), including: (a) achieving the passing of the Tests on Completion, and (b) completing all work which is stated in the Contract as being required for the Works or Section to be considered to be completed for the purposes of taking-over under Sub-Clause 10.1 [*Taking Over of the Works and Sections*]."

[409] Tradução livre do original em inglês: "8.5. Extension of Time for Completion. The Contractor shall be entitled subject to Sub-Clause 20.2 [*Claims For Payment and/or EOT*] to Extension of Time if and to the extent that completion for the purposes of Sub-Clause 10.1 [*Taking Over the Works and Sections*] is or will be delayed by any of the following causes: (a) a Variation (except that there shall be no requirement to comply with Sub-Clause 20.2 [*Claims For Payment and/or EOT*]); (b) a cause of delay giving an entitlement to EOT under a Sub-Clause of these Conditions; or (c) any delay, impediment or prevention caused by or attributable to the Employer, the Employer's Personnel, or the Employer's other contractors on the Site (or any Unforeseeable shortages in the availability of Employer-Supplied Materials, if any, caused by epidemic or governmental actions). Na primeira edição a numeração da cláusula era distinta, mas a redação era substancialmente a mesma: "8.4. Extension of Time for Completion. The Contractor shall be entitled subject to Sub-Clause 20.1 [*Contractor's Claims*] to an extension of the Time for Completion if and to the extent that completion for the purposes of Sub-Clause 10.1 [*Taking Over of the Works and Sections*] is or will be delayed by any of the following causes: (a) a Variation (unless an adjustment to the Time for Completion has been agreed under Sub-Clause 13.3 [*Variation Procedure*]), (b) a cause of delay giving an entitlement to extension of time under a Sub-Clause of these Conditions, or (c) any delay, impediment or prevention caused by or attributable to the Employer, the Employer's Personnel, or the Employer's other contractors on the Site."

Vale mencionar que, na alínea "b" da cláusula 8.5 acima transcrita, incluem-se justamente as outras três hipóteses de modificação do preço que se acabaram de examinar: alterações de legislação posteriores à data-base contratual; concretização de riscos não assumidos pelo epecista; e ocorrência de eventos excepcionais.

Por fim, há que se destacar uma característica considerada marcante da alocação de riscos prevista no *Silver Book*. Trata-se da transferência, ao epecista, dos riscos relacionados à precisão, à suficiência e à completude tanto das informações fornecidas pelo dono da obra sobre o local onde será executado o empreendimento, quanto dos próprios critérios e cálculos constantes nos requisitos do dono da obra[410]. É o que dispõem, respectivamente, as cláusulas 4.10 e 5.1 abaixo transcritas:

> 4.10. Dados do Local da Obra
> O Contratado é responsável por verificar e interpretar todos os dados disponibilizados pelo Dono da Obra nos termos da Sub-Cláusula 2.5 [*Dados do Local da Obra e Elementos de Referência*].[411]

[410] Conforme explicam Rafael MARINANGELO e Lukáš KLEE a transferência desse risco ao epecista é justamente uma das características que distingue o *Silver Book* do denominado *Yellow Book* (*Conditions of Contract for Electrical and Mechanical Plant, and for Building and Engineering Works, Designed by the Contractor*). Confira-se: "No sistema EPC (*Silver Book*), a posição do empreiteiro é mais complicada do que no sistema P&DB (*Yellow Book*), porque parte do pressuposto de que foram examinadas, acuradamente, as especificações de trabalho feitas pelo Dono da Obra (*Employer*), antes da data base (art. 5.1, com as exceções descritas também nesse artigo), ou seja, antes da apresentação da proposta. No P&DB, portanto, o empreiteiro está sob menor pressão, pois pode, em determinado período após o anúncio do início dos trabalhos, informar ao engenheiro da obra sobre os defeitos nas especificações de trabalho feitas pelo Dono da Obra (*Employer*), fazendo jus a um possível direito de reivindicação de pagamento complementar e/ ou prolongamento do prazo da obra". **Recomendações FIDIC para orientação de contratos e obras**: International Federation of Consulting Engineers. São Paulo: Pini, 2014, p. 23, destaques no original. Vale pontuar que tanto o *Siver Book*, quanto o *Yellow Book* atribuem ao contratado a responsabilidade pelos projetos. No entanto, possuem âmbito de aplicação distintos entre si: enquanto o primeiro se destina especificamente às operações com escopo EPC, o segundo aplica-se aos modelos de escopo DB que não adotem a concentração de riscos do EPC.

[411] Tradução livre do original em inglês: "4.10. Site Data. The Contractor shall be responsible for verifying and interpreting all data made available by the Employer under Sub-Clause 2.5 [*Site Data and Items of Reference*]." Na primeira edição do *Silver Book*, a cláusula era bastante distinta: "4.10. Site Data. The Employer shall have made available to the Contractor for his information, prior to the Base Date, all relevant data in the Employer's possession on subsurface and hydrological conditions at the Site, including environmental aspects. The Employer

5.1. Obrigações Gerais relativas ao Projeto

Será considerado que o Contratado examinou, antes da Data Base, os Requisitos do Dono da Obra (incluindo critérios para elaboração de projetos e cálculos, se existentes). O Contratado deve executar e responsabilizar-se pela elaboração dos projetos do Escopo e precisão dos referidos Requisitos do Dono da Obra (incluindo critérios para elaboração de projetos e cálculos), com exceção do quanto disposto adiante nesta Sub-Cláusula.

Os projetos devem ser elaborados por projetistas que:

(a) sejam engenheiros ou outros profissionais, qualificados, experientes e competentes nas disciplinas de projeto pelas quais são responsáveis;
(b) cumpram com os critérios (se existentes) previstos nos Requisitos do Dono da Obra; e
(c) sejam qualificados e habilitados sob as Leis aplicáveis para projetar o Escopo.

O Dono da Obra não será responsável por quaisquer erros, imprecisões ou omissões de qualquer tipo nos Requisitos do Dono da Obra tal como originalmente incluídos no Contrato e não será considerado que apresentou qualquer afirmação quanto à precisão ou completude de quaisquer dados ou informações, com exceção do quanto disposto adiante nesta Sub-Cláusula. Quaisquer dados ou informações recebidas pelo Contratado, por meio do Dono da Obra ou qualquer outro meio, não exoneram o Contratado de sua responsabilidade pela execução do Escopo.

No entanto, o Dono da Obra é responsável pela correção das seguintes porções dos Requisitos do Dono da Obra e dos seguintes dados e informações fornecidos pelo (ou por conta do) Dono da Obra:

(a) porções, dados e informações que constam no Contrato como sendo imutáveis ou de responsabilidade do Dono da Obra;
(b) definições da finalidade para a qual se destina o Escopo ou quaisquer de suas partes;
(c) critérios para testes e performance do Escopo concluído;
(d) porções, dados e informações que não possam ser verificados pelo Contratado, exceto se disposto em contrário no Contrato.[412]

shall similarly make available to the Contractor all such data which come into the Employer's possession after the Base Date. The Contractor shall be responsible for verifying and interpreting all such data. The Employer shall have no responsibility for the accuracy, sufficiency or completeness of such data, except as stated in Sub-Clause 5.1 [*General Design Responsibilities*]."

412 Tradução livre do original em inglês: "5.1. General Design Obligations. The Contractor shall be deemed to have scrutinised, prior to the Base Date, the Employer's Requirements (including design criteria and calculations, if any). The Contractor shall carry out, and be

As cláusulas acima alocam no epecista riscos consideravelmente elevados e sobre os quais seu controle é limitado[413]. É essa a razão que motiva

responsible for, the design of the Works and for the accuracy of such Employer's Requirements (including design criteria and calculations), except as stated in this Sub-Clause below. Design shall be prepared by designers who: (a) are engineers or other professionals, qualified, experienced and competent in the disciplines of the design for which they are responsible; (b) comply with the criteria (if any) stated in the Employer's Requirements; and (c) are qualified and entitled under applicable Laws to design the Works. The Employer shall not be responsible for any error, inaccuracy or omission of any kind in the Employer's Requirements as originally included in the Contract and shall not be deemed to have given any representation of accuracy or completeness of any data or information, except as stated in this Sub-Clause below. Any data or information received by the Contractor, from the Employer or otherwise, shall not relieve the Contractor from the Contractor's responsibility for the execution of the Works. However, the Employer shall be responsible for the correctness of the following portions of the Employer's Requirements and of the following data and information provided by (or on behalf of) the Employer: (a) portions, data and information which are stated in the Contract as being immutable or the responsibility of the Employer, (b) definitions of intended purposes of the Works or any parts thereof, (c) criteria for the testing and performance of the completed Works, and (d) portions, data and information which cannot be verified by the Contractor, except as otherwise stated in the Contract." A cláusula constante na primeira edição do *Silver Book* continha redação bastante similar, mas sem prever os requisitos relacionados aos projetistas: "5.1. General Design Obligations. The Contractor shall be deemed to have scrutinised, prior to the Base Date, the Employer's Requirements (including design criteria and calculations, if any). The Contractor shall be responsible for the design of the Works and for the accuracy of such Employer's Requirements (including design criteria and calculations), except as stated below. The Employer shall not be responsible for any error, inaccuracy or omission of any kind in the Employer's Requirements as originally included in the Contract and shall not be deemed to have given any representation of accuracy or completeness of any data or information, except as stated below. Any data or information received by the Contractor, from the Employer or otherwise, shall not relieve the Contractor from his responsibility for the design and execution of the Works. However, the Employer shall be responsible for the correctness of the following portions of the Employer's Requirements and of the following data and information provided by (or on behalf of) the Employer: (a) portions, data and information which are stated in the Contract as being immutable or the responsibility of the Employer, (b) definitions of intended purposes of the Works or any parts thereof, (c) criteria for the testing and performance of the completed Works, and (d) portions, data and information which cannot be verified by the Contractor, except as otherwise stated in the Contract."

[413] A falta de controle do epecista sobre os riscos assumidos pelas cláusulas 4.10 e 5.1 é destacada por Nael G. BUNNI: "Sub-clause 5.1: Design – 'General Design Obligations'. It can be seen from the text of this sub-clause that the consequences of all unforeseen difficulties have been allocated to the contractor, irrespective of control of the risk or its consequences, if and when such risk eventuates. As stated above, sub-clause 5.1 should also be read in conjunction with sub-clause 4.10 under which the contractor is responsible for verifying and interpreting

as principais críticas formuladas contra o *Silver Book*[414]. A despeito disso, o *Silver Book* permanece como o modelo paradigmático de contrato de EPC na indústria da construção.

Diante do reconhecimento obtido pelo *Silver Book*, a principal questão que se coloca refere-se ao seu papel como expressão dos usos e costumes praticados na indústria da construção. Esse assunto será abordado adiante, por ocasião da qualificação e da determinação do regime jurídico aplicável ao contrato de EPC.

data, including data or sub-surface and hydrological conditions at the site, including environmental aspects. The employer is not responsible for the accuracy, sufficiency or completeness of such data, except as stated at the end of sub-clause 5.1". **The FIDIC Forms of Contract**: the fourth edition of the Red Book, 1992, the 1996 Supplement, the 1999 Red Book, the 1999 Yellow Book, the 1999 Silver Book, 3rd ed. Oxford: Blackwell, 2005, p. 585. Igualmente, cf. VALDES, Juan Eduardo Figueroa. Os contratos de construção FIDIC perante o direito chileno. In: MARCONDES, Fernando (org.). **Direito da construção**: estudos sobre as várias áreas do direito aplicadas ao mercado da construção. São Paulo: Pini, 2014, p. 221.

[414] BLACK, Michael. **Design Risk in Construction Contracts**. [S.l.]: Society of Construction Law, 2005. CORBETT, Edward. **Delivering Infrastructure: International Best Practice – FIDIC's 1999 Rainbow**: Best Practice? [S.l.]: Society of Construction Law, 2002. SCHNEIDER, Eckart; SPIEGL, Markus. Dealing with Geological Risk in BOT Contracts: Proposal for a Supplementary Module to the Standard FIDIC EPC Turnkey Contract, Allowing its Application to Major Sub-surface Works and Stimulating International Competitive Bidding. In: INTERNATIONAL CONFERENCE ON PROBABILISTICS IN GEOTECHNICS – TECHNICAL AND ECONOMIC RISK ESTIMATION, set. 2002, United Engineering Foundation, Graz. **Proceedings**, set. 2002, pp. 539-547. Disponível em: <http://www.sspbau-consult.at/pdf/paper_spiegl_wtcenglish.pdf>. Acesso em 27 ago. 2017. Antes de publicar a versão final do *Silver Book*, a FIDIC publicou uma versão de teste em 1998, a qual foi submetida à apreciação dos agentes da indústria da construção. A pedido do *Syndicat des Enterpreneurs Français Internationaux* e da associação *European International Contractors*, Phillip CAPPER, Pierre M. GENTON e François VERMEILLE elaboraram um parecer crítico a diversos pontos do *Silver Book*, sobretudo quanto à estrutura de alocação de riscos. Cf. **Report on the new FIDIC Conditions of Contract for EPC Turnkey Projects**: test edition 1998 (*Silver Book*). [S.l.: s.n.], mai. 1999. Para críticas ao *Silver Book* sob a óptica do dono da obra, cf. HOSIE, Jonathan. **Turnkey Contracting under the FIDIC Silver Book**: What do Owners Want? What do They Get? [S.l.]: Society of Construction Law, 2007. WAHLGREN, Mikael. **Delivering Infrastructure: International Best Practice – FIDIC Contracts**: A Developer's View. [S.l.]: Society of Construction Law, 2002.

7. O Problema da Qualificação do Contrato de EPC

No precedente capítulo 6, cuidou-se de descrever o contrato de EPC, indicando sua origem, suas características e sua aplicação na prática negocial por meio dos *standard contracts*. Uma vez conhecido o conteúdo do contrato de EPC, o seu contexto e a operação econômica que visa a estruturar, cumpre perquirir sobre sua relação com o ordenamento jurídico brasileiro. Trata-se, em outros termos, de determinar a qualificação jurídica do contrato de EPC. É o que se estuda no presente capítulo.

7.1. O Contrato de EPC como Hipótese de Coligação Contratual

Como exposto na seção 6.2, o contrato de EPC atribui ao epecista um escopo bastante extenso, na medida em que contempla atividades inerentes a todas as etapas de consecução de um empreendimento. O epecista, portanto, realiza prestações das mais diversas naturezas. Diante dessa multiplicidade de obrigações, a primeira questão suscitada refere-se à possibilidade de o que se denomina "contrato de EPC" ser, em verdade, um caso de contratos coligados[415].

[415] A dúvida sobre a pluralidade ou unidade contratual nos casos em que há pluralidade de prestações a cargo de uma das partes é bem pontuada por João de Matos ANTUNES VARELA: "O problema de maior delicadeza na qualificação jurídica e na fixação do regime destas espécies negociais de múltiplas prestações consiste em saber se nelas existem dois ou mais contratos (típicos ou atípicos), substancialmente correlacionados entre si, ou se há, pelo contrário, um só contrato atípico, de diversas prestações". **Das obrigações em geral**, v. I, 6ª ed. rev. e actual. Coimbra: Almedina, 1989, pp. 278-279. Em igual sentido, Tullio ASCARELLI também destaca que a unidade de instrumento não exclui a possibilidade de haver pluralidade contratual. Cf. **Studi in tema di contratti**. Milano: Giuffrè, 1952, cap. II, Contratto misto, negozio indiretto, "negotium mixtum cum donatione", pp. 80-81.

A coligação contratual, como já explicado na seção 3.3, consiste em "contratos que, por força de disposição legal, da natureza acessória de um deles ou do conteúdo contratual (expresso ou implícito), encontram-se em relação de dependência unilateral ou recíproca"[416]. A partir dessa definição, identificam-se os dois elementos necessários à existência da coligação contratual: pluralidade de contratos e vínculo de dependência unilateral ou recíproca entre os referidos contratos.

Além disso, também se mencionou, na mesma seção 3.3, que a coligação contratual classifica-se em *ex lege*, natural ou voluntária[417]. No primeiro caso, o nexo de dependência tem sua origem na lei, que o prevê expressamente ou disciplina os seus efeitos. No segundo, é a natureza acessória de um dos contratos que dá origem à coligação, requerendo a existência de um ou mais contratos que com ele se relacionem. Por derradeiro, há a coligação em que a fonte do vínculo de dependência é a vontade das partes, a qual: "(...) pode advir de cláusulas contratuais que expressamente disciplinem o vínculo intercontratual ('coligação voluntária expressa'), ou pode ser deduzida a partir do fim contratual concreto e das circunstâncias interpretativas ('coligação voluntária implícita')"[418].

Diante disso, seria possível cogitar que o contrato de EPC consistisse em hipótese de coligação voluntária implícita. Compreenderia, portanto, duas ou mais relações contratuais que, embora reunidas no mesmo instrumento, guardariam relação de dependência funcional e finalística, apreendida a partir do conteúdo contratual implícito[419].

Assim sendo, é preciso verificar a presença do primeiro pressuposto da coligação contratual: a pluralidade de contratos. Para tanto, há alguns critérios que a doutrina indica com relativa homogeneidade.

João de Matos ANTUNES VARELA, por exemplo, refere como critério identificador da unidade contratual o fato de que as diversas prestações "integrem um processo autônomo de composição de interesses".

[416] MARINO, Francisco Paulo De Crescenzo. **Contratos coligados no Direito Brasileiro.** São Paulo: Saraiva, 2009, p. 99.

[417] Ibid., pp. 104-108.

[418] Segundo MARINO, o campo da coligação contratual voluntária compreende as "(...) hipóteses em que o nexo não deriva da lei nem da natureza acessória de um dos contratos coligados". Ibid., p. 107.

[419] Para a explicação do conteúdo da regulação contratual objetiva, na qual se inclui o conteúdo contratual implícito, cf. a seção 8.1 adiante.

Na sequência, indica dois critérios auxiliares: a unidade ou pluralidade de contraprestação e a unidade ou pluralidade do "esquema económico subjacente à contratação". Especificamente com relação ao último, afirma que haverá unidade contratual quando "a parte obrigada a realizar várias prestações as não queira negociar separada ou isoladamente, mas apenas em conjunto".[420]

Também em Portugal, Rui Pinto DUARTE apresenta os seguintes critérios de unidade contratual: "unidade documental, unidade de intenção das partes, unidade da causa, unidade da prestação pecuniária, unidade da prestação não pecuniária"[421].

Na mesma linha se posiciona Tullio ASCARELLI, que faz referência à manifestação de vontade das partes como critério distintivo da unidade ou pluralidade contratual. Nesse sentido, indica como critério decisivo da unidade contratual a "estreita conexão entre os intentos econômicos objetivados pelas partes"[422]. Além disso, também menciona, embora como critério não decisivo, a unidade ou pluralidade de contraprestação.[423]

No Brasil, Francisco Paulo De Crescenzo MARINO apresenta os seguintes critérios distintivos da unidade ou pluralidade contratual:

> A distinção entre unidade contratual e pluralidade contratual unida ainda é delicada, havendo mesmo quem renuncie à elaboração de critério preciso. Tendo em mente, contudo, as considerações acima feitas, afigura-se viável apontar as três seguintes coordenadas, a fim de qualificar determinada *fattispecie* contratual como contrato único ou coligação entre contratos: (i) os limites dos tipos contratuais de referência, sejam eles legislativos ou sócio-jurisprudenciais; (ii) a participação de diversos centros de interesse na relação jurídica ou nas relações jurídicas envolvidas; e (iii) unidade ou diversidade instrumental, temporal e de contraprestação.

[420] **Das obrigações em geral**, v. I, 6ª ed. rev. e actual. Coimbra: Almedina, 1989, pp. 279-280.

[421] **Tipicidade e atipicidade dos contratos**. Coimbra: Almedina, 2000, p. 55, n.r. 135.

[422] Confira-se o original em italiano: "L'elemento decisivo è quello del collegamento nella volontà delle parti dei vari scopi da esse perseguiti; quando gli intenti economici perseguiti dalle parti sono strettamente connessi tra loro può parlarsi di un negozio unico (...)". ASCARELLI, Tullio. **Studi in tema di contratti**. Milano: Giuffrè, 1952, cap. II, Contratto misto, negozio indiretto, "negotium mixtum cum donatione", p. 81.

[423] **Studi in tema di contratti**. Milano: Giuffrè, 1952, cap. II, Contratto misto, negozio indiretto, "negotium mixtum cum donatione", pp. 81-82.

> Haverá, então, a princípio, contrato único quando o tipo contratual for suficientemente flexível a ponto de abarcar as diversas prestações contratuais em jogo; quando figurarem somente duas partes ou, figurando mais de duas, quando o interesse de todas elas for indissociável e disser respeito à operação econômica subjacente como um todo; quando houver compatibilidade temporal entre as prestações, bem como, secundariamente, unidade de contraprestação.
>
> A *contrario sensu*, nas hipóteses mais nítidas de contratos coligados encontra-se presente ao menos um dentre os três fatores seguintes: (a) incongruência ou insuficiência dos tipos contratuais envolvidos, isoladamente considerados, em relação à operação econômica subjacente; (b) figurantes que somente participem de um ou de alguns dos contratos coligados; e (c) diversidade temporal, de contraprestação ou instrumental (previsão de cláusulas específicas para cada um dos contratos).[424]

Aplicando os critérios acima indicados pela doutrina ao contrato de EPC, afasta-se a hipótese de coligação contratual e conclui-se pela existência de contrato único. A principal razão que afasta a pluralidade contratual é a unidade econômica que subjaz ao contrato de EPC, qual seja, a execução do empreendimento em sua totalidade, transferindo-se ao epecista a maior parte dos riscos envolvidos[425].

Como explicado no capítulo 6, a finalidade das partes, quando celebram um contrato de EPC, é concentrar no epecista a responsabilidade pela execução de um empreendimento em todas as suas etapas (*single point responsibility*), desde a concepção até a entrega em pleno funcionamento. Nesse

[424] **Contratos coligados no Direito Brasileiro**. São Paulo: Saraiva, 2009, pp. 119-120, destaques no original.

[425] Embora se referindo à categoria dos "contratos de *engineering*", Flavio LAPERTOSA posiciona-se com grande clareza quanto ao fato de a existência de unidade econômica caracterizar um contrato único: "Ora, in tutte le varie articolazioni del contratto di engineering è possibile cogliere un tratto comune, rappresentato dalla pluralità ed eterogeneità delle prestazioni fornite a titolo oneroso dall'engineer per la soddisfazione di un interesse unitario del committente, che è quello di affidare a un solo soggetto tutti i compiti funzionali al perseguimento di un risultato complesso, altrimenti conseguibile secondo i moduli tradizionali mediante una pluralità di contratti con parti diverse. Questo particolare bisogno del committente qualifica in senso unitario la causa del contratto, poiché determina l'unità del voluto e dello scopo economico della operazione. L'unità della causa porta di conseguenza a escludere che l'engineering sia scomponibile in una serie di contratti con cause distinte o collegate". **L'engineering**. Milano: Giuffrè, 1993, pp. 163-164.

sentido, frise-se que uma das principais características do contrato de EPC é justamente a alocação de riscos fortemente concentrada no epecista, a fim de colocar o dono da obra em posição de certeza quanto ao prazo, ao custo e à qualidade do empreendimento contratado. Disso decorre que o fundamento que justifica a celebração do contrato de EPC é a contratação dessas prestações enquanto um único conjunto, sendo descabido cogitar da negociação isolada de cada uma das prestações que o integram.[426]

Corroborando a existência de contrato único está também a unidade da contraprestação. Ao descrever o contrato de EPC na seção 6.2, viu-se que a estrutura de alocação de riscos pressupõe que a remuneração devida ao epecista seja pactuada na forma de preço fixo global. Ainda que o pagamento do preço possa ocorrer de maneira fracionada, seu montante é fixado de forma unitária, compreendendo o conjunto das prestações do epecista. No mais, é de se destacar que a remuneração na forma de preço fixo global reforça o quanto se acabou de sustentar a respeito da existência de uma unidade econômica subjacente ao contrato de EPC.

Quanto aos limites dos tipos contratuais de referência, dedicam-se à sua análise as seções 7.3 e 7.4 adiante, que tratam da qualificação do contrato de EPC. A despeito disso, pode-se desde já adiantar que a discussão primordial recai sobre a qualificação do contrato de EPC como legalmente típico ou como socialmente típico, o que afasta eventual argumento de incompatibilidade com tipos legais ou sociais de referência[427].

[426] Raciocínio análogo foi feito por Francisco Paulo De Crescenzo MARINO ao tratar dos contratos de viagem turística: "Haverá, igualmente, contrato único, v.g., nas hipóteses de contratos de viagem turística, em que à prestação do adquirente correspondem múltiplas prestações de natureza distinta (transporte, hospedagem, passeios, alimentação etc.), as quais, muito embora possam estar a cargo de sujeitos distintos, originam uma unidade econômica (o 'pacote turístico'), bem como as avenças celebradas entre empresas gestoras de fundos de investimento e seus clientes, tendo por objeto prestações interligadas (gestão de fundos, treinamento de mão-de-obra, licença de uso de banco de dados, dentre outros), ainda que a contraprestação venha prevista de modo fracionado". **Contratos coligados no Direito Brasileiro.** São Paulo: Saraiva, 2009, p. 118.

[427] Ao tratar do gênero dos contratos de *engineering*, no qual se inclui o contrato de EPC, Guido ALPA descarta expressamente a ocorrência de coligação contratual: "Nessun pregio ha invece quella tesi, difesa da Gargiullo a proposito del *leasing*, secondo la quale le nuove tecniche contrattuali di cui si discute [contratti di engineering] sono oggetto di un collegamento negoziale. Chiara è infatti, anche a livello istituzionale, la distinzione tra negozio complesso (e negozio misto) da un lato, e collegamento negoziale, dall'altro. Quest'ultimo, soggettivo od oggettivo che sia, presuppone sempre l'esistenza di una pluralità di negozi, autonomi

No que tange aos centros de interesse que participam do contrato de EPC, identificam-se o dono da obra e o epecista, figurando ambos em todas as prestações executadas. Cumpre apenas destacar que, quando se afirma a existência de dois centros de interesse, não se quer limitar os participantes do contrato a apenas dois sujeitos. Recorde-se que cada parte consiste em um polo de imputação de interesses, o qual pode ser integrado por um ou mais sujeitos. É o que se passa frequentemente quando há a presença de um conjunto de empresas unidas por meio de um consórcio[428]. Nesse caso, haverá pluralidade de sujeitos, mantendo-se, porém, um único centro de imputação de interesses.

Tratando do critério de unidade ou diversidade temporal, é preciso considerar que o contrato de EPC prevê um conjunto de prestações que devem ser executadas ao longo de um prazo determinado, culminando com a entrega do empreendimento em condições de operar. Há, assim, tanto prestações que são executadas simultaneamente, quanto sucessivamente. Vale ressaltar que a definição da ordem de execução das atividades não é aleatória, sendo antes fruto de um intenso trabalho de planejamento destinado à elaboração de um cronograma que atenda ao prazo de conclusão pactuado com o dono da obra. Há, portanto, mais do que mera compatibilidade temporal, na medida em que as atividades são programadas e concatenadas com vistas ao cumprimento de um mesmo objetivo.

Por fim, há o critério de unidade ou diversidade instrumental. Pode-se afirmar que, via de regra, o contrato de EPC é celebrado mediante um único instrumento. O próprio *Silver Book*, elaborado pela FIDIC e bastante adotado na prática, consiste em um único instrumento. A despeito disso, deve-se ter em mente que esse critério não possui caráter decisivo, na medida em que pode haver contrato único formalizado em mais de um instrumento, bem como pluralidade de contratos reunidos em um

tra loro, e destinati ad assumere un ruolo proprio nelle operazioni economiche svolte dalle parti". Engineering: Problemi de Qualificazione e di Distribuzione del Rischio Contrattuale. In: VERRUCOLI, Piero. **Nuovi Tipi Contrattuali e Tecniche di Redazione nella Pratica Commerciale**: Profili Comparatistici. Milano: Giuffrè, 1978, p. 336, destaque no original.

[428] Recorde-se que, nos termos do § 1º do artigo 278 da Lei nº 6.404/1976, o consórcio não possui personalidade jurídica própria, *in verbis*: "O consórcio não tem personalidade jurídica e as consorciadas somente se obrigam nas condições previstas no respectivo contrato, respondendo cada uma por suas obrigações, sem presunção de solidariedade".

único instrumento. O seu significado, portanto, deve ser analisado à luz do conjunto dos demais critérios.

Diante do quanto exposto, é de se afastar a ocorrência de coligação contratual no contrato de EPC, configurando-se este como contrato único. Os principais fundamentos dessa conclusão são a unidade econômica que se origina da pluralidade de prestações a cargo do epecista (execução de um empreendimento em sua totalidade) e a unidade da contraprestação paga pelo dono da obra (preço fixo global). Essa conclusão, portanto, configura-se como pressuposto do procedimento de qualificação do contrato de EPC que se realiza nas próximas seções.

7.2. Índices do Tipo do Contrato de EPC

O juízo de qualificação, como explanado na seção 3.1, pressupõe um cotejamento entre o contrato que se pretende qualificar e os tipos contratuais aos quais aquele pode ser potencialmente reconduzido. Para tanto, é necessário identificar as características que individualizam tanto o primeiro quanto os segundos, permitindo a comparação entre ambos. Em outros termos, é preciso identificar os denominados índices do tipo[429]. A presente seção, portanto, dedica-se ao exame das características distintivas do contrato de EPC, remetendo para a seção seguinte o cotejamento com os tipos contratuais legais dos quais se aproxima no direito brasileiro.

Sendo os índices do tipo as características que conferem individualidade a um tipo contratual, então é de se questionar que características são essas. Como bem apontam Giorgio DE NOVA e Pedro Pais de VASCONCELOS, não existe um critério unitário que se aplique homogeneamente a todas as situações. Pelo contrário, as características que podem ser consideradas são diversas e a relevância de cada qual para a individualização do tipo contratual varia em função do caso concreto. Entre os índices do

[429] Pedro Pais de VASCONCELOS apresenta a seguinte definição: "Os índices do tipo são aquelas qualidades ou características que têm capacidade para o individualizar, para o distinguir dos outros tipos e para o comparar, quer com os outros tipos, na formação de séries e de planos, quer com o caso, na qualificação e na concretização. São características que dão alguma contribuição útil, quer à individualização, quer à distinção, quer à comparação, ainda que esse contributo não seja, por si só, determinante". **Contratos Atípicos**, 2ª ed. Coimbra: Almedina, 2009, p. 118.

tipo que são utilizados com maior frequência, incluem-se, por exemplo, a causa, o bem objeto do contrato, a qualidade das partes, o conteúdo das prestações e da contraprestação, entre outros[430].

A despeito da pluralidade dos índices do tipo, particular importância é de se atribuir à causa do contrato[431]. Não se pode descurar, todavia, da controvérsia que existe a seu respeito, motivo pelo qual cumpre precisar o sentido que será adotado neste trabalho. Assim é que, para fins de individualização do tipo contratual, interessa a causa em sua acepção objetiva, ou seja, enquanto função econômica.

Como explica Giovanni B. FERRI, a causa, entendida no sentido acima, desempenha papel de coordenação da totalidade da operação econômica. Atua, portanto, como elemento de coesão entre os elementos subjetivos e objetivos do contrato, de modo que "exprime a tensão da vontade em relação a um bem, que é o interesse que, por meio do negócio, pretende-se

[430] "La verità è che i tipi legali si distinguono tra loro in base a criteri multipli ed eterogenei, che possono andare dalla qualità delle parti alla natura del bene oggetto del contratto, dal contenuto alla natura delle prestazioni, dal fattore tempo al modo di perfezionamento del contratto stesso." DE NOVA, Giorgio. Il tipo contrattuale. **Quaderni di Giurisprudenza commerciale**, Milano, v. 53, pp. 29-37, 1983. Tipicità e atipicità nei contratti, p. 31. No mesmo sentido: "Os índices do tipo mais comuns ou frequentes, quer na referência doutrinal, quer na prática da qualificação, são a causa, entendida como função, o fim, o *nomen* dado pelas partes, o objeto, a contrapartida, a configuração, o sentido, as qualidades das partes e a forma do contrato. Esta enumeração não é exaustiva, nem se pensa que seria possível, alguma vez, listar exaustivamente os índices do tipo". VASCONCELOS, Pedro Pais de. **Contratos Atípicos**, 2ª ed. Coimbra: Almedina, 2009, p. 120.

[431] Para Maria COSTANZA, a causa desempenharia um papel útil apenas na identificação do gênero ao qual o contrato concreto pertence, auxiliando, consequentemente, na identificação de normas gerais possíveis de serem aplicadas. Não se mostraria um meio eficaz, por outro lado, para avaliar a recondução do caso concreto a um tipo contratual específico. É o que a autora explica na seguinte passagem: "Data questa struttura legislativa, il criterio della causa, intesa quale scopo o funzione, può servire solo per stabilire delle aggregazioni fra i diversi negozi e, quindi, sotto il profilo della sussunzione, può valere, almeno nella gran parte dei casi, non ai fini della individuazione del contratto specifico cui corrisponde la fattispecie concreta, ma del *genus* cui essa può essere ricondotta. Sotto il profilo della scelta della normativa applicabile ai diversi accordi stipulati dalle parti, tale operazione non è inutile, ma serve solo per stabilire quali siano le disposizioni di carattere generale applicabili, cioè quelle regole che operano in mancanza di una regola più specifica ricavabile dalla normativa del contratto particolare. In altri termini, lo strumento causale, se non può assumersi come mezzo efficace per l'esatta sussunzione in un negozio tipico, può, tuttavia, essere utile per applicare una disposizione più specifica di quella che si potrebbe individuare ricorrendo alla disciplina dei contratti in generale". **Il contratto atipico**. Milano: Giuffrè, 1981, pp. 192-193, destaque no original.

realizar"[432]. Vale ainda observar que FERRI, assim como outros autores, distinguem entre a causa como função econômica típica e a causa como função econômica individual[433].

A causa como função econômico-social do tipo teve entre seus grandes defensores Emilio BETTI e se refere ao interesse que é normalmente realizado por meio de determinado tipo contratual[434]. Essa posição foi objeto de diversas críticas, tanto de ordem ideológica, por fundamentar o controle da autonomia privada pelo Estado, quanto técnica, já que findava por equiparar a causa com o próprio tipo contratual. A causa como função econômica individual, por sua vez, surgiu como reação à doutrina bettiana e considera o negócio concretamente celebrado, ou seja, a relação entre a operação econômica efetivamente estruturada e os interesses das partes que a realizam.[435]

[432] Vejam-se as palavras de Giovanni B. FERRI: "La causa, come elemento essenziale del contratto, svolge un ruolo coordinatore dell'intera operazione economica, contenuta nel negozio giuridico, nei suoi elementi soggettivi ed oggettivi. Il ruolo della causa non è confondibile con quello svolto dall'accordo delle parti (nei contratti) o dalla volontà (nei negozi unilaterali), come non è confondibile con l'oggetto. Esso è piuttosto quello di rappresentare l'elemento di coesione tra questi due elementi; di esprimere la tensione della volontà verso un bene, e cioè l'interesse che attraverso il negozio si vuol realizzare, e cioè la funzione che il negozio ha per i soggetti che lo pongono in essere". **Causa e tipo nella teoria del negozio giuridico**. Milano: Giuffrè, 1966, p. 370.

[433] Para uma visão do panorama doutrinário sobre o assunto, cf. MARINO, Francisco Paulo De Crescenzo. **Interpretação do negócio jurídico**. São Paulo: Saraiva, 2011, pp. 120-126.

[434] "Respinti questi vari modi di identificare la causa con elementi singoli del negozio, siccome dovuti a prospettive unilaterali e perciò erronee, è agevole concludere che la causa o ragione del negozio s'identifica con la *funzione economico-sociale* del negozio intero, ravvisato spoglio della tutela giuridica, nella *sintesi* di suoi elementi essenziali, come totalità e unità funzionale in cui si esplica l'autonomia privata. La causa è, in breve, la funzione d'interesse sociale dell'autonomia privata." BETTI, Emilio. **Teoria generale del negozio giuridico**. Napoli: Edizione Scientifiche Italiane, 2002, p. 180, destaques no original. Com base nesse conceito de causa, o autor sustentava a necessidade de controle da autonomia privada: "E poiché la funzione sociale dell'autonomia privata si rispecchia nel tipo di negozio astrattamente considerato, mentre la conclusione del negozio concreto è sempre determinata da un interesse individuale, ecco profilarsi un'antinomia fra questo e l'interesse oggettivo anzidetto, con la possibilità che l'uno, interferendo con l'altro, neutralizzi e paralizzi nel caso specifico l'attuazione della funzione sociale tipica, sviando il negozio dalla sua destinazione per farlo servire ad uno scopo antisociale. Di qui l'esigenza di un *controllo* dell'interesse individuale determinante (art. 1322 capv.)". Ibid., p. 173-174, destaques no original.

[435] **Causa e tipo nella teoria del negozio giuridico**. Milano: Giuffrè, 1966, pp. 250-254. Recorde-se que Giovanni B. FERRI elege a normalidade social como critério de formação dos

Visando a eliminar a ambiguidade que envolve o emprego do termo "causa", MARINO denomina como "causa" o que ora se definiu como função econômica típica e, como "fim do negócio jurídico", a causa como função econômica concreta. O autor também tece uma importante observação quanto à relação estabelecida entre ambos, na medida em que a causa e o fim do negócio jurídico não se excluem mutuamente, mas se complementam. Confira-se a seguinte passagem, na qual é destacado o papel da causa no juízo de qualificação de um contrato concreto:

> Vale notar, todavia, que a noção de fim do negócio jurídico não tem o condão de *substituir* a função econômico-social típica, mas, antes, de complementá-la. A função abstrata e o fim concreto reportam-se a objetos distintos (a primeira, ao tipo negocial; a segunda, ao negócio jurídico individual), sendo, como tais, inconfundíveis e *insubstituíveis.*
>
> Em outras palavras, o papel do fim negocial é *integrativo e corretivo* da causa (função típica), no plano do negócio jurídico *in concreto,* e não propriamente *substitutivo* desta. (...)
>
> O cotejo da função do tipo negocial com o fim do negócio jurídico *in concreto* releva, não somente na interpretação, mas para a própria qualificação negocial.[436]

Como bem nota Pedro Pais de VASCONCELOS, é apenas em sua acepção objetiva que a causa adquire importância para o juízo de qualificação. Isso porque viabiliza a comparação da função econômica individual do contrato que se quer qualificar com as funções típicas dos potenciais tipos contratuais legais ou sociais[437]. No mesmo sentido se posiciona João de

tipos contratuais, sendo estes a configuração mais estável, normal e costumeira de determinado negócio. Ibid., p. 226. A mesma distinção é referida por ROPPO, Vincenzo. **Il contratto**, 2ª ed. Milano: Giuffrè, 2011, pp. 343-344.

436 MARINO, Francisco Paulo De Crescenzo. **Interpretação do negócio jurídico**. São Paulo: Saraiva, 2011, p. 126, destaques no original.

437 **Contratos Atípicos**, 2ª ed. Coimbra: Almedina, 2009, pp. 128-130. Com relação aos tipos contratuais legais, vale retomar o posicionamento expresso, na seção 3.1, quanto à adoção do método subsuntivo para uma primeira verificação da tipicidade legal (doutrina dos *essentialia*), seguindo-se, caso positivo, a verificação da efetiva correspondência de sentido entre o contrato concreto e o tipo contratual legal. A causa em seu sentido objetivo desempenha papel de destaque sobretudo na segunda etapa, permitindo a identificação de desvios da função típica. Sobre esse ponto, Pedro Pais de VASCONCELOS assim se manifesta: "A causa, entendida como função e na perspectiva classificatória jusracionalista é importante na qualificação dos

Matos ANTUNES VARELA ao examinar a qualificação dos contratos de instalação de lojistas em *shopping centers*[438]. O autor é bastante enfático ao ressaltar o papel fundamental da causa nos casos em que se questiona a extensão dos limites de determinado tipo contratual:

> A principal dificuldade que a aplicação prática dos preceitos transcritos pode suscitar no espírito do julgador consiste em saber quando é que as tais cláusulas introduzidas na convenção negocial pelas partes, para acautelarem determinados interesses não previstos pelo legislador, respeitam ainda o contrato típico ou nominado que elas declarem querer celebrar e quando é que essas cláusulas, de que os contratantes, ou pelo menos um deles, se não dispõem de modo nenhum a abdicar, atiram com a convenção negocial para o *mare magnum* dos contratos inominados ou atípicos.
>
> O critério a adoptar na resolução da dificuldade é muito simples de definir, embora nem sempre fácil de aplicar, e decorre com toda a clareza da exposição anterior sobre a técnica de identificação de cada contrato típico. Se as cláusulas especiais introduzidas pelos contraentes na convenção negocial não prejudicam a causa do contrato tipo (ou seja, a função económico-social própria do tipo de contrato que a lei tem diante dos olhos ao fixar o seu regime) em que ele se integra, atentas as cláusulas restantes, a convenção negocial celebrada continua a pertencer a esse tipo de negócio, embora com modificações impostas pela vontade das partes.
>
> Se, pelo contrário, as cláusulas introduzidas pelas partes na convenção negocial afastam a composição dos seus interesses de qualquer dos modelos básicos de contratação tipificados, padronizados ou *standardizados* (perdoem-nos os puristas da língua o inglesismo do termo) pela lei, a convenção cai inexoravelmente na categoria dos contratos inominados.[439]

contratos indirectos naquilo em que possibilita a detecção dos desvios entre a função própria do tipo e a que é própria do caso". Ibid., p. 130.

[438] "Todos eles se caracterizam por terem uma função económico-social própria, que justifica sua ascensão à galeria dos contratos típicos, dando a doutrina (nomeadamente a doutrina italiana) a essa função económico-social privativa, específica, de cada contrato a designação de causa (*causa negotii*) de tal contrato. A causa constitui deste modo uma espécie de cartão de identidade do contrato nominado, ao mesmo tempo que a função económico-social que as partes lhe imprimem, através das obrigações nele enxertadas, representa por assim dizer a impressão digital de cada um deles". **Centros comerciais (shopping centers)**: natureza jurídica dos contratos de instalação dos lojistas. Coimbra: Coimbra, 1995, pp. 43-44, destaque no original.

[439] ANTUNES VARELA, João de Matos. **Centros comerciais (shopping centers)**: natureza jurídica dos contratos de instalação dos lojistas. Coimbra: Coimbra, 1995, pp. 46-47, destaques no original.

Aplicando a concepção de causa ora descrita ao contrato de EPC, pode-se afirmar que sua função econômica consiste em atribuir ao epecista a execução de um empreendimento em sua totalidade, desde a responsabilidade pela concepção nos projetos básicos até sua colocação em funcionamento, prevendo-se para tanto uma estrutura de alocação de riscos fortemente concentrada no epecista (*single point responsibility*) e que garanta o interesse do dono da obra em obter um elevado grau de certeza quanto ao preço, ao prazo de entrega e à qualidade do empreendimento. No mais, trata-se justamente da unidade econômica mencionada na seção anterior, ocasião em que foi afirmada com o objetivo de afastar a hipótese de coligação contratual e caracterizar o contrato de EPC como contrato único.

Além da causa, há outros dois índices do tipo que são de fundamental relevância na individualização do contrato de EPC. Primeiramente, deve-se mencionar o conteúdo das prestações do epecista. Como descrito na seção 6.2, o escopo assumido pelo epecista caracteriza-se pela sua ampla extensão, na medida em que compreende atividades inerentes a todas as etapas de implantação de um empreendimento até sua entrega em condições de operação e com o desempenho esperado. O contrato de EPC se individualiza, portanto, pela multiplicidade de prestações a cargo do epecista, as quais apresentam as mais diversas naturezas e se assimilam aos três grandes núcleos sintetizados em sua própria denominação: *engineering, procurement and construction*.

Além disso, outro índice do tipo que singulariza o contrato de EPC é a contraprestação assumida pelo dono da obra. Já se explicou que a remuneração consiste no pagamento de um preço fixo global, cujo valor é tendencialmente mais elevado do que o cobrado em outros modelos de contratação, dada a necessidade de se a absorver a elevada quantidade de riscos transferidos ao epecista. Recobre-se que a opção pelo preço fixo global é, justamente, reflexo da exigência de maior grau de certeza por parte do dono da obra, fator que é crucial quando se tem em vista o contexto maior da operação de *project finance* na qual via de regra se insere o contrato de EPC.

Uma vez indicadas as principais características que individualizam o contrato de EPC, passa-se ao seu cotejamento com os tipos contratuais legais aos quais pode potencialmente ser reconduzido no direito brasileiro.

7.3. Confronto entre o Contrato de EPC e os Tipos Contratuais Legais

Considerando o posicionamento adotado na seção 3.1 quanto ao juízo de qualificação, bem como as características distintivas do contrato de EPC que foram identificadas na seção anterior, é chegado o momento de realizar a aplicação prática do juízo de qualificação ao contrato de EPC. A presente seção, portanto, destina-se a verificar a possibilidade de o contrato de EPC ser um contrato legalmente típico no direito brasileiro, motivo pelo qual será cotejado com os tipos contratuais legais dos quais se aproxima. Ao final dessa etapa, obtém-se a conclusão sobre a tipicidade ou atipicidade legal do contrato de EPC no direito brasileiro.

7.3.1. Compra e Venda

Visto que o contrato de EPC envolve o fornecimento de materiais e de equipamentos, bem como a entrega ao dono da obra de um empreendimento completo, em condições de pronta operação, poder-se-ia cogitar de sua recondução ao tipo contratual legal da compra e venda, previsto nos artigos 481 a 532 do Código Civil de 2002. Semelhante entendimento, no entanto, não procede.

Conforme enunciado pelo referido artigo 481[440], o tipo contratual da compra e venda compreende a obrigação do vendedor de "transferir o domínio de certa coisa" e a obrigação do comprador de "pagar-lhe certo preço em dinheiro". Enuncia a doutrina, portanto, os três elementos essenciais clássicos da compra e venda: (i) o consenso sobre a obrigação de transferir a propriedade sobre uma coisa; (ii) a coisa, corpórea ou incorpórea, a ser alienada; e (iii) o preço em dinheiro[441].

Confrontando o contrato de EPC com o tipo contratual da compra e venda acima delineado, resulta evidente a incompatibilidade entre ambos. Enquanto a função econômica principal da compra e venda é a transferência da propriedade sobre um bem, a do contrato de EPC é substancialmente

[440] "Art. 481. Pelo contrato de compra e venda, um dos contratantes se obriga a transferir o domínio de certa coisa, e o outro, a pagar-lhe certo preço em dinheiro."

[441] GOMES, Orlando. **Contratos**, 26ª ed., rev., atual. e ampl. Rio de Janeiro: Forense, 2007, p. 265. PEREIRA, Caio Mário da Silva. **Instituições de Direito Civil**, v. III – Contratos, 16ª ed., rev. e atual. Rio de Janeiro: Forense, 2012, pp. 146 e 148.

distinta[442]. Conforme especificado na seção 7.2, consiste na execução de um empreendimento em sua totalidade, desde a responsabilidade pela concepção da obra nos projetos básicos até sua colocação em funcionamento, prevendo-se para tanto uma estrutura de alocação de riscos fortemente concentrada no epecista (*single point responsibility*) e que garanta o interesse do dono da obra em obter um elevado grau de certeza quanto ao preço, ao prazo de entrega e à qualidade do empreendimento.

Além disso, tampouco é possível reconduzir o conteúdo das prestações do epecista ao da prestação do vendedor. Aquele é significativamente mais extenso e complexo do que este, compreendendo prestações das mais diversas naturezas. A aquisição de materiais e de equipamentos por parte do epecista é, portanto, apenas uma parcela do conjunto de suas obrigações. Nesse sentido, deve-se sempre recordar que as prestações do epecista estão todas articuladas em função do objetivo de concluir a execução do empreendimento, que deve ser entregue ao dono da obra em condições de operação.[443]

Por derradeiro, mencione-se ainda a diferença entre o tempo de execução dos dois contratos. O contrato de compra e venda consiste em contrato de execução instantânea, em que a prestação é cumprida de uma só vez[444].

[442] Ao tratar do contrato de compra e venda, Orlando GOMES é assertivo ao afirmar que: "Seu fim específico é a alienação de um bem". **Contratos**, 26ª ed., rev., atual. e ampl. Rio de Janeiro: Forense, 2007, p. 265.

[443] Discorrendo sobre a qualificação dos contratos de *engineering* no direito italiano, Flavio LAPERTOSA o compara com o contrato de compra e venda e traça a seguinte conclusão: "E per analogo ordine di ragioni [l'engineering è un contratto con causa unica] deve escludersi che esso sia riducibile nell'ambito di tipi legali come la vendita e il mandato, giacché la fornitura diretta di materiali ovvero la gestione degli interessi del committente attraverso il compimento di atti negoziali con terzi (...) si risolvono in una frazione della complessa attività svolta dalla impresa di ingegneria". **L'engineering**. Milano: Giuffrè, 1993, p. 164. Embora tratando do contrato de empreitada mista, também são de grande valia, para o presente caso, as observações de Alfredo de Almeida PAIVA: "Ao contrário da compra e venda de coisa futura, que tem por finalidade precípua, conforme o próprio nome indica, a venda ou alienação de coisa que venha a existir de futuro, mas que seja de propriedade do vendedor, o objeto da empreitada é inteiramente diverso, antes visando à execução de uma obra determinada para cuja confecção os materiais fornecidos não concorrem com o espírito de venda, mas apenas contribuem na mesma importância e com idêntica finalidade da mão-de-obra empregada para levá-la a bom termo. Capital no contrato de empreitada é a confecção da obra encomendada e não a alienação ou venda dos materiais, ensina com a clareza e simplicidade habituais o saudoso mestre Clóvis Beviláqua". **Aspectos do Contrato de Empreitada**, 2ª ed., rev. Rio de Janeiro: Forense, 1997, p. 18.

[444] Em artigo sobre a classificação dos contratos, Francisco Paulo De Crescenzo MARINO assim explica os contratos de execução instantânea: "Contratos de execução

No contrato de EPC, por outro lado, as prestações se executam ao longo de um lapso temporal, culminando com a entrega do empreendimento concluído ao dono da obra.

Diante considerações acima, conclui-se que o contrato de EPC não pode ser reconduzido ao tipo contratual legal da compra e venda.

7.3.2. Mandato

Considerando que o epecista realiza uma série de atividades para a execução de um empreendimento cuja conclusão é de interesse do dono da obra, poder-se-ia cogitar da qualificação do contrato de EPC como contrato legalmente típico de mandato, regulado nos artigos 653 a 692 do Código Civil de 2002.

A despeito da controvérsia existente na doutrina quanto à possibilidade de separação entre o contrato de mandato e o ato de outorga de poderes de representação, o tipo contratual positivado no Código Civil de 2002 é o do contrato de mandato com outorga de poderes de representação. Assim é que, no artigo 653, define-se o contrato de mandato como aquele por meio do qual "alguém recebe de outrem poderes para, em seu nome, praticar atos ou administrar interesses"[445]. A representação, portanto, figura como elemento essencial do mandato disciplinado no Código Civil de 2002[446].

instantânea são aqueles nos quais a execução (realização das prestações contratuais) dá-se de uma só vez e em uma única prestação. Eles se subdividem em contratos de execução imediata e contratos de execução diferida. Nos de execução imediata, a prestação é realizada no momento da conclusão do acordo ou logo após (v.g., doação, compra e venda à vista contra a entrega do bem). Já os contratos de execução diferida caracterizam-se pelo fato de ao menos uma das prestações ser efetuada em tempo posterior ao da conclusão do contrato (v.g., venda a prestações e venda de coisa futura ou sob encomenda)". Classificação dos contratos. In: PEREIRA JÚNIOR, Antonio; HÁBUR, Gilberto Haddad (coord.). **Direito dos contratos.** São Paulo: Quartier Latin, 2006, p. 31.

[445] "Art. 653. Opera-se o mandato quando alguém recebe de outrem poderes para, em seu nome, praticar atos ou administrar interesses. A procuração é o instrumento do mandato."

[446] "No direito brasileiro, como no francês, no português, etc., a representação é essencial e a sua falta desfigura o contrato para prestação de serviços. (...) Limitamo-nos aqui a assinalar que o mandato, como representação convencional, permite que o mandatário emita sua declaração de vontade, dele representante, adquirindo direito e assumindo obrigações que percutem na esfera jurídica do representado." PEREIRA, Caio Mário da Silva. **Instituições de Direito Civil**, v. III – Contratos, 16ª ed., rev. e atual. Rio de Janeiro: Forense, 2012, p. 365.

Diante das características do contrato de mandato acima especificadas, conclui-se que o contrato de EPC situa-se fora de seus limites[447]. Os fundamentos que justificam esse resultado são análogos aos que se teceram por ocasião do contrato de compra e venda. Tem-se, primeiro, a incontornável diferença na função econômica dos contratos, sobretudo porque o interesse principal que se busca concretizar por meio da operação econômica estruturada no contrato de EPC não se limita à realização de atos de interesse do dono da obra. Naturalmente que a conclusão do empreendimento é do interesse do dono da obra, mas não se pode estender essa afirmação a todos os demais atos do epecista.

Reflexo dessa divergência nas funções econômicas de cada contrato é a incompatibilidade entre o conteúdo das prestações do epecista e do mandatário. Não se nega a possibilidade de haver, entre as prestações do epecista, algumas que compreendam a prática de atos na qualidade de representante do dono da obra. É o que muitas vezes se passa, por exemplo, com os atos destinados à obtenção de licenças ou autorizações perante o Poder Público. A prática de atos mediante representação, no entanto, está longe de ser a prestação principal do contrato de EPC. Da mesma forma que o fornecimento de materiais e equipamentos, é apenas um dos meios de que se vale o epecista para cumprir sua principal obrigação de executar e entregar ao dono da obra um empreendimento em estado de perfeito funcionamento e pronto para operação.

7.3.3. Prestação de Serviços

Viu-se que o contrato de EPC atribui ao epecista uma multiplicidade de prestações das mais diversas naturezas, muitas das quais relacionadas a atividades como elaboração de projetos, fornecimento de mão de obra, montagem de equipamentos, realização de testes e treinamento de pessoal. É de se questionar, então, a possibilidade de qualificá-lo no âmbito do tipo legal do contrato de prestação de serviços.

[447] É essa a posição de Rossella Cavallo BORGIA a propósito dos contratos de *engineering* no direito italiano: "Quanto alle possibilità di avvicinare l'*engineering* al mandato o al contratto di cessione di *know-how*, risultano entrambe da disattendere. Il ricorso al mandato va escluso poiché *l'engineer* non svolge certamente attività giuridica per conto del committente". **Il contratto di Engineering.** Padova: Cedam, 1992, p. 111, n.r. 14, destaques no original.

O contrato de prestação de serviços é disciplinado pelo Código Civil de 2002 nos artigos 593 a 609. Referidas normas aplicam-se a toda prestação de serviço "que não estiver sujeita às leis trabalhistas ou a lei especial"[448], considerando-se como prestação de serviço "toda a espécie de serviço ou trabalho lícito, material ou imaterial"[449]. O contrato de prestação de serviços, portanto, é definido pela doutrina como: "(...) o contrato mediante o qual uma pessoa se obriga a prestar um serviço à outra, eventualmente, em troca de determinada remuneração, executando-os com independência e sem subordinação hierárquica"[450].

À luz da definição acima, nota-se que o conteúdo da prestação do prestador de serviços é a realização de uma atividade, em si mesma considerada. Classifica-se, por isso, como uma obrigação de meios, para cujo cumprimento, não é necessária a produção de um determinado resultado. Em outros termos, significa dizer que o resultado produzido pela atividade não integra o conteúdo da prestação do prestador de serviço[451]. Há, nesse ponto, uma diferença fundamental em relação ao contrato de EPC. Já se explicou, na seção 6.2, que o epecista se obriga à obtenção de um resultado, sendo este a entrega, ao dono da obra, do empreendimento concluído e em condições de pronta operação. As atividades que o epecista desempenha, por isso, não são consideradas em si mesmas, mas em função do resultado que se contratou por meio do contrato de EPC.

Em face dessa substancial diferença quanto ao conteúdo das prestações, conclui-se que o contrato de EPC não pode ser reconduzido ao tipo contratual da prestação de serviços. Enquanto, a obrigação do epecista é de resultado, a obrigação do prestador de serviços é de meios[452].

[448] "Art. 593. A prestação de serviço, que não estiver sujeita às leis trabalhistas ou a lei especial, reger-se-á pelas disposições deste Capítulo."

[449] "Art. 594. Toda a espécie de serviço ou trabalho lícito, material ou imaterial, pode ser contratada mediante retribuição."

[450] GOMES, Orlando. **Contratos**, 26ª ed., rev., atual. e ampl. Rio de Janeiro: Forense, 2007, p. 354. No mesmo sentido, cf. PEREIRA, Caio Mário da Silva. **Instituições de Direito Civil**, v. III – Contratos, 16ª ed., rev. e atual. Rio de Janeiro: Forense, 2012, p. 348.

[451] Sobre a classificação das obrigações, cf. COMPARATO, Fábio Konder. Obrigações de meios, de resultado e de garantia. **Doutrinas essenciais de responsabilidade civil**, [S.l.], v. 5, out. 2011, pp. 333-348.

[452] Ainda que se referindo ao contrato de empreitada, são úteis as observações de Clóvis Veríssimo do Couto e SILVA: "A doutrina sempre estabeleceu a diferença entre o contrato de empreitada e os demais que com ele mantenham semelhanças, entendendo que aquele é

7.3.4. Construção por Administração na Lei nº 4.591/1964

Como estudado no capítulo 5, a legislação brasileira previu algumas espécies de contratos de construção, com as quais, por conseguinte, cabe cotejar o contrato de EPC. A primeira delas é o contrato de construção por administração previsto na Lei nº 4.591/1964.

Viu-se, na seção 5.5, que o contrato de construção por administração destina-se à construção de edificações em condomínio, sendo celebrado entre o construtor e o conjunto de adquirentes das unidades autônomas a serem construídas. A prestação do construtor consiste em administrar a execução da obra, cujos custos deverão ser reembolsados pelo conjunto de adquirentes que figura como contratante. Em contraprestação, recebe o construtor a remuneração que for pactuada.

São notórias as diferenças com relação ao contrato de EPC. Primeiro, porque o bem objeto do contrato de construção por administração previsto na Lei nº 4.591/1964 é limitado às edificações em condomínio. O contrato de EPC, por outro lado, não apresenta semelhante restrição, sendo utilizado, via de regra, para a execução de empreendimentos nas áreas industriais e de infraestrutura. Da mesma forma, tampouco se coaduna com o contrato de EPC a limitação relativa aos sujeitos contratantes. Se o contrato de construção por administração deve ser celebrado com o conjunto de adquirentes das unidades autônomas a serem construídas, semelhante limitação não se coloca no contrato de EPC.

Além das diferenças quanto ao bem objeto do contrato e quanto ao sujeito contratante, o contrato de EPC também se distingue da construção por administração da Lei nº 4.591/1964 no que tange ao conteúdo da prestação e da contraprestação.

No contrato de EPC, as prestações do epecista consistem na própria execução do empreendimento contratado, por si próprio ou por meio de subcontratados, incluindo as atividades inerentes a todas as etapas necessárias à sua total implantação. Já na construção por administração, o conteúdo da prestação do construtor é distinto. Primeiro, porque a sua

típico, de resultado, enquanto que o contrato de prestação de serviços gera obrigações simplesmente de meios". Contrato de Engineering. **Revista de Informação Legislativa**, Brasília, v. 29, n. 115, p. 509-526, jul./set. de 1992, p. 512. Disponível em: <http://www2.senado.leg.br/bdsf/bitstream/handle/id/176014/000470494.pdf?sequence=1>. Acesso em 21 jul. 2017.

prestação consiste em administrar a obra a ser executada pelos fornecedores e prestadores de serviço contratados e pagos pelo dono da obra. Além disso, também é de se concluir, pelo teor do § 1º do artigo 48 da Lei nº 4.591/1964, que o conteúdo da prestação do construtor não compreende os projetos básicos de concepção da obra. Se "o projeto e o memorial descritivo das edificações farão parte integrante e complementar do contrato", é evidente que a sua elaboração não é contemplada pelo conteúdo da prestação do construtor.

Consequência do que se indicou no parágrafo precedente é a diferença nas contraprestações devidas pelo dono da obra em cada contrato. No contrato de EPC, a execução do empreendimento pelo epecista em todas as suas etapas é remunerada por um preço fixo global, ou seja, um preço único que engloba a totalidade do escopo contratado, independentemente do quanto for gasto de fato para sua execução. No contrato de administração, por outro lado, adota-se a modalidade de remuneração por reembolso de custos. Assim é que o conjunto de adquirentes, de um lado, assume diretamente o pagamento dos custos necessários à execução da obra e, de outro, paga ao construtor a contraprestação que remunera o seu escopo de administrar a execução da obra.

São substanciais, portanto, as diferenças entre o contrato de EPC e o contrato de construção por administração previsto na Lei nº 4.591/1964. Como consequência, não é possível qualificar o primeiro como pertencente ao tipo contratual legal do segundo.

7.3.5. Empreitada

No capítulo 5, viu-se que a figura da construção por empreitada é prevista em diversos diplomas legais do ordenamento jurídico brasileiro. Entre eles, há o Código Civil de 2002, a legislação aplicável às contratações da Administração Pública[453] e a Lei nº 4.591/1964. A possibilidade de reconduzir o contrato de EPC ao tipo contratual legal da empreitada é um dos pontos centrais de debate na doutrina, de modo que, na sequência, serão

[453] Na seção 5.3, tratou-se da Lei de Licitações (Lei nº 8.666/1993), do Regulamento do Procedimento Licitatório Simplificado da PETROBRÁS (Decreto nº 2.745/1998), da Lei do Regime Diferenciado de Contratações Públicas – RDC (Lei nº 12.462/2011) e da Lei das Estatais (Lei nº 13.303/2016).

expostas as duas grandes correntes sobre o tema e, ao fim, o entendimento que se adota no presente trabalho.

A primeira corrente sustenta a qualificação do contrato de EPC como legalmente típico, reconduzindo-o ao tipo contratual legal da empreitada, em especial, ao contrato de empreitada global. É o caso, por exemplo, de Luiz Olavo BAPTISTA, que é assertivo ao afirmar a identidade entre o contrato de EPC e o contrato de empreitada, sendo aquele apenas a denominação deste em língua inglesa:

> Os contratos EPC apresentam características que nos permitem qualificá-los como sendo contratos de empreitada. Com efeito, o objeto do contrato é fazer uma obra por conta de alguém, portanto, similar ao da empreitada; o objeto das obrigações do Construtor EPC é o mesmo da obrigação do Empreiteiro, ou seja, uma obrigação de fazer, a obrigação do dono da obra, de pagar, também coincide. Finalmente, o objeto da prestação do empreiteiro é a obra e a do dono da obra é o preço contratado. Olhando sob o prisma econômico, o contrato visa adquirir uma obra que será feita por alguém, mediante retribuição.
>
> Assim, podemos concluir que o contrato EPC é apenas a designação em inglês do que para nós é uma empreitada.[454]

A mesma posição é perfilada por José Virgílio Lopes ENEI em dissertação de mestrado que versa sobre *project finance*. Confiram-se as palavras do autor:

> A prática comercial no âmbito de operações de financiamento de projetos tem levado as sociedades financiadas (e, indiretamente, os financiadores) a mitigar o risco de construção mediante a celebração de um contrato relativamente padronizado de empreitada global, conhecido no meio como Contrato EPC (de "*Engineering, Procurement and Construction Contract*"), em regime de "chave-na-mão" (ou "*turn-key*" segundo o jargão mais difundido).[455]

[454] Contratos da engenharia e construção. In: Id. (org.). **Construção civil e direito**. São Paulo: Lex, 2011, cap. I, pp. 39-40.

[455] **Financiamento de projetos**: aspectos jurídicos do financiamento com foco em empreendimentos. São Paulo: Faculdade de Direito, Universidade de São Paulo, 2005, Dissertação de Mestrado em Direito Comercial, p. 192, destaques no original.

Há, ainda, o entendimento exposto por Fabio Coutinho de Alcântara GIL em sua tese de doutorado a respeito da onerosidade excessiva em contratos de *engineering*. Tratando da qualificação dos contratos de *engineering*, gênero no qual se entende incluído o contrato de EPC, o autor conclui pela sua submissão ao tipo contratual legal do contrato de empreitada previsto no Código Civil de 2002. É o que expõe a seguinte passagem:

> Em conclusão às considerações expendidas neste capítulo, verifica-se que os contratos de *engineering*, como regra geral, submetem-se à disciplina da empreitada. Caso se imagine a possibilidade de celebração de hipotético contrato de *engineering* independentemente da assinatura de instrumento escrito – já que não se trata de contrato formal – parece não haver dúvida que o regime jurídico da empreitada seria plenamente aplicável, desde que houvesse o cumprimento do requisito de habilitação legal.[456]

Nota-se, contudo, a existência de uma aparente contradição na linha argumentativa de Fabio Coutinho de Alcântara GIL, como bem pontuado por Lie Uema do CARMO[457]. Isso porque o autor, por um lado, inclui os contratos de *engineering* no âmbito do tipo contratual legal da empreitada, defendendo a aplicação direta de suas normas. Por outro lado, argumenta que os contratos de *engineering* não foram tipificados pela lei, mas apenas socialmente, o que corresponde a qualificá-los como contratos socialmente típicos[458].

[456] **A Onerosidade Excessiva em Contratos de Engineering**. São Paulo: Faculdade de Direito, Universidade de São Paulo, 2007, Tese de Doutorado em Direito Comercial, p. 56, destaques no original.

[457] Confira-se a crítica formulada pela autora: "Fabio Coutinho Gil cria um aparente oxímoro ao afirmar que o contrato de *engineering* é um contrato (atípico mas) socialmente típico e, concomitantemente, submetê-lo ao tipo legal da empreitada, dizendo que 'o tipo de empreitada abrange o de *engineering*'. Como poderia um contrato ser atípico e ao mesmo tempo típico?" **Contratos de Construção de Grandes Obras**. São Paulo: Faculdade de Direito, Universidade de São Paulo, 2012, Tese de Doutorado em Direito Comercial, p. 46, destaques no original.

[458] Veja-se o seguinte excerto da dissertação de Fabio Coutinho de Alcântara GIL: "Assim sendo, a evolução histórica do tipo contratual da empreitada levou os contratos de *engineering* à tipificação, não pela lei, mas, socialmente, por contratos-tipo, ou formulários, de aceitação internacional, que imprimem um tratamento mais amplo e detalhado a esses contratos, como visto no Capítulo 2, acima". **A Onerosidade Excessiva em Contratos de Engineering**. São Paulo: Faculdade de Direito, Universidade de São Paulo, 2007, Tese de Doutorado em Direito Comercial, p. 53, destaque no original.

Ao que parece, justifica-se o raciocínio do autor pela adoção do conceito de empreitada formulado por Pontes de Miranda. Como explicado na seção 5.1, trata-se de um conceito amplíssimo de empreitada (empreitada *lato sensu*), que a define como prestação onerosa de qualquer obrigação de resultado. É com fundamento nesse sentido amplíssimo que Fabio Coutinho de Alcântara GIL tece a seguinte consideração:

> No direito brasileiro, o tipo legal da empreitada é mais elástico que o italiano e mesmo que o alemão e o francês, por ser menos detalhado e não conter a definição de empreitada – portanto tem maiores condições de abrigar os contratos de *engineering*.[459]

Em recente dissertação de mestrado sobre o tema, Marcelo Alencar Botelho de MESQUITA também sustenta a aplicação do conceito *lato sensu* de empreitada[460]. Com base nesse pressuposto, conclui então que os limites do tipo contratual da empreitada no Código Civil de 2002 seriam suficientemente amplos para abranger o contrato de EPC. Ressalva, porém, a possibilidade de aplicação subsidiária das normas de outros tipos contratuais legais para regular as prestações originárias de outras categorias contratuais. Confiram-se as palavras do autor:

> Ao considerar o EPC e o *turnkey* como empreitada, é preciso reconhecer, estes contratos poderiam, para alguns, até se classificar como "típicos com cláusulas acessórias atípicas". (...) A eventual aplicação de regras de outros contratos será subsidiária e naquilo que não conflitar com as regras do tipo, recaindo sobre as atividades instrumentais da operação, as quais ficarão sempre em segundo plano em relação à prestação principal, que é a entrega da

[459] **Contratos de Engineering.** São Paulo: Faculdade de Direito, Universidade de São Paulo, 2007, Tese de Doutorado em Direito Comercial, p. 55, destaque no original.

[460] **Contratos chave na mão (*Turnkey*) e EPC (*Engineering, Procurement and Construction*)**: conteúdo e qualificações. Florianópolis: Faculdade de Direito da Universidade Federal de Santa Catarina, 2017, Dissertação de Mestrado, pp. 60-70. Confira-se, em especial, a seguinte passagem: "Considera-se empreitada o contrato em que uma parte obriga-se a executar certa obra, determinada ou determinável, com independência econômica e sob o próprio risco, mediante remuneração da outra. (...) Com uma definição tão larga, de tal forma a ser empreitada designada de *contrato-madre* ou *contrat impérieux*, adentraria no seu tipo não só a construção, mas o transporte e outras obras, como as artísticas, cujas particularidades ensejam a criação de categorias distintas pelo legislador e a aplicação de regras próprias". Ibid., pp. 60 e 65, destaques no original.

obra. Mas, de elevada importância notar, a incidência das normas da empreitada continua a ocorrer pela via direta. (...)

Todas essas questões, pertinentes e de indispensável solução ficam, contudo, facilitadas quando se adota a linha de reconduzir o EPC à empreitada, uma visão fiel à abrangência deste tipo legal; e, ao contrário, restam obscurecidas quando se lance sobre o contrato o manto da atipicidade, desconsiderando as regras do tipo por princípio. (...)

Ao mesmo tempo, e talvez mais importante de tudo, a subsunção dos contratos *turnkey* e EPC no tipo da empreitada possui a grande vantagem de conferir às partes a segurança das regras do modelo legal, aplicáveis obrigatoriamente pelo intérprete para suprir as lacunas do regramento convencional e também naquilo que forem cogentes. O recurso a esse regramento, vale registrar, cuida-se de benefício do qual se não pode descurar, a ele se atribuindo, inclusive, todo o esforço de regrar os tipos contratuais no código.[461]

Antes de prosseguir com a exposição da segunda corrente a respeito da relação entre o contrato de EPC e o tipo contratual legal da empreitada, vale recobrar a já explicada discordância quanto à aplicação do conceito de empreitada *lato sensu* ao tipo contratual regulado nos artigos 610 a 626 do Código Civil. Nesse sentido, remete-se à argumentação constante na seção 5.1[462].

A segunda corrente adota entendimento oposto, no sentido de que o contrato de EPC não pode ser reconduzido ao tipo contratual legal da empreitada, qualificando-se como legalmente atípico. No Brasil, é nesse

[461] MESQUITA, Marcelo Alencar Botelho de. **Contratos chave na mão (*Turnkey*) e EPC (*Engineering, Procurement and Construction*)**: conteúdo e qualificações. Florianópolis: Faculdade de Direito da Universidade Federal de Santa Catarina, 2017, Dissertação de Mestrado, pp. 142-144.

[462] Lie Uema do CARMO também critica a adoção de um conceito amplíssimo do contrato de empreitada tal como proposto por Fabio Coutinho de Alcântara GIL: "Asseverar que é possível enquadrá-los no tipo legal da empreitada lembra, inevitavelmente, o uso do leito de Procrustes: o que não cabe no leito é cognitiva e dogmaticamente eliminado ou deformado. Essa solução dificilmente pode ser considerada satisfatória. Não há a correspondência idealizada por Gil, salvo por recurso a uma artificial ampliação do tipo legal da empreitada. Do exposto, não é possível partilhar da interpretação do autor de que o 'tipo de empreitada abrange o de *engineering*'". **Contratos de Construção de Grandes Obras**. São Paulo: Faculdade de Direito, Universidade de São Paulo, 2012, Tese de Doutorado em Direito Comercial, p. 48, destaque no original.

sentido que se posicionam, por exemplo, Orlando GOMES[463], Elena de Carvalho GOMES[464] e Clóvis Veríssimo do Couto e SILVA[465], os quais tratam da qualificação do gênero dos contratos de *engineering*, e José Emilio Nunes PINTO[466], Lie Uema do CARMO[467] e Leonardo Toledo da SILVA[468], que se referem especificamente ao contrato de EPC.[469]

O argumento utilizado para fundamentar a conclusão dos autores acima citados consiste, em suma, no excesso de conteúdo do contrato de EPC em relação ao contrato de empreitada. Uma vez constatado que as prestações do epecista compreendem uma pluralidade de atividades, muitas das quais inclusive originadas de outros tipos contratuais, conclui-se que a unidade econômica por elas formada extrapola os limites do tipo contratual da empreitada[470]. Justamente por essa circunstância, afirmam que o contrato de EPC configura-se como contrato atípico misto, combinando prestações de diversos tipos contratuais legais que se fundem em uma causa única. Sobre esse ponto, são bastante elucidativas as considerações de José Emilio Nunes PINTO:

> No Brasil, a melhor doutrina nos fornece uma classificação ampla dos contratos atípicos. Dentre estes, vale ressaltar os *contratos atípicos mistos* categoria

[463] **Contratos**, 26ª ed., rev., atual. e ampl. Rio de Janeiro: Forense, 2007, p. 579.

[464] Il contratto di *engineering* e la sua qualificazione alla luce del diritto brasiliano. In: CAPRARA, Andrea; TESCARO, Mauro. **Studi sul c.d. contratto di *engineering***. Napoli: Edizione Scientifiche Italiane, 2016, pp. 121-123.

[465] Contrato de Engineering. **Revista de Informação Legislativa**, Brasília, v. 29, n. 115, p. 509-526, jul./set. de 1992, p. 516. Disponível em: <http://www2.senado.leg.br/bdsf/bitstream/handle/id/176014/000470494.pdf?sequence=1>. Acesso em 21 jul. 2017.

[466] O Contrato de EPC para Construção de Grandes Obras de Engenharia e o Novo Código Civil. **Jus Navigandi**, Teresina, ano 7, n. 55, 1 mar. 2002, §§ 39, 42, 44. Disponível em: <http://jus.com.br/artigos/2806>. Acesso em 10 out. 2017.

[467] **Contratos de Construção de Grandes Obras**. São Paulo: Faculdade de Direito, Universidade de São Paulo, 2012, Tese de Doutorado em Direito Comercial, pp. 48-49.

[468] **Contrato de aliança**: projetos colaborativos em infraestrutura e construção. São Paulo: Almedina, 2017, pp. 188-189.

[469] A questão da possível tipicidade social do contrato de EPC, bem como de sua classificação entre as categorias de contratos atípicos, será objeto da seção 7.4.

[470] É o que se passa, por exemplo, com as prestações que se relacionam a atividades originadas dos tipos contratuais da compra e venda, do mandato e da prestação de serviços, já analisadas nas seções 7.3.1, 7.3.2 e 7.3.3 acima. Como explicado, essas prestações constituem apenas uma parcela da obrigação principal do epecista, que é a execução completa do empreendimento para entrega em condições de pronta operação.

em que se inserem, a nosso ver, os EPCs, já que englobam obrigações das partes que são encontradas em mais de um contrato típico. No entanto, a correlação entre essas obrigações e respectivas contraprestações faz com que se crie um arranjo contratual diverso dos dois ou mais de que essas obrigações se originam, representando uma verdadeira fusão das disposições de ambos num todo unitário.[471]

É também nesse sentido que Clóvis Veríssimo do Couto e SILVA se posiciona quando trata do gênero dos contratos de *engineering*, explicando que a pluralidade de prestações contempladas acarreta seu "desprendimento" do tipo contratual da empreitada[472]. Da mesma forma, Orlando GOMES afirma a atipicidade do *engineering*: "O *engineering* é considerado um contrato atípico da espécie contrato misto, no entendimento de que resulta da justaposição de prestações características de vários contratos típicos"[473]. Em artigo escrito em italiano sobre a qualificação dos contratos de *engineering* no direito brasileiro, Elena de Carvalho GOMES é bastante clara sobre esse ponto:

> Tudo considerado, não é difícil compreender por que não se pode dizer que o contrato de *engineering*, no direito brasileiro, seja legalmente típico, ainda que a lei preveja um modelo regulativo amplo da empreitada, no qual seria

[471] O Contrato de EPC para Construção de Grandes Obras de Engenharia e o Novo Código Civil. **Jus Navigandi**, Teresina, ano 7, n. 55, 1 mar. 2002, § 39. Disponível em: <http://jus.com.br/artigos/2806>. Acesso em 10 out. 2017, destaque no original.

[472] "O contrato de *engineering* é um negócio jurídico complexo, porquanto, de regra, são feitos diversos contratos, parciais, seja com finalidade preparatória, seja executiva, que constituem, no seu todo, o aludido negócio jurídico. O seu conteúdo pode abrigar, assim, contratos de empreitada parciais, de planejamento da obra, de realização de certas partes ou equipamentos, contratos de serviços, contratos de transporte, contratos de supervisão, sendo a sua totalidade o 'contrato de *engineering*'. Configura-se, como um contrato atípico, que se desprende do modelo de empreitada, e que, conforme a complexidade da obra, poderia ter como partes diversos figurantes, e não apenas um empreiteiro e o dono da obra, como sucedia, em regra, nos modelos de empreitada previsto no Código Civil." Contrato de Engineering. **Revista de Informação Legislativa**, Brasília, v. 29, n. 115, p. 509-526, jul./set. de 1992, p. 516, destaques no original. Disponível em: <http://www2.senado.leg.br/bdsf/bitstream/handle/id/176014/000470494.pdf?sequence=1>. Acesso em 21 jul. 2017.

[473] **Contratos**, 26ª ed., rev., atual. e ampl. Rio de Janeiro: Forense, 2007, p. 579, destaque no original. Vale relembrar que, para o autor: "O *engineering* é um contrato a fim de obter-se uma indústria construída e instalada. Desdobra-se em duas fases bem características: a de estudos e a de execução". Ibid., p. 579, destaque no original.

possível tentar incluí-lo, de acordo com certa opinião da doutrina. A amplitude de um tal modelo, de um lado, e as diversas formas que em concreto pode assumir o *engineering*, de outro, não permitem concluir, *sic et simpliciter*, que o *engineering* possa ser considerado uma modalidade de empreitada. Tudo somado, portanto, é preciso excluir, a princípio, a tipicidade legal dos contratos de *engineering* no direito brasileiro, hipótese que parece ser confirmada inclusive pelas opiniões da doutrina sobre a inadequação das regras legais – e não apenas daquelas sobre a empreitada – ao contrato do qual nos ocupamos.[474]

Vale mencionar que, na Itália, discussão equivalente surge com relação à qualificação dos contratos de *engineering* dentro do tipo legal do contrato de *appalto*. No caso do contrato de EPC, a discussão se coloca especificamente em face do contrato de *appalto d'opera*[475].

[474] Tradução livre do original em italiano: "Ciò considerato, non è difficile capire perché non si possa dire che il contratto di *engineering*, nel diritto brasiliano, sia legalmente tipico, anche se la legge prevede l'ampio modello regolativo dell'*empreitada*, in cui si potrebbe cercare di farlo rientrare, stando a un certo avviso dottrinale. L'ampiezza di un tale modello, da un lato, e le diverse forme che in concreto può assumere l'*engineering*, dall'altro, non consentono di concludere, *sic et simpliciter*, che l'*engineering* possa essere considerato una modalità di *empreitada*. Tutto sommato, occorre pertanto escludere, in linea di massima, la tipicità legale dei contratti di *engineering* nel diritto brasiliano, ipotesi che sembra essere confermata, tra l'altro, dalle opinioni della dottrina sull'inadeguatezza delle regole legali – e non soltanto di quelle sull'*empreitada* – rispetto al contratto di cui ci occupiamo." Il contratto di *engineering* e la sua qualificazione alla luce del diritto brasiliano. In: CAPRARA, Andrea; TESCARO, Mauro. **Studi sul c.d. contratto di *engineering***. Napoli: Edizione Scientifiche Italiane, 2016, pp. 122-123, destaques no original.

[475] Na Itália o contrato de *appalto* é previsto no artigo 1655 do *Codice Civile* de 1942, *in verbis*: "O *appalto* é o contrato com o qual uma parte assume, com organização dos meios necessários e com gestão a próprio risco, a execução de uma obra ou de um serviço mediante um correspectivo em dinheiro". Tradução livre do original em italiano: "L'appalto è il contratto col quale una parte assume, con organizzazione dei mezzi necessari e con gestione a proprio rischio, il compimento di un'opera o di un servizio verso un corrispettivo in danaro". A prestação do contratado, portanto, pode ser tanto uma obra quanto um serviço, subdividindo-se o *appalto* em *appalto d'opera* e *appalto di servizi*, respectivamente. A esse respeito, segue breve explicação elaborada por RUBINO e IUDICA: "Occorre piuttosto sottolineare che la distinzione fra appalto di opere e appalto di servizi è fondata sul contenuto dell'attività materiale che l'appaltatore deve compiere con la sua impresa. Può dirsi che, nell'appalto di opera, l'appaltatore compie un'attività di rielaborazione e trasformazione dei materiali, al fine di produrre un nuovo bene ovvero di modificare sostanzialmente un bene preesistente; nell'appalto di servizio, invece, non si ha rielaborazione di materia, ma il *facere* consiste nella produzione di una certa attività o nel soddisfacimento di un particolare interesse. Insomma, è l'elaborazione della materia prima l'elemento che più caratterizza l'appalto di opere e serve

Indique-se, primeiro, a posição de Domenico RUBINO e Giovanni IUDICA. Assemelhando-se às linhas argumentativas de Fabio Coutinho de Alcântara GIL e de Marcelo Alencar Botelho de MESQUITA acima expostas, defendem, de um lado, que o tipo contratual do *appalto* é suficientemente elástico para permitir que nele se reconduzam os contratos de *engineering*, o que seria ainda mais evidente no caso da assimilação dos contratos de *commercial engineering* ao tipo contratual do *appalto d'opera*. Ao mesmo tempo, no entanto, afirmam que os contratos de *engineering* são contratos atípicos, desprovidos de uma disciplina legal específica.[476]

No mesmo sentido de RUBINO e IUDICA é a posição de Fabrizio MARINELLI. O autor também destaca a elasticidade e a amplitude do tipo contratual do *appalto*, cuja causa entende ser o cumprimento de uma obrigação de fazer em troca de um correspectivo (*do ut facias*). Com base nisso, conclui que a maior amplitude do objeto do contrato de *engineering* em relação ao do contrato de *appalto* não é suficiente para justificar

a distinguere questa fattispecie dall'appalto di servizi". Dell'appalto: art. 1655-1677, 4ª ed. In: GALGANO, Francesco (org.). **Commentario del Codice Civile Scialoja-Branca**. Bologna: Zanichelli, 2007, libro IV, Delle obbligazioni, pp. 114-115. Maria COSTANZA, por sua vez, destaca que nem todas as disposições previstas para o *appalto d'opera* valem para o *appalto di servizi* e vice-versa. **Il contratto atipico**. Milano: Giuffrè, 1981, p. 203, n.r. 86.

476 A respeito da elasticidade do tipo contratual do *appalto*, assim se manifestam os autores: "Quanto invece al commercial engineering, i penetranti poteri di controllo del committente (cui spetta il rapporto esterno con i fornitori, ancorché condotto con la interposizione tecnica dell'ingegnere), il metodo del pagamento (anche associativo), la naturale cessione o l'uso di *know-how* (presente anche nel tipo consultivo) e la normale clausola di invarianza del prezzo paiono elementi, certamente non trascurabili, do peculiare caratterizzazione del contratto: non tali però da impedirne la elastica riconduzione alla tipologia dell'appalto, trattandosi pur sempre del compimento, da parte di un imprenditore, di una prestazione di *facere* finalizzata alla realizzazione di un *opus* con organizzazione dei mezzi necessari e con gestione a proprio rischio verso un corrispettivo in denaro (sia pure integrato da altre utilità)." RUBINO, Domenico; IUDICA, Giovanni. Dell'appalto: art. 1655-1677, 4ª ed. In: GALGANO, Francesco (org.). **Commentario del Codice Civile Scialoja-Branca**. Bologna: Zanichelli, 2007, libro IV, Delle obbligazioni, p. 74, destaques no original. Quanto à ausência de disciplina legal específica para o contrato de *engineering*, afirmam o seguinte: "Il contratto di *engineering* è una tangibile manifestazione della diffusa tendenza dei privati a congegnare nuovi schemi di appalto con regole diverse da quelle delineate dal codice civile. (...) Il contratto di *engineering* si inserisce in questa fenomenologia ed è, in assenza di una disciplina legale specifica, considerato un contratto atipico riconducibile alla tipologia del contratto di appalto di servizi o d'opera o, a seconda dei casi, al contratto d'opera intellettuale." Ibid., p. 71, destaques no orignal.

a atipicidade do primeiro, na medida em que permaneceriam idênticas a causa e a estrutura de ambos.[477]

Embora sem se referir especificamente a RUBINO e IUDICA, mas citando MARINELLI em nota de rodapé, Rossella Cavallo BORGIA formula crítica direta à corrente de autores que, sob o fundamento da elasticidade do tipo contratual do *appalto*, consideram irrelevantes as particularidades dos contratos de *engineering*, sobretudo quanto ao caráter amplo, complexo e articulado das prestações do construtor.[478]

A despeito da crítica apresentada por BORGIA, que será objeto de análise posterior na presente seção, pode-se desde já adiantar que o

[477] A respeito da causa do contrato de *appalto*, cf. MARINELLI, Fabrizio. **Il tipo e l'appalto**. Padova: CEDAM, 1996, pp. 21-22. O autor apresenta as seguintes características como elementos distintivos do *appalto*: "Le considerazioni che precedono portano a concludere come lo schema causale del contratto d'appalto e la sua struttura siano molto ampie e comprensive di tipologie diverse, e pertanto come all'interno di esso possa rientrare una vasta gamma di fenomeni economici: tuttavia il tipo appalto può individuarsi e qualificarsi nell'essere un contratto consensuale ad effetti obbligatori, ove l'obbligazione di dare, qualora sussista, è secondaria e comunque complementare o strumentale a quella di fare (il compimento di un'opera o di un servizio), ed ove la responsabilità organizzativa è interamente a carico dell'appaltatore, il quale sopporta anche ogni rischio d'impresa". Ibid., p. 51. A conclusão de MARINELLI a respeito da qualificação do contrato de *engineering* é bem sumarizada na seguinte passagem: "Appare dunque ragionevole applicare tale disciplina anche al contratto di engineering, in quanto le modifiche convenzionali, per quanto ampie, non modificano né la causa, né tanto meno la struttura del contratto stesso, che resta inevitabilmente attratto all'interno della disciplina codicistica. In altre parole, come un'attenta dottrina non ha mancato di mettere in luce, l'esistenza di regole pattizie non può in ogni caso escludere che sia la causa uno degli elementi maggiormente utilizzabili nella qualificazione del tipo". Ibid., pp. 86-87.

[478] Segue a íntegra da crítica apresentada por Rossella Cavallo BORGIA: "Al termine di tale analisi, deve, a mio avviso, riconoscersi come dalla complessa e minuziosa regolamentazione convenzionale dell'*engineering* emergano elementi specifici che fanno sostanzialmente deviare il regime di questo contratto rispetto a quello del normale contratto di appalto tra privati. E quel che stupisce nella linea di pensiero diversamente orientata è non tanto la negazione di tale considerazione finale complessiva, quanto il ritenerla ininfluente, irrilevante o comunque tale da permettere l'inquadramento del tipo 'sociale' *engineering* nel tipo 'legale' appalto. A tale riguardo si invoca l'opportunità di intendere il 'tipo' in modo elastico, consentendo integrazioni e modifiche che ne lascino integro il nucleo essenziale. Così i caratteri fondamentali dello schema legale tipico permarrebbero intatti nel contratto di *engineering*, nonostante la diversità della disciplina del rapporto in correlazione alle ampie, complesse ed articolate prestazioni che devono essere fornite dalle parti nel contratto in esame". **Il contratto di Engineering**. Padova: Cedam, 1992, p. 117, destaques no original. A referência a Fabrizio MARINELLI consta em Ibid., p. 114, n.r. 24.

entendimento de RUBINO e IUDICA anteriormente exposto aparenta certa incoerência. Isso porque sustentar a inclusão dos contratos de *engineering* dentro do âmbito do contrato de *appalto*, cuja elasticidade permitiria acomodar as características distintivas daqueles, nada mais é do que qualificá-los como legalmente típicos. Essa argumentação dos autores, todavia, acaba por negar sua própria afirmativa anterior quanto à atipicidade legal dos contratos de *engineering*, que pressupõe justamente a impossibilidade de reconduzir o contrato concreto aos limites do tipo contratual legal. Por essas razões, registre-se a discordância em relação ao entendimento de RUBINO e IUDICA.

A segunda linha de autores italianos, por sua vez, nega a possibilidade de reconduzir os contratos de *engineering* ao âmbito do contrato de *appalto*. Filiam-se a essa posição Guido ALPA, Maria COSTANZA, Flavio LAPERTOSA e Rossella Cavallo BORGIA, ressalvando-se apenas a divergência entre os três primeiros e a última quanto à classificação dos contratos de *engineering* já na esfera dos contratos atípicos – assunto que será objeto da seção 7.4.2 adiante. Como fundamento da atipicidade legal, argumentam os referidos autores que os contratos de *engineering* abrangem uma variedade de prestações de diversas naturezas, ultrapassando os limites do tipo contratual do *appalto*.

É nesse sentido que Maria COSTANZA, reconhecendo a pluralidade de prestações típicas que se combinam nos contratos de *engineering*, conclui pelo surgimento de um contrato autônomo, que não pode ser incluído no tipo contratual do *appalto*. Como consequência dessa multiplicidade de prestações, a autora ainda ressalta que os contratos de *engineering* apresentam um conteúdo que é, ao mesmo tempo, excedente e restrito em relação aos tipos contratuais legais.[479]

[479] "Innanzitutto l'affermazione, secondo la quale la determinazione della c.d. disciplina generale dei contratti speciali sarebbe idonea a risolvere qualsiasi problema di regolamentazione dei contrati atipici, presuppone la negazione di qualsiasi invenzione da parte dei privati, nel senso che tutti i tipi immaginabili di prestazione sarebbero già contemplati nelle leggi positive. (...) Così, si pensi all'ipotesi del contratto di *engineering*. Sebbene in questa fattispecie convergano elementi di diverse categorie contrattuali, e più precisamente del contratto di prestazione di opera intellettuale e dell'appalto, e sebbene si possa ridurre l'oggetto della prestazione ad un fare, non può ritenersi corretto applicare al negozio la disciplina della sottocategoria 'locatio operis', perché gli obblighi gravanti sulle società di *engineering* sono in parte eccedenti ed in parte più ridotti di quelli cui è tenuto il prestatore d'opera, o per meglio dire il lavoratore autonomo. Esistono, dunque, delle prestazioni che, pur essendo il

Guido ALPA argumenta em direção semelhante, concluindo que a combinação das diversas prestações típicas contidas nos contratos de *engineering* dá origem a um contrato único, dotado de individualidade autônoma.[480]

Flavio LAPERTOSA também é bastante claro nesse ponto, asseverando que a multiplicidade das prestações contempladas pelos contratos de *engineering* e o seu consequente excesso em relação ao conteúdo das prestações integrantes do contrato de *appalto* justificam a qualificação como atípico. Vale mencionar que, para tanto, o autor se refere especificamente à fusão, na figura do *engineer*, das figuras do projetista e do construtor.[481]

Rossella Cavallo BORGIA, por sua vez, coloca interessante destaque sobre a maior amplitude do papel do *engineer* em relação ao do *appaltatore*.

risultato di una fusione tra diverse prestazioni tipiche, si atteggiano in modo tale da assumere una fisionomia che ne impedisce non solo la sussunzione in un tipo positivamente previsto e disciplinato, ma anche l'inserimento in un gruppo meno individualizzato." COSTANZA, Maria. **Il contratto atipico**. Milano: Giuffrè, 1981, p. 200, destaques no original.

[480] "Avendo riguardo alla causa e al contenuto del contratto, l'*engineering* appare senz'altro come contratto *complesso*. Il negozio giuridico complesso, secondo l'orientamento corrente in giurisprudenza, delinea appunto il risultato della combinazione di distinti schemi negoziali, unitamente considerati dalle parti, in base ad una causa unica, derivante dalla fusione degli elementi causali dei contratti che concorrono alla formazione del rapporto e in dipendenza di un unico nesso obiettivo e funzionale, in modo che le varie prestazioni, intimamente e organicamente commiste e reciprocamente condizionate nella loro essenza e nelle loro modalità di esecuzione risultino preordinate al raggiungimento di un unico intento negoziale in senso oggettivo, sì da dar vita ad una convenzione unitaria per autonoma individualità. In questa prospettiva, al solo fine di proporre una precisazione concettuale del processo di 'tipizzazione', cioè di valutazione del contenuto del contratto, e della sua struttura, si può insistere sulla definizione dell'*engineering* come contratto innominato, appartenente alla sotto-categoria dei contratti complessi." ALPA, Guido. Engineering: Problemi de Qualificazione e di Distribuzione del Rischio Contrattuale. In: VERRUCOLI, Piero. **Nuovi Tipi Contrattuali e Tecniche di Redazione nella Pratica Commerciale**: Profili Comparatistici. Milano: Giuffrè, 1978, pp. 335-336, destaques no original. O mesmo posicionamento consta em outro texto do autor: Id. I Contratti di Engineering. In: RESCIGNO, Pietro (org.). **Trattato di Diritto Privato**. Torino: UTET, 1984, v. 11, t. III, p. 74.

[481] "Questo orientamento [tesi che l'engineering sia null'altro che un appalto], peraltro non isolato, non tiene sufficientemente conto della multiformità delle prestazioni contrattualmente svolte dall'engineer e della loro eccedenza rispetto allo schema dell'appalto. (...) Nel contratto di engineering, invece, le due figure del progettista e dell'appaltatore si fondono, proprio perché l'una prestazione è complementare e coordinata all'altra e tal integrazione, che abbraccia anche prestazioni di tipo diverso, è resa possibile dalla particolare struttura imprenditoriale, capace di accogliere al proprio interno apporti anche professionali di diversa provenienza." LAPERTOSA, Flavio. **L'engineering**. Milano: Giuffrè, 1993, pp. 183-184.

Observa a autora que os contratos de *engineering* divergem significativamente do contrato de *appalto* no que tange à alocação de riscos. Produz-se, como consequência, uma diferença entre os respectivos sinalagmas contratuais, na medida em que as responsabilidades e os riscos atribuídos ao *engineer* são muito maiores do que os atribuídos ao *appaltatore*.[482]

Por fim, vale mencionar a posição de Ricardo Luis LORENZETTI a propósito do *contrato obra llave en mano* no direito argentino. Confrontando-o com o *contrato de obra*, justifica sua atipicidade em razão da natureza complexa da obra a ser executada. No *contrato obra llave en mano*, pontua o autor, a obra a ser executada é um empreendimento, que abrange não apenas a construção de um edifício, mas também os fatores necessários ao seu funcionamento. Destaca, por fim, que o elemento unificador da pluralidade de prestações executadas pelo contratado é, precisamente, o funcionamento do empreendimento a ser entregue.[483]

Diante das considerações acima, é de se concluir, a propósito do direito brasileiro, que o contrato de EPC está fora dos limites do tipo contratual de empreitada. As razões para tanto encontram-se, precipuamente, nas divergências relativas à função econômica e ao conteúdo das prestações. É o que se passa a explicar.

Primeiramente, recobre-se o entendimento esposado nas seções 5.1, 5.2 e 5.3, no sentido de que o contrato de empreitada, tal como previsto na

[482] "In una ricognizione delle principali caratteristiche del rapporto instaurato con il contratto di *engineering*, le quali presentino una sostanziale irriducibilità allo schema dell'appalto (e dell'appalto di servizi), si devono annoverare *in primis* l'ampiezza del ruolo dell'*engineer* e della correlata responsabilità che egli assume nei confronti del committente. Questo determina una distribuzione del rischio contrattuale che vede l'*engineer* partecipe ad un rischio ben più esteso di quello usuale dell'appaltatore, con un'innegabile alterazione del sinallagma contrattuale tipico." BORGIA, Rossella Cavallo. **Il contratto di Engineering**. Padova: Cedam, 1992, p. 115, destaques no original.

[483] "El denominado 'contrato obra llave en mano', no constituye solamente una modalidad, sino que contiene elementos que lo diferencian claramente del contrato de obra. (...) Puede advertirse que hay un resultado determinado susceptible de entrega que puede ser calificado como obra; pero esta obra es compleja: no consiste en una construcción, sino en una fábrica, un hospital, un aeropuerto, es decir involucra tanto el edificio como los demás factores que hacen al funcionamiento. Por ello habrá aspectos que se regularán por el contrato de construcción de obras materiales, otros por el de servicios, pero a todo ello hay que agregar un interés que actúa como elemento unificador: el funcionamiento de la planta contratada. Por esta razón, en el Derecho interno es un contrato diferente del de obra y es atípico." LORENZETTI, Ricardo Luis. **Tratado de los contratos**, t. II. Buenos Aires: Rubinzal-Culzoni, 2000, pp. 676-678.

legislação brasileira, fornece a estrutura jurídica apenas para a execução de obras de engenharia segundo o modelo de operação econômica do DBB. Com relação ao tipo contratual da empreitada no Código Civil de 2002, é a conclusão que se obteve após a análise de suas disposições, da interpretação que a doutrina lhe atribui e, também, dos debates e estudos ocorridos por ocasião da elaboração do Anteprojeto do Código pela comissão de juristas coordenada pelo Professor Miguel Reale. Essa conclusão foi posteriormente corroborada pelo exame que se realizou das normas contidas na Lei do Condomínio e Incorporações (Lei nº 4.591/1964) e na legislação aplicável à Administração Pública, qual seja, a Lei de Licitações (Lei nº 8.666/1993), o Regulamento do Procedimento Licitatório Simplificado da PETROBRÁS (Decreto nº 2.745/1998), a Lei do Regime Diferenciado de Contratações Públicas – RDC (Lei nº 12.462/2011) e a Lei das Estatais (Lei nº 13.303/2016).

Diante disso, constata-se que há, entre o contrato de EPC e o tipo contratual da empreitada, uma diferença relativa à causa, entendida como função econômica do contrato. Conforme já mencionado, o contrato de EPC estrutura juridicamente operações econômicas no modelo DB e o interesse que se pretende realizar por meio de sua celebração é a execução de um empreendimento em sua totalidade, desde a responsabilidade pela concepção contida nos projetos básicos até sua colocação em funcionamento, prevendo-se para tanto uma estrutura de alocação de riscos fortemente concentrada no epecista (*single point responsibility*) e que garanta o interesse do dono da obra em obter um elevado grau de certeza quanto ao preço, ao prazo de entrega e à qualidade do empreendimento. O contrato de empreitada, por outro lado, apresenta função econômica mais restrita. Como reiterado no parágrafo anterior, o interesse que se pretende realizar com sua celebração é a execução de obras segundo o modelo do DBB, visto que o empreiteiro não cumula as responsabilidades pelos projetos básicos da obra e pela sua concreta execução.

O contrato de EPC e o tipo contratual da empreitada, por conseguinte, desempenham funções econômicas muito distintas entre si. Nesse sentido, as seções 4.2.1 e 4.2.2 detalharam minuciosamente as diferenças existentes entre os modelos do DBB e do DB. Diversos são os interesses para cujo atendimento cada qual foi concebido, os problemas que buscam equacionar, as responsabilidades que se atribuem a cada parte e a estrutura de alocação de riscos que para tanto se delineia. Essa diferença resulta ainda mais evidente quando se considera o contexto mais amplo no qual o contrato de EPC se insere, qual seja, as operações de *project finance.*

A divergência acima reflete diretamente no conteúdo das prestações previstas em cada um dos contratos. Assim é que, no contrato de EPC, as prestações a cargo do epecista abrangem uma gama de atividades muito mais ampla e complexa do que as prestações assumidas pelo empreiteiro. Ainda que se possa cogitar de uma empreitada integral, permanece o conteúdo das prestações do empreiteiro aquém em relação ao do epecista. Não se nega que as atividades do empreiteiro possam ir além da mera construção civil, inclusive compreendendo a entrega da obra em estado de pronta operação. O ponto crucial, porém, é que, na empreitada, o empreiteiro permanece dissociado da figura do projetista. O epecista, além de todas essas atividades executivas, necessariamente assume também a responsabilidade pelos projetos básicos da obra. A cumulação, na pessoa do epecista, dos papeis de projetista e de construtor é característica imprescindível à formação do *single point responsibility* que individua o contrato de EPC. Característica essa, porém, que extrapola os limites do tipo contratual da empreitada.

Sumarizando o quanto exposto, pode-se afirmar que o contrato de EPC, seja pela sua função econômica, seja pelo conteúdo das prestações do epecista, apresenta características que lhe acarretam a criação de uma individualidade própria, a qual excede o âmbito de aplicação do contrato de empreitada[484]. A complexidade e a amplitude da operação econômica

[484] Andrea D'ANGELO é preciso ao colocar, como causa de afastamento da recondução ao tipo contratual legal, a existência de características peculiares e elementos ulteriores da operação econômica: "Il contrato, nella sua individualità, e nella complessità indotta dalle specifiche esigenze che le parti intendono soddisfare, può non corrispondere integralmente allo schema legale tipico non soltanto allorché i caratteri dell'affare rivelino elementi di difformità rispetto a quelli del tipo – riferibili o meno ad uno diverso – determinandone la non sussumibilità in esso, ma, e tale rilevo è meno consueto, anche allorché le peculiarità dell'operazione economica, pur mantenendo caratteristiche tali che ne consentano la sussunzione nel tipo legale, tuttavia la connotino di elementi specifici ulteriori rispetto a quelli che identificano il tipo. In entrambe le ipotesi, a ragione di caratteri specifici o di caratteri difformi, l'operazione economica assume una individualità rispetto al tipo che non può essere ridotta ad identità. Pertanto, così come il contratto atipico, che pur rivela significativi tratti comuni ad un tipo, è fenomeno diverso da questo, del pari il contratto che, pur presentando tutti i caratteri del tipo è individualizzato da elementi ulteriori, può meritare una disciplina personalizzata, congrua rispetto alla sua specificità". D'ANGELO, Andrea. **Contratto e operazione economica**. Torino: G. Giappichelli, 1992, p. 80.

levada a cabo por meio do contrato de EPC impossibilitam a sua recondução ao tipo contratual legal da empreitada. Ainda que se possa questionar a presença, no contrato de EPC, dos elementos essenciais da empreitada, a falta correspondência de sentido entre ambos impossibilita que aquele seja qualificado dentro dos limites deste. Aplica-se ao caso o mesmo provérbio português utilizado por João de Matos ANTUNES VARELA a propósito da atipicidade dos contratos de instalação de lojistas em *shopping centers*: pretender enquadrar o contrato de EPC no tipo contratual da empreitada é querer meter o Rossio na Betesga[485].

7.3.6. Contratação Integrada

Por fim, a última figura contratual a se analisar é a contratação integrada, que se encontra prevista no Regulamento do Procedimento Licitatório Simplificado da PETROBRÁS (Decreto nº 2.745/1998), na Lei do Regime Diferenciado de Contratações Públicas – RDC (Lei nº 12.462/2011) e na Lei das Estatais (Lei nº 13.303/2016). Na seção 5.4, analisou-se o regime legal da contratação integrada, bem como o contexto formado pelos debates legislativos que circundaram a sua aprovação e, posteriormente, pelos questionamentos formulados por meio das duas ações diretas de inconstitucionalidade ajuizadas perante o Supremo Tribunal Federal.

Ao fim do exame citado, chegou-se à conclusão de que o regime de contratação integrada foi criado justamente para viabilizar contratações da Administração Pública de acordo com o modelo de operação econômica do DB, aumentando a eficiência na execução de obras públicas e reduzindo os riscos da Administração quanto à responsabilidade por eventuais erros de projeto e pela variação do valor preço final pago. Esses riscos foram então transferidos ao contratado, que passou a se responsabilizar pela execução da obra na totalidade de suas etapas, desde a sua concepção nos projetos básicos até a sua entrega em condições de operação.

Comparando-se o regime da contratação integrada com o contrato de EPC, constata-se uma substancial correspondência entre ambos, ainda

[485] **Centros comerciais (shopping centers)**: natureza jurídica dos contratos de instalação dos lojistas. Coimbra: Coimbra, 1995, p. 55. "Meter o Rossio na Betesga" é expressão portuguesa que se refere a fazer algo impossível ou desproporcionado, na medida em que Rossio é uma das principais praças de Lisboa e Betesga, uma das menores ruas da cidade.

que o primeiro seja previsto apenas na esfera das contratações públicas. Há semelhança entre a função econômica desempenhada por cada qual, bem como entre o conteúdo das prestações assumidas pelos respectivos contratados.

A despeito da correspondência acima, não é possível concluir que o contrato de EPC adentra no tipo contratual legal da contratação integrada. A razão para tanto é que a contratação integrada não se configura como um tipo contratual legal. De fato, tanto a sua denominação quanto a sua definição são enunciadas na legislação citada, motivo pelo qual pode ser reconhecida como um contrato nominado no direito brasileiro. O ponto, porém, é que não há uma regulamentação legal prevendo as soluções para os principais problemas referentes ao contrato. Falta na legislação, por conseguinte, a disciplina típica necessária à formação de um tipo contratual legal. No mais, aplicam-se ao presente caso as mesmas considerações tecidas, na seção 2.1.2, a propósito do contrato de *leasing* previsto na Lei nº 6.099/1974.

Diante disso, pode-se concluir que a contratação integrada, embora seja um contrato nominado na legislação aplicável à Administração Pública brasileira, não se configura como um tipo contratual legal. Não há como, por conseguinte, qualificar o contrato de EPC no âmbito dos contratos legalmente típicos.

7.4. Qualificação do Contrato de EPC como Legalmente Atípico

Diante da conclusão de que o contrato de EPC não se reconduz a nenhum dos tipos contratuais legais previstos na legislação brasileira, passa-se ao exame de seu posicionamento no campo dos contratos legalmente atípicos. Para tanto, é preciso primeiro verificar se o contrato de EPC, embora não tipificado pela lei, foi tipificado pela prática. Trata-se, em outras palavras, de questionar a existência de um tipo contratual social do contrato de EPC. Além disso, cumpre também analisar a classificação do contrato de EPC entre as categorias de contratos atípicos expostas na seção 3.2. O resultado de ambas as investigações será de suma importância para a determinação do regime jurídico aplicável ao contrato de EPC, assunto que será objeto do capítulo 9.

7.4.1. O Contrato de EPC como Tipo Social

Como explicado na seção 2.1.3, os tipos contratuais sociais consistem na disciplina jurídica que, devido à sua prática social reiterada, é considerada consequência usual de determinado negócio, sendo o seu conteúdo formado por normas que permitam às partes solucionar as principais questões que eventualmente surjam no curso de sua relação. Para tanto, foram identificados três pressupostos: (i) ocorrência de uma pluralidade de casos; (ii) reconhecimento dessa pluralidade de casos como sendo uma prática; e (iii) reconhecimento dessa prática como vinculante, ou seja, como uma norma de comportamento a ser seguida pelas partes.

À luz das considerações acima, é possível afirmar a existência de um tipo contratual social para o contrato de EPC. Nesse sentido, há diversos fatos que demonstram a existência de uma prática social consolidada a respeito da disciplina jurídica do contrato de EPC. Primeiramente, deve-se mencionar a experiência prática dos agentes que atuam na indústria da construção, sobretudo na área de empreendimentos de grande porte. A despeito da ausência de uma estatística oficial sobre o tema, pode-se afirmar que é notória a existência, por parte de empresas e profissionais do ramo de construção e infraestrutura, de uma concepção consolidada a respeito das características e das normas que regulam um contrato de EPC. Concepção essa que se alinha com o quanto exposto no capítulo 6 desta obra.

Além disso, o reconhecimento social do contrato de EPC também pode ser constatado na doutrina. É o que demonstra a ampla bibliografia citada ao longo deste trabalho, sobretudo no já referido capítulo 6, que tratou especificamente do contrato de EPC. São diversas as obras que destacam o contrato de EPC como uma modalidade contratual específica, dotada de características e normas próprias que lhe conferem uma identidade única. Frise-se que as referidas obras são tanto da área do Direito, quanto da Engenharia e Arquitetura; tanto de origem romano-germânica, quanto anglo-saxã.

Há, ainda, mais um fato que não se pode deixar de indicar: a existência de renomado contrato padrão especifico para o contrato de EPC. Viu-se na seção 6.3.1 que os denominados *standard contracts* são modelos contratuais elaborados por associações de classe e entidades internacionais justamente com o objetivo de facilitar a prática de operações econômicas reiteradamente realizadas. Colocam-se, por isso, como consolidação das melhores práticas existentes para um negócio em determinado setor.

É nesse contexto que se insere o *Silver Book* elaborado pela FIDIC.Trata-se de *standard contract* que é notoriamente reconhecido como expressão do contrato de EPC e que, pretendendo-se autossuficiente (*self-contained contract*), contempla uma disciplina bastante detalhada a respeito dos diversos aspectos da relação contratual e dos problemas que potencialmente possam surgir ao longo de sua execução.

No mais, mencione-se que a tipicidade social do contrato de EPC é conclusão que encontra respaldo na doutrina. Quanto aos autores nacionais, destaque-se Lie Uema do CARMO, que, tratando do gênero dos contratos de *engineering*, expressamente se posiciona pela existência de um tipo social para o contrato de EPC[486]. Sem prejuízo da ressalva formulada na seção 7.3.5 a propósito do conceito amplíssimo de empreitada adotado por Fabio Coutinho de Alcântara GIL, o autor é categórico ao afirmar que os contratos de *engineering*, nos quais inclui o contrato de EPC, foram socialmente tipificados[487]. O mesmo se pode deduzir das palavras de Clóvis Veríssimo do Couto e SILVA[488], Andrea MARIGHETTO[489] e Elena de

[486] "Assim, do rol de contratos de *engineering*, apenas o EPC pode ser compreendido como um contrato com reconhecimento social, mas ainda assim com ressalvas, porque, embora se possa afirmar que ele é celebrado com frequência, inexistem no país bases doutrinárias e jurisprudenciais suficientes para considerá-lo 'consagrado' no que tange a uma disciplina normativa." **Contratos de Construção de Grandes Obras**. São Paulo: Faculdade de Direito, Universidade de São Paulo, 2012, Tese de Doutorado em Direito Comercial, p. 49, destaque no original.

[487] "Assim sendo, a evolução histórica do tipo contratual da empreitada levou os contratos de *engineering* à tipificação, não pela lei, mas, socialmente, por contratos-tipo, ou formulários, de aceitação internacional, que imprimem um tratamento mais amplo e detalhado a esses contratos, como visto no Capítulo 2, acima." **A Onerosidade Excessiva em Contratos de Engineering**. São Paulo: Faculdade de Direito, Universidade de São Paulo, 2007, Tese de Doutorado em Direito Comercial, p. 53, destaque no original, destaque no original.

[488] "Os condomínios e o contrato de incorporação, referentes a obras de engenharia civil, foram regulados, minuciosamente, em lei, não sucedendo o mesmo com a construção de obras de grande porte, em que se associam não só as construções civis, mas, também, equipamentos elétricos e mecânicos, em que a regulamentação atinge apenas a certos aspectos. Esses contratos de grandes obras e equipamentos industriais obedecem, assim, a modelos contratuais praticamente iguais, podendo dizer-se que se estabeleceu uma tipologia resultante das necessidades comumente aceitas nestes tipos de construções." Contrato de Engineering. **Revista de Informação Legislativa**, Brasília, v. 29, n. 115, p. 509-526, jul./set. de 1992, p. 509. Disponível em: <http://www2.senado.leg.br/bdsf/bitstream/handle/id/176014/000470494.pdf?sequence=1>. Acesso em 21 jul. 2017.

[489] "Il contratto di *engineering*, per il fatto di rappresentare una fattispecie contrattuale non tradizionale, ma essere l'espressione ed il risultato di una pratica del commercio internazionale,

Carvalho GOMES[490], que afirmam a prática social reiterada dos contratos de *engineering*.

Passando para a doutrina estrangeira, indique-se primeiramente que, em Portugal, Pedro Pais de VASCONCELOS faz referência ao contrato "de concepção/construção de uma fábrica 'chave na mão'" para qualificá-lo expressamente como um contrato socialmente típico[491]. Na Itália, Rossella Cavallo BORGIA afirma que a uniformidade e a possibilidade de uso repetido dos contratos de *engineering* evidenciam a sua caracterização como um tipo contratual social[492]. Vale recordar que a autora considera o que neste trabalho se denomina contrato de EPC como sendo a modalidade mais completa e complexa dos contratos de *engineering*[493]. A ampla difusão dos contratos de *engineering* na prática comercial também é sustentada por

intesa quale 'nuova' tecnica di negoziazione d'impresa, è principalmente regolato da normative speciali. Tuttavia, la mancanza di un modello contrattuale espressamente identificato e 'tipizzato' come contratto di *engineering* ha portato la dottrina brasiliana a considerare questa fattispecie un 'tipo sociale' prima ancora che un tipo legale, perché appunto nato dalla pratica e dall'uso commerciale e, specificamente, dalla pratica del commercio internazionale." Il contratto di *engineering* e la sua disciplina nel sistema giuridico brasiliano. In: CAPRARA, Andrea; TESCARO, Mauro. **Studi sul c.d. contratto di *engineering***. Napoli: Edizione Scientifiche Italiane, 2016, p. 133.

[490] "Non essendo legalmente tipico, l'*engineering* è, tuttavia, un contratto socialmente tipico, ovvero un contratto che trova nella pratica o negli usi un modello regolativo tendenzialmente completo. Ciò si desume dalle diverse linee guida alla stipulazione dei contratti e dagli schemi di condizioni generali che, elaborati più che altro in ambito internazionale, hanno stabilito un insieme di regole risultanti dalle necessità normalmente identificate nella contrattazione di grandi lavori di ingegneria." Ibid., p. 122.

[491] Ressalva feita ao uso do termo "empreitada", nota-se que Pedro Pais de VASCONCELOS refere-se ao denominado contrato de EPC: "Tudo isto é um só contrato: o chamado contrato de empreitada de concepção/construção de chave na mão. Trata-se de um contrato que é socialmente típico, embora legalmente seja misto". **Contratos Atípicos**, 2ª ed. Coimbra: Almedina, 2009, p. 233.

[492] "Tale conclusione impone la conseguente qualificazione del contratto di *engineering* come figura dotata di atipicità, ma anche di quel carattere di uniformità e di possibilità di uso ripetuto che caratterizza il tipo 'sociale', non ancora divenuto tipo 'legale'." **Il contratto di Engineering**. Padova: Cedam, 1992, p. 119, destaque no original.

[493] BORGIA, Rossella Cavallo. **Il contratto di Engineering**. Padova: Cedam, 1992, p. 33.

Guido ALPA[494] e Flavio LAPERTOSA[495] para justificar que o interesse realizado por essas relações é merecedor de tutela jurídica nos termos do artigo 1.322 do *Codice Civile* de 1942[496]. No mesmo sentido, mencione-se Francesca PETULLÀ, que atribui a origem dos contratos de *engineering* à prática comercial internacional[497].

[494] "Già la sua diffusione nella prassi commerciale, interna e internazionale, dovrebbe di per sé giustificare la meritevolezza dell'interesse perseguito mediante questo contratto; il contratto di *engineering* risponde ad un'esigenza economica assai rilevante, ed in linea con gli interessi sociali che l'ordinamento intende tutelare (...)." Engineering: Problemi de Qualificazione e di Distribuzione del Rischio Contrattuale. In: VERRUCOLI, Piero. **Nuovi Tipi Contrattuali e Tecniche di Redazione nella Pratica Commerciale**: Profili Comparatistici. Milano: Giuffrè, 1978, p. 337., destaque no original

[495] "Del pari, se l'indagine sul contenuto del contratto, compiutamente svolta, confermasse la tesi della atipicità dell'engineering, la questione della liceità sarebbe immediatamente superabili, ancora una volta in senso positivo, giacché la sua enorme e crescente diffusione nel commercio internazionale e nazionale dimostra di per sé la meritevolezza dell'interesse perseguito, consentendo un agevole passaggio della soglia che l'ordinamento (art. 1322 c.c.) pone per il riconoscimento dei contratti innominati." **L'engineering**. Milano: Giuffrè, 1993, p. 60. Adiante, o autor se refere expressamente à existência de um tipo social, cf. Ibid., p. 115.

[496] "Autonomia contratual. As partes podem livremente determinar o conteúdo do contrato nos limites impostos pela lei e pelas normas corporativistas. As partes podem também concluir contratos que não pertençam aos tipos que possuem uma disciplina particular, desde que sejam destinados a realizar interesses merecedores de tutela segundo o ordenamento jurídico." Tradução livre do original em italiano: "Autonomia contrattuale. Le parti possono liberamente determinare il contenuto del contratto nei limiti imposti dalla legge e dalle norme corporative. Le parti possono anche concludere contratti che non appartengano ai tipi aventi una disciplina particolare, purché siano diretti a realizzare interessi meritevoli di tutela secondo l'ordinamento giuridico."

[497] "Il contratto di *engineering* è un contratto atipico, detto anche contratto di sviluppo, i caratteri del quale possono essere ricostruiti sulla base delle prassi contrattuali. Esso si diversifica tanto dal contratto di opera intellettuale quanto del contratto di appalto. (...) Si manifesta a questo modo la diversità *dell'engineering* rispetto all'appalto, la differente distribuzione del rischio contrattuale dell'uno e nell'altro contratto, che comporta l'esposizione della società di ingegneria a rischi dai quali è esonerato l'appaltatore. Questa diversa distribuzione del rischio è massima nel contratto 'chiavi in mano'; ma è presente, in misura più o meno ridotta, a seconda delle clausole contrattuali, nelle altre configurazioni di questo contratto, dovendosi comunque ritenere esclusa, anche in assenza di una specifica clausola di esonero, l'applicazione dell'art. 1664, 2º co., c.c." L'engineering. In: FRANCHINI, Claudio (org.). **Trattato dei contratti**. Torino: UTET, 2006, v. 8, I conttratti con la pubblica amministrazione, 2ª ed., t. II, capitolo ventunesimo, pp. 1114-1117, destaques no original.

Assim sendo, resta demonstrada a existência de um tipo social para o contrato de EPC, cujas características e cujo regime jurídico encontram reconhecimento na prática dos negócios.

7.4.2. O Contrato de EPC na Classificação dos Contratos Atípicos

Na seção 3.2 acima, tratou-se da classificação dos contratos legalmente atípicos segundo a sua estrutura. Devido à sua maior utilidade para o processo de determinação do regime jurídico aplicável aos contratos atípicos, optou-se por adotar a classificação apresentada por Pedro Pais de VASCONCELOS, qual seja: contratos atípicos puros, contratos atípicos mistos de tipo modificado e contratos atípicos mistos de tipo múltiplo[498].

Adaptando a terminologia utilizada pela doutrina que sustenta a atipicidade legal do contrato de EPC (ou, como se viu anteriormente, da totalidade do gênero dos contratos de *engineering*) para a da classificação acima, constata-se uma tendência a qualificá-lo como contrato atípico misto de tipo múltiplo. Para os autores que se filiam a essa corrente, argumenta-se haver uma pluralidade de prestações originadas de outros tipos contratuais legais, as quais se articulam e se fundem em uma unidade destinada à realização de função econômica unitária. É nesse sentido que, no Brasil, Orlando GOMES[499], José Emilio Nunes PINTO[500] e Andrea MARIGHETTO[501] expressamente se posicionam. Na Itália, pode-se indicar que perfilam esse entendimento Guido ALPA[502], Maria

[498] **Contratos Atípicos**, 2ª ed. Coimbra: Almedina, 2009, pp. 230-234.

[499] Orlando GOMES classifica os contratos de *engineering* como contratos atípicos mistos. Cf. **Contratos**, 26ª ed., rev., atual. e ampl. Rio de Janeiro: Forense, 2007, p. 579.

[500] José Emilio Nunes PINTO classifica especificamente o contrato de EPC, incluindo-o na classe dos contratos atípicos mistos. Cf. O Contrato de EPC para Construção de Grandes Obras de Engenharia e o Novo Código Civil. **Jus Navigandi**, Teresina, ano 7, n. 55, 1 mar. 2002, § 39. Disponível em: <http://jus.com.br/artigos/2806>. Acesso em 10 out. 2017.

[501] Il contratto di *engineering* e la sua disciplina nel sistema giuridico brasiliano. In: CAPRARA, Andrea; TESCARO, Mauro. **Studi sul c.d. contratto di *engineering***. Napoli: Edizione Scientifiche Italiane, 2016, pp. 133, 137.

[502] Segundo Guido ALPA, os contratos de *engineering* configuram-se como contratos complexos, na medida em que o seu conteúdo contempla prestações originadas de diversos modelos contratuais legais, as quais são consideradas unitariamente pelas partes tendo em vista a causa única que as articula. Cf. ALPA, Guido. Engineering: Problemi di Qualificazione e di Distribuzione del Rischio Contrattuale. In: VERRUCOLI, Piero. **Nuovi Tipi Contrattuali e Tecniche di Redazione nella Pratica Commerciale**: Profili Comparatistici. Milano: Giuffrè,

COSTANZA[503] e Flavio LAPERTOSA[504]. Na Argentina, Ricardo Luis LORENZETTI também ressalta a pluralidade de prestações típicas que compõem o objeto do *contrato de obra llave en mano*[505].

Apresentando entendimentos diversos, há Pedro Pais de VASCONCELOS e Rossella Cavallo BORGIA. Com relação ao autor português, nota-se um posicionamento que se revela pouco claro. Isso porque, de um lado, declara expressamente que o "contrato de concepção/construção de chave na mão" é "um contrato socialmente típico, embora legalmente seja misto". Na sequência, porém, acaba por apresentar uma descrição que remete ao que ele próprio enuncia como sendo características dos contratos de tipo misto modificado, nos quais há a presença de um tipo contratual de referência modificado por um pacto de adaptação. Nesse sentido, afirma que, nos referidos contratos, "o tipo contratual da empreitada é de tal modo dominante que o contrato está efectivamente mais próximo do contrato de tipo modificado do que de tipo múltiplo"[506].

Rossella Cavallo BORGIA, por sua vez, nega a caracterização dos contratos de *engineering* como contratos complexos ou mistos. Para tanto, refuta a ideia de que a pluralidade de prestações acarretaria a presença de uma pluralidade de causas, as quais seriam então integradas em uma causa única. Argumenta no sentido contrário, defendendo que a causa desses

1978, pp. 335-336. Id. I Contratti di Engineering. In: RESCIGNO, Pietro (org.). **Trattato di Diritto Privato**. Torino: UTET, 1984, v. 11, t. III, p. 74.

503 Maria COSTANZA, a propósito dos contratos de *engineering*, adota os mesmos argumentos utilizados por Guido ALPA quanto à fusão das causas das diversas prestações típicas em uma causa única, que assume uma fisionomia própria e distinta dos tipos contratuais legais. Cf. **Il contratto atipico**. Milano: Giuffrè, 1981, p. 200.

504 Flavio LAPERTOSA também sustenta que os contratos de *engineering* são contratos organicamente unitários, caracterizados pela presença de uma pluralidade de prestações, as quais se originam de diversos tipos contratuais legais e se articulam, por meio da autonomia privada, no âmbito de uma única operação econômica. Cf. **L'engineering**. Milano: Giuffrè, 1993, pp. 185-186.

505 **Tratado de los contratos**, t. II. Buenos Aires: Rubinzal-Culzoni, 2000, pp. 676-678.

506 Veja-se o posicionamento apresentado por Pedro Pais de VASCONCELOS: "Este caso constitui um bom exemplo de que entre os contratos de tipo múltiplo e de tipo modificado não existe uma fronteira firme. O tipo da empreitada é de tal modo dominante que o contrato está efectivamente mais próximo do contrato de tipo modificado do que de tipo múltiplo. O tipo da empreitada funciona, sem dúvida, como tipo de referência, tendo os outros tipos uma função complementar que é característica dos pactos de adaptação." **Contratos Atípicos**, 2ª ed. Coimbra: Almedina, 2009, p. 233.

contratos possui uma identidade autônoma, caracterizando-se por uma função dotada de unidade e individualidade próprias[507].

Criticando a posição da autora, Flavio LAPERTOSA corretamente pontua que é justamente a unidade de causa, entendida como função econômico-social, a principal característica que distingue os contratos mistos dos contratos coligados. Prossegue o autor italiano com a observação de que a maior razão para BORGIA afastar a classificação dos contratos de *engineering* dentro da classe dos contratos mistos seria a preocupação de que semelhante posicionamento conduzisse à sua integral absorção pela disciplina típica do *appalto*. Embora reconheça uma efetiva tendência jurisprudencial nesse sentido, a qual será objeto de análise na seção 8.4, o autor entende injustificada a posição de BORGIA, reafirmando o seu entendimento quanto à classificação dos contratos de *engineering* como contratos mistos[508].

[507] Confiram-se as palavras da autora: "Il contratto di *engineering*, così come si è venuto delineando nell'analisi della regolazione convenzionale, è indubbiamente caratterizzato da una pluralità di prestazioni reciprocamente integrate in funzione del risultato giuridico-economico corrispondente all'assetto di interessi voluto dalle parti nel loro autonomo agire. Ma l'esistenza di una pluralità di prestazioni non significa certo automatica presenza di una pluralità di cause, potendosi conseguentemente, sulla base di tale profonda differenza sostanziale, escludere senza incertezze la riconducibilità dell'*engineering* al contratto complesso o misto. L'*engineering* si presenta con caratteristiche sue proprie, caratterizzato da un'autonoma identità causale e qualificato da uno schema funzionale dotato di unitarietà e di propria individualità, nel quale, anche se una matrice similare all'appalto è innegabile, non è però ravvisabile un collegamento di quest'ultimo con ulteriori schemi causali tipici". BORGIA, Rossella Cavallo. **Il contratto di Engineering**. Padova: Cedam, 1992, pp. 127-128, destaques no original.

[508] Confira-se a íntegra da crítica apresentada por Flavio LAPERTOSA à tese de Rossella Cavallo BORGIA: "La tesi in esame, fondata anche sulla enfatizzazione di elementi distintivi tutt'altro che indefettibili, pare largamente influenzata dalla preoccupazione che l'utilizzazione del negozio misto possa condurre sul piano pratico a una integrale recezione della disciplina legale dell'appalto, sì da annullare le differenze esistenti tra i due contratti. La preoccupazione, per quanto seria e meditata in relazione al noto uso giurisprudenziale del criterio della prevalenza (...), non sembra tuttavia sufficiente sul piano teorico a giustificare una sistemazione strumentale dell'engineering. Del resto, il proposto ricorso all'applicazione analogica per la selezione della disciplina applicabile all'engineering, inteso come contratto atipico in senso stretto, porta comunque a individuare nell'appalto, secondo le sue possibili articolazioni, il tipo contrattuale di riferimento, con risultati pratici non diversi dalle conclusioni alle quali si perviene inquadrando l'engineering tra i contratti misti: dovendo anche in tal caso farsi riferimento analogico al tipo legale dell'appalto con gli opportuni adattamenti resi necessari dalla considerazione della concreta situazione di interessi profilata dal rapporto". **L'engineering**. Milano: Giuffrè, 1993, p. 187.

Conforme já se explicou em minúcias no presente trabalho, destacadamente no capítulo 6, é inegável que o contrato de EPC contempla uma multiplicidade de atividades a cargo do epecista, as quais refletem prestações de diversos tipos contratuais legais do direito pátrio, como a compra e venda, a prestação de serviços e a própria empreitada. Além disso, frisou-se sempre que essas prestações, perante as partes, formam uma unidade e são executadas com vistas à realização de uma operação econômica unitária. Trata-se, em suma, da existência uma causa única no contrato de EPC, característica demonstrada na seção 7.1 acima para se afastar a hipótese de coligação contratual. Sob outra perspectiva, tampouco é possível identificar, no contrato de EPC, a empreitada como único tipo contratual de referência, o qual teria sido modificado por meio de um pacto de adaptação. Essa posição não se vislumbra adequada quando se constata a importância que via de regra assumem as demais prestações do epecista. Diante do papel crucial desempenhado, por exemplo, pelas atividades relacionadas à responsabilidade pela concepção da obra contida nos projetos básicos do empreendimento, seria de todo inadequado sustentar que sua função é apenas "complementar"[509].

Considerando o quanto exposto, não há como compartilhar do entendimento de Rossella Cavallo BORGIA e de Pedro Pais de VASCONELOS. Segue-se, portanto, a corrente majoritária da doutrina, concluindo pela classificação do contrato de EPC no âmbito dos contratos legalmente atípicos, classificando-se como contrato atípico misto de tipo múltiplo.

[509] VASCONCELOS, Pedro Pais de. **Contratos Atípicos**, 2ª ed. Coimbra: Almedina, 2009, p. 233.

PARTE III

REGIME JURÍDICO APLICÁVEL AO CONTRATO DE EPC

8. Regime Jurídico Aplicável aos Contratos Atípicos

Uma vez precisado que certo contrato se qualifica como atípico, os problemas estão apenas parcialmente resolvidos. Permanece ainda pendente a determinação do regime jurídico desse contrato, ou seja, quais as normas jurídicas que devem regular a relação contratual entre as partes[510]. Para tanto, é preciso adentrar na questão atinente ao processo de formação do regime jurídico contratual. Assim sendo, principia-se o presente capítulo com uma breve exposição dos procedimentos que, segundo Francisco Paulo De Crescenzo MARINO, sucedem-se na determinação da regulação contratual objetiva de um contrato[511]. A partir desse pano de fundo, dedicam-se os subitens seguintes à análise específica da determinação do regime jurídico dos contratos atípicos e dos problemas práticos a ela correlacionados.

8.1. Determinação do Conteúdo da Relação Contratual Objetiva

Explica MARINO que há dois processos a se percorrer para determinar o conteúdo da regulação objetiva de um contrato: primeiro, procede-se à interpretação do contrato e, depois, à sua integração. Veja-se em que consiste cada um deles.

[510] É o que aponta Rui Pinto DUARTE: "Se, como acabamos de ver, o enquadramento de um contrato num dos tipos legais não representa o achamento automático de soluções para todos os problemas que ele coloque, a qualificação como atípico acarreta dificuldades ainda maiores. (...) Essas dificuldades tornam-se patentes sempre que se ponha um problema sobre o qual o contrato não disponha e para o qual não seja possível encontrar resposta nas normas sobre contratos e obrigações em geral". **Tipicidade e atipicidade dos contratos.** Coimbra: Almedina, 2000, p. 131.

[511] MARINO, Francisco Paulo De Crescenzo. **Interpretação do negócio jurídico.** São Paulo: Saraiva, 2011.

A interpretação do contrato visa a determinar o conjunto de preceitos que emanam expressa ou implicitamente do conteúdo contratual em si. O processo interpretativo, portanto, contempla o que, na doutrina dos *essentialia* já explicada na seção 1.1.2, costuma-se referir como elementos essenciais e elementos acidentais. Observe-se que, nessa perspectiva, os elementos naturais não são considerados no momento de interpretação, mas apenas na etapa subsequente, quando se procede à integração do conteúdo do contrato.[512]

O processo interpretativo subdivide-se em duas fases. Primeiro, há a fase meramente recognitiva, cujo objetivo é determinar o conteúdo da declaração negocial manifestada pelas partes (conteúdo expresso). Caso o intérprete, ao fim dessa fase, constate que a declaração apresenta alguma deficiência (ambiguidades, obscuridades ou lacunas), buscará saná-la na segunda fase do processo interpretativo, denominada fase complementar. Tratando-se de relações jurídicas contratuais, o intérprete deverá conduzir a sua análise segundo uma perspectiva objetiva, que logre precisar o conteúdo expresso ou revelar o conteúdo implícito com base, sobretudo, na boa-fé objetiva e nos usos em função interpretativa[513]. Findo o processo interpretativo, o resultado que se obtém é o conteúdo global do contrato.[514]

[512] MARINO, Francisco Paulo De Crescenzo. **Interpretação do negócio jurídico**. São Paulo: Saraiva, 2011, pp. 46-47.

[513] Além da função interpretativa, os usos também podem desempenhar uma função normativa, destinada a complementar o conteúdo global do contrato e dos negócios jurídicos em geral. Sobre o assunto, cf.: "Os *usos* ora tratados são chamados *usos em função interpretativa*, precisamente porque se prestam a auxiliar o intérprete no esclarecimento de deficiências da declaração negocial. Não se confundem, portanto, com os usos aos quais a lei às vezes remete para complementar a disciplina jurídica, atribuindo-lhes, subordinada e supletivamente, função normativa (por isso ditos *usos em função normativa*). A diferença entre eles não é ontológica, porém funcional. Embora não se trate, na fase complementar, de averiguar o sentido da declaração no concreto entendimento das partes do negócio jurídico, mas sim o sentido a ela atribuído no ambiente social, não se cria, com isso, a presunção de terem as partes a comum convicção de que os usos são necessários à vida social. Tal presunção existe nos usos em função normativa, cuja observância a lei impõe às partes, independentemente de sua vontade, com a reserva de uma estipulação expressa em contrário". MARINO, Francisco Paulo De Crescenzo. **Interpretação do negócio jurídico**. São Paulo: Saraiva, 2011, pp. 187-188, destaques no original. Cf. também BETTI, Emilio. **Teoria generale del negozio giuridico**. Napoli: Edizione Scientifiche Italiane, 2002, pp. 340-341. DUARTE, Rui Pinto. **Tipicidade e atipicidade dos contratos**. Coimbra: Almedina, 2000, pp. 150-158.

[514] A respeito das fases do processo interpretativo, MARINO explica, primeiro, que: "Na fase interpretativa meramente recognitiva, o intérprete deve averiguar o *sentido efetivamente atribuído à declaração pela parte ou pelas partes do negócio jurídico*". Em seguida, trata da fase complementar nos seguintes termos: "Sempre que o intérprete termina *a fase meramente recognitiva*, isto é, extrai,

Ocorre, porém, que o conjunto de normas que regem uma relação contratual não se limita àquelas contidas no conteúdo do contrato em si. Há também outras fontes "extranegociais" que atuam por meio da imputação direta de regras jurídicas[515]. A esse processo, que é temporalmente posterior à interpretação, dá-se o nome de integração, já que seu objetivo é integrar, à regulação contratual, normas cogentes ou dispositivas que não se reconduzem à vontade das partes. Explique-se.

A respeito das normas dispositivas, exercem elas a função de colmatar as lacunas que as partes porventura deixaram ao pactuar o conteúdo do contrato. É precisamente o papel que a doutrina dos *essentialia* atribui aos denominados elementos naturais. A aplicação das normas dispositivas, desse modo, depende da comparação entre o conteúdo contratual obtido ao final da interpretação e as normas previstas no ordenamento jurídico[516].

com base em todo o material interpretativo disponível, o sentido atribuído pela parte ou pelas partes do negócio jurídico à declaração ou às declarações negociais constitutivas do negócio, e conclui que estas possuem deficiências a serem sanadas (ambiguidades, obscuridades ou lacunas), deve prosseguir com a interpretação, dando início ao que se denominou *fase complementar.* (...) O objetivo dessa etapa do processo interpretativo é justamente tentar superar os defeitos da declaração negocial, desenvolvendo ao máximo as *potencialidades do conteúdo do negócio jurídico,* antes de recorrer a eventuais outras fontes, tais como leis supletivas". MARINO, Francisco Paulo De Crescenzo. **Interpretação do negócio jurídico**. São Paulo: Saraiva, 2011, pp. 163-164, destaques no original. A apreensão do conteúdo expresso e implícito do contrato por meio da interpretação também é explicada por BETTI, Emilio. **Teoria generale del negozio giuridico**. Napoli: Edizione Scientifiche Italiane, 2002, pp. 343-344.

515 É nesse sentido a seguinte observação de Stefano RODOTÀ sobre as fontes de regulação dos contratos: "Così, il regolamento contrattuale, comprensivo degli elementi idonei ad una completa disciplina del rapporto nascente tra le parti, non si identifica necessariamente con il complesso delle determinazioni dei privati, né esaurisce il contratto nella sua interezza. (...) Qui interessa soltanto mettere in luce il dato caratteristico dei rapporti tra queste varie fonti: la fonte privata rimane, per così dire, il motore del contratto, nel senso che la sua mancanza o impedisce una valida conclusione del contratto (nel senso della nullità) o preclude la possibilità di parlare di contratto in senso tecnico (esecuzione in forma specifica di obblighi di contrarre, conclusione automatica); inoltre, tale fonte limita pure la possibilità delle altre di partecipare alla costruzione del regolamento, o escludendone l'operatività (come è nel caso delle norme dispositive) e consentendo l'intervento solo nell'ambito da essa prefissato (come è per l'intervento del giudice, che non può imporre alle parti un assetto di interessi del tutto divergente da quello originariamente perseguito)." **Le fonti di integrazione del contratto**. Milano: Giuffrè, 1970, pp. 86-87. Igualmente, cf. VASCONCELOS, Pedro Pais de. Contratos Atípicos, 2ª ed. Coimbra: Almedina, 2009, pp. 320-323.

516 MARINO, Francisco Paulo De Crescenzo. **Interpretação do negócio jurídico**. São Paulo: Saraiva, 2011, pp. 220-221.

Havendo as partes previsto determinada regulação, é ela que prevalece sobre as normas dispositivas. Do contrário, recorre-se às normas dispositivas para sanar o ponto não regulado pelas partes, desde que essa omissão não expresse a sua vontade de afastar a regulação dispositiva[517]. Nesse ponto, vale destacar que se pode cogitar da aplicação de normas mais ou menos específicas, compreendendo desde de normas previstas para um tipo contratual específico, até normas gerais[518]. A decisão sobre qual norma aplicar não é pacífica na doutrina e será objeto de análise adiante, na seção 8.3.

Além de suprir os pontos não regulados pelas partes, a integração também pode implicar a imposição de normas legais cogentes, inclusive com o afastamento de disposições efetivamente pactuadas. Isso ocorre quando a norma convencional for contrária a uma norma imperativa, de modo que esta, sendo inderrogável, irá prevalecer sobre aquela[519]. A preservação do

[517] A despeito de discordar da cisão entre os momentos interpretativo e integrativo, Giovanni B. FERRI expõe uma análise interessante sobre quais são as lacunas colmatáveis que um negócio jurídico pode apresentar: "Queste lacune, proprio perchè, in linea di principio, sono lacune della formula negoziale, non emergono dalla solitaria considerazione del concreto negozio, ma emergono dalla comparazione della formula del concreto negozio, con quella generale e astratta dello schema negoziale tipico (sociale o legale) di cui il singolo negozio si pone come concreta realizzazione". **Causa e tipo nella teoria del negozio giuridico.** Milano: Giuffrè, 1966, pp. 292-293. Adiante, o autor prossegue explicando que: "Occorre quindi preliminarmente stabilire attraverso la interpretazione che le lacune, presenti nel concreto negozio, non stanno ad indicare la volontà dei contraenti di realizzare una operazione soltanto marginalmente o casualmente riferibile ad un schema tipico e soltanto quando si accerti, attraverso l'interpretazione, la mancanza di una volontà di derogare dal tipo, si può far luogo all'integrazione". Ibid., p. 295.

[518] Rui Pinto DUARTE é preciso ao afirmar que: "Estabelecido que um dado acto é um contrato, estabelecida está a sua relevância jurídica enquanto tal, independentemente da sua eventual pertença a alguma das espécies legais da figura. Ao contrário, nas áreas jurídicas onde existe taxatividade a pertença ao género é 'consequência' da pertença a uma espécie: sem esta não há aquela. O mesmo é dizer que nas áreas onde há taxatividade as regras ditadas ao nível do género aplicam-se sempre conjuntamente com as ditadas ao nível de uma das espécies, ao passo que na área dos contratos é possível a aplicação das regras gerais sem a de qualquer das especiais, bem como a aplicação conjunta de várias destas ditadas para figuras diversas". **Tipicidade e atipicidade dos contratos.** Coimbra: Almedina, 2000, p. 31. Igualmente, cf. FERRI, Giovanni B. **Causa e tipo nella teoria del negozio giuridico.** Milano: Giuffrè, 1966, p. 359.

[519] D'ANGELO, Andrea. **Contratto e operazione economica.** Torino: G. Giappichelli, 1992, p. 83. RODOTÀ, Stefano. **Le fonti di integrazione del contratto.** Milani: Giuffrè, 1970, pp. 105-106.

negócio após a imposição da norma imperativa naturalmente dependerá de uma apreciação sobre o ponto contrariado pela norma convencional e sobre a sua importância na relação entre as partes.

No que tange às fontes "extranegociais" às quais se recorre no processo integrativo, a doutrina apresenta algumas variações de entendimentos. MARINO, por exemplo, indica a fonte legal, o princípio da boa-fé objetiva e os usos em função normativa[520]. Trata-se de posição que, no mais, está em linha com o quanto previsto no artigo 4º da Lei de Introdução às Normas do Direito Brasileiro (Decreto-Lei nº 4.657/1942), que, tratando do caso de lacunas na lei, prevê o recurso à analogia, aos costumes e aos princípios gerais de direito[521]. Na Itália, RODOTÀ considera como fontes "extranegociais" a lei, à qual se reconduzem os usos, e a atividade dos juízes, sendo a equidade e a boa-fé objetiva (*correttezza*) seus critérios de atuação[522]. Já FERRI, que considera integração e interpretação como dois momentos de um mesmo fenômeno, entende que a fonte da integração

[520] "Todavia, não basta a interpretação da declaração negocial (isto é, a revelação do conteúdo do negócio jurídico) para que se determinem todos os efeitos jurídicos produzidos pelo negócio jurídico. Para tanto, há necessidade de integrar a ele os efeitos advindos de fontes 'extranegociais', mais especificamente das normas supletivas (cogentes ou dispositivas), do princípio da boa-fé e dos usos em função normativa. Esses efeitos jurídicos, consoante já exposto, não podem ser reconduzidos ao conteúdo do negócio jurídico, embora integrem o conteúdo da regulação objetiva." MARINO, Francisco Paulo De Crescenzo. **Interpretação do negócio jurídico**. São Paulo: Saraiva, 2011, p. 215.

[521] "Art. 4º Quando a lei for omissa, o juiz decidirá o caso de acordo com a analogia, os costumes e os princípios gerais de direito."

[522] "Si può delineare, infine, il sistema delle fonti del regolamento contrattuale. Apparentemente articolato intorno ai due poli dell'accordo delle parti e della determinazione legale, il sistema sembra strutturarsi diversamente per l'esplicito rinvio agli usi e all'equità. Ma il rinvio agli usi non comporta alcuna modifica sostanziale. Nel nostro ordinamento, infatti, e nella particolare materia contrattuale, l'operatività degli usi è subordinata all'esplicito richiamo della legge ed è circoscritta ai casi in cui la legge non disponga (art. 8 Disp. leg. gen.; art. 1374): a parte, quindi, gli elementi in basi ai quali la norma consuetudinaria viene in essere, il suo modo di contribuire alla costruzione del regolamento contrattuale appartiene al quadro legale, dei cui caratteri (automaticità, inderogabilità) partecipa e dal quale non può essere distinta. Diverso è il caso della equità (e della correttezza, come vedremo più avanti), dal momento che questa fissa i criteri in base ai quali un altro soggetto (organo) dovrà partecipare alla costruzione del regolamento. (...) Il sistema delle fonti del regolamento contrattuale contempla, in definitiva, l'attività delle parti, la determinazione legale, la determinazione ad opera del giudice." **Le fonti di integrazione del contratto**. Milani: Giuffrè, 1970, pp. 103-104. Vale observar que o autor italiano, após analisar os conceitos de *buona fede* e de *correttezza*, conclui por não haver uma distinção entre ambos. Cf. Ibid., pp. 148-152.

varia conforme a qualificação do contrato. Dessa forma, analisa o artigo 1.374 do *Codice Civile* de 1942[523] para defender que os contratos legalmente típicos, os socialmente típicos e os que ora denominamos atípicos puros são integrados com fundamento, respectivamente, na lei, nos usos e na equidade[524].

Uma vez concluído o processo de integração, chega-se, finalmente, ao conteúdo da regulação objetiva do contrato, que: "(...) compreende não só o regramento de interesses estabelecido pelas partes, como a regulação advinda do sistema jurídico, mediante o processo de integração dos efeitos do negócio"[525].

523 "Art. 1374. (Integração do contrato). O contrato obriga as partes não apenas ao quanto é nele próprio expresso, mas também a todas as consequências que dele derivarem segundo a lei, ou, na sua falta, segundo os usos e a equidade." Tradução livre do original em italiano: "Art. 1374. (Integrazione del contratto). Il contratto obbliga le parti non solo a quanto è nel medesimo espresso, ma anche a tutte le conseguenze che ne derivano secondo la legge, o, in mancanza, secondo gli usi e l'equità."

524 Veja-se a posição de Giovanni B. FERRI a respeito da interpretação e da integração como dois momentos de um mesmo fenômeno: "Infatti, se interpretazione e integrazione individuano due differenti momento dello stesso fenomeno (che è quello che, genericamente, potremmo definire come individuazione della fisionomia della regola contrattuale, in vista della sua qualificazione) esse sono, pur sempre, tra loro collegate; nel senso che quando si faccia luogo ad un'integrazione questa non può essere che il resultato, cioè l'attuazione di un processo interpretativo. In sede di integrazione, dunque, è naturale che si ritrovino gli stessi criteri e gli stessi principi che sono contenuti nei corrispondenti articoli in tema di interpretazione". **Causa e tipo nella teoria del negozio giuridico**. Milano: Giuffrè, 1966, p. 322. Quanto ao âmbito de aplicação das fontes de integração, segue o posicionamento sustentado pelo autor: "La distinzione tra legge, usi ed equità, corrisponde alla distinzione tra tipi legali, tipi sociali e strutture meramente individuali. E si riproduce nell'art. 1374 c.c., quella stessa preminenza che la tipicità legale ha, rispetto alle altre forme di tipicità sociale e alle strutture individuali, là dove si afferma che gli usi e l'equità possono operare 'in mancanza' della legge". Ibid., p. 320. Adiante, o autor deixa clara a relação excludente entre as fontes: "Allora, il richiamo alla legge, all'uso e all'equità, che è stabilito nell'art. 1374 c.c., non rappresenta un richiamo contemporaneo ai tre criteri. Questi, cioè, non individuano funzioni differenti e non possono, congiuntamente, operare, mas esprimono l'operare della stessa funzione in ipotesi differenti; e il verificarsi dell'una esclude dunque, necessariamente, ogni altra". Ibid., p. 331. A posição de FERRI é diretamente criticada por Stefano RODOTÀ, seja por reduzir o fenômeno da integração ao da interpretação, seja por reduzir indevidamente o âmbito de aplicação da equidade, condicionando-o não à falta de um critério legal para construir a regulação contratual, mas à qualificação do contrato concreto como atípico puro. Cf. **Le fonti di integrazione del contratto**. Milani: Giuffrè, 1970, pp. 243-246.

525 MARINO, Francisco Paulo De Crescenzo. **Interpretação do negócio jurídico**. São Paulo: Saraiva, 2011, p. 47.

Por fim, vale destacar que a diferença entre o conteúdo global do contrato e o conteúdo de sua regulação objetiva é muito variável. Influenciam nesse aspecto tanto fatores culturais, quanto a própria qualificação do contrato celebrado entre as partes. Isso porque, na tradição do *common law*, os contratos costumam ser bastante extensos, pretendendo prover uma disciplina completa dos mais variados aspectos da relação contratual. Nos países de tradição *civil law*, por outro lado, os contratos costumam ser menos extensos justamente devido à existência das codificações, que preveem normas gerais sobre contratos e também normas específicas regulando diversos tipos contratuais. Além disso, também é preciso considerar a influência do grau de atipicidade do contrato. Nesse sentido, a tendência é que, quanto mais atípico seja o contrato, mais completo seja o seu conteúdo contratual global, deixando menor margem para o surgimento de lacunas e reduzindo, consequentemente, o âmbito da integração.[526]

Explicados em linhas gerais os procedimentos que devem ser seguidos para a determinação das regras aplicáveis a uma relação jurídica contratual, passe-se à análise do que ocorre especificamente no campo dos contratos legalmente atípicos.

8.2. Métodos para Determinação do Regime Jurídico Aplicável

Considerando que a determinação do conteúdo global de um contrato depende do conteúdo da declaração negocial das partes e, eventualmente, do conteúdo decorrente da superação de eventuais deficiências que acometam a referida declaração, pode-se concluir que o processo interpretativo de um contrato legalmente atípico não se coloca, a princípio, com dificuldades muito maiores do que o de um contrato legalmente típico.

O mesmo, contudo, não se pode afirmar no que toca à determinação do restante das normas que integram a regulação contratual objetiva. Isso porque a consequência imediata da tipicidade legal é justamente a aplicação

[526] VASCONCELOS, Pedro Pais de. Contratos Atípicos, 2ª ed. Coimbra: Almedina, 2009, pp. 320-323. Especificamente sobre a extensão dos contratos no âmbito da *common law*, cf. BORGIA, Rossella Cavallo. **Il contratto di Engineering**. Padova: Cedam, 1992, p. 107, n.r. 4. VALDES, Juan Eduardo Figueroa. Os contratos de construção FIDIC perante o direito chileno. In: MARCONDES, Fernando (org.). **Direito da construção**: estudos sobre as várias áreas do direito aplicadas ao mercado da construção. São Paulo: Pini, 2014, p. 206.

direta da disciplina jurídica prevista no respectivo tipo contratual legal. Não há, por outro lado, uma regra definida sobre como proceder no caso de um contrato que se qualifique como legalmente atípico. Há diversos métodos que a doutrina elenca para determinar as normas que devem ser imputadas à relação contratual originada de um contrato legalmente atípico. Nesse sentido, há quatro principais métodos apresentados pela doutrina, os quais serão objeto de estudo a seguir: absorção, combinação, analogia e criação.

8.2.1. Método da Absorção

Uma das primeiras soluções encontradas pela doutrina e pela jurisprudência para a determinação do regime jurídico aplicável aos contratos atípicos foi o método da absorção, comumente referido como "teoria" da absorção. Trata-se de aplicar, à integralidade do contrato atípico, a disciplina jurídica do tipo contratual identificado como prevalente – via de regra, um tipo contratual legal. O contrato atípico, portanto, é absorvido na disciplina de um tipo contratual. Enunciado o mecanismo do método da absorção, cumpre tecer algumas considerações a seu respeito.

Destaque-se desde já que esse método pressupõe ser possível identificar, no contrato atípico, um "tipo contratual prevalente". Trata-se, em verdade, de dois pressupostos: primeiro, que apenas um dos aspectos do contrato atípico irá preponderar sobre os demais; e, segundo, que esse aspecto preponderante guardará correspondência com o de um tipo contratual. Sobre qual o aspecto que se deve considerar nesse juízo de prevalência, a doutrina se refere à causa prevalente[527], à prestação principal[528] e à prestação dominante[529] ou prevalente[530].

[527] D'ANGELO, Andrea. **Contratto e operazione economica**. Torino: G. Giappichelli, 1992, pp. 77-78.

[528] FERRI, Giovanni B. **Causa e tipo nella teoria del negozio giuridico**. Milano: Giuffrè, 1966, pp. 133-234.

[529] ANTUNES VARELA, João de Matos. **Centros comerciais (shopping centers)**: natureza jurídica dos contratos de instalação dos lojistas. Coimbra: Coimbra, 1995, p. 49.

[530] BORGIA, Rossella Cavallo. **Il contratto di Engineering**. Padova: Cedam, 1992, pp. 124-125. DE NOVA, Giorgio. Il tipo contrattuale. **Quaderni di Giurisprudenza commerciale**, Milano, v. 53, pp. 29-37, 1983. Tipicità e atipicità nei contratti, p. 34.

Justamente nesse ponto, reside uma grande crítica ao método da absorção. Como bem aponta a doutrina atual, é equivocado assumir que, para todo contrato atípico, será possível encontrar um tipo contratual prevalente. Conforme exposto na classificação adotada na seção 3.2, estes podem se apresentar com as mais diversas configurações. Podem, por exemplo, ser criações inovadoras, que não guardam relação com nenhum tipo contratual existente (contratos atípicos puros). Podem também combinar aspectos de mais de um tipo contratual de referência (contratos mistos de tipo múltiplo). Em ambos esses casos, seria no mínimo temerário sustentar a identificação de um único tipo contratual prevalente para fins de aplicação do método da absorção.

Além disso, é importante frisar que o resultado a que se chega por meio do método da absorção consiste na aplicação, à integralidade da relação jurídica do contrato atípico, das normas do regime jurídico do tipo contratual prevalente. É o contrato atípico como um todo que vai absorvido na disciplina jurídica típica[531]. Consequência disso é que, associando-se o aspecto prevalente do contrato atípico ao do respectivo tipo contratual, todos os demais aspectos divergentes são reconduzidos à condição de cláusulas acessórias. Pedro Pais de VASCONCELOS é bastante claro sobre esse assunto e, inclusive, ilustra o resultado a que o método da absorção chegaria se aplicado ao contrato de EPC (ao qual se refere como *turnkey*):

> Para a disciplina dos contratos mistos têm sido propostas pela Doutrina várias orientações. A primeira, vulgarmente designada por "teoria da absorção" e cujo principal representante é Lotmar, consiste, em traços muito gerais,

[531] Esse aspecto é bastante frisado por Tullio ASCARELLI, que destaca ser uma consequência própria dos contratos mistos em relação aos negócios jurídicos indiretos: "Dunque, secondo la Corte, il principio che si deve applicare al *negotium mixtum cum donatione* è quello dell'assorbimento; a tenore di questo l'intero negozio va assoggettato non solo alle disposizioni di sostanza, ma anche a quelle di forma (richiamo l'attenzione su questa distinzione) di quello che è il suo aspetto prevalente". **Studi in tema di contratti**. Milano: Giuffrè, 1952, cap. II, Contratto misto, negozio indiretto, "negotium mixtum cum donatione", p. 80, destaque no original. Observe-se que a aplicação do método da absorção ao *negotium mixtum cum donatione* é ao final criticada pelo autor, que o considera como negócio jurídico indireto (aplicam-se as normas que se referem ao conteúdo da doação, mas não à sua forma). Ibid., p. 91. João de Matos ANTUNES VARELA também ressalta que: "Esse tipo contratual preponderante absorveria assim os restantes elementos na qualificação e na disciplina do negócio (teoria da absorção)". **Das obrigações em geral**, v. I, 6ª ed. rev. e actual. Coimbra: Almedina, 1989, p. 282.

> em concentrar no tipo dominante a disciplina do contrato e tratar o remanescente, a parte do contrato que não corresponde àquele do tipo dominante, como cláusulas acessórias. (...) O contrato de "concepção/construção de chave na mão" atrás descrito é, nesta perspectiva, regido basicamente pelas regras da empreitada.[532]

Sobre esse resultado a que o método da absorção leva, recaem fortes críticas por parte da doutrina atual. Argumenta-se, sobretudo, que a recondução do contrato atípico à disciplina jurídica de um contrato típico finda por eliminar justamente a peculiaridade que torna aquele distinto deste. Desnaturam-se, em última instância, os próprios limites do tipo contratual, visto que aplicar a totalidade da disciplina típica a um contrato que se situa fora de seus limites acaba por equivaler a incluí-lo dentro desses mesmos limites.[533]

Associados às críticas acima, há dois principais problemas que se deve apontar. O primeiro refere-se à aplicação da totalidade da disciplina do tipo prevalente ao contrato atípico. Dado que a atipicidade decorre da conclusão de que o contrato em análise está fora dos limites dos tipos contratuais considerados, tem-se que esse contrato não está, portanto, sujeito à principal consequência da tipicidade, qual seja, a aplicação direta das normas do regime jurídico típico. Mostra-se fundamentalmente equivocada qualquer pretensão de aplicar direta e automaticamente ao contrato atípico a disciplina do tipo contratual prevalente. Houvesse essa possibilidade, o contrato

[532] VASCONCELOS, Pedro Pais de. **Contratos Atípicos**, 2ª ed. Coimbra: Almedina, 2009, pp. 234-235.

[533] A crítica de Giovanni B. FERRI é precisa nesse ponto: "Per la verità, la coazione legale del tipo non era accettata da tutti gli autori, ma essa rappresentava pur sempre l'indirizzo della dottrina dominante. Ogni fenomeno contrattuale non riconducibile immeditatamente ad un tipo, doveva esseri ricondotto attraverso una analisi più o meno complessa del suo contenuto, diretta a stabilire qual fosse la prestazione principale. Con la conseguenza che il contratto atipico veniva fatto rientrare nel tipo al quale corrispondeva la prestazione principale. La tipicità dell'operazione economica per quanto considerata e messa in luce assumeva, sotto il profilo giuridico, uno scarso e, soprattutto, non autonomo rilievo. Nel senso che la tipicità sociale aveva una portata giuridica, solo in quanto rappresentata ed espressa nella particolare denominazione propria dei contratti direttamente nominati dall'ordinamento giuridico. Tanto che per ciò che riguarda la disciplina del contratto innominato la dottrina dominante finiva sempre per ricondurla a quella del contratto nominato, con il quale il contratto innominato presentava un maggior numero di analogie". **Causa e tipo nella teoria del negozio giuridico**. Milano: Giuffrè, 1966, pp. 133-234.

seria típico. A incidência de normas típicas sobre contratos atípicos, portanto, somente pode ocorrer indiretamente, via procedimento analógico. Disso decorre a exigência de uma etapa prévia destinada a justificar a aplicação da regra típica a cada contrato atípico concretamente considerado, demonstrando-se a relação de identidade entre os pontos relevantes.

O segundo problema relativo ao método da absorção é, em grande medida, resultado da situação acima criticada. Trata-se da tendência à tipificação forçada dos contratos atípicos pelo Poder Judiciário, que será analisada em detalhes adiante, na seção 8.4. Como será explicado, é sobretudo o método da absorção a base argumentativa subjacente a essa postura dos julgadores[534].

8.2.2. Método da Combinação

Tomando em consideração o fato de que nem sempre será possível identificar, nos contratos atípicos, um único tipo contratual de referência que assuma um papel dominante, passou-se a investigar outros métodos que auxiliassem na busca do regime jurídico aplicável aos contratos atípicos. Assim ganhou relevo o método da combinação, que se desenvolveu a partir da constatação de que as partes, ao celebrarem um contrato atípico, podem combinar aspectos de diversos tipos contratuais, atribuindo-lhes relevância distinta. Reconhecida a heterogeneidade de aspectos que formam o contrato atípico, sustenta-se que, para cada aspecto típico isoladamente identificado, seja-lhe aplicada a disciplina prevista no tipo contratual ao qual corresponda. O regime jurídico será formado, portanto, pela combinação

[534] Adiante-se, desde já, algumas das considerações feitas por Rossella Cavallo BORGIA sobre o assunto: "Il procedimento di individuazione della *regula iuris*, cui fare riferimento, viene condotto dalla giurisprudenza sotto l'influsso di quella tendenza o 'propensione' a ricondurre in ogni modo il tipo 'contrattuale' al tipo 'legislativo'. In questa prospettiva il problema viene tradotto come è noto, nella qualificazione del contratto atipico come contratto complesso o misto attraverso un processo di 'tipizzazione' di singoli elementi del contratto. Ravvisato, quindi, il carattere complesso o misto del contratto atipico in virtù della fusione di diversi schemi negoziali e della interna connessione tra le cause, i giudici individuano la disciplina applicabile sulla base del principio della prevalenza o dell'assorbimento. È evidente che per questa via il contratto innominato in senso proprio finirebbe per scomparire nuovamente sostituito dal contratto complesso o misto, al quale poi applicare la disciplina coerente con la prestazione ritenuta prevalente". **Il contratto di Engineering**. Padova: Cedam, 1992, pp. 124-125.

das normas originadas dos diversos tipos contratuais com os quais o contrato atípico apresenta alguma relação.

Conforme se colhe na doutrina, os "aspectos típicos" que embasam a aplicação do método da combinação são, via de regra, as diversas prestações do contrato atípico em análise. Conduz-se, então, um exame cujo foco é identificar as prestações que correspondam às de contratos típicos. Essas prestações são isoladas das demais e submetidas à disciplina típica correspondente. O contrato atípico, portanto, é decomposto em diversas prestações típicas.

Essa decomposição proposta pelo método da combinação, todavia, sujeita-se ao sério risco de desfigurar a unidade de sentido que o contrato possui. Significa dizer que o contrato é fragmentado e considerado como uma aglomeração de prestações isoladas, sendo a disciplina jurídica aplicável igualmente formada pela aglomeração de normas jurídicas de diversos tipos contratuais. Ocorre, contudo, que os contratos atípicos em geral, entre os quais se incluem destacadamente os contratos atípicos mistos, permanecem como uma unidade contratual, dotada de causa única e destinada à realização de uma operação econômica unitária[535].

No que tange à aplicação das normas das diversas disciplinas típicas aos aspectos correspondentes de cada contrato atípico, desenvolveu-se uma corrente doutrinária que passou a defender a transtipicidade dessas normas típicas. Sustentam os seus partidários que as normas jurídicas previstas para regular determinado tipo contratual, sobretudo um tipo contratual legal, não têm a sua aplicação restrita aos limites do próprio tipo contratual. Essas normas têm natureza transtípica e, por isso, podem ser diretamente aplicadas a outras relações que, embora não pertencentes

[535] Tratando do problema da identificação da causa nos contratos mistos e nos contratos coligados, Giovanni B. FERRI afirma que: "Per quanto riguarda i contratti misti, il problema è essenzialmente un problema di tipicità e cioè di disciplina; non un problema di funzione e cioè di causa. Rispetto ad essi, si porrà il problema se si debba ricorrere al principio dell'assorbimento o a quello della combinazione; ma realizzando essi una operazione economica unitaria, la valutazione della meritevolezza dell'interesse si attuerà, come per ogni contratto, con riferimento all'interesse concretamente realizzato; e cioè con riferimento all'interesse globale risultante dalla commistione dei negozi". **Causa e tipo nella teoria del negozio giuridico.** Milano: Giuffrè, 1966, p. 402. Rossella Cavallo BORGIA, ao refutar que os contratos de *engineering* sejam contratos mistos, também indica que estes apresentam causa única, resultante da fusão da pluralidade de causas relativas às diversas prestações compreendidas no contrato. Cf. **Il contratto di Engineering.** Padova: Cedam, 1992, pp. 124-129.

ao tipo contratual, correspondam à situação de fato ou ao conflito de interesses regulado pela norma em questão. Novamente, é precisa a explicação de VASCONCELOS, que exemplifica com o contrato de EPC (referido como *turnkey*) as consequências decorrentes da aplicação do método da combinação:

> Na perspectiva de Rümelin e de Hoeniger, os preceitos legais que a lei aglomera na disciplina dos tipos contratuais legais não são conjuntos fechados, mas correspondem antes à regulamentação legal de questões diversas que frequentemente surgem a propósito daqueles contratos, embora não sejam deles privativas. Esses preceitos legais e "parcelas de regime" são transtípicos e podem e devem, em consequência, ser aplicados directamente a outras relações jurídicas onde surjam situações de facto ou conflitos de interesses típicos que preencham a sua previsão, ainda que fora do âmbito dos tipos contratuais a propósito dos quais a lei os regulamentou. (...) A disciplina concreta desse contrato será então procurada na "combinação" de elementos e de preceitos legais originários de diferentes tipos contratuais. Assim, por exemplo, na concretização da disciplina do contrato de "concepção/construção de chave na mão" haverá, nesta perspectiva, de procurar os critérios de decisão nos diferentes tipos contratuais com que se relacionam os diversos aspectos do contrato.[536]

Notório defensor da transtipicidade é o italiano Giuseppe SBISÀ, que, em debate com Maria Costanza e Giorgio De Nova, criticou o método da absorção em prol da aplicação do método da combinação de normas transtípicas. Assim é que defendeu a decomposição do conteúdo do contrato atípico em cada uma das prestações que o compõem, individuando-lhe a disciplina aplicável. A disciplina jurídica resultante será, então, "a soma de tantas disciplinas específicas quanto forem as diversas utilidades que formam o conteúdo global do acordo"[537].

[536] VASCONCELOS, Pedro Pais de. **Contratos Atípicos**, 2ª ed. Coimbra: Almedina, 2009, pp. 239-240. O método da combinação e a transtipicidade também são descritos por: D'ANGELO, Andrea. **Contratto e operazione economica**. Torino: G. Giappichelli, 1992, p. 78, n.r. 84, e p. 81. ANTUNES VARELA, João de Matos. **Centros comerciais (shopping centers)**: natureza jurídica dos contratos de instalação dos lojistas. Coimbra: Coimbra, 1995, p. 49. Id., **Das obrigações em geral**, v. I, 6ª ed. rev. e actual. Coimbra: Almedina, 1989, pp. 283-284.

[537] Confiram-se as exatas palavras de Giuseppe SBISÀ: "La soluzione dei conflitti, nascenti dallo svolgimento di nuove operazioni economiche, non dipende tanto dall'individuazione dello schema complessivo applicabile, che per definizione non rispecchia fedelmente le

Essa visão do método da combinação que se expressa na transtipicidade e na fragmentação do conteúdo do contrato em prestações típicas acabou por ser objeto de severas críticas. Primeiramente porque se desconsidera a unidade de sentido que subjaz à formação da disciplina jurídica de determinado tipo contratual. Além disso, a transtipicidade acaba por ignorar a própria realidade do direito positivo, pois, como bem aponta Rui Pinto DUARTE em crítica a Giuseppe SBISÀ, também se desconsidera o fato de que o legislador adota a técnica dos tipos contratuais para organizar a disciplina jurídica legal de determinados contratos[538].

8.2.3. Método da Analogia

A defesa do método da analogia para a determinação do regime jurídico dos contratos atípicos emergiu como um desenvolvimento posterior do método da combinação, buscando equacionar as críticas que lhe eram formuladas. A analogia é procedimento bastante estudado em Direito, motivo pelo qual vale mencionar as características que a doutrina lhe atribui.

Norberto BOBBIO coloca a analogia como um dos métodos de autointegração das lacunas do ordenamento jurídico, ao lado do recurso aos princípios gerais de Direito. Nesse sentido, descreve-a da seguinte forma:

> Entende-se por "analogia" o procedimento pelo qual se atribui a um caso não-regulamentado a mesma disciplina que a um caso regulamentado

caratteristiche del fenomeno in esame, quanto piuttosto dall'identificazione della singola prestazione rispetto alla quale è sorto il contratto. In altre parole, il problema di qualificazione deve essere affrontato in modo analitico, scomponendo il contenuto del contratto innominato nei singoli elementi che lo compongono e individuando la disciplina delle singole prestazioni. In tal modo, mi sembra, ogni problema avrebbe la soluzione più appropriata, eliminando il pericolo degli arbitri connessi a una valutazione di sintesi, fondata su criteri di valutazione quantitativi (prevalenza, assorbimento e simili). Non la disciplina unitaria di uno schema tipico, per definizione riguardante una realtà in tutto o in parte diversa, bensì la soma di tante discipline specifiche quante sono le diverse utilità che formano il contenuto globale dell'accordo". **Quaderni di Giurisprudenza commerciale**, Milano, v. 53, pp. 117-122, 1983. Tipicità e atipicità nei contratti, p. 120.

538 "A posição radical sugerida por SBISÀ, semelhantemente ao que acontece com a *'Typuslehre'*, não tem em conta os dados do direito positivo. Se os legisladores (nomeadamente o italiano e o português) organizaram a disciplina dos contratos em especial em torno de 'tipos', não é lícito ao intérprete desconsiderar tal realidade." **Tipicidade e atipicidade dos contratos.** Coimbra: Almedina, 2000, p. 105, destaque no original.

> *semelhante.* (...) Para que se possa tirar a conclusão, quer dizer, para fazer a atribuição ao caso não-regulamentado das mesmas consequências jurídicas atribuídas ao caso regulamentado semelhante, é preciso que entre os dois casos exista não uma semelhança qualquer, mas uma semelhança relevante, é preciso ascender dos dois casos a uma qualidade comum a ambos, que seja ao mesmo tempo a razão suficiente pela qual ao caso regulamentado foram atribuídas aquelas e não outras conseqüências. (...) Por razão suficiente de uma lei entendemos aquela que tradicionalmente se chama a *ratio legis*. Então diremos que, para que o raciocínio por analogia seja lícito no Direito, é necessário que os dois, o regulamentado e o não-regulamentado, tenham em comum a *ratio legis*.[539]

Miguel REALE perfila o mesmo entendimento, ressaltando a coerência teleológica do ordenamento jurídico como a base da analogia:

> A analogia atende ao princípio de que o Direito é um sistema de fins. Pelo processo analógico, estendemos a um caso não previsto aquilo que o legislador previu para outro semelhante, em igualdade de razões. Se o sistema do Direito é um todo que obedece a certas finalidades fundamentais, é de se pressupor que, havendo identidade de razão jurídica, haja identidade de disposição nos casos análogos, segundo um antigo e sempre novo ensinamento: *ubi eadem ratio, ibi eadem juris dispositio (onde há a mesma razão deve haver a mesma disposição de direito)*.[540]

Tercio Sampaio FERRAZ JUNIOR, por sua vez, ressalta um aspecto interessante do procedimento analógico: a combinação de um juízo empírico destinado a identificar o elemento de semelhança entre o caso regulado e o caso não regulado, com um subsequente juízo de valor quanto à essencialidade da semelhança e das diferenças constatadas. Em razão disso, conclui o autor que a analogia é dotada de menor rigor formal, justificando a sua classificação como um instrumento quase-lógico de integração do Direito.[541]

[539] BOBBIO, Norberto. **Teoria do ordenamento jurídico**, trad. Cláudio de Cicco e Maria Celeste C. J. São Paulo: Polis, 1989, pp. 151-154, destaques no original.

[540] REALE, Miguel. **Lições preliminares de Direit**o, 27ª ed. São Paulo: Saraiva, 2002, p. 295, destaques no original.

[541] "O uso da analogia, no direito, funda-se no princípio geral de que se deva dar tratamento igual a casos semelhantes. Segue daí que a semelhança deve ser demonstrada sob o ponto

É importante precisar também que a analogia ora referida é a denominada *analogia legis*, que não se confunde nem com a *analogia juris*, nem com a interpretação extensiva. Como bem aponta a doutrina, a *analogia iuris* não consiste em verdadeira aplicação do procedimento analógico, antes sendo modo de integração de lacunas por meio dos princípios gerais do Direito. Tampouco é de se confundir a *analogia legis* com a chamada interpretação extensiva. A primeira pressupõe a existência de uma lacuna e a criação de uma regra análoga nova para a regular a situação não prevista pelo ordenamento jurídico. Já a segunda parte do pressuposto de que existe norma no ordenamento jurídico, mas procede à extensão do seu entendimento para além do usual, com o objetivo de abarcar outros casos a princípio não incluídos no seu âmbito de aplicação.[542]

Expostas as principais características da analogia como método de colmatação de lacunas do ordenamento jurídico, a sua aplicação no campo da determinação do regime jurídico dos contratos atípicos segue a mesma

de vista dos efeitos jurídicos, supondo-se que as coincidências sejam maiores e juridicamente mais significativas que as diferenças. Demonstrada a semelhança entre dois casos, o intérprete percebe, simultaneamente, que um não está regulado e aplica a ele a norma do outro. A analogia permite constatar e preencher a lacuna. (...) Na analogia, o juízo empírico de semelhança e o juízo de valor sobre a maior importância das coincidências em face das diferenças introduzem na norma um elemento de flexibilidade conotativa e denotativa, que permite ao intérprete o exercício do seu poder de violência simbólica." FERRAZ JUNIOR, Tercio Sampaio. **Introdução ao estudo do direito**: técnica, decisão, dominação, 6ª ed. São Paulo: Atlas, 2010, pp. 278-280.

[542] A distinção é assim exposta por Norberto BOBBIO: "Costuma-se distinguir a analogia propriamente dita, conhecida também pelo nome de *analogia legis*, seja da *analogia iuris*, seja da *interpretação extensiva*. É curioso o fato de que a *analogia iuris*, não obstante a identidade do nome, não tem nada a ver com um raciocínio por analogia, enquanto a interpretação extensiva, não obstante a diversidade do nome, é um caso de aplicação do raciocínio por analogia. Por *analogia iuris* entende-se o procedimento através do qual se tira uma nova regra para um caso imprevisto não mais da regra que se refere a um caso singular, como acontece na *analogia legis*, mas de todo o sistema ou de uma parte dele; esse procedimento não é nada diferente daquele que se emprega no recurso aos princípios gerais do Direito. (...) Mas qual é a diferença entre analogia e interpretação extensiva? Foram elaborados vários critérios para justificar a distinção. Creio que o único critério aceitável seja aquele que busca colher a diferença com respeito aos diversos efeitos, respectivamente, da extensão analógica e da interpretação extensiva: o efeito da primeira é a criação de uma nova norma jurídica; o efeito da segunda é a extensão de uma norma para casos não-previstos por esta". **Teoria do ordenamento jurídico**, trad. Cláudio de Cicco e Maria Celeste C. J. São Paulo: Polis, 1989, pp. 154-155, destaques no original. No mesmo sentido, cf. REALE, Miguel. **Lições preliminares de Direito**, 27ª ed. São Paulo: Saraiva, 2002, p. 298.

linha. O método da analogia, portanto, adota como ponto de partida o pressuposto de que os contratos atípicos, no que se incluem os contratos mistos, situam-se fora do âmbito de qualquer contrato típico, inclusive daqueles que lhes possam ser próximos. Reconhece-se, em outras palavras, que há uma lacuna na lei quanto à regulação do contrato atípico, impossibilitando a aplicação direta e automática das normas da disciplina típica. Disso resulta que somente será possível adotar, para o contrato atípico, a mesma solução normativa prevista para o contrato típico se, em cada caso concreto, for demonstrada a identidade entre a sua *ratio legis* a da norma típica. Trata-se, em outras palavras, de comprovar os fundamentos que justificam a criação de uma norma análoga.[543]

8.2.4. Método da Criação

Além dos três métodos acima analisados, há ainda o denominado método da criação. Foca-se principalmente no problema da determinação do regime jurídico dos contratos que, segundo a classificação feita na seção 3.2 precedente, seriam considerados contratos atípicos puros. O método da criação coloca em destaque, portanto, a possibilidade de não haver um tipo contratual de referência ao qual o contrato atípico possa ser associado, ou de não ser possível proceder à aplicação analógica de normas típicas[544].

[543] Sobre a aplicação da analogia no campo dos contratos atípicos, confira-se a descrição trazida por Pedro Pais de VASCONCELOS: "A doutrina de Schreiber surge como uma reacção contra a doutrina da absorção e um desenvolvimento da doutrina da combinação. O principal contributo da doutrina de Schreiber consiste na constatação de que os contratos mistos são atípicos e que o contributo que os tipos legais lhes possam dar para a concretização da disciplina não consiste na aplicação directa de preceitos legais. O recurso aos tipos legais semelhantes ou 'mais próximos' para a solução de questões problemáticas na disciplina dos contratos mistos deixa de ser um processo subsuntivo e passa a ser um exercício jurídico analógico (analoge Rechtsanwendung) e, como tal, exige a verificação, caso a caso, da semelhança da situação concreta em questão com a regulação típica candidata à vigência, tendo sempre em presença os interesses relevantes e os fins da lei". **Contratos Atípicos**, 2ª ed. Coimbra: Almedina, 2009, pp. 241-242. O assunto também é abordado por: ANTUNES VARELA, João de Matos. **Centros comerciais (shopping centers)**: natureza jurídica dos contratos de instalação dos lojistas. Coimbra: Coimbra, 1995, p. 49. COSTANZA, Maria. **Il contratto atipico**. Milano: Giuffrè, 1981, p. 194. DUARTE, Rui Pinto. **Tipicidade e atipicidade dos contratos**. Coimbra: Almedina, 2000, p. 116, n.r. 390, pp. 134, 143.

[544] Por impossibilidade de se recorrer à analogia, entende-se não apenas a ausência de relação de identidade entre a *ratio legis* da situação regulada e a da situação não regulada, mas também

A solução para esses casos seria encontrada na criação de uma norma específica para o caso individual, a partir da concretização de princípios, cláusulas gerais ou *standards*.[545]

Naturalmente, a grande crítica que se faz a essa metodologia é a insegurança jurídica a que pode levar. Ainda que não se trate de criação livre de normas jurídicas, são consideravelmente amplos os limites da moldura normativa dentro da qual a norma individual pode ser concretizada. A isso se combina o fato de a norma individual somente ser conhecida no momento de sua aplicação ao contrato atípico pelo órgão jurisdicional. Essa insegurança é particularmente acentuada por se considerar que não há uma base jurisprudencial prévia para a questão[546].

A situação descrita no parágrafo anterior é distinta da que se verifica quando há tipos contratuais de referência ou possibilidade de se recorrer à analogia. Não obstante possa pairar dúvida sobre a efetiva inclusão do contrato atípico no âmbito de aplicação da norma, ao menos o seu conteúdo é conhecido. Garante-se, pelo menos, um grau mínimo de previsibilidade para que as partes possam nortear suas decisões.

Como contraponto a favor do método da criação, pode-se argumentar que maior seria a insegurança caso se pretendesse submeter o contrato atípico puro a um tipo contratual com o qual não guarda relação, ou caso se

as hipóteses em que a norma análoga gerada leva à obtenção de um resultado inadequado ou injusto. Cf. VASCONCELOS, Pedro Pais de. **Contratos Atípicos**, 2ª ed. Coimbra: Almedina, 2009, p. 244.

[545] Ibid., p. 243. Giuseppe B. FERRI, seguindo a interpretação dada ao artigo 1.374 do "Codice Civilde" de 1942 já referida na seção 8.1, entende que, aos contratos atípicos puros, o juiz deve criar uma norma individual para o caso com base na equidade: "Proprio perché in questo campo l'equità è soltanto un criterio tecnico, il richiamo ad essa è richiamo ai criterio tecnici comunemente ricevuti dalla esperienza e cioè a criteri di 'proporzione, equilibrio, armonia'. Quegli stessi criteri tecnici di esperienza che, nel caso di contratti tipici, si troveranno cristallizzati nella legge o negli usi; mentre in caso di contratti che, per 'la novità del rapporto' che in essi è espresso, non hanno ancora dato luogo ad un uso, dovranno essere desunti dal caso concreto. Tenendo conto cioè 'di tutti i singoli elementi del caso concreto, del loro conflitto, delle loro interferenze'". **Causa e tipo nella teoria del negozio giuridico**. Milano: Giuffrè, 1966, p. 328.

[546] Pedro Pais de VASCONCELOS é bastante claro ao afirmar que: "(...) para que seja necessário e legítimo recorrer à criação é suficiente que o problema ou a questão suscitada seja, ela mesma, nova, no sentido de atípica, no sentido de não existir no arsenal da experiência jurídica um caso já resolvido, um precedente, a que se possa recorrer num processo analógico". **Contratos Atípicos**, 2ª ed. Coimbra: Almedina, 2009, p. 244.

forçasse a aplicação analógica de uma norma com a qual não há verdadeira semelhança na *ratio legis*. Sob essa perspectiva, o recurso ao método da criação se mostra mais adequado, pois ao menos considera, na determinação do regime jurídico aplicável, as peculiaridades do contrato atípico puro que as partes quiseram celebrar.

8.2.5. Relação entre os Diversos Métodos

Descritos os principais métodos que a doutrina elenca para resolver a questão do regime jurídico aplicável aos contratos atípicos, cabe tratar da relação que entre eles se estabelece. Para tanto, há duas importantes considerações a se fazer.

A primeira delas consiste na necessidade de se adotar o procedimento analógico para a aplicação das normas obtidas por qualquer dos métodos que se escolha. Isso porque o pressuposto básico de toda a discussão é a impossibilidade de reconduzir o contrato em análise a um tipo contratual, sobretudo legal. O contrato cujo regime jurídico se quer determinar está, portanto, no campo da atipicidade. Como consequência, não cabe cogitar de aplicação direta de quaisquer normas típicas. É apenas por meio da criação de uma norma análoga que o conteúdo daquelas pode ser aplicado ao contrato atípico. Do contrário, resultaria que o contrato, em verdade, adentraria nos limites do tipo contratual, ou seja, seria qualificado como típico. Todos os métodos, portanto, devem operar mediante procedimento analógico – exceção feita ao método da criação, cuja premissa é justamente a impossibilidade de se estabelecer uma relação de analogia com a *ratio legis* de quaisquer normas típicas.

Além disso, é crucial pontuar que não há um método mais correto, que seja preferível em exclusão dos demais. Tampouco se pode cogitar de uma ordem de prevalência predeterminada. Muito pelo contrário, o que se verifica é uma relação de complementaridade entre os métodos, na medida em que cada qual se mostra mais adequado para um determinado campo de aplicação. A escolha dependerá das particularidades de cada caso concreto, não havendo um critério de decisão absoluto.[547]

[547] ANTUNES VARELA, João de Matos. **Centros comerciais (shopping centers)**: natureza jurídica dos contratos de instalação dos lojistas. Coimbra: Coimbra, 1995, p. 50. VASCONCELOS, Pedro Pais de. **Contratos Atípicos**, 2ª ed. Coimbra: Almedina, 2009, p. 245.

A despeito disso, pode-se observar que determinados métodos mostram-se, a princípio, mais adequados para algumas situações. Assim é que, retomando a classificação dos contratos atípicos constante na seção 3.2, é possível estabelecer a seguinte correlação em caráter preliminar[548]:

i. **Contratos atípicos de tipo modificado**: são os que mais se aproximam dos contratos legalmente típicos, motivo por que lhes é mais apropriada a determinação do regime jurídico segundo a teoria da absorção, ou seja, aplicam-se analogicamente as normas do regime jurídico do tipo de referência naquilo em que não houver sido modificado pelo pacto de adaptação.
ii. **Contratos atípicos de tipo múltiplo**: apresentam maior atipicidade do que os contratos atípicos de tipo modificado, sendo que a pluralidade de tipos de referência afasta a aplicação da teoria da absorção. Prefere-se, por isso, a teoria da combinação, que permite misturar as normas dos diferentes tipos contratuais de referência, aplicando-as sempre analogicamente ao contrato atípico.
iii. **Contratos atípicos puros**: são os que expressam maior grau de atipicidade, de modo que não apresentam um tipo contratual de referência, nem relação de identidade com a *ratio legis* de uma norma típica, de modo a autorizar a aplicação de norma análoga. Nesses casos, revela-se mais adequada a teoria da criação, que constrói uma norma para o caso concreto com base nos princípios, cláusulas gerais e *standards* do sistema jurídico.

Reforce-se que a correlação acima resulta de um juízo preliminar, que deve necessariamente ser confirmado à luz das particularidades de cada caso concreto. Isso posto, cabe verificar como se forma o conteúdo global do regime jurídico que, obtido a partir da aplicação dos métodos acima expostos, irá governar determinada relação contratual.

548 VASCONCELOS, Pedro Pais de. **Contratos Atípicos**, 2ª ed. Coimbra: Almedina, 2009, pp. 246-247. A mesma correspondência é apresentada por MARINO, Francisco Paulo De Crescenzo. Classificação dos contratos. In: PEREIRA JÚNIOR, Antonio; HÁBUR, Gilberto Haddad (coord.). **Direito dos contratos**. São Paulo: Quartier Latin, 2006, pp. 26-27.

8.3. Concurso das Fontes de Disciplina da Regulação Contratual Objetiva

Na seção 8.1, explicou-se que a regulação contratual objetiva compreende tanto o regramento do conteúdo global do contrato obtido por meio da interpretação, quanto as normas originadas de fontes "extranegociais" que são diretamente imputadas por meio da integração. Viu-se também que, para determinar as normas a serem imputadas por meio da integração, a doutrina indicou os diversos métodos analisados na seção 8.2. Disso resulta que o conteúdo da regulação contratual objetiva é formado por normas originadas de outras fontes além da negocial. Delineia-se, portanto, uma situação de concurso de fontes[549].

Diante da pluralidade de fontes normativas que concorrem na formação da disciplina jurídica do contrato, passaram alguns autores a cogitar de ordená-las hierarquicamente, inclusive com hierarquias distintas conforme o contrato fosse qualificado como legalmente típico, socialmente típico ou atípico puro[550]. Essas tentativas, no entanto, foram objeto de acertadas críticas por outra parcela da doutrina.

Andrea D'ANGELO, por exemplo, expressamente nega a possibilidade de se distinguir como qualitativamente diversas ou hierarquicamente ordenadas as várias normas que regulam a operação econômica levada a cabo pelo contrato[551]. Pedro Pais de VASCONCELOS também se posiciona contrariamente aos autores que propõem o estabelecimento de hierarquias entre as fontes, *in verbis*:

> Não parece, assim, possível estabelecer uma hierarquia de "fontes" da disciplina contratual que seja suficientemente elástica e suficientemente

[549] RODOTÀ, Stefano. **Le fonti di integrazione del contratto**. Milani: Giuffrè, 1970, p. 72.

[550] Rui Pinto DUARTE e Pedro Pais de VASCONCELOS, em seus respectivos livros, apresentam uma revisão da doutrina portuguesa existente sobre o assunto, indicando as diversas posições sustentadas. Cf. DUARTE, Rui Pinto. **Tipicidade e Atipicidade dos Contratos**. Coimbra: Almedina, 2000, pp. 131-134. VASCONCELOS, Pedro Pais de. **Contratos Atípicos**, 2ª ed. Coimbra: Almedina, 2009, pp. 326-334.

[551] "Tuttavia, nell'ambito delle descritte operazioni, non sembrano potersi distinguere, come qualitativamente diverse o gerarchicamente ordinate, le regole enunciate nelle clausole, quelle desumibili dai modelli normativi espressi dalla disciplina dei tipi legali e quelle desumibili, secondo il criterio di congruità, dall'assetto economico dell'affare." D'ANGELO, Andrea. **Contratto e operazione economica**. Torino: G. Giappichelli, 1992, p. 83.

completa para assegurar um tratamento adequado de todos os contratos atípicos ou, sequer, da sua generalidade, dada a sua grande variedade e diversidade. Caso fosse conseguida uma fórmula capaz de equacionar satisfatoriamente essa hierarquia, tal fórmula teria tendência para se cristalizar como definitiva e para vir a ser aplicada no futuro a todos os contratos atípicos, mesmo àqueles em relação aos quais fosse inadequada. Os contratos atípicos são o domínio por excelência da inovação e não é possível prever de antemão o que virão a ser os contratos atípicos que vierem a ser celebrados no futuro. Uma hierarquia de fontes da disciplina contratual que conseguisse ser satisfatória ao tempo em que fosse formulada rapidamente se desactualizaria. Uma vez desactualizada, ou deixaria de ser utilizada e tornar-se-ia inútil, ou continuaria a ser utilizada, não obstante desactualizada, e tornar-se-ia perniciosa, acabando por distorcer a disciplina concreta dos contratos atípicos em relação aos quais fosse inadequada.[552]

Rui Pinto DUARTE, por sua vez, afirma que: "A nossos olhos, a hierarquização do conjunto das fontes de regulação dos contratos – nomeadamente dos atípicos – é produto e causa eventual de equívocos"[553]. Para tanto, apresenta três razões, a seguir explicadas.

Primeiramente, Rui Pinto DUARTE refuta que as normas sobre os tipos contratuais sejam especiais em relação às normas gerais. Isso porque frequentemente regulam matérias diversas, não cabendo cogitar de relação hierárquica. Por outro lado, não nega que possa haver situações em que a regulação verse sobre a mesma matéria. Especificamente nesse caso, porém, surgirá um "(...) concurso meramente aparente, a resolver de acordo com as regras comuns, nomeadamente a de que *lex specialis derogat legi generali*"[554]. Em segundo lugar, observa que a aplicação do regime jurídico legal dos contratos típicos não pode ser colocada como uma etapa dependente da insuficiência das estipulações das partes e das disposições gerais. Sobre esse ponto, argumenta que muitas dessas normas sobre tipos apresentam natureza cogente e se aplicam ao contrato atípico por analogia, independentemente da pactuação entre as partes[555]. Por fim, o autor frisa

[552] VASCONCELOS, Pedro Pais de. **Contratos Atípicos**, 2ª ed. Coimbra: Almedina, 2009, pp. 333-334.

[553] **Tipicidade e atipicidade dos contratos**. Coimbra: Almedina, 2000, p. 133.

[554] Ibid., p. 133, n.r. 452, destaque no original.

[555] Vejam-se as palavras de Rui Pinto DUARTE: "Em desfavor da hierarquização das fontes de regulação dos contratos atípicos, joga ainda a circunstância de – contra uma relevante

que a relevância das estipulações das partes não possui maior relevância nos contratos atípicos do que nos contratos típicos. Em ambos os casos, é a fonte negocial o ponto de partida para a determinação do regime jurídico aplicável[556].

À luz dessas considerações, cumpre expor o entendimento adotado, no presente trabalho, a respeito do método de determinação do conteúdo da regulação objetiva de um contrato, seja este legalmente típico ou atípico.

Como premissa básica, deve-se recordar que o contrato consiste em um negócio jurídico bilateral[557]. O ponto de partida para a determinação das normas que regem a relação jurídica criada por meio do contrato é, portanto, a fonte negocial. Com base nisso, determina-se o conteúdo global do contrato, que, como exposto na seção 8.1, compreende tanto o conteúdo expresso das declarações, quanto seu eventual conteúdo implícito. Para tanto, utiliza-se o processo de interpretação em seus dois momentos, meramente recognitivo e complementar. Uma vez determinadas, por meio da interpretação, as normas oriundas da fonte negocial, passa-se à integração das normas jurídicas oriundas de outras fontes.

A respeito do subsequente processo de integração, cumpre distinguir entre a imposição de normas cogentes e a colmatação de lacunas por meio

opinião doutrinária e jurisprudencial – o recurso às normas sobre contratos típicos não poder ser visto como dependendo da insuficiência das estipulações das partes e das disposições gerais sobre contratos e obrigações. A isso obsta a natureza injuntiva de muitas das normas em causa". **Tipicidade e atipicidade dos contratos**. Coimbra: Almedina, 2000, pp. 133-134. Vale observar que, na passagem que se acabou de transcrever, não fica claro se a referência à aplicação de normas cogentes de tipos contratuais legais a contratos atípicos seria uma aplicação direta (eventualmente por meio de interpretação extensiva da norma) ou uma aplicação analógica. Considerando as passagens que seguem, pode-se depreender que o autor considera a "(...) existência de uma 'força expansiva' geral das normas sobre contratos típicos", do que resulta "(...) a dificilmente recusável submissão das estipulações das partes às normas sobre contratos típicos de natureza injuntiva, sempre que, obviamente, haja analogia entre as situações". Ibid., pp. 141-142.

[556] DUARTE, Rui Pinto. **Tipicidade e atipicidade dos contratos**. Coimbra: Almedina, 2000, p. 134.

[557] Antônio Junqueira de AZEVEDO explica que: "Muitas vezes, o tipo de negócio exige mais de uma declaração, como nos contratos (...)". Na sequência, define que: "*In concreto*, portanto, o negócio jurídico pode ser definido como uma declaração de vontade que, acrescida de elementos particulares e, normalmente, também de elementos categoriais, é vista socialmente como destinada a produzir efeitos jurídicos em nível de igualdade". **Negócio jurídico e declaração negocial**: noções gerais e formação da declaração negocial. São Paulo: Faculdade de Direito, Universidade de São Paulo, 1986, Tese de Titularidade, pp. 25-27.

de normas dispositivas. No primeiro caso, é de se reconhecer que de fato há relação de hierarquia, na medida em que as normas cogentes são incluídas na regulação objetiva do contrato independentemente de as partes haverem pactuado de forma diversa. A norma cogente, portanto, prevalece sobre a norma convencional eventualmente pactuada. Nesse caso, é preciso confirmar a possibilidade de o restante do contrato ser preservado mesmo na ausência da disposição afastada pela norma cogente.

No que tange à integração de normas dispositivas, tem-se como pressuposto a constatação de uma lacuna do conteúdo global do contrato[558]. Isso porque é da própria natureza das normas dispositivas que a sua aplicação seja afastada diante da presença de norma convencional pactuada entre as partes. Havendo, portanto, um ponto cuja regulação não foi prevista pelas partes, é preciso recorrer às fontes extranegociais para encontrar a norma que colmate a referida lacuna. Nesse ponto, concorda-se com a posição de Rui Pinto DUARTE para refutar a possibilidade de se estabelecer uma ordem hierárquica predeterminada entre as fontes extranegociais, compreendidas estas como a lei, o princípio da boa-fé objetiva e os usos em função normativa.

Uma vez no âmbito das fontes extranegociais, é preciso primeiro verificar se efetivamente há concorrência de normas regulando o mesmo assunto. Se constatado que as regulações versam sobre matérias distintas, não há que se cogitar de concurso de normas. Por outro lado, se houver coincidência, está-se diante de um concurso aparente de normas, que deve ser resolvido segundo os três critérios gerais tradicionalmente enunciados pela doutrina para a solução de antinomias: critério cronológico (*lex posterior derogat priori*), critério hierárquico (*lex superior derogat inferiori*) e critério da especialidade (*lex specialis derogat generali*). Vale destacar que, em muitas situações envolvendo a disciplina contratual, será particularmente

558 Sobre a relação entre o conteúdo pactuado pelas partes e as normas dispositivas, é acertada a observação de Stefano RODOTÀ, que condiciona a aplicação das normas dispositivas à determinação do conteúdo contratual por meio do processo interpretativo: "Nel caso in cui ci si trovi in presenza di una norma suppletiva o dispositiva, le facoltà specificamente attribuite ai privati in ordine alle medesime imporranno, anzitutto, lo svolgimento dell'attività interpretativa (come individuazione nella sua interezza del regolamento posto dalla fonte privata), sulla cui base si potrà, poi, decidere se sussistano in concreto le condizioni che rendono possibile l'operare della fonte legale". **Le fonti di integrazione del contratto.** Milani: Giuffrè, 1970, p. 105.

decisivo o critério de aplicação da norma especial em detrimento da norma geral. No caso dos contratos legal ou socialmente típicos, isso se expressa na preferência, respectivamente, pelas normas do tipo contratual legal e pelas do tipo contratual social a que correspondam.[559]

Não há, portanto, como estabelecer uma hierarquia entre as normas dispositivas originadas das fontes extranegociais. Do mesmo modo, tampouco se pode fixar uma ordem de preferência entre os métodos de determinação de regime jurídico propostos pela doutrina e analisados na seção 8.2. A solução deve ser buscada de forma casuísta, sendo necessário apurar, em cada caso específico, qual o método e quais as normas que se mostram mais adequados para colmatar as lacunas que forem eventualmente identificadas.

8.4. O Problema da Tendência à Tipificação Forçada

Na seção anterior, explicou-se o procedimento que se entende ser o mais adequado para determinar o conteúdo da regulação objetiva de um contrato. O exame da prática jurisdicional, contudo, revela uma realidade diversa, na qual é corriqueira a ocorrência da denominada tendência à tipificação forçada dos contratos legalmente atípicos pelo Poder Judiciário.

Trata-se de um fenômeno já constatado por diversos doutrinadores, tanto no Brasil como na Itália, e que consiste na tendência de indevidamente aplicar aos contratos legalmente atípicos a disciplina já conhecida de contratos típicos[560]. Isso pode ocorrer tanto de forma direta, quanto

[559] A questão do concurso de normas remete ao problema das antinomias jurídicas, as quais são definidas por Norberto BOBBIO como "(...) aquela situação que se verifica entre duas normas incompatíveis, pertencentes ao mesmo ordenamento e tendo o mesmo âmbito de validade". **Teoria do ordenamento jurídico**, trad. Cláudio de Cicco e Maria Celeste C. J. São Paulo: Polis, 1989, p. 88. Ao tratar dos requisitos para que se configure uma situação de antinomia entre normas integrantes de um mesmo ordenamento jurídico, Norberto BOBBIO explica que: "Para que possa ocorrer antinomia são necessárias duas condições, que, embora óbvias, devem ser explicitadas: 1) As duas normas devem pertencer ao mesmo ordenamento. (...) 2) As duas normas devem ter o mesmo âmbito de validade. Distinguem-se quatro âmbitos de validade de uma norma: *temporal, espacial, pessoal* e *material*". Ibid., pp. 86-87. Sobre a descrição dos três critérios de solução de antinomias, cf. Ibid., pp. 92-97.

[560] Ao tratar das diversas manifestações da tendência à tipificação forçada, Giorgio DE NOVA também indica o ato de qualificar um contrato como atípico com o objetivo

indireta. No primeiro caso, há simplesmente a inclusão forçada do contrato atípico dentro dos limites de um tipo contratual legal que, em verdade, não o comporta. No segundo, o contrato é qualificado como atípico, mas se recorre indevidamente ao método da absorção, ou eventualmente também ao da combinação, para reconduzi-lo à disciplina de um tipo contratual legal[561]. Vale observar que, embora por meios distintos, ambas as situações levam ao mesmo resultado nocivo, qual seja, a imposição indevida das normas de um tipo contratual legal a um contrato atípico.

Na busca de uma justificativa para esse comportamento, indicam-se várias razões. De início, há a conhecida tendência de assimilar novos fenômenos a categorias já conhecidas e consolidadas, revelando uma mentalidade conservadora por parte dos juízes[562]. A isso se associa a exigência de

específico de afastar determinada disciplina típica prevista pela lei. Confira-se: "De parte mia, per non arare due volte lo stesso campo, ho tentato di dare una dimostrazione della tendenza alla tipizzazione della giurisprudenza italiana mediante prove indirette: e così dimostrando che la giurisprudenza italiana trascura strumenti alternativi alla tipizzazione, che tipizza anche quando non serve, e che quando qualifica un contratto come innominato non lo far per avere un punto di partenza per la costruzione di una nuova disciplina, bensì soltanto per escludere l'applicazione di una determinata disciplina legislativa". Il tipo contrattuale. **Quaderni di Giurisprudenza commerciale**, Milano, v. 53, pp. 29-37, 1983. Tipicità e atipicità nei contratti, pp. 29-30.

561 Rossella Cavallo BORGIA trata especificamente dessa situação, referindo-se à utilização da categoria dos contratos atípicos mistos ou complexos como fundamento para aplicação da disciplina de contratos típicos por meio dos métodos da absorção ou da combinação. Cf. **Il contratto di Engineering**. Padova: Cedam, 1992, pp. 124-125.

562 Trata-se de fato bem descrito por Andrea D'ANGELO na seguinte passagem: "È ben nota la tradizionale tendenza dei giuristi a definire, interpretare e regolare nuovi fenomeni secondo nozioni e tipologie conosciute e consolidate. Essa non risponde soltanto ad un'istanza scientifica classificatoria, ma costituisce una specifica tecnica di regolamentazione: la riconduzione di un fenomeno ad una entità giuridica già riconosciuta e regolata dall'ordinamento è posta ed utilizzata come operazione logicamente preliminare all'applicazione a quel fenomeno della disciplina riservata dall'ordinamento a quella entità giuridica". **Contratto e operazione economica**. Torino: G. Giappichelli, 1992, p. 76. Umberto BRECCIA também trata do assunto nos seguintes termos: "Ogni atteggiamento unilaterale unifica arbitrariamente quel che resta invece distinto e crea un'armonia, sistematica e concettuale, del tutto fittizia. Tale atteggiamento mentale non è soltanto conservatore; è piuttosto involontariamente ingannevole. Nella visione di certi interpreti tutto sembra ricomporsi attorno al 'tipico' (ove, per 'tipico' si intendono le grandi categorie del codice), ma è un'operazione di facciata". Le nozioni di "tipico" e "atipico". **Quaderni di Giurisprudenza commerciale**, Milano, v. 53, pp. 3-17, 1983. Tipicità e atipicità nei contratti, p. 7. Igualmente, cf. BORGIA, Rossella Cavallo. **Il contratto di Engineering**. Padova: Cedam, 1992, p. 121, n.r. 44.

segurança jurídica, que seria pretensamente garantida com a aplicação da disciplina jurídica prevista para os tipos contratuais legais. Nesse sentido, é bem colocada a observação de Giorgio DE NOVA quanto à existência de uma inércia no âmbito de aplicação do Direito, levando à pretensão de se afastar o mínimo possível do campo de normas já consolidadas[563].

Somando-se às razões acima, há ainda questões culturais relativas à fundamentação das decisões judiciais. Nesse ponto, constata-se a existência de uma expectativa de que as decisões judiciais sejam fundamentadas em artigos de lei. É o que apontam, na Itália, Giorgio DE NOVA[564] e, no Brasil, Orlando GOMES[565]. Outro fator a ser ponderado, sobretudo à luz da notória sobrecarga que assola o Poder Judiciário, refere-se à extensão e ao grau de profundidade da fundamentação. É inegável que uma fundamentação elaborada de acordo com o procedimento sustentado na seção 8.3 será muito mais trabalhosa, exigindo que o julgador exponha e justifique os motivos que o levaram a aplicar determinadas normas ao contrato atípico. Por outro lado, qualificar o contrato como típico ou recorrer ao método da absorção requer uma fundamentação significativamente menos complexa, sendo pragmaticamente vantajoso.

[563] Confiram-se os dizeres de Giorgio DE NOVA: "Mentalità conservatrice dei giuristi ed esigenze obiettive di certezza fanno sì che anche per il diritto si possa parlare di un fenomeno di inerzia: il desiderio di staccarsi il meno possibile dal terreno consolidato porta infatti ad affrontare i problemi nuovi utilizzando gli schemi già noti e familiari. In questo quadro generale, bene si inserisce la tendenza degli interpreti a dirimere le controversie in materia contrattuale riconducendo ogni contratto, con un procedimento di tipizzazione, negli schemi dei contratti nominati. (...) A nostro avviso, la prima interpretazione [la tendenza a tipizzare è vista come una costante] è più convincente: i mutamenti di prospettiva operati dal codice del 1942, se pure possono forse apparire rilevanti ad una lettura in chiave puramente testuale, in questo come in altri casi non si sono tradotti poi in una modificazione dell'atteggiamento dei giudici e dei giuristi". **Il tipo contrattuale**. Padova: CEDAM, 1974, pp. 3-5.

[564] "Perché il giudice italiano tipizza, invece di fare ricorso alle clausole generali? (...) Questa riflessione porta a concludere che il giudice italiano tipizza, non per salvaguardare la certezza del diritto, ma per un fenomeno culturale di portata più vasta, e cioè perché i consociati si attendono da lui che motivi le proprie decisioni con la puntuale citazione di articoli di legge." Il tipo contrattuale. **Quaderni di Giurisprudenza commerciale**, Milano, v. 53, pp. 29-37, 1983. Tipicità e atipicità nei contratti, p. 30.

[565] "A expectativa dos litigantes de que as sentenças sejam fundadas em artigos de lei leva os juízes a forçar a inserção de figuras atípicas no esquema de contratos típicos, em vez de recorrerem aos princípios gerais do direito contratual. Essa tendência manifesta-se a pretexto de resguardar a certeza do direito, mas é condenável." **Contratos**, 26ª ed., rev., atual. e ampl. Rio de Janeiro: Forense, 2007, pp. 119-120.

À luz de todas essas considerações, a doutrina é bastante crítica com relação à tendência de tipificação forçada dos contratos atípicos. Um dos principais e mais graves efeitos nocivos que produz é o desrespeito à autonomia privada das partes. Viola-se sobretudo a vontade das partes de celebrar um contrato atípico que não fosse regulado pelas normas dos tipos contratuais legais. Disso decorre que a aplicação indevida das normas dos tipos contratuais legais acarreta uma deformação arbitrária da relação jurídica contratual criada pelas partes. Antes de garantir a certeza objetiva das decisões, a tendência à tipificação forçada mostra-se como fonte de insegurança jurídica, configurando-se como uma ingerência indevida na regulação objetiva do contrato[566].

[566] Descrevendo a tendência a uma tipificação forçada e suas consequências nocivas, Vincenzo ROPPO explica que: "Di fronte ai contratti che non appartengono a nessun tipo legale (e dunque sono contratti atipici), scatta nella giurisprudenza un riflesso condizionato che la porta a cercare qualche tipo legale, cui il contratto sia riconducibile. (...) Questa forzosa riduzione dei contratti atipici ai tipi è comprensibile: essa risolve il problema d'individuare la disciplina applicabile al contratto (...). Tuttavia essa presenta un rischio: disattendere la volontà delle parti, deformare arbitrariamente l'assetto d'interessi perseguito col contratto, che le parti possono aver voluto atipico (come l'ordinamento consente loro) proprio per sottrarlo alla disciplina legale di qualsiasi tipo". **Il contratto**, 2ª ed. Milano: Giuffrè, 2011, p. 410. No mesmo sentido, cf. COSTANZA, Maria. **Il contratto atipico**. Milano: Giuffrè, 1981, p. 195-196. Sobre esse ponto, vale ainda transcrever o comentário do Desembargador Cerqueira Leite no seguinte acórdão: "Não é sempre que o juiz está autorizado a intervir nas relações jurídicas, impondo a um dos contratantes conseqüências não previstas nos contratos mediante aplicação de regras de contratos típicos a contratos atípicos. Isto é, criando direitos e obrigações onde há o silêncio". TJSP, Apelação nº 0107764-37.2003.8.26.0100, 12ª Câmara de Direito Privado, Rel. Des. Cerqueira Leite, j. 4 fev. 2015, p. 3.

9. Regime Jurídico Aplicável ao Contrato de EPC

Uma vez qualificado o contrato de EPC e estudados os métodos de determinação do regime jurídico dos contratos legalmente atípicos, chega-se ao capítulo final deste livro, no qual será examinado o regime jurídico aplicável ao contrato de EPC à luz do direito pátrio. Primeiramente, serão expostas as posições dos autores brasileiros que, qualificando o contrato de EPC como legalmente atípico, manifestam-se sobre o assunto. Em particular, será abordada a controvérsia relativa à incidência ou não da disciplina típica do contrato de empreitada constante do Código Civil de 2002. Na sequência, será explicado o regime jurídico que, no presente trabalho, entende-se aplicável ao contrato de EPC. Com base nessa conclusão, será enfrentada, por fim, a controvérsia referente à extensão da disciplina jurídica típica do contrato de empreitada, cujas principais normas serão analisadas, com vistas a justificar a possibilidade ou não de sua aplicação ao contrato de EPC.

9.1. Panorama da Doutrina Brasileira

Embora haja diversos autores, no panorama nacional, que se posicionam a respeito da qualificação do contrato de EPC (ou do gênero dos contratos de *engineering*), poucos são os que prosseguem com a análise e tratam de suas consequências práticas, ou seja, do regime jurídico que deve ser aplicado ao referido contrato. Menção deve ser feita, porém, a dois autores que, defendendo a atipicidade legal do contrato de EPC, expressamente assumem uma posição sobre seu regime jurídico.

Trate-se, primeiramente, de José Emilio Nunes PINTO. Em artigo publicado logo após a promulgação do Código Civil de 2002, o autor sustenta que as novas normas a respeito do contrato de empreitada tornaram o referido tipo contratual incompatível com o contrato de EPC[567]. Por essa razão, sustenta a qualificação do contrato de EPC como um contrato legalmente atípico, cujas prestações correspondem às de diversos outros tipos contratuais, dos quais se distinguem por formarem uma unidade própria. Como consequência, José Emilio Nunes PINTO não apenas destaca a necessidade de as partes preverem um regulamento contratual detalhado, mas também afasta a possibilidade de aplicação, ao contrato de EPC, das normas de outros regimes contratuais típicos do direito brasileiro. Confira-se:

> Entendemos que os EPCs são verdadeiramente contratos atípicos, a despeito de conterem disposições de contratos típicos, como o de empreitada e de venda e compra de equipamentos. Na prática, as disposições legais aplicáveis a esses contratos típicos se tornam imprestáveis para regular as relações decorrentes dos EPCs. Assim sendo, necessário será que, como já o são, os EPCs continuem a regular detalhadamente as relações entre epcista e contratante, lembrando-se, no entanto, que as disposições desses contratos não poderão violar a ordem pública, os bons costumes e os princípios gerais de direito.[568]

Com isso, o principal resultado prático defendido por José Emilio Nunes PINTO é o afastamento da disciplina típica do contrato de empreitada. O autor refuta, em especial, a incidência das normas previstas nos artigos

[567] De acordo com o autor, a amplitude do tipo contratual da empreitada no Código Civil de 1916 permitia que o contrato de EPC fosse incluído dentro de seus limites: "Até então, a flexibilidade das normas do Código Civil de 1916 relativamente à empreitada têm [sic] permitido a celebração de contratos EPC, nos padrões adotados internacionalmente e aceitos pelos financiadores como contratos que asseguram a financiabilidade dos projetos. O tratamento dos riscos e dos direitos e obrigações das partes estão garantidos, quanto à sua legalidade e exequibilidade, pelas disposições legais vigentes no Brasil. Dada a similaridade existente entre os EPCs e o contrato de empreitada, entendeu-se que o EPC seria uma manifestação da empreitada e teria a mesma natureza jurídica desta. Mas isso é ou não uma verdade absoluta? É o que pretendemos analisar também neste Artigo". Cf. PINTO, José Emilio Nunes. O Contrato de EPC para Construção de Grandes Obras de Engenharia e o Novo Código Civil. **Jus Navigandi**, Teresina, ano 7, n. 55, 1 mar. 2002, § 7. Disponível em: <http://jus.com.br/artigos/2806>. Acesso em 10 out. 2017.

[568] Ibid., § 42. Disponível em: <http://jus.com.br/artigos/2806>. Acesso em 10 out. 2017.

618[569] e 619[570] do Código Civil de 2002. A primeira tem natureza cogente e se refere à responsabilidade quinquenal do empreiteiro pela solidez e segurança de edifícios ou outras construções consideráveis. O parágrafo único do artigo 619, por sua vez, permite que a ausência de oposição do dono da obra possa ser considerada como consentimento tácito com modificações que atribuam ao empreiteiro o direito de revisão do preço. Nota-se, em suma, que a grande preocupação do autor é evitar que a aplicação de referidas normas torne o contrato de EPC economicamente inviável, motivo pelo qual finaliza seu artigo com a seguinte conclusão:

> Concluindo este longo Artigo, reiteramos que os EPCs sempre foram e continuarão sendo contratos atípicos com traços similares aos do contrato de empreitada, mas dele se afastando por constituírem uma relação una e monolítica, não podendo qualquer das obrigações ser segregada do contexto em que tais contratos são firmados. Dessa forma, a questão da garantia do epcista, p. ex., que, no contrato de empreitada, passa a ser de 5 (cinco) anos irredutíveis, poderá continuar a ser praticada, nos EPCs, pelos prazos usuais de mercado, sem que se caracterize uma violação à norma legal cogente aplicável à empreitada. Da mesma forma, entendemos que a garantia por desempenho de equipamentos continuará a observar os prazos outorgados pelos respectivos fabricantes, assim como poderão as partes estabelecer um preço certo, seja ele ou não fixado com base na metodologia do "open book", de vez que as alterações de preço, para mais ou para menos, seguirão sempre, apenas e tão somente, à metodologia prevista no próprio contrato.

[569] "Art. 618. Nos contratos de empreitada de edifícios ou outras construções consideráveis, o empreiteiro de materiais e execução responderá, durante o prazo irredutível de cinco anos, pela solidez e segurança do trabalho, assim em razão dos materiais, como do solo.
"Parágrafo único. Decairá do direito assegurado neste artigo o dono da obra que não propuser a ação contra o empreiteiro, nos cento e oitenta dias seguintes ao aparecimento do vício ou defeito."

[570] "Art. 619. Salvo estipulação em contrário, o empreiteiro que se incumbir de executar uma obra, segundo plano aceito por quem a encomendou, não terá direito a exigir acréscimo no preço, ainda que sejam introduzidas modificações no projeto, a não ser que estas resultem de instruções escritas do dono da obra.
"Parágrafo único. Ainda que não tenha havido autorização escrita, o dono da obra é obrigado a pagar ao empreiteiro os aumentos e acréscimos, segundo o que for arbitrado, se, sempre presente à obra, por continuadas visitas, não podia ignorar o que se estava passando, e nunca protestou."

Além de José Emilio Nunes PINTO, outro autor que sustenta um entendimento a respeito do regime jurídico aplicável ao contrato de EPC é Leonardo Toledo da SILVA. Embora o tema central de sua tese sejam os contratos de aliança, acaba por se referir também ao contrato de EPC quando trata do processo de qualificação jurídica. Sobre o assunto, argumenta que os contratos de aliança e o contrato de EPC não podem ser qualificados sob a égide de nenhum dos tipos contratuais legais do direito brasileiro, particularmente o contrato de empreitada e o contrato de prestação de serviços. Defende, portanto, que o contrato de EPC é legalmente atípico e nega sua compatibilidade com a disciplina jurídica do contrato de empreitada. É o que consta no excerto transcrito a seguir:

> Em nosso entendimento, os regramentos legais da empreitada e da prestação de serviços são quase inteiramente incompatíveis com os contratos de aliança, como aliás também o são incompatíveis com contratos EPC, e com outros modelos contratuais complexos de construção, em que as partes têm o cuidado em regular os riscos envolvidos de forma muito mais apropriada e detalhada do que o regime legal da empreitada. Em verdade, embora o tipo da empreitada continue a ser constantemente utilizado pelo mercado, o regramento especial da empreitada contido no Código Civil de 2002, quase totalmente inspirado no Código Civil de 1916, parece ter caído em certo desuso, uma vez que não acompanhou as particularidades e práticas modernas dos contratos de construção. As empreitadas parecem estar sendo celebradas mais com a preocupação de afastar certas presunções do regramento da empreitada, como aquela contida no § 1º do art. 614 do Código Civil, do que propriamente o aproveitamento do regime e das condições de alocação de riscos existentes na empreitada.[571]

A única ressalva feita por Leonardo Toledo da SILVA refere-se à já mencionada responsabilidade quinquenal pela solidez e segurança, prevista no artigo 618 do Código Civil de 2002. De acordo com o autor, o caráter de ordem pública da referida norma justifica que seu âmbito de aplicação seja ampliado para além do tipo contratual da empreitada. Salvo esse dispositivo, nenhum outro teria justificada a sua aplicação ao contrato de EPC.[572]

[571] SILVA, Leonardo Toledo da. **Contrato de aliança**: projetos colaborativos em infraestrutura e construção. São Paulo: Almedina, 2017, p. 188.

[572] "Com exceção talvez da chamada garantia legal pela solidez e segurança de obras de grande porte, prevista no art. 618 do Código Civil, a qual ganhou uma dimensão de norma de ordem pública, entendemos não haver outras condições previstas, em especial, ao contrato de

Por derradeiro, é imperioso mencionar o Enunciado nº 34 da I Jornada de Direito Comercial, que foi organizada pelo Centro de Estudos Judiciários do Conselho de Justiça Federal em outubro de 2012 e contou com coordenação do Ministro aposentado do Superior Tribunal de Justiça Ruy Rosado de Aguiar Júnior. Proposto no âmbito da comissão de trabalho relativa ao tema "Obrigações empresariais, contratos e títulos de crédito", o enunciado ao final aprovado apresenta o seguinte teor:

> 34. Com exceção da garantia contida no artigo 618 do Código Civil, os demais artigos referentes, em especial, ao contrato de empreitada (arts. 610 a 626) aplicar-se-ão somente de forma subsidiária às condições contratuais acordadas pelas partes de contratos complexos de engenharia e construção, tais como EPC, EPC-M e Aliança.[573]

O enunciado, portanto, foi bastante claro no sentido de relegar a aplicação da disciplina típica da empreitada a um plano subsidiário, ressalva feita à responsabilidade quinquenal pela solidez e segurança (artigo 618 do Código Civil de 2002). Significa dizer que, na ausência de norma convencional criada pelas partes, as normas da empreitada não devem figurar, indiscriminadamente, como a principal fonte de regulação do contrato de EPC. Trata-se, em outros termos, de restringir a aplicação das normas da empreitada às situações em que se demonstre haver efetiva identidade entre pontos juridicamente relevantes, de modo a justificar o recurso à analogia.

empreitada (arts. 610 a 626 do Código Civil) cuja aplicação seria adequada ou útil para solução de conflitos advindos da complexa realidade dos contratos de aliança. Alguns dos dispositivos legais, mais do que inúteis, seriam claramente indesejados, eis que não traduziriam o arranjo contratual acordado entre as partes." SILVA, Leonardo Toledo da. **Contrato de aliança**: projetos colaborativos em infraestrutura e construção. São Paulo: Almedina, 2017, p. 188.

[573] JORNADA DE DIREITO COMERCIAL, 1ª, 2012, Brasília. **Enunciados aprovados e conferências proferidas**. Brasília: Conselho da Justiça Federal, Centro de Estudos Judiciários, 2013, p. 54. Disponível em: <http://www.cjf.jus.br/cjf/corregedoria-da-justica-federal/centro--de-estudos-judiciarios-1/publicacoes-1/jornadas-de-direito-comercial/livreto-i-jornada-de--direito-comercial.pdf>. Acesso em 19 out. 2017.

9.2. Conclusão sobre o Regime Jurídico Aplicável ao Contrato de EPC

Diante do quanto estudado no capítulo 8, a respeito do regime jurídico aplicável aos contratos legalmente atípicos, bem como na seção 9.1, relativa ao panorama da doutrina brasileira sobre o regime jurídico aplicável ao contrato de EPC, cumpre expor a conclusão que se adota no presente trabalho.

Antes, porém, vale recordar a conclusão que se obteve, no capítulo 8, a respeito do conteúdo da regulação contratual objetiva e da relação entre suas fontes normativas. Assim é que, diante de um contrato, deve-se considerar primeiramente a incidência das normas jurídicas de natureza cogente. Como visto, referidas normas situam-se em um plano hierarquicamente superior, impondo-se ainda que haja manifestação das partes em sentido contrário. Na sequência, há o conteúdo global do contrato, obtido por meio do processo de interpretação em seus dois momentos, meramente recognitivo (conteúdo contratual expresso) e complementar (conteúdo contratual implícito). Se, findo o processo interpretativo, forem constatados pontos não regulados da relação contratual, passa-se ao processo de integração. Para colmatar as eventuais lacunas do contrato, será preciso encontrar uma norma extraída de fontes extranegociais, sendo estas a fonte legal, os usos em função normativa e o princípio da boa-fé objetiva. Trata-se, em suma, de transpor à colmatação de lacunas contratuais a norma prevista no artigo 4º da Lei de Introdução às Normas do Direito Brasileiro (Decreto-Lei nº 4.657/1942)[574], que versa sobre colmatação de lacunas na lei. Enfatizou-se ainda a impossibilidade de se predeterminar uma ordem de preferência entre as referidas fontes extranegociais. Por fim, explicou-se que as situações de concurso aparente de normas devem ser solucionadas segundo os critérios gerais de resolução de antinomias, atribuindo-se especial relevo ao critério da especialidade (*lex specialis derogat generali*).

Aplique-se, então, o entendimento acima ao contrato de EPC.

A respeito das normas cogentes, deve o contrato de EPC respeitar as mesmas normas cogentes a que se sujeitam os demais contratos. Nisso se incluem, por exemplo, os artigos do Código Civil de 2002 que versam

[574] "Art. 4º Quando a lei for omissa, o juiz decidirá o caso de acordo com a analogia, os costumes e os princípios gerais de direito."

sobre defeitos dos negócios jurídicos e prazos prescricionais. Além disso, também deve ter aplicação cogente ao contrato de EPC a norma do artigo 618 do referido Código.

Em artigo publicado sobre o tema, já se teve a oportunidade de discorrer a respeito da natureza e do âmbito de incidência do referido artigo 618[575]. Por ora, vale apenas retomar que, embora previsto a propósito do contrato de empreitada, o dispositivo enuncia norma de ordem pública, destinada a tutelar a sociedade em geral contra os danos decorrentes da construção, atividade de risco por sua própria natureza. Considera-se correto, portanto, o entendimento da doutrina que estende o âmbito subjetivo de aplicação da norma a todos os construtores[576], entre os quais o epecista naturalmente se inclui. Quanto ao seu aspecto objetivo, é importante frisar que a responsabilidade quinquenal não abrange todas as prestações do epecista, temor que foi expresso por José Emilio Nunes PINTO no artigo analisado na seção anterior[577]. Quando o enunciado do artigo 618 se refere a "edifícios e construções consideráveis", deve-se entender que a responsabilidade pela solidez e segurança recai sobre obras civis de engenharia, as quais, não sendo edifícios, precisam ser construções de grande porte. Disso decorre que não estão abrangidos pela responsabilidade quinquenal, por exemplo, os equipamentos fornecidos pelo epecista, aos quais permanecerão aplicáveis as disposições sobre garantia eventualmente pactuadas entre as partes e a disciplina geral da lei sobre vícios redibitórios.

[575] SARRA DE DEUS, Adriana Regina. Responsabilidade civil dos empreiteiros e construtores. **Revista de Direito Privado**, São Paulo, v. 79, jul. 2017, pp. 101-130.

[576] Hely Lopes MEIRELLES, por exemplo, é bastante enfático sobre esse assunto: "A responsabilidade pela solidez e segurança da obra, particular ou pública, é de natureza legal, pois está consignada impositivamente no Código Civil [de 1916], nestes termos: (...). Diante da norma civil e das disposições reguladoras do exercício da Engenharia e da Arquitetura, a responsabilidade pela solidez e segurança da obra é extensiva a todo construtor, qualquer que seja a modalidade contratual da construção. (...) Esta responsabilidade é de natureza legal, e, mais do que isto, é de ordem pública, pois que interessa a toda a coletividade. Daí não ser possível ao construtor dela se eximir, ou reduzir o seu prazo ou a sua amplitude. Resulta da lei, independentemente de cláusula que a consigne, e não admite modificações pela vontade das partes". **Direito de construir**, 11ª ed. atual. por Adilson Abreu Dallari, Daniela Libório Di Sarno, Luiz Guilherme da Costa Wagner Jr. e Mariana Novis. São Paulo: Malheiros, 2013, pp. 306-308.

[577] O Contrato de EPC para Construção de Grandes Obras de Engenharia e o Novo Código Civil. **Jus Navigandi**, Teresina, ano 7, n. 55, 1 mar. 2002. Disponível em: <http://jus.com.br/artigos/2806>. Acesso em 10 out. 2017.

Com relação ao conteúdo global do contrato, é de se recordar que os contratos de EPC costumam prever uma disciplina bastante extensa e detalhada não apenas dos diversos aspectos da relação contratual, como também dos procedimentos para resolução dos eventuais conflitos que possam surgir. No capítulo 6, explicou-se que consistem, via de regra, em *self-contained contracts*, ou seja, contratos que se pretendem potencialmente completos e autossuficientes. Um dos principais objetivos que se busca com isso é justamente evitar a ocorrência de lacunas e o consequente recurso às normas dispositivas do ordenamento jurídico nacional[578].

Não obstante a pretensão de autossuficiência dos contratos de EPC, ainda assim permanece a possibilidade de serem identificadas lacunas no regramento das partes. Nesse caso, essas lacunas precisarão ser colmatadas por meio de normas originadas de fontes extranegociais: fontes legais, usos em função normativa e princípio da boa-fé objetiva.

Sendo o contrato de EPC um contrato legalmente atípico, deve-se desde logo excluir a aplicação direta da disciplina de quaisquer tipos contratuais legais. Do contrário, estar-se-ia tratando o contrato legalmente atípico como se típico fosse. Ainda que seja possível o recurso às normas dos tipos contratuais legais, sua aplicação somente poderá ocorrer por via indireta, ou seja, por meio do procedimento da analogia.

Antes, porém, é imprescindível recordar que o contrato de EPC é socialmente típico. Como tal, é bastante provável que a norma específica para colmatar a lacuna concretamente identificada seja extraída do tipo social, ou seja, normas originadas dos usos e costumes em função normativa. Nesse sentido, há dois principais substratos dos quais o aplicador do direito pode se valer para identificar essas práticas negociais consolidadas. Primeiramente, há as obras doutrinárias que registram, com significativa

[578] Vale recobrar que Flavio LAPERTOSA, referindo-se aos contratos de *engineering*, coloca a pretensão de autossuficiência da disciplina contratual como uma de suas características fundamentais: "Il che esteriorizza un connotato fondamentale dell'engineering: quello di essere un contratto sefl-contained, congegnato cioè in modo tale da rimettere completamente la sua disciplina all'autonomia dei contraenti, limitando al massimo le possibilità di integrazioni esterne, ivi comprese quelle collegate a eventuali incertezze terminologiche". **L'engineering**. Milano: Giuffrè, 1993, p. 120. No mesmo sentido se manifesta Giorgio DE NOVA, ao tratar dos contratos de origem anglo-saxã que vêm sendo utilizados na Itália: "Perché il contratto di derivazione anglosassone non è fatto per essere integrato da norme dispositive. È fatto per essere autosufficiente, per essere completo. E non è, come si è detto, pensato in relazione al diritto italiano". **Il contratto alieno**, 2ª ed. Torino: G. Giappichelli, 2010, p. 44.

uniformidade, as particularidades da operação econômica que se realiza por meio dos contratos de EPC. Além disso, há os documentos que os próprios agentes do setor produzem para consolidar as suas práticas.

Nesse último caso, é de se dispensar especial atenção ao *Silver Book*, *standard contract* elaborado pela FIDIC e que, como se expôs na seção 6.3.1, é internacionalmente reconhecido como modelo paradigmático do contrato de EPC. Importante frisar que não se defende uma transposição automática das regras previstas no *Silver Book* ao contrato de EPC concretamente analisado. Estando fora do campo da tipicidade legal, é sempre imprescindível verificar e demonstrar a presença de uma efetiva relação de identidade entre os pontos juridicamente relevantes da situação regulada e da situação concreta que se quer regular, de modo a justificar que a esta se aplique analogicamente a solução prevista para aquela. O que se afirma, portanto, é a existência de grandes chances de um contrato de EPC concretamente celebrado apresentar características análogas às do *Silver Book*, já que o contrato de EPC é socialmente típico e o *Silver Book* é reconhecido como seu modelo paradigmático. Diante desse contexto, é fundamental que o aplicador do direito, antes de proceder à integração de lacunas segundo a fonte legal, considere as normas do tipo social do contrato de EPC.

Com relação às normas dos tipos contratuais do Código Civil de 2002, não se nega a possibilidade de aplicá-las ao contrato de EPC. Ocorre, porém, que essa aplicação deve ser subsidiária e sempre condicionada a dois pressupostos. Acima de tudo, é preciso que haja efetiva possibilidade de aplicação analógica da solução prevista no tipo legal, demonstrando-se a relação de identidade entre os pontos juridicamente relevantes. Sendo possível colmatar a lacuna por meio da norma legal análoga, deve-se verificar a ocorrência de eventual concurso de normas. Nesse caso, a norma legal análoga apenas poderá ser aplicada se, à luz dos critérios de resolução de antinomias, a ela for dada preferência. Na hipótese de concurso entre uma norma socialmente típica do contrato de EPC e uma norma legal de outro tipo contratual aplicada por analogia, o critério da especialidade resultará na escolha da primeira, pois mais específica do que a segunda (*lex specialis derogat generali*). Concorda-se, portanto, com o teor do Enunciado nº 34 da I Jornada de Direito Comercial, transcito no item 9.1.

9.3. Possibilidade de Aplicação Analógica, ao Contrato de EPC, da Disciplina Jurídica do Tipo Contratual da Empreitada no Código Civil de 2002

Uma vez expostas, na seção anterior, as conclusões a respeito do regime jurídico aplicável ao contrato de EPC, cabe enfrentar a controvérsia prática envolvendo a possibilidade de aplicação analógica da disciplina típica do contrato de empreitada prevista no Código Civil de 2002. Para tanto, serão examinados os principais artigos cuja aplicação analógica ao contrato de EPC se entende inadequada.

Veja-se, primeiramente, o artigo 610 do Código Civil de 2002:

> Art. 610. O empreiteiro de uma obra pode contribuir para ela só com seu trabalho ou com ele e os materiais.
>
> § 1º. A obrigação de fornecer os materiais não se presume; resulta da lei ou da vontade das partes.
>
> § 2º. O contrato para elaboração de um projeto não implica a obrigação de executá-lo, ou de fiscalizar-lhe a execução.

Com relação à norma do *caput* do artigo 610, ela apenas enuncia as duas subespécies de empreitada, quais sejam, a empreitada de lavor e a empreitada mista. Quanto ao § 1º e ao § 2º, constata-se incompatibilidade com o contrato de EPC. Isso porque é intrínseco ao contrato de EPC a responsabilidade do epecista pelos projetos do empreendimento, pelos trabalhos de construção e pelo fornecimento dos materiais e equipamentos necessários à entrega do empreendimento em condições de pronta operação. Diante disso, é evidente que os §§ 1º e 2º do artigo 610 são inaplicáveis ao contrato de EPC.

Os artigos 612[579] e 613[580], por sua vez, tratam apenas da empreitada de lavor. Dado que o epecista necessariamente fornecerá materiais e

[579] "Art. 612. Se o empreiteiro só forneceu mão-de-obra, todos os riscos em que não tiver culpa correrão por conta do dono."

[580] "Art. 613. Sendo a empreitada unicamente de lavor (art. 610), se a coisa perecer antes de entregue, sem mora do dono nem culpa do empreiteiro, este perderá a retribuição, se não provar que a perda resultou de defeito dos materiais e que em tempo reclamara contra a sua quantidade ou qualidade."

equipamentos, refuta-se a possibilidade de ambos os dispositivos serem analogicamente estendidos ao contrato de EPC.

Prossiga-se, então, com o artigo 614 do Código Civil de 2002, que segue abaixo transcrito:

> Art. 614. Se a obra constar de partes distintas, ou for de natureza das que se determinam por medida, o empreiteiro terá direito a que também se verifique por medida, ou segundo as partes em que se dividir, podendo exigir o pagamento na proporção da obra executada.
>
> § 1º. Tudo o que se pagou presume-se verificado.
>
> § 2º. O que se mediu presume-se verificado se, em trinta dias, a contar da medição, não forem denunciados os vícios ou defeitos pelo dono da obra ou por quem estiver incumbido da sua fiscalização.

O dispositivo acima mostra-se incompatível com a operação econômica do contrato de EPC. Dado que as prestações do epecista são contratadas como um conjunto único, seu cumprimento ocorre apenas ao final, quando da entrega do empreendimento ao dono da obra nas condições acordadas. Por isso, a verificação dos trabalhos, sua aceitação e o termo inicial do prazo de contagem da garantia normalmente são atrelados à conclusão final da totalidade do empreendimento ou, alternativamente, ao início de sua operação pelo dono da obra. Os pagamentos, por sua vez, costumam ocorrer em conformidade com um cronograma financeiro previamente pactuado entre as partes quando da celebração do contrato de EPC, podendo ou não acompanhar o avanço físico da obra. Não necessariamente haverá, portanto, um vínculo com as medições periodicamente realizadas, sendo comum que as partes acordem o pagamento de adiantamentos e de parcelas fixas distribuídas ao longo do prazo de execução do contrato, garantindo ao epecista determinado fluxo financeiro. Via de regra, a finalidade das medições é acompanhar a evolução dos trabalhos do epecista, comparando-a com o previsto originalmente no cronograma contratual.

Essas características do contrato de EPC conflitam com o teor do artigo 614 do Código Civil de 2002 anteriormente transcrito. Não há como presumir, por exemplo, que as medições periodicamente aprovadas pelo dono da obra e os pagamentos por ele realizados impliquem aceitação ou verificação das respectivas parcelas do empreendimento. Tampouco cabe cogitar que medições e pagamentos sirvam de termo inicial para contagem do prazo de garantia. Por essas razões, não se vislumbra possibilidade de aplicação analógica, ao contrato de EPC, das normas do artigo em comento[581].

Outro dispositivo do Código Civil de 2002 cuja incidência sobre o contrato de EPC deve ser afastada é o artigo 619, abaixo transcrito:

> Art. 619. Salvo estipulação em contrário, o empreiteiro que se incumbir de executar uma obra, segundo plano aceito por quem a encomendou, não terá direito a exigir acréscimo no preço, ainda que sejam introduzidas modificações no projeto, a não ser que estas resultem de instruções escritas do dono da obra.
>
> Parágrafo único. Ainda que não tenha havido autorização escrita, o dono da obra é obrigado a pagar ao empreiteiro os aumentos e acréscimos, segundo o que for arbitrado, se, sempre presente à obra, por continuadas visitas, não podia ignorar o que se estava passando, e nunca protestou.

O *caput* do artigo 619 atribui ao empreiteiro o direito de modificar o preço da obra quando houver modificações do projeto resultantes de instruções escritas do dono da obra. Trata-se de reflexo do modelo de operação econômica estruturado pelo contrato de empreitada (DBB), em que são separadas as responsabilidades pelos projetos básicos do empreendimento e pela sua execução. No contrato de EPC, porém, essas responsabilidades são unificadas na figura do epecista, que assume os riscos relacionados a modificações de projeto que eventualmente se façam necessárias para garantir o atendimento aos requisitos do dono da obra. Nesse caso, ainda que as modificações solicitadas com esse propósito sejam formalizadas por escrito pelo dono da obra, não caberá ao epecista qualquer direito de modificação do preço global pactuado. Trata-se, precisamente, de uma das facetas do já mencionado *single point responsibility* que individualiza o contrato de EPC.

Vale ressaltar que a hipótese de modificação de projeto acima referida não deve ser confundida com a hipótese de alteração, pelo dono da obra, dos requisitos inicialmente especificados. Nesse último caso estará configurada a ocorrência de modificação de escopo e, a depender dos impactos concretamente apurados, poderá o epecista ter direito à revisão do preço

581 O mesmo entendimento é afirmado por Leonardo Toledo da SILVA, em passagem já transcrita na seção 9.1 acima. Cf. **Contrato de aliança**: projetos colaborativos em infraestrutura e construção. São Paulo: Almedina, 2017, p. 188.

fixo global e à extensão do prazo de execução da obra. Exceto por essa hipótese de modificação de escopo, correm por conta do epecista os riscos relacionados às variações dos fatores necessários ao cumprimento dos requisitos especificados pelo dono da obra.

O parágrafo único do artigo 619, por sua vez, relativiza a norma do *caput* ao permitir que a conduta omissiva do dono da obra seja considerada consentimento tácito com a ocorrência de modificações escopo. Retome-se, primeiramente, que o epecista assume os riscos relacionados a variações dos recursos necessários ao cumprimento dos requisitos do dono da obra. Além disso, também é preciso considerar que, na prática negocial dos contratos de EPC, as partes normalmente pactuam não apenas um conjunto limitado de hipóteses que ensejam modificação de escopo e autorizam a revisão do preço, mas também um procedimento detalhado de solicitação e aprovação de adicionais. Isso é reflexo da pretensão de autossuficiência da disciplina contratual, assim como da necessidade do dono da obra de garantir a certeza do custo final do empreendimento, limitando as possibilidades de sua variação. Nesse contexto, é inadequado presumir que a simples conduta omissiva do dono da obra signifique um consentimento tácito com a ocorrência de modificações de escopo.

Não se defende, por outro lado, que a concordância expressa do dono da obra seja indispensável à caracterização de uma modificação de escopo. É imperioso reconhecer a realidade das obras, em que o contratante muitas vezes alega a ausência de seu consentimento formal para, propositadamente, esquivar-se do reconhecimento de uma modificação de escopo que efetivamente solicitou e do consequente direito do epecista à revisão do preço global. Nessa situação, é evidente que a recusa do dono da obra em manifestar seu consentimento formal não poderá obstar o reconhecimento do direito do epecista. O caso, porém, é distinto da hipótese de consentimento tácito prevista no parágrafo único do artigo 619 do Código Civil de 2002.

As mesmas considerações acima expostas a propósito das normas do artigo 619 do Código Civil de 2002 aplicam-se ao subsequente artigo 620, *verbis*:

> Art. 620. Se ocorrer diminuição no preço do material ou da mão-de-obra superior a um décimo do preço global convencionado, poderá este ser revisto, a pedido do dono da obra, para que se lhe assegure a diferença apurada.

Considerando que estão alocados no epecista os riscos de variação de preço dos recursos necessários à execução do empreendimento, bem como que o preço fixo global do contrato de EPC contempla um incremento justamente para absorver essas contingências, torna-se nítida a incompatibilidade do contrato de EPC com a norma acima transcrita.

O artigo 622 do Código Civil de 2002, por sua vez, prevê a separação das responsabilidades do projetista e do empreiteiro[582]. Dado que o contrato de EPC se caracteriza pelo *single point responsibility*, em que as figuras do projetista e do construtor são unificadas na pessoa do epecista, não há que se cogitar da referida separação. Ainda que haja subcontratado terceiros para executar parcelas de seu escopo, é o epecista que, perante o dono da obra, permanece como responsável tanto em caso de erros de projeto, quanto de erros de execução.

Por fim, trate-se do artigo 625 do Código Civil de 2002:

> Art. 625. Poderá o empreiteiro suspender a obra:
>
> I – por culpa do dono, ou por motivo de força maior;
>
> II – quando, no decorrer dos serviços, se manifestarem dificuldades imprevisíveis de execução, resultantes de causas geológicas ou hídricas, ou outras semelhantes, de modo que torne a empreitada excessivamente onerosa, e o dono da obra se opuser ao reajuste do preço inerente ao projeto por ele elaborado, observados os preços;
>
> III – se as modificações exigidas pelo dono da obra, por seu vulto e natureza, forem desproporcionais ao projeto aprovado, ainda que o dono se disponha a arcar com o acréscimo de preço.

A respeito do dispositivo acima, que versa sobre o direito de suspensão da obra pelo empreiteiro, não é de se descartar de pronto a possibilidade de estender ao contrato de EPC alguma das hipóteses de suspensão previstas em seus incisos . Como se explicou na seção 6.3, os riscos relacionados a fatores que possam afetar a construção do empreendimento são majoritariamente transferidos ao epecista. É precisamente em função dessa concentração de riscos que se recomenda não utilizar contratos de EPC para a execução de empreendimentos sujeitos a elevados riscos, principalmente

[582] "Art. 622. Se a execução da obra for confiada a terceiros, a responsabilidade do autor do projeto respectivo, desde que não assuma a direção ou fiscalização daquela, ficará limitada aos danos resultantes de defeitos previstos no art. 618 e seu parágrafo único."

de ordem geológica[583]. Isso porque, para absorver a responsabilidade por esses riscos, o epecista precisaria orçar um preço global excessivamente alto. Como as circunstâncias variarão conforme cada caso concreto, não há como sustentar uma posição apriorística sobre a compatibilidade ou não entre as hipóteses de suspensão previstas nos incisos do artigo 625 e o contrato de EPC. Por essa razão, a possibilidade de analogia estará condicionada à demonstração de efetiva compatibilidade com a alocação de riscos concretamente pactuada pelas partes, a qual deverá ser analisada sob uma perspectiva restritiva, à luz da concentração de riscos característica do contrato de EPC.

Diante de tudo o quanto se expôs, pode-se concluir que o contrato de EPC apresenta significativas diferenças em relação ao tipo contratual legal da empreitada, as quais o tornam incompatível com grande parte das normas integrantes do regime jurídico legalmente previsto para a empreitada. Não se defendeu, por outro lado, uma absoluta e apriorística incompatibilidade de todas as suas normas. Para aquelas que não foram desde logo identificadas como incompatíveis com o contrato de EPC, sua aplicação estará sempre condicionada aos dois pressupostos indicados na seção anterior, quais sejam: (i) demonstração da existência de efetiva relação de identidade entre os pontos juridicamente relevantes; e (ii) ausência de concurso normativo que, resolvido de acordo com os critérios de resolução de antinomias, resulte na prevalência de outra norma, particularmente de uma norma integrante do tipo social do contrato de EPC.

[583] Como já mencionado anteriormente, trata-se de recomendação formulada pela própria FIDIC no texto introdutório do *Silver Book*. Cf. FÉDÉRATION INTERNATIONALE DES INGÉNIEURS-CONSEILS. **Conditions of contract for EPC/turnkey projects**, 1st ed. [S.l.], 1999, Introductory note to the first edition.

Conclusão

No Direito, há diversas formas de pensamento possíveis de serem utilizadas para a compreensão e aplicação de suas normas. Base sobre a qual se construiu a visão do Direito como ciência, o pensamento conceitual abstrato caracteriza-se pela construção de concetitos gerais abstratos a partir do isolamento de notas distintivas comuns a um conjunto de objetos, notas essas que formam a definição do respectivo conceito e determinam-lhe os limites. O pensamento conceitual abstrato, portanto, opera por meio de um juízo binário, em que a inclusão de um objeto dentro dos limites da classe ocorrerá sempre que e somente se estiverem presentes todas notas distintivas enunciadas na definição. Essas notas são consideradas necessárias e suficientes para o juízo de inclusão. No presente trabalho, o termo "subsunção" refere-se a esse modo de operação dos conceitos. No direito contratual, o pensamento conceitual abstrato se manifesta, por exemplo, na tradicional doutrina dos *essentialia*.

Diante das críticas que passaram a ser formuladas contra as insuficiências do pensamento conceitual abstrato, desenvolveram-se novos métodos de pensamento do Direito a partir da década de 70 do século passado. Emergiu, assim, o pensamento tipológico, cujas principais características são a construção de tipos a partir da aglomeração das diversas características individuais de um conjunto de objetos, as quais são apreendidas por meio da conexão de sentido expressa em uma imagem global, com limites fluidos e elásticos. Os tipos, por isso, são enunciados por meio de descrições e caracterizam-se pela abertura, graduabilidade e elasticidade. Como consequência, o pensamento tipológico opera segundo um juízo de maior ou menor correspondência, em que a recondução ao tipo ocorre mediante um pensamento por aproximação, comparação e analogia entre as características típicas e as verificadas no caso concreto.

O pensamento conceitual abstrato e o pensamento tipológico podem ser aplicados nas mais diversas áreas do Direito. Merece especial destaque, porém, a sua utilização no direito contratual, particularmente no procedimento de determinação do regime jurídico aplicável aos contratos concretos. A depender do método de pensamento que se adote para compreender e aplicar os tipos contratuais e o juízo de qualificação, poderão ser distintos os resultados obtidos.

O tipo contratual é um modelo de disciplina jurídica suficientemente completo para dar às partes a base da regulação de um determinado contrato. As normas dessa disciplina jurídica podem ser positivadas na lei ou na prática negocial, hipóteses em que haverá, respectivamente, um tipo contratual legal e um tipo contratual social. Os contratos, portanto, podem ser qualificados como (i) contratos legalmente típicos; (ii) contratos legalmente atípicos, mas socialmente típicos; e (iii) contratos legal e socialmente atípicos.

O juízo de qualificação é o processo por meio do qual se afere a recondução ou não de um contrato concreto a um tipo contratual, seja este legal ou social. No raciocínio conceitual, a qualificação opera por meio do processo subsuntivo, em que se verifica a presença ou não, no contrato concreto, de todos os elementos enunciados na definição do tipo contratual, elementos esses que são necessários e suficientes para incluir aquele dentro dos limites deste. Já no pensamento tipológico, a qualificação ocorre segundo um juízo graduável de maior ou menor correspondência entre as características do caso concreto e do tipo contratual, atribuindo-se maior relevância ao nexo de sentido que as estrutura.

Após examinar as posições doutrinárias existentes a respeito do juízo de qualificação e dos métodos de pensamento que podem ser aplicados na compreensão dos tipos contratuais legais, considerou-se que o juízo de qualificação compreende as seguintes etapas: (i) primeiramente, a verificação da tipicidade legal do contrato concreto, que deve ser cotejado com os tipos contratuais legais segundo o método subsuntivo expresso na doutrina dos *essentialia*; (ii) sendo positivo o resultado da subsunção, é preciso confirmar se há real correspondência de sentido entre o caso concreto e o tipo contratual legal, inclusive no que tange à adequação da disciplina típica; (iii) sendo negativo o resultado da subsunção ou não havendo correspondência de sentido, conclui-se que o contrato concreto se qualifica como legalmente atípico, campo no qual é o pensamento tipológico que norteia a análise necessária à determinação do regime jurídico aplicável.

Por se mostrar mais útil à determinação do regime jurídico aplicável, os contratos legalmente atípicos foram classificados em três grupos, conforme a sua estrutura: (i) contratos atípicos mistos de tipo modificado, em que há um tipo contratual de referência modificado por meio de um pacto de adaptação; (ii) contratos atípicos mistos de tipo múltiplo, em que se combinam prestações de mais de um tipo contratual; e (iii) contratos atípicos puros, em que o contrato é inteiramente novo, distinto dos tipos contratuais já existentes.

Os contratos atípicos mistos diferenciam-se dos contratos coligados por serem contratos unitários, com causa única, enquanto que o fenômeno da coligação pressupõe a existência de uma pluralidade de contratos relacionados entre si por um vínculo de dependência. Para diferenciar a unidade da pluralidade contratual, a doutrina indica, como principais critérios, os limites dos tipos contratuais de referência, a participação de diversos centros de interesse e a unidade ou diversidade instrumental, temporal e de contratprestação.

Passando para a análise do contrato de *engineering, procurement and construction* (EPC), identificou-se a necessidade de compreender o contexto econômico no qual se insere, motivo pelo qual se procedeu ao estudo da indústria da construção. Com relação aos agentes que atuam nesse setor, identificaram-se cinco figuras principais: (i) o dono da obra; (ii) o projetista; (iii) o construtor; (iv) os subcontratados; e (v) o financiador externo. Para organizar as atividades desses agentes com vistas à execução de um determinado empreendimento, descreveram-se os principais modelos de operação econômica utilizados, tanto sob a perspectiva do escopo, quanto da modalidade de remuneração.

Os modelos de escopo foram classificados em três grandes grupos: (i) *General Contracting* ou *Design, Bid and Build* (DBB), que é considerado o modelo tradicional da construção civil e tem como principal característica a separação entre as figuras do projetista e do construtor, cabendo a este a responsabilidade por realizar as atividades de construção necessárias à execução dos projetos que lhe são entregues pelo dono da obra; (ii) *Design and Build* (DB), cuja principal característica é unificar os papéis do projetista e do construtor, concentrando as responsabilidades pelos projetos básicos de concepção da obra e pela sua execução na pessoa do contratado, de modo a criar um centro único de imputação de responsabilidade (*single point responsibility*); e (iii) *Construction Managemet* (CM), em que o escopo do contratado consiste em executar a obra por meio da administração dos fornecedores e prestadores de serviço diretamente pagos e contratados pelo dono da obra. Viu-se ainda, sob uma perspectiva mais ampla, a operação de *project finance*, cuja viabilidade depende de se mitigarem, na maior medida possível, os riscos que possam comprometer a capacidade de geração de receita do empreendimento. Foi justamente no contexto do *project finance* que se desenvolveu o contrato de EPC como mecanismo de mitigação dos riscos associados à construção do empreendimento, riscos esses que são acentuadamente transferidos ao epecista.

As modalidades de remuneração do construtor pelo cumprimento de seu escopo foram assim classificadas, sem prejuízo de, na prática, poderem ser combinadas entre si: (i) preço fixo unitário, em que as partes pactuam previamente um conjunto de preços por unidade para cada um dos itens que integram a planilha de quantitativos da obra.; (ii) preço fixo global, em que as partes pactuam previamente um preço único que engloba a totalidade do escopo contratado; e (iii) reembolso de custos, em que o construtor recebe do dono da obra o reembolso dos custos incorridos com a realização de seu escopo, acrescido de uma taxa que consiste em sua remuneração propriamente dita.

Com base nos modelos de operação econômica praticados pela indústria da construção, analisaram-se as espécies de contratos de construção previstas na legislação brasileira. Com relação ao contrato de empreitada, previsto tanto no Código Civil de 2002, quanto na Lei do Condomínio e Incorporações (Lei nº 4.591/1964) e na legislação aplicável à Administração Pública (Lei nº 8.666/1993, Decreto nº 2.745/1998, Lei nº 12.462/2011 e Lei nº 13.303/2016), chegou-se à conclusão de que sua estrutura jurídica está vinculada às operações econômicas no modelo DBB, não cabendo ao empreiteiro a responsabilidade pelos projetos básicos da obra que se obriga a executar. Foi apenas com o regime de contratação integrada, pevisto na legislação aplicável à Administração Pública, que se criou uma figura contratual específica para estruturar juridicamente as operações econômicas no modelo DB, comportanto a concentração, no contratado, das responsabilidades pelos projetos básicos da obra e por sua execução (*single point responsibility*). Viu-se, por fim, que o contrato de construção por administração previsto na Lei do Condomínio e Incorporações (Lei nº 4.591/1964) oferece a estrutura jurídica para operações econômicas no modelo CM. Seu âmbito, porém, é restrito à construção de edificações em condomínio contratada pela coletividade dos adquirentes das unidades autônomas.

Sobre o histórico do contrato de EPC, sua origem é anglo-saxã e o seu desenvolvimento foi impulsionado na década de 80, principalmente no contexto das operações de *project finance*. No Brasil, foi na década de 90 que a sua utilização encontrou espaço para crescimento. Trata-se do período em que teve início um processo de desestatização e aumento da participação privada na execução de grandes empreendimentos de infraestrutura, inclusive por meio de operações de *project finance* junto a órgãos internacionais de financiamento.

O contrato de EPC inclui-se entre os contratos destinados a estruturar juridicamente operações econômicas no modelo DB. Apresenta como características distintivas a extensão do escopo e a estrutura de alocação de riscos fortemente concentrada no epecista. Assim é que o epecista assume executar um empreendimento na totalidade de suas fases de implantação, entregando-o ao dono da obra em condições de pronta operação. Seu escopo, portanto, compreende todas as fases de desenvolvimento dos projetos, sobretudo a responsabilidade pela concepção da obra nos projetos básicos; a construção das obras civis; o fornecimento de mão de obra, materiais e equipamentos; a montagem e o comissionamento desses equipamentos; eventual treinamento da mão de obra do contratante; e, em alguns casos, até mesmo a operação assistida do empreendimento. Além do *single point responsibility* resultante da extensão de seu escopo, o epecista também assume uma grande quantidade de riscos, visando a garantir ao dono da obra a certeza do prazo de entrega, do preço final e do desempenho do empreendimento. Como contrapartida, o epecista recebe o pagamento de um preço global, cujas hipóteses de revisão costumam ser significativamente restritas em função da certeza exigida pelo dono da obra quanto ao custo final do empreendimento. Pelo mesmo motivo, são igualmente restritas as hipóteses que conferem ao epecista o direito à extensão do prazo de entrega do empreendimento, visto que semelhante prorrogação pode colocar em xeque o retorno financeiro planejado pelo dono da obra e, como consequência, também a totalidade da operação de financiamento. Em contrapartida, o preço global tende a apresentar valor mais elevado em comparação com outras modalidades de contratação, na medida em que o epecista precisa incorporar valores de contingência para absorver a maior quantidade de riscos que assume.

Com o objetivo de facilitar a prática das contratações, bem como de reduzir os custos de transação envolvidos tanto na elaboração quanto na negociação de extensos e complexos contratos, associações de classe e entidades internacionais passaram a publicar contratos padrão para os mais diversos modelos de operação realizados pela indústria da construção. Denominados *standard contracts*, costumam ser apresentados como expressão das melhores práticas no setor e pretendem prover as partes com uma regulação autossuficiente, que minimize a necessidade de recurso às legislações nacionais e os consequentes riscos resultantes da insegurança jurídica criada (*self-contained contracts*).

Para o contrato de EPC, a *Fédération Internationale des Ingénieurs-Conseils* (FIDIC) criou as *Conditions of Contract for EPC/Turnkey Projects* (*Silver Book*). Trata-se de contrato padrão criado sobretudo em decorrência da demanda gerada pelo crescimento das operações de *project finance*, de modo que sua estrutura foi declaradamente concebida para concentrar grande parte dos riscos no epecista, oferecendo ao dono da obra e ao agente financiador a certeza do prazo de conclusão e do preço final a ser pago. A despeito das críticas que recaem sobre o desequilíbrio na alocação de riscos, o *Silver Book* permanece amplamente reconhecido na indústria da construção como o modelo paradigmático do contrato de EPC.

A propósito da qualificação jurídica do contrato de EPC, cuidou-se, primeiramente, de verificar se a pluralidade de prestações a cargo do epecista não configuraria hipótese de coligação contratual. Sobretudo em razão da unidade econômica que perfaz o contrato de EPC, concluiu-se pela existência de contrato único. Essa conclusão foi corroborada pelos demais critérios indicados na doutrina para a diferenciação entre unidade e pluralidade contratual, quais sejam: unidade de contraprestação, compatibilidade com seu respectivo tipo social, existência de apenas dois centros de interesses (epecista e dono da obra), compatibilidade temporal e, via de regra, unidade instrumental.

Antes de realizar o cotejo do contrato de EPC com os tipos contratuais legais dos quais se aproxima no direito brasileiro, foram identificadas as suas características distintivas, ou seja, os denominados índices do tipo. Com relação à causa, entendida como função econômica, verificou-se que o interesse cuja realização as partes buscam por meio do contrato de EPC consiste em atribuir ao epecista a execução de um empreendimento em sua totalidade, desde sua concepção nos projetos básicos até sua colocação em funcionamento, prevendo-se para tanto uma estrutura de alocação de riscos fortemente concentrada no epecista (*single point responsibility*) e que garanta o interesse do dono da obra em obter um elevado grau de certeza quanto ao preço, ao prazo de entrega e à qualidade do empreendimento. Outras características distintivas do contrato de EPC são o conteúdo das prestações do epecista e da contraprestação devida pelo dono da obra. Com relação ao primeiro, as prestações do epecista caracterizam-se pela sua ampla extensão, visto que contemplam atividades inerentes a todas as etapas de implantação de um empreendimento até sua entrega em condições de operação e com o desempenho esperado. A contraprestação do dono da obra, por sua vez, configura-se como um preço fixo global, que, de um lado, atende à necessidade de certeza do dono da obra e, de outro, apresenta valor tendencialmente mais elevado do que o cobrado em outros modelos de contratação, de forma a compensar a quantidade maior de riscos transferidos ao epecista.

À luz do procedimento estudado para o juízo de qualificação e dos índices do tipo que caracterizam o contrato de EPC, procedeu-se ao seu cotejo em face dos tipos contratuais legais dos quais se aproxima no direito brasileiro. Comparado com os contratos de compra e venda, mandato, prestação de serviços, construção por administração e empreitada, concluiu-se que a função econômica do contrato de EPC, bem como o conteúdo das prestações do epecista e da contraprestação do dono da obra inviabilizam sua qualificação sob os limites de qualquer um desses tipos contratuais legais.

No que tange ao contrato de empreitada, retomou-se sua vinculação às operações econômicas no modelo tradicional do DBB, em que o empreiteiro não assume responsabilidade pelos projetos básicos da obra. O contrato de EPC, por outro lado, distingue-se justamente por estruturar operações no modelo DB, em que o epecista cumula em si as figuras do projetista e do construtor, dando origem ao indispensável *single point responsibility*. Reflexo dessa diferença na operação econômica é a diferença no conteúdo das prestações, na medida em que o escopo do epecista compreende, além de todas as atividades executivas do empreiteiro, também a responsabilidade pelos projetos básicos da obra. Ainda que se questionasse o preenchimento dos elementos essenciais do contrato de empreitada pelo contrato de EPC, é justamente essa falta de correspondência de sentido que faz este se situar fora dos limites daquele. O contrato de EPC, portanto, caracteriza-se por uma unidade própria que excede os limites do tipo contratual da empreitada e justifica a sua exclusão do âmbito de incidência do referido tipo contratual.

Com relação à figura da contratação integrada prevista na legislação aplicável à Administração Pública, vislumbrou-se correspondência entre a sua definição e as características do contrato de EPC. Ocorre, todavia, que a contratação integrada é apenas enunciada pela legislação. Não havendo normas que regulem os aspectos da relação entre as partes, a contratação integrada não se configura como um tipo contratual legal.

Diante da impossibilidade de reconduzir o contrato de EPC a qualquer um dos tipos contratuais legais, conclui-se pela sua qualificação como contrato legalmente atípico.

Examinando o modo de determinação do regime jurídico aplicável aos contratos atípicos, viu-se que seu conteúdo contempla: (i) o conteúdo global do contrato, resultante do processo interpretativo em seus momentos meramente recognitivo e complementar; e (ii) o conteúdo da regulação contratual objetiva, determinado por meio do processo de integração de normas originadas de fontes extranegociais, que incluem tanto normas cogentes como normas destinadas a colmatar eventuais lacunas do conteúdo global do contrato.

A doutrina identifica diversos métodos para determinar as normas que integrarão a regulação contratual objetiva dos contratos atípicos, sendo os principais métodos a absorção, a combinação, a analogia e a criação. Esses métodos relacionam-se de maneira complementar, não sendo possível cogitar de uma ordem de prevalência predeterminada. A escolha do método mais adequado dependerá das características do caso concreto, para o que é particularmente útil a classificação dos contratos atípicos conforme a sua estrutura. Além disso, frisou-se que, em qualquer desses métodos, as normas dos tipos contratuais legais de referência serão sempre aplicadas de modo indireto, por meio de analogia. Será imprescindível, por isso, demonstrar a existência de relação de identidade entre os pontos juridicamente relevantes (*ratio legis*) do caso concreto e da norma legalmente típica. Apenas assim será justificada a criação, para o primeiro, de uma norma análoga à que regula o segundo.

Considerando que a regulação contratual objetiva contempla normas originadas de fontes extranegociais, cuidou-se de estudar a relação entre essas fontes, quais sejam: a fonte legal, os usos em função normativa e o princípio da boa-fé objetiva. Identifica-se relação de hierarquia apenas com relação às normas legais de caráter cogente, que se impõem inclusive sobre eventuais normas em contrário pactuadas pelas partes. Para as normas destinadas a colmatar lacunas do conteúdo global do contrato, não há uma ordem hierárquica entre as respectivas fontes extranegociais, nem critério predeterminado de preferência. Diante da possibilidade de haver mais de uma norma possível de ser utilizada para colmatar uma lacuna, é preciso primeiro verificar se elas de fato regulam a mesma situação. Em caso de coincidência, haverá um concurso aparente de normas, cuja resolução deverá seguir os três critérios gerais tradicionalmente enunciados pela doutrina para a solução de antinomias: critério cronológico (*lex posterior derogat priori*), critério hierárquico (*lex superior derogat inferiori*) e critério da especialidade (*lex specialis derogat generali*). Em grande parte das situações, o critério da especialidade terá papel decisivo. É o caso, por exemplo, da escolha da norma do respectivo tipo social quando se tratar de contratos qualificados como socialmente típicos.

A respeito da determinação do regime jurídico aplicável ao contrato de EPC, expôs-se inicialmente o panorama da doutrina brasileira que trata do assunto, sobretudo no que tange à controvérsia envolvendo a aplicação analógica das regras do tipo contratual da empreitada. Passando à posição defendida no presente trabalho, destacou-se primeiramente a natureza cogente do artigo 618 do Código Civil de 2002. Trata-se de norma de ordem pública, cujo âmbito subjetivo de aplicação abrange todos os construtores e não apenas o empreiteiro. A respeito de seu âmbito objetivo, explicou-se que a responsabilidade quinquenal recai sobre a solidez e segurança das obras civis de engenharia, as quais, não sendo edifícios, precisam ser construções de grande porte. Disso decorre que não são todas as prestações do epecista que estão abrangidas pela norma do referido artigo 618. É o caso, por exemplo, dos equipamentos fornecidos pelo epecista, que permanecerão submetidos às normas de garantia convencionadas entre as partes e à disciplina geral da lei sobre vícios redibitórios. No que tange ao conteúdo contratual global, recordou-se que a elaboração do contrato de EPC costuma ser norteada pela pretensão de autossuficiência ("contrato *self-contained*"), minimizando-se os riscos de eventuais lacunas. Caso, porém, seja identificada alguma lacuna, será preciso colmatá-la por meio do procedimento de integração, em que a norma aplicável será obtida a partir de uma das fontes extranegociais já mencionadas. Considerando que o contrato de EPC qualifica-se como socialmente típico, é fundamental verificar as normas do respectivo tipo social, cuja fonte corresponde aos usos em função normativa. Embora a análise dependa sempre da correspondência com as particularidades do caso concreto, é bastante provável que a norma específica para colmatar a lacuna seja extraída do tipo social. Os dois principais substratos que podem auxiliar na identificação dessas práticas negociais consolidadas são a doutrina e o já mencionado *Silver Book*, que goza de amplo reconhecimento social como o modelo paradigmático do contrato de EPC. A aplicação analógica das normas dos tipos contratuais previstos no Código Civil, sobretudo do tipo contratual da empreitada, deve ser subsidiária e condicionada a dois pressupostos: (i) efetiva possibilidade de aplicação analógica, demonstrando-se a identidade entre os pontos juridicamente relevantes; e (ii) havendo concurso de normas, a sua escolha ser o resultado da aplicação dos critérios de resolução de antinomias. Entendeu-se correto, por isso, o Enunciado nº 34 da I Jornada de Direito Comercial do Centro de Estudos Judiciários do Conselho de Justiça Federal.

Por derradeiro, enfrentou-se diretamente a controvérsia prática relativa à possibilidade de aplicação analógica das normas do tipo contratual da empreitada previsto no Código Civil de 2002. À luz das características que individualidam o contrato de EPC, sobretudo sua função econômica, o conteúdo das prestações do epecista e o conteúdo da contraprestação do dono da obra, concluiu-se pela inadequação da maior parte das normas do tipo contratual legal da empreitada. Sustentou-se, em particular, a incompatibilidade dos artigos 610, 612, 613, 614, 619, 620, 622 do Código Civil de 2002. Com relação ao artigo 625 do mesmo diploma, frisou-se que a aplicação analógica das hipóteses de suspensão previstas em seus incisos depende da demonstração de efetiva compatibilidade com a alocação de riscos concretamente pactuada pelas partes, a qual deverá ser analisada sob uma perspectiva restritiva, dada a concentração de riscos característica do contrato de EPC.

REFERÊNCIAS

ALPA, Guido. Engineering: Problemi de Qualificazione e di Distribuzione del Rischio Contrattuale. In: VERRUCOLI, Piero. **Nuovi Tipi Contrattuali e Tecniche di Redazione nella Pratica Commerciale**: Profili Comparatistici. Milano: Giuffrè, 1978, pp. 332-352.

___. I Contratti di Engineering. In: RESCIGNO, Pietro (org.). **Trattato di Diritto Privato**. Torino: UTET, 1984, v. 11, t. III, cap. IV.

ALVES, José Carlos Moreira. **Direito romano**, 14ª ed. rev., corig. e aum. Rio de Janeiro: Forense, 2010.

ANTUNES VARELA, João de Matos. **Das obrigações em geral**, v. I, 6ª ed. rev. e actual. Coimbra: Almedina, 1989.

___. **Centros comerciais (shopping centers)**: natureza jurídica dos contratos de instalação dos lojistas. Coimbra: Coimbra, 1995.

ASCARELLI, Tullio. **Studi in tema di contratti**. Milano: Giuffrè, 1952, cap. II, Contratto misto, negozio indiretto, "negotium mixtum cum donatione", pp. 79-93.

ASHWORTH, Allan. **Contractual procedures in the construction industry**, 6th ed. Harlow: Pearson, 2012.

ASSOCIAÇÃO BRASILEIRA DE NORMAS TÉCNICAS. **NBR 5671**: Participação dos intervenientes em serviços e obras de engenharia e arquitetura. Rio de Janeiro, 1990, incorpora errata de mai. 1991.

___. **NBR 13531**: Elaboração de projetos de edificações – Atividades técnicas. Rio de Janeiro, 1995.

___. **NBR 13532**: Elaboração de projetos de edificações – Arquitetura. Rio de Janeiro, 1995

AZEVEDO, Álvaro Villaça. **Contratos inominados ou atípicos e negócio fiduciário**, 3ª ed. Belém: Cejup, 1988.

___. **Teoria Geral dos Contratos Típicos e Atípicos**: Curso de Direito Civil, 3ª ed. São Paulo: Atlas, 2009.

AZEVEDO, Antônio Junqueira de. **Negócio jurídico e declaração negocial**: noções gerais e formação da declaração negocial. São Paulo: Faculdade de Direito, Universidade de São Paulo, 1986, Tese de Titularidade.

___. **Negócio jurídico**: existência, validade e eficácia, 4ª ed., atual. São Paulo: Saraiva, 2002.

___. **Novos estudos e pareceres de direito privado**. São Paulo: Saraiva, 2009.

BAKER, Ellis; LAVERS, Anthony P.; MAJOR, Rebecca. A new FIDIC Rainbow: Red, Yellow and Silver. **White & Case**, [S.l.], 5 dez. 2017. Disponível em: <https://www.whitecase.com/publications/alert/new-fidic-rainbow-red-yellow-and-silver>. Acesso em 10 dez. 2017.

BAPTISTA, Luiz Olavo. Contratos da engenharia e construção. In: Id. (org.). **Construção civil e direito**. São Paulo: Lex, 2011, cap. I.

BETTI, Emilio. **Teoria generale del negozio giuridico**. Napoli: Edizione Scientifiche Italiane, 2002.

BLACK, Michael. **Design Risk in Construction Contracts**. [S.l.]: Society of Construction Law, 2005.

BOBBIO, Norberto. **Teoria do ordenamento jurídico**, trad. Cláudio de Cicco e Maria Celeste C. J. São Paulo: Polis, 1989.

BORDA, Daniel Siqueira. Regimes de execução indireta de obras e serviços para empresas. In: JUSTEN FILHO, Marçal (org.). **Estatuto jurídico das empresas estatais**: Lei 13.303/2016 – "Lei das Estatais". São Paulo: Revista dos Tribunais, 2016, pp. 367-399.

BORGIA, Rossella Cavallo. **Il contratto di Engineering**. Padova: Cedam, 1992.

BRASIL. Congresso. Câmara dos Deputados. Projeto de Lei nº 634, de 1975. Mensagem do Poder Executivo nº 160, de 1975. Exposição de Motivos. **Diário do Congresso Nacional, Brasília**, 13 jun. 1975, Seção I, Suplemento B ao n. 61, pp. 1-125.

BRASIL. Congresso. Câmara dos Deputados. Parecer do Relator, pela Comissão Mista, à Medida Provisória nº 527, de 2011, e às Emendas a ela apresentadas (Projeto de Lei de Conversão). Relator Deputado José Guimarães. Brasília, 15 jun. 2011.

BRASIL. Congresso. Câmara dos Deputados. Avulso do Projeto de Lei nº 4.918, de 2016. Justificação do Deputado Marco Maia ao Projeto de Lei nº 397, de 2015, apenso ao Projeto de Lei nº 4.918, de 2016. Brasília, 2016.

BRASIL. Congresso. Senado Federal. Parecer nº 662, de 2011-PLEN. Parecer do Relator-Revisor Senador Inácio Arruda sobre o Projeto de Lei de Conversão nº 17, de 2011, proveniente da Medida Provisória nº 527, de 18 de março de 2011. Brasília, 5 jul. 2011.

BRASIL. Supremo Tribunal Federal. Ação Direta de Inconstitucionalidade nº 4.645. Relator Ministro Luiz Fux. Brasília, ajuizada em 28 ago. 2011.

BRASIL. Supremo Tribunal Federal. Ação Direta de Inconstitucionalidade nº 4.655. Relator Ministro Luiz Fux. Brasília, ajuizada em 9 set. 2011.

BRECCIA, Umberto. Le nozioni di "tipico" e "atipico". **Quaderni di Giurisprudenza commerciale**, Milano, v. 53, pp. 3-17, 1983. Tipicità e atipicità nei contratti.

BUNNI, Nael G. **The FIDIC Forms of Contract**: the fourth edition of the Red Book, 1992, the 1996 Supplement, the 1999 Red Book, the 1999 Yellow Book, the 1999 Silver Book, 3rd ed. Oxford: Blackwell, 2005.

CAPPER, Phillip; GENTON, Pierre M.; VERMEILLE, François. **Report on the new FIDIC Conditions of Contract for EPC Turnkey Projects**: test edition 1998 ("Silver Book"). [S.l.: s.n.], mai. 1999.

CARMO, Lie Uema do. **Contratos de Construção de Grandes Obras**. São Paulo: Faculdade de Direito, Universidade de São Paulo, 2012, Tese de Doutorado em Direito Comercial.

CHAPPELL, David et al. **Building contract dictionary**, 3rd ed. Oxford: Blackwell Science, 2001.

CHAPPELL, David et al. **Building law encyclopedia**. Chichester: Wiley-Blackwell, 2009.

CIOCCHI, Luiz. O que é quantity surveyor? Téchne, [S.l.], n. 72, mar. 2003. Disponível em: <http://techne.pini.com.br/engenharia-civil/72/artigo287257-1.aspx>. Acesso em 23 abr. 2017.

CLOUGH, Richard H.; SEARS, Glenn A.; SEARS, S. Keoki. **Construction contracting**: a practical guide to company management, 7th ed. Hoboken: John Wiley & Sons, 2005

CLOUGH, Richard H.; SEARS, Glenn A.; SEARS, S. Keoki; SEGNER, Robert O.; ROUNDS, Jerald L. **Construction contracting**: a practical guide to company management, 8th ed. Hoboken: John Wiley & Sons, 2015.

CMS CAMERON MCKENNA NABARRO OLSWANG. **CMS guide to the FIDIC 2017 suite**. London, 2017.

COMPARATO, Fábio Konder. Obrigações de meios, de resultado e de garantia. **Doutrinas essenciais de responsabilidade civil**, [S.l.], v. 5, out. 2011, pp. 333-348.

CORBETT, Edward. **Delivering Infrastructure: International Best Practice – FIDIC's 1999 Rainbow**: Best Practice? [S.l.]: Society of Construction Law, 2002.

COSTANZA, Maria. **Il contratto atipico**. Milano: Giuffrè, 1981.

___. Il contratto atipico. **Quaderni di Giurisprudenza commerciale**, Milano, v. 53, pp. 39-46, 1983. Tipicità e atipicità nei contratti.

D'ANGELO, Andrea. **Contratto e operazione economica**. Torino: G. Giappichelli, 1992.

DE NOVA, Giorgio. **Il tipo contrattuale**. Padova: CEDAM, 1974.

___. Il tipo contrattuale. **Quaderni di Giurisprudenza commerciale**, Milano, v. 53, pp. 29-37, 1983. Tipicità e atipicità nei contratti.

___. **Il contratto alieno**, 2ª ed. Torino: G. Giappichelli, 2010.

DI PIETRO, Maria Sylvia Zanella. **Direito administrativo**, 27ª ed. São Paulo: Atlas, 2014.

DUARTE, Rui Pinto. **Tipicidade e Atipicidade dos Contratos**. Coimbra: Almedina, 2000.

ENEI, José Virgílio Lopes. **Financiamento de projetos**: aspectos jurídicos do financiamento com foco em empreendimentos. São Paulo: Faculdade de Direito, Universidade de São Paulo, 2005, Dissertação de Mestrado em Direito Comercial.

ENGISCH, Karl. **A introdução do pensamento jurídico**, 11ª ed., trad. João Baptista Machado. Lisboa: Calouste Gulbenkian, 2014.

___. **La idea de concreción en el derecho y en la ciencia jurídica actuales**, trad. Juan José Gil Cremades. Granada: Comares, 2004.

FÉDÉRATION INTERNATIONALE DES INGÉNIEURS-CONSEILS. **Conditions of contract for design-build and turnkey**, 1st ed. [S.l.], 1995.

___. **Conditions of contract for construction**: for building and engineering works designed by the employer, 1st ed. [S.l.], 1999.

___. **Conditions of contract for construction**: for building and engineering works designed by the employer, 2nd ed. Geneva, 2017.

___. **Conditions of contract for EPC/turnkey projects**, 1st ed. [S.l.], 1999.

___. **Conditions of contract for EPC/turnkey projects**, 2nd ed. Geneva, 2017.

FERRAZ JUNIOR, Tercio Sampaio. **Introdução ao estudo do direito**: técnica, decisão, dominação, 6ª ed. São Paulo: Atlas, 2010.

FERRI, Giovanni B. **Causa e tipo nella teoria del negozio giuridico**. Milano: Giuffrè, 1966.

GIL, Fabio Coutinho de Alcântara. **A Onerosidade Excessiva em Contratos de Engineering**. São Paulo: Faculdade de Direito, Universidade de São Paulo, 2007, Tese de Doutorado em Direito Comercial.

GODWIN, William. **International construction contracts**: a handbook with commentary on the FIDIC design-build forms. Chichester: Wiley-Blackwell, 2013.

GOMES, Elena de Carvalho. Il contratto di *engineering* e la sua qualificazione alla luce del diritto brasiliano. In: CAPRARA, Andrea; TESCARO, Mauro. **Studi sul c.d. contratto di *engineering***. Napoli: Edizione Scientifiche Italiane, 2016, pp. 114-128.

GOMES, Orlando. **Contratos**, 26ª ed., rev., atual. e ampl. Rio de Janeiro: Forense, 2007.

GÓMEZ, Luiz Alberto; COELHO, Christianne C. S. Reinisch; DUCLÓS FILHO, Elo Ortiz; XAVIER, Sayonara Mariluza Tapparo. **Contratos EPC Turnkey**. Florianópolis: Visual Books, 2006.

HINZE, Jimmie. **Construction contracts**, 2nd ed. New York: McGraw-Hill, 2001.

HOSIE, Jonathan. **Turnkey Contracting under the FIDIC Silver Book**: What do Owners Want? What do They Get? [S.l.]: Society of Construction Law, 2007.

ITALIA. **Codice civile del Regno d'Italia**: corredato della relazione del Ministro Guardasigilli fatta a S. M. in udienza del 25 giugno 1865. Torino: Tipografia Eredi Botta; Firenze: Tipografia Reale, 1865, pp. 197-198. Disponível em: <https://books.google.it/books?id=QBgVAAAAQAAJ&hl=pt-BR&pg=PP2#v=onepage&q&f=false>. Acesso em 15 nov. 2017.

JOINT CONTRACTS TRIBUNAL. **Deciding on the appropriate JCT contract 2016**. London: Sweet & Maxwell, 2017.

___. **Standard Building Contract with Quantities 2016 (SBC/Q 2016)**. London: Sweet & Maxwell, 2016.

JORNADA DE DIREITO COMERCIAL, 1ª, 2012, Brasília. **Enunciados aprovados e conferências proferidas**. Brasília: Conselho da Justiça Federal, Centro de Estudos Judiciários, 2013. Disponível em: <http://www.cjf.jus.br/cjf/corregedoria-da-justica-federal/centro-de-estudos-judiciarios-1/publicacoes-1/jornadas-de-direito-comercial/livreto-i-jornada-de-direito-comercial.pdf>. Acesso em 19 out. 2017.

JUSTEN FILHO, Marçal. **Comentários à lei de licitações e contratos administrativos**, 17ª ed., rev., atual. e ampl. São Paulo: Revista dos Tribunais, 2016.

KELLEY, Gail S. **Construction law**: an introduction for engineers, architects, and contractors. Hoboken: John Wiley & Sons, 2013.

KLEE, Lukas. **International construction contract law**. Chichester: John Wiley & Sons, 2015.

LAPERTOSA, Flavio. **L'engineering**. Milano: Giuffrè, 1993.

LARCHER, Marcello; OLIVEIRA, José Carlos. Oposição diz temer mais corrupção; governo garante lisura das novas regras. **Agência Câmara Notícias**, Brasília, 16 jun. 2011. Disponível em: <http://www2.camara.leg.br/camaranoticias/noticias/ADMINISTRACAO-PUBLICA/198799-OPOSICAO-DIZ-TEMER-MAIS-CORRUPCAO-GOVERNO-GARANTE-LISURA-DAS-NOVAS-REGRAS.html>. Acesso em 22 jun. 2017.

LARENZ, Karl. **Derecho de obligaciones**, t. II, trad. por Jaime Santos Briz. Madrid: Revista de Derecho Privado, 1959.

___. **Metodologia da Ciência do Direito**, trad. José Lamego, 7ª ed. Lisboa: Calouste Gulbenkian, 2014.

LORENZETTI, Ricardo Luis. **Tratado de los contratos**, t. II. Buenos Aires: Rubinzal-Culzoni, 2000.

MARCONDES, Fernando. Contratos de construção por administração com preço máximo garantido: a lógica econômica e a apuração dos resultados. In: Id. (org.). **Temas de direito da construção**. São Paulo: Pini, 2015, pp. 11-30.

MARIGHETTO, Andrea. Il contratto di *engineering* e la sua disciplina nel sistema giuridico brasiliano. In: CAPRARA, Andrea; TESCARO, Mauro. **Studi sul c.d. contratto di *engineering***. Napoli: Edizione Scientifiche Italiane, 2016, pp. 129-155.

MARINANGELO, Rafael; KLEE, Lukáš. **Recomendações FIDIC para orientação de contratos e obras**: International Federation of Consulting Engineers. São Paulo: Pini, 2014.

MARINELLI, Fabrizio. **Il tipo e l'appalto**. Padova: CEDAM, 1996.

MARINO, Francisco Paulo De Crescenzo. Classificação dos contratos. In: PEREIRA JÚNIOR, Antonio; HÁBUR, Gilberto Haddad (coord.). **Direito dos contratos**. São Paulo: Quartier Latin, 2006, pp. 21-50.

___. **Contratos coligados no Direito Brasileiro**. São Paulo: Saraiva, 2009.

___. **Interpretação do negócio jurídico**. São Paulo: Saraiva, 2011.

MARQUES NETO, Floriano de Azevedo. Contratos de Construção do Poder Público. In: BAPTISTA, Luiz Olavo (org.). **Construção civil e direito**. São Paulo: Lex, 2011, cap. II.

MESQUITA, Marcelo Alencar Botelho de. **Contratos chave na mão (*Turnkey*) e EPC (*Engineering, Procurement and Construction*)**: conteúdo e qualificações. Florianópolis: Faculdade de Direito da Universidade Federal de Santa Catarina, 2017, Dissertação de Mestrado.

MURDOCH, John; HUGHES, Will. **Construction contracts**: law and management, 3rd ed. London: Spon, 2000.

OSINSKI, Corina. **Delivering Infrastructure: International Best Practice – FIDIC Contracts:** A Contrtactor's View. [S.l.]: Society of Construction Law, 2002.

PAIVA, Alfredo de Almeida. **Aspectos do Contrato de Empreitada**, 2ª ed., rev. Rio de Janeiro: Forense, 1997.

PEREIRA, Caio Mário da Silva. **Condomínio e incorporações**, 10ª ed., atual. Rio de Janeiro: Forense, 1997.

___. **Instituições de Direito Civil**, v. III – Contratos, 16ª ed., rev. e atual. Rio de Janeiro: Forense, 2012.

PETERSON, Jason H. The Big-Dig disaster: was design-build the answer? **Suffolk University Law Review**. Boston, v. 40, n. 4, pp. 909-930, 2007.

PETRÓLEO BRASILEIRO S.A. – PETROBRÁS. Entenda nossas contratações por licitação simplificada. **Blog Fatos e Dados**, [S.l.], 30 mai. 2014. Disponível em: <http://www.petrobras.com.br/fatos-e-dados/entenda-nossas-contratacoes-por-licitacao-simplificada.htm>. Acesso em 13 jul. 2017.

PETULLÀ, Francesca. L'engineering. In: FRANCHINI, Claudio (org.). **Trattato dei contratti**. Torino: UTET, 2006, v. 8, I conttratti con la pubblica amministrazione, 2ª ed., t. II, capitolo ventunesimo.

PINTO, José Emilio Nunes. O Contrato de EPC para Construção de Grandes Obras de Engenharia e o Novo Código Civil. **Jus Navigandi**, Teresina, ano 7, n. 55, 1 mar. 2002. Disponível em: <http://jus.com.br/artigos/2806>. Acesso em 10 out. 2017.

PONTES DE MIRANDA, Francisco Cavalcanti. **Tratado de direito privado**, t. III, Negócios jurídicos. Representação. Conteúdo. Forma. Prova. Atual. por

Marcos Bernardes de Mello e Marcos Ehrhardt Jr. São Paulo: Revista dos Tribunais, 2012.

___. **Tratado de direito privado**, t. XLIV, Direito das obrigações. Atual. por Claudia Lima Marques e Bruno Miragem. São Paulo: Revista dos Tribunais, 2013.

REALE, Miguel. Anteprojeto do Código Civil. **Revista de informação legislativa**, Brasília, v. 9, n. 35, jul./set. 1972, pp. 3-24. Disponível em: <http://www2.senado.leg.br/bdsf/handle/id/180616>. Acesso em 13 ago. 2017.

___. **Lições preliminares de Direito**, 27ª ed. São Paulo: Saraiva, 2002.

REDAÇÃO DA AGÊNCIA SENADO. Ana Amélia propõe debate do RDC com autor da Lei de Licitações. **Agência Senado**, Brasília, 5 jul. 2011. Disponível em: <http://www12.senado.leg.br/noticias/materias/2011/07/05/ana-amelia-propoe-debate-do-rdc-com-autor-da-lei-de-licitacoes>. Acesso em 22 jun. 2017.

___. RDC: Contratação integrada e remuneração variável provocam polêmicas. **Agência Senado**, Brasília, 5 jul. 2011. Disponível em: <http://www12.senado.leg.br/noticias/materias/2011/07/06/rdc-contratacao-integrada-e-remuneracao-variavel-provocam-polemicas>. Acesso em 22 jun. 2017.

___. Lúcia Vânia critica subjetividade do RDC. **Agência Senado**, Brasília, 6 jul. 2011. Disponível em: <http://www12.senado.leg.br/noticias/materias/2011/07/06/lucia-vania-critica-subjetividade-do-rdc>. Acesso em 22 jun. 2017.

___. Oposição entra com ações no STF contra duas MPs. **Agência Senado**, Brasília, 26 ago. 2011. Disponível em: <http://www12.senado.leg.br/noticias/materias/2011/08/26/oposicao-entra-com-acoes-no-stf-contra-duas-mps>. Acesso em 22 jun. 2017.

RODOTÀ, Stefano. **Le fonti di integrazione del contratto**. Milano: Giuffrè, 1970.

ROPPO, Vincenzo. **Il contratto**, 2ª ed. Milano: Giuffrè, 2011.

RUBINO, Domenico; IUDICA, Giovanni. Dell'appalto: art. 1655-1677, 4ª ed. In: GALGANO, Francesco (org.). **Commentario del Codice Civile Scialoja-Branca**. Bologna: Zanichelli, 2007, libro IV, Delle obbligazioni.

SARRA DE DEUS, Adriana Regina. Responsabilidade civil dos empreiteiros e construtores. **Revista de Direito Privado**, São Paulo, v. 79, jul. 2017, pp. 101-130.

SBISÀ, Giuseppe. Contratti innominati: riconoscimento e disciplina delle prestazioni. **Quaderni di Giurisprudenza commerciale**, Milano, v. 53, pp. 117-122, 1983. Tipicità e atipicità nei contratti.

SCHNEIDER, Eckart; SPIEGL, Markus. Dealing with Geological Risk in BOT Contracts: Proposal for a Supplementary Module to the Standard FIDIC EPC Turnkey Contract, Allowing its Application to Major Sub-surface Works and Stimulating International Competitive Bidding. In: INTERNATIONAL CONFERENCE ON PROBABILISTICS IN GEOTECHNICS – TECHNICAL AND ECONOMIC RISK ESTIMATION, set. 2002, United Engineering Foundation, Graz. **Proceedings**, set. 2002, pp. 539-547. Disponível em: <http://www.ssp-bauconsult.at/pdf/paper_spiegl_wtcenglish.pdf>. Acesso em 27 ago. 2017.

SEPPÄLÄ, Christopher R. Suitability of the Silver Book as a Standard Form of Construction Contract. **Revista de Arbitragem e Mediação**. São Paulo: RT, vol. 19, out. 2008, p. 115.

SICCHIERO, Gianluca. **L'engineering, la joint venture, i contratti di informatica, i contratti atipici di garanzia**. Torino: UTET, 1991.

SILVA, Clóvis Veríssimo do Couto e. Contrato de Engineering. **Revista de Informação Legislativa**, Brasília, v. 29, n. 115, p. 509-526, jul./set. de 1992. Disponível em: <http://www2.senado.leg.br/bdsf/bitstream/handle/id/176014/000470494.pdf?sequence=1>. Acesso em 21 jul. 2017.

SILVA, Leonardo Toledo da. **Contrato de aliança**: projetos colaborativos em infraestrutura e construção. São Paulo: Almedina, 2017.

___. Os contratos de EPC e os pleitos de reequilíbrio econômico-contratual. In: Id. (org.). **Direito e infraestrutura**. São Paulo: Saraiva, 2012, pp.19-60.

SIQUEIRA, Carol. Regras para licitações da Copa criam embate entre governo e oposição. **Agência Câmara Notícias**, Brasília, 14 jun. 2011. Disponível em: <http://www2.camara.leg.br/camaranoticias/noticias/POLITICA/198676-REGRAS-PARA-LICITACOES-DA-COPA-CRIAM-EMBATE-ENTRE-GOVERNO-E-OPOSICAO.html>. Acesso em 22 jun. 2017.

___. Para oposição, regras incentivam fraudes; governo aponta restrição à corrupção. **Agência Câmara Notícias**, Brasília, 29 jun. 2011. Disponível em: <http://www2.camara.leg.br/camaranoticias/noticias/ADMINISTRACAO-PUBLICA/199283-PARA-OPOSICAO,-REGRAS-INCENTIVAM-FRAUDES-GOVERNO-APONTA-RESTRICAO-A-CORRUPCAO.html>. Acesso em 22 jun. 2017.

SANTONOCITO-PLUTA, Alessandra. Introduzione al contratto di *engineering* nel diritto italiano e nel diritto tedesco. In: CAPRARA, Andrea; TESCARO, Mauro. **Studi sul c.d. contratto di *engineering***. Napoli: Edizione Scientifiche Italiane, 2016, pp. 105-111.

SIQUEIRA, Carol; MACÊDO, Idhelene. Líder do governo defende regras de licitações para Copa e Olimpíadas. **Agência Câmara Notícias**, Brasília, 16 jun. 2011. Disponível em: <http://www2.camara.leg.br/camaranoticias/noticias/POLITICA/198862-LIDER-DO-GOVERNO-DEFENDE-REGRAS-DE-LICITACOES-PARA-COPA-E-OLIMPIADAS.html>. Acesso em 22 jun. 2017.

TAYLOR, James L. **Dicionário metalúrgico**: inglês-português, português-inglês, 2º ed. São Paulo: Associação Brasileira de Metalurgia e Materiais, 2000.

VALDES, Juan Eduardo Figueroa. Os contratos de construção FIDIC perante o direito chileno. In: MARCONDES, Fernando (org.). **Direito da construção**: estudos sobre as várias áreas do direito aplicadas ao mercado da construção. São Paulo: Pini, 2014, pp. 205-231.

VASCONCELOS, Pedro Pais de. **Contratos Atípicos**, 2ª ed. Coimbra: Almedina, 2009.

WAHLGREN, Mikael. **Delivering Infrastructure: International Best Practice – FIDIC Contracts**: A Developer's View. [S.l.]: Society of Construction Law, 2002.

ZENID, Luis Fernando Biazin. Breves comentários a respeito do contrato de aliança e a sua aplicação em construções de grande porte no Brasil. **Revista de Direito Empresarial**, [S.l.], v. 2, mar./abr. 2014, pp. 69-96.